21世纪全国本科院校土木建筑类创新型应用人才培养规划教材

地 基 处 理

主　编　刘起霞

北京大学出版社

PEKING UNIVERSITY PRESS

内 容 简 介

本书主要介绍常用地基处理方法的加固原理、适用范围、设计方法、施工工艺和质量检验方法，以及既有建(构)筑物地基加固技术。全书共九章，分别是：绪论、复合地基理论、换土垫层法、深层密实法、排水固结法、化学加固法、加筋法、特殊土地基处理、托换技术。

本书主要供普通高等学校土木工程类专业师生使用，也可供从事土木工程地基处理的科研、设计和施工人员参阅。

图书在版编目(CIP)数据

地基处理/刘起霞主编. —北京：北京大学出版社，2013.1
(21 世纪全国本科院校土木建筑类创新型应用人才培养规划教材)
ISBN 978 - 7 - 301 - 21485 - 5

Ⅰ. ①地… Ⅱ. ①刘… Ⅲ. ①地基处理—高等学校—教材 Ⅳ. ①TU472

中国版本图书馆 CIP 数据核字(2012)第 254863 号

书　　　　名：地基处理
著作责任者：刘起霞　主编
策 划 编 辑：吴　迪
责 任 编 辑：伍大维
标 准 书 号：ISBN 978 - 7 - 301 - 21485 - 5/TU · 0292
出 版 发 行：北京大学出版社
地　　　　址：北京市海淀区成府路 205 号　100871
网　　　　址：http://www.pup.cn　新浪官方微博：@北京大学出版社
电 子 信 箱：pup_6@163.com
电　　　　话：邮购部 62752015　发行部 62750672　编辑部 62750667　出版部 62754962
印 刷 者：三河市北燕印装有限公司
经 销 者：新华书店
　　　　　　787 毫米×1092 毫米　16 开本　23.5 印张　583 千字
　　　　　　2013 年 1 月第 1 版　2013 年 1 月第 1 次印刷
定　　　　价：45.00 元

前　言

我国幅员辽阔，地理条件和土质差别很大，因而给从事工程地质、岩土工程领域的工作者提出了许多新的课题。近年来，我国经济迅速发展，常常需要在各种复杂的地质条件下建造工程，需要事先选择地质条件良好的场地，但有时也不得不在条件不好的地段进行建设，有时还需要对天然的不良地基进行处理或加固等。为解决好这些问题，工程地质和岩土工程界的学者和技术人员进行了不懈的努力，取得了许多成果，积累了丰富的经验，促使新技术、新方法不断涌现。

地基处理在岩土工程领域是一门较新的学科。它的任务在于提高地基承载能力，减小地基变形和减少建（构）筑物的沉降，保证上部结构的安全和正常使用。但是，土的力学性质极其复杂，各地地质条件有很大差别，这给地基处理工作增加了很大的难度。同时我国经济建设的蓬勃发展给建筑工程领域提出了许多新的课题，特别是近年来建筑工程的规模越来越大，对地基的承载力与变形的要求越来越高，而天然地基往往不能满足其要求。另外，由于建筑物的增多，人们不得不在工程地质条件差的地方兴建工程，于是就需要对天然地基进行处理。因此，地基处理在建筑工程领域逐渐成为热点问题。作为应用型本科土木类专业的学生，在学习土力学与地基基础基本理论的基础上，很有必要掌握一些地基处理的方法与技术，这样可以缩短参加工作后的适应期，增强其解决问题的能力。

按照高等学校土木工程学科专业指导委员会关于"土木工程专业本科（四年制）培养方案"的要求，"地基处理"是高等院校土木工程专业（应用型）岩土工程课群组四年制本科教育的一门专业选修课，是地下、岩土、矿山专业课群组的核心课程，是继"土力学"和"基础工程"等主干课程之后开设的又一门重要专业课。本书主要作为高等学校土木工程专业"地基处理与托换技术"课程的教材，严格按照新修订的"地基处理"课程教学大纲要求和新的国家规范编写，内容主要包括绪论、复合地基理论、换土垫层法、深层密实法、排水固结法、化学加固法、加筋法、特殊土地基处理、托换技术，并编入适量思考题和习题。

本书以《建筑地基处理技术规范》（JGJ 79—2002）、《建筑地基基础设计规范》（GB 50007—2011）、《建筑地基基础工程施工质量验收规范》（GB 50202—2002)为主线，深入浅出地阐述了各种地基处理方法的加固理论，强调适用性和可操作性，以达到解决工程实际问题的目的。各章重点叙述了各种地基处理方法的加固机理、适用范围、设计计算方法、施工质量控制要点以及质量验收方法，并参照近年来注册岩土工程师考试的内容和题型编写了课后思考题和习题。

本书由河南工业大学刘起霞担任主编，编写人员具体分工如下：第 1 章、第 2 章、第 3 章由刘起霞编写；第 5 章、第 7 章由河南工程学院张明编写；第 6 章由黄河勘测规划设计有限公司王志宏编写；第 8 章由黄河勘测规划设计有限公司刘庆军编写；第 4 章、第 9 章由陕西水文公司朱运明编写。

本书在编写过程中，还得到河南工业大学和河南工程学院部分教师的大力支持，在此表示感谢。

最后，编者向本书的主审邹剑峰教授以及本书参考文献的所有作者和同行表示感谢。由于编者水平有限，书中难免会出现一些疏漏和不足，恳请广大读者批评指正！

编 者

2012 年 10 月

目　　录

第**1**章
绪　　论

本章主要讲述地基处理的概念、目的、意义、处理的对象，地基处理方法的分类以及适用范围、发展概况等。通过本章的学习，应达到以下目标：

(1) 掌握地基处理的基本概念与意义；

(2) 重点掌握地基处理的分类及适用范围；

(3) 熟悉地基处理方法的选择和设计原则；

(4) 了解地基处理技术在我国的发展阶段和发展趋势。

教学要求

知识要点	能力要求	相关知识
地基处理的概念、目的和意义	(1) 掌握地基处理的概念 (2) 掌握人工地基和天然地基的概念 (3) 掌握地基处理的目的 (4) 掌握地基处理的意义	(1) 天然地基和人工地基的概念 (2) 地基处理的概念 (3) 地基处理的目的 (4) 地基处理的意义
地基处理的对象及其特性	(1) 掌握地基处理的对象 (2) 熟悉软黏土的特性 (3) 熟悉冻土的特性 (4) 熟悉填土的特性 (5) 熟悉混合土的特性	(1) 软弱地基 (2) 特殊土地基 (3) 湿陷性黄土 (4) 盐渍土及其特性 (5) 混合土及其特性 (6) 填土及其特性
地基处理的方法分类及适用范围	(1) 掌握地基处理方法的分类 (2) 掌握地基处理方法的原理 (3) 掌握地基处理方法的适用范围	(1) 换土垫层法 (2) 重锤夯实法 (3) 平板振动法 (4) 强夯挤淤法 (5) 强夯法 (6) 挤密法 (7) 堆载预压 (8) 加筋法 (9) 热学法 (10) 化学加固法
地基处理方案的选择和设计原则	(1) 了解地基处理设计前的工作内容 (2) 掌握地基处理方案的确定步骤	(1) 地基处理设计方法 (2) 影响地基处理的因素
地基处理技术在我国的发展简况	(1) 了解地基处理发展阶段 (2) 了解地基处理技术存在的问题 (3) 了解地基处理技术在我国的发展简况	(1) 建筑地基处理技术规范 (2) 优化设计理论

基本概念

基础、地基、天热地基、人工地基、地基处理、托换技术、软弱地基、软黏土、湿陷性黄土、膨胀土、红黏土、冻土、盐渍土、混合土等。

 引例

在土木工程建设中，天然地基在上部结构传递的荷载及外加荷载作用下，往往由于强度不足会产生较大的沉降和侧向变形，影响建(构)筑物的稳定性。人们常常采用不同的方法加固和处理地基，特别是现在建筑的类型复杂性越来越大，大桥的规模也越来越大，高速公路和高速铁路的修建，都使我们面临的地基处理问题难度越来越大，所以深入研究地基处理问题具有巨大的现实意义。

1.1 地基处理的概念、目的和意义

我国地域广阔，软弱地基类别多、分布广，当今国内土木工程建设规模大、发展快。尤其对于软弱地基，复合地基(指部分土体被增强或被置换，而形成的由地基土和增强体共同承担荷载的人工地基)是一种必不可少的地基技术处理方法，在当今的工程实践中往往能有效地解决所遇到的难题。复合地基较好地利用了天然地基土和增强体，两者共同承担建(构)筑物荷载的潜能，具有比较经济的特点，得到了学术界和工程界从事岩土工作的专家和学者的广泛兴趣和高度重视。

1.1.1 地基处理的概念

任何建筑物的荷载最终将传递到地基上，由于上部结构材料强度很高，而地基土强度很低，压缩性较大，因此通过设置一定结构形式和尺寸的基础才能解决这个矛盾。基础具有承上启下的作用，它一方面处于上部结构荷载及地基反力的共同作用下，承受由此产生的内力；基础底面的反力反过来又作为地基土的荷载，使地基产生应力和变形。基础设计时，除了需保证基础结构本身具有足够的刚度和强度外，同时还需选择合理的基础尺寸和布置方案，使地基的强度和沉降保持在规范允许的范围内。因此，基础设计又常被称为地基基础设计。凡是基础直接建在未经加固的天然土层上时，这种地基称之为天然地基。若天然地基很软弱，则需要事先经过人工处理后再建造基础，这种地基称之为人工地基。

地基处理工程的设计和施工质量直接关系到建筑物的安全，如处理不当，往往会发生工程事故，且事后补救大多比较困难。因此，对地基处理要求实行严格的质量控制和验收制度，以确保工程质量。

地基处理(Foundation Treatment)一般是指用于改善支承建筑物的地基(土或岩石)的承载能力或抗渗能力所采取的工程技术措施，主要分为基础工程措施和岩土加固措施。有的工程不改变地基的工程性质，而只采取基础工程措施；有的工程还同时对地基的土和岩石加固，以改善其工程性质。

随着国民经济的高速发展，不仅需要选择在地基条件良好的场地从事建设，而且有时也不得不在地质条件不良的地基上进行修建。另外，科学技术的日新月异也使结构物的荷载日益增大，对变形要求越来越严，因而原来一般可被评价为良好的地基，也可能在某种特定条件下非进行地基处理不可，因此，地基处理的重要地位也日益明显，已成为制约工程建设的主要因素，如何选择一种既满足工程要求，又节约投资的设计、施工和验算方法，已经刻不容缓地呈现在广大工程技术人员面前。

1.1.2 地基处理的目的和意义

软弱地基(Soft Foundation)就是指压缩层主要由淤泥、淤泥质土、充填土、杂填土或其他高压缩性土层构成的地基。它是指基本上未经受过地形及地质变动，未受过荷载及地震动力等物理作用或土颗粒间的化学作用的软黏土、有机质土、饱和松砂土和淤泥质土等地层构成的地基。

软黏土(Soft Clag，又称软土)是指近代沉积的软弱土层，由于它所具有的低强度、高压缩性和弱透水性，作为地基，常常成为棘手的工程地质问题。软黏土的成分主要包括饱含水分的软弱黏土和淤泥土，其工程性质主要取决于颗粒组成、有机质含量、土的结构、孔隙比及天然含水率。软黏土地基的共同特性是，天然含水率高，最小为 $30\% \sim 40\%$，最高可达 200%；孔隙比大，最小为 $0.8 \sim 1.2$，最大达 5；压缩系数大；渗透系数小，一般小于 $1 \times 10^6 \, cm/s$；灵敏度高，在 $2 \sim 10$ 之间，灵敏度高的软土，经扰动后强度便降低很多。

软弱地基的特点决定了在这种地基上建造工程，必须进行地基处理。地基处理的目的就是利用换填、夯实、挤密、排水、胶结、加筋和热学等方法对地基土进行加固，用以改良地基土的工程特性，主要包括以下方面。

1. 提高地基土的抗剪强度

地基的剪切破坏以及在土压力作用下的稳定性，取决于地基土的抗剪强度。因此，为了防止剪切破坏以及减轻土压力，需要采取一定措施以增加地基土的抗剪强度。

2. 降低地基的压缩性

主要是采用一定措施以提高地基土的压缩模量，以减少地基土的沉降。另外，防止侧向流动(塑性流动)产生持续的剪切变形，也是改善剪切特性的目的之一。

3. 改善透水特性

由于地下水的运动会引起地基出现一些问题，为此，需要采取一定措施使地基土变成不透水层或减轻其水压力。

4. 改善动力特性

地震时饱和松散粉细砂(包括一部分粉土)将会产生液化。因此，需要采取一定措施防止地基土液化，并改善其振动特性以提高地基的抗震特性。

5. 改善特殊土的不良地基特性

主要是指消除或减少黄土的湿陷性和膨胀土的膨胀性等以及其他特殊土的不良地基特性。

软弱土地基经过处理，不用再建造深基础成设置桩基，防止了各类倒塌、下沉、倾斜等恶性事故的发生，确保了上部基础和建筑结构的使用安全和耐久性，具有巨大的技术和经济意义。

1.2 地基处理的对象及其特性

1.2.1 地基处理的对象

1. 软弱地基

《建筑地基基础设计规范》(GB 50007—2011)中规定,软弱地基系指主要由淤泥、淤泥质土、冲填土、杂填地或其他高压缩性土层构成的地基。

1) 软黏土

淤泥及淤泥质土总称为软黏土,一般是第四纪后期在滨海、湖泊、河滩、三角洲、冰碛等地质沉积环境下沉积形成的,还有部分冲填土和杂填土。这类土的物理特性大部分是饱和的,含有机质,天然含水率大于液限,孔隙比大于1。当天然孔隙比大于1.5时,称为淤泥,天然孔隙比大于1而小于1.5时,则称为淤泥质土。这类土工程特性甚为软弱,抗剪强度很低,压缩性较高,渗透性很小,并具有结构性,广泛分布于我国东南沿海地区和内陆江河湖泊的周围,是软弱土的主要土类,通称为软土。

2) 冲填土

在整治和疏通江河航道时,用泥浆泵将挖泥船挖出的泥砂,通过输泥管吹填到江河两岸而形成的沉积土,称为冲(吹)填土(Hydraulic Fill)。

冲填土的成分比较复杂,如以黏性土为例,由于土中含有大量的水分而难以排出,土体在沉积初期处于流动状态。因而冲填土属于强度较低、压缩性较高的欠固结土。另外,主要以砂或其他粗粒土所组成的冲填土,其性质基本上类似于粉细砂面不属于软弱土范围。可见,冲填土的工程性质主要取决于其颗粒组成、均匀性和沉积过程中的排水固结条件。

3) 杂填土

杂填土(Miscellaneous Fill)是由于人类活动而任意堆填的建筑垃圾、工业废料和生活垃圾。杂填土的成因很不规律,组成物杂乱分布极不均匀,结构松散。它的主要特性是强度低、压缩性高和均匀性差,一般还具有浸水湿陷性。对有机质含量较多的生活垃圾和对基础有侵蚀性的工业废料等杂填土,未经处理不宜作为基础的持力层。

4) 其他高压缩性土

饱和松散粉细砂(包括部分粉土)也应该属于软弱地基的范围。当机械设备振动或地震荷载重复作用于该类地基土时,将使地基土产生液化;基坑开挖时也会产生管涌。

对软弱地基的勘察,应查明软弱土层的均匀性、组成、分布范围和土质情况。对冲填土应了解排水固结条件,对杂填土应查明堆载历史,明确在自重作用下的稳定性和湿陷性等基本因素。

2. 特殊土地基

特殊土地基(Special Ground)大部分具有地区性特点,它包括软黏土、湿陷性黄土、膨胀土、红黏土、冻土以及盐渍土、混合土等。

1）软黏土

软黏土是在静水或非常缓慢的流水环境中沉积，并经生物化学作用形成，其天然含水率大于液限，天然孔隙比大于1.0的黏性土。当软黏土的天然孔隙比大于1.5时称为淤泥（Muck）。软黏土广布在我国东南沿海、内陆平原和山区，如上海、杭州、温州、福州、广州、宁波、天津和厦门等沿海地区，以及武汉和昆明等内陆地区。

软黏土的特性是天然含水率高、天然孔隙比大、抗剪强度低、压缩系数大、渗透系数小。在外荷载作用下地基承载力低、变形大、不均匀变形也大、透水性差和变形稳定历时较长。在比较深厚的软黏土层上，建筑物基础的沉降常持续数年乃至数十年之久。

2）湿陷性黄土

凡天然黄土在上覆土的自重应力作用下，或在上覆土自重应力和附加应力的共同作用下，受水浸湿后土的结构迅速破坏而发生显著附加沉降的黄土，称为湿陷性黄土（Collapsible Loess）。

由于黄土的浸水湿陷而引起建（构）筑物的不均匀沉降是造成黄土地区工程事故的主要原因，设计时首先要判断其是否具有湿陷性，再考虑如何进行地基处理。

我国湿陷性黄土广泛分布在甘肃、陕西、黑龙江、吉林、辽宁、内蒙古、山东、河北、河南、山西、宁夏、青海和新疆等地。

3）膨胀土

膨胀土（Expansive Soil）是指土的黏性成分主要是由亲水性黏土矿物组成的黏性土，是一种吸水膨胀、失水收缩，具有较大的胀缩变形性能且反复变形的高塑性黏土。

我国膨胀土分布在广西、云南、湖北、河南、安徽、四川、河北、山东、陕西、江苏、贵州和广东等省。利用膨胀土作为建筑物地基时，必须进行地基处理。

4）红黏土

在亚热带温湿气候条件下，石灰岩和白云岩等碳酸盐类岩石经风化作用所形成的褐红色黏性土，称为红黏土（Red Clay）。

红黏土通常是较好的地基土，但由于下卧岩层面起伏变化，以及基岩的溶沟、溶槽等部位常常存在软弱土层，致使地基土层厚度及强度分布不均匀，此时容易引起地基的不均匀变形。

5）冻土

当温度低于0℃时，土中液态水冻结成冰并胶结土粒而形成的一种特殊土，称为冻土。冻土按冻结持续时间又分为季节性冻土（Seasonally Frozen Ground）和多年冻土。季节性冻土是指冬季冻结、夏季融化的土层。冻结状态持续三年以上的土层称为多年冻土或冻土（Permafrost）。

季节性冻土在我国东北、华北和西北广大地区均有分布，因其呈周期性的冻结和融化，对地基的稳定性影响较大。例如，冻土区地基因冻胀而隆起，可能导致基础被抬起、开裂及变形，而融化又使地基沉降，再加上建筑物下面各处地基土冻融程度不均匀，往往造成建筑物的严重破坏。

6）岩溶

岩溶（Karst）主要出现在碳酸类岩石地区。其基本特性是地基主要受力层范围内受水的化学和机械作用而形成溶洞、溶沟、溶槽、落水洞以及土洞等。

我国岩溶地基广泛分布在贵州和广西两省。溶洞的规模不同，且沿水平方向延伸，有的有经常性水流，有的已干涸或被泥砂填实。

建造在岩溶地基上的建筑物，要慎重考虑可能会造成的地面变形和地基陷落。山区地基条件比较复杂，主要表现在地基的不均匀性和场地的稳定性两方面，基岩表面常常起伏大，而且可能存在大块孤石；另外还会遇到滑坡、崩塌和泥石流等不良地质现象。

1.2.2　地基处理的对象及其特性

软弱土是指淤泥、淤泥质土和部分冲填土、杂填土及其他高压缩性土。由软弱土组成的地基称为软弱土地基，一般具有下列工程特性。

1. 含水率较高，孔隙比较大

因为软黏土的成分主要是由黏土粒组和粉土粒组组成，并含少量的有机质。黏粒的矿物成分为蒙脱石、高岭石和伊利石。这些矿物晶粒很细，呈薄片状，表面带负电荷，它与周围介质的水和阳离子相互作用，形成偶极水分子，并吸附于表面形成水膜。在不同的地质环境下沉积形成各种絮状结构。因此，这类土的含水率和孔隙比都比较高。根据统计，一般含水率为 $35\%\sim80\%$，孔隙比为 $1\sim2$。软黏土的高含水率和大孔隙比不但反映土中的矿物成分与介质相互作用的性质，同时也反映软黏土的抗剪强度和压缩性的大小。含水率愈大，土的抗剪强度愈小，压缩性愈大。反之，强度愈大，压缩性愈小。《建筑地基基础设计规范》(GB 50007—2011)利用这一特性按含水率确定软黏土地基的承载力基本值。许多学者把软黏土的天然含水率与土的压缩指数建立相关关系，推算土的压缩指数。

由此可见，从软黏土的天然含水率可以略知其强度和压缩性的大小，欲要改善地基软黏土的强度和变形特性，那么首先应考虑采用何种地基处理的方法来降低软黏土的含水率。

2. 抗剪强度很低

根据土工试验的结果，我国软黏土的天然不排水抗剪强度一般小于 20kPa，其变化范围约在 $5\sim25$kPa。有效内摩擦角约为 $\varphi'=20°\sim35°$。固结不排水剪内摩擦角 $\varphi_{cu}=12°\sim17°$。正常固结的软黏土层的不排水剪切强度往往是随离地表深度的增加而增大，从地表往下每米的增长率约为 $1\sim2$kPa。在荷载的作用下，如果地基能够排水固结，软黏土的强度将产生显著的变化，土层的固结速率愈快，软黏土的强度增加愈大。加速软黏土层的固结速率是改善软黏土强度特性的一项有效途径。

3. 压缩性较高

一般正常固结的软黏土层的压缩系数为 $a_{1-2}=0.5\sim1.5$MPa^{-1}，最大可达到 $a_{1-2}=4.5$MPa^{-1}；压缩指数为 $C_c=0.35\sim0.75$，它与天然含水率的关系为 $C_c=0.0147\omega-0.213$。天然状态的软黏土层大多数属于正常固结状态，但也有部分是属于超固结状态，近代海岸滩涂沉积为欠固结状态。欠固结状态土在荷重作用下产生较大沉降。超固结状态土，当应力未超过先期固结压力时，地基的沉降很小。因此研究软黏土的变形特性时应注意考虑软黏土的天然固结状态。先期固结压力 P_c 和超固结比 OCR 是表示土层固结状态的一个重要参数。它不但影响土的变形特性，同时也影响土的强度变化。

4. 渗透性很小

软黏土的渗透系数一般约为 $n\times10^{-6}\sim n\times10^{-2}\,\mathrm{cm/s}$，所以在荷载作用下固结速率很慢。若软黏土层的厚度超过 10cm，要使土层达到较大的固结度(如 $U=90\%$)往往需要 5～10 年之久。所以在软黏土层上的建筑物基础的沉降往往拖延很长时间才能稳定，同样在荷载作用下地基土的强度增长也是很缓慢的。这对于改善地基土的工程特性是十分不利的。软黏土层的渗透性有明显的各向异性，水平向的渗透系数往往要比垂直向的渗透系数大，特别是含有水平夹砂层的软黏土层更为显著，这是改善软黏土层工程特性的一个有利因素。

5. 具有明显的结构性

软黏土一般为絮状结构，尤以海相黏土更为明显。这种土一旦受到扰动(振动、搅拌、挤压等)，土的强度显著降低，甚至呈流动状态。土的结构性常用灵敏度 S_t 表示。我国沿海软黏土的灵敏度一般为 4～10，属于高灵敏土。因此，在软黏土层中进行地基处理和基坑开挖，若不注意避免扰动土的结构，就会加剧土体的变形，降低地基土的强度，影响地基处理的效果。

6. 具有明显的流变性

在荷载的作用下，软黏土承受剪应力的作用产生缓慢的剪切变形，并可能导致抗剪强度的衰减，在主固结沉降完毕之后还可能继续产生可观的次固结沉降。

根据上述软黏土的特点，以软黏土作为建筑物的地基是十分不利的。由于软黏土的强度很低，天然地基上浅基础的承载力基本值一般为 50～80kPa，这就不能承受较大的建筑物荷载，否则就可能出现地基的局部破坏乃至整体滑动，在开挖较深的基坑时，就可能出现基坑的隆起和坑壁的失稳现象。由于软黏土的压缩性较高，建筑物基础的沉降和不均匀沉降是比较大的，对于一般 4～7 层的砌体承重结构房屋，最终沉降约为 0.2～0.5m，对于荷载较大的构筑物(储罐、粮仓、水池)基础的沉降一般达 0.5m 以上，有些甚至达到 2m 以上。如果建筑物各部位荷载差异较大，体形又比较复杂，那就要产生较大的不均匀沉降。沉降和不均匀沉降过大将引起建筑物基础标高的降低，影响建筑物的使用条件，或者造成倾斜、开裂破坏。由于渗透性很小，固结速率很慢，沉降延续的时间很长，给建筑物内部设备的安装和与外部的连接带来许多困难，同时，软黏土的强度增长比较缓慢，长期处于软弱状态，影响地基加固的效果。由于软黏土具有比较高的灵敏度，若在地基施工中采取振动、挤压和搅拌等作用，就可能引起软黏土结构的破坏，降低软黏土的强度。因此，在软黏土地基上建造建筑物，则要求对软黏土地基进行处理。地基处理的目的主要是改善地基土的工程性质，达到满足建筑物对地基稳定和变形的要求，包括改善地基土的变形特性和渗透性，提高其抗剪强度和抗液化能力，消除其他不利的影响。

▎1.3　地基处理的方法分类及适用范围

近年来许多重要的工程和复杂的工业厂房在软弱土地基上兴建，工程实践的要求推动了软弱土地基处理技术的迅速发展，地基处理的途径愈来愈多，考虑问题的思路日益新颖，老的方法不断改进完善，新的方法不断涌现。根据地基处理方法的原理，基本上分为如表 1-1 所示的几类。

表 1-1　常用地基处理方法的原理、作用及适用范围

分类	处理方法	原理及作用	适用范围
换土垫层法	机械碾压法	挖除浅层软弱土或不良土，分层碾压或夯实土，按回填的材料可分为砂垫层、碎石垫层、粉煤灰垫层、干渣垫层、灰土垫层、二灰土垫层和素土垫层等。可提高持力层的承载力，减少沉降量，消除或部分消除土的湿陷性和胀缩性，防止土的冻胀作用以及改善土的抗液化性	常用于基坑面积宽大和开挖土方量较大的回填土方工程，一般适用于处理浅层软弱地基、湿陷性黄土地基、膨胀土地基、季节性冻土地基、素填土和杂填土地基
	重锤夯实法		一般适用于地下水位以上稍湿的黏性土、砂土、湿陷性黄土、杂填土以及分层填土地层
	平板振动法		适用于处理无黏性土或黏粒含量少和透水性好的杂填土地基
	强夯挤淤法	采用边强夯、边填碎石、边挤淤的方法，在地基中形成碎石墩体，以提高地基承载力和减小沉降	适用于厚度较小的淤泥和淤泥质土地基。应通过现场试验才能确定其适用性
深层密实法	强夯法	利用强大的夯击能，迫使深层土液化和动力固结而密实	适用于碎石土、砂土、素填土、杂填土、低饱和度的粉土与黏性土、湿陷性黄土，对淤泥质土经试验证明施工有效时方可使用
	挤密法（砂桩挤密法）（振动水冲法）（灰土、二灰或土桩挤密法）（石灰桩挤密法）	通过挤密或振动使深层土密实，并在振动挤密过程中，回填砂、砾石、灰土、土或石灰等形成砂桩、碎石桩、灰土桩、二灰土桩、土桩或石灰桩，与桩间土一起组成复合地基，从而提高地基承载力，减少沉降量，消除或部分消除土的湿陷性或液化性	砂桩挤密法和振动水冲法一般适用于杂填土和松散砂土，对软黏土地基经试验证明加固有效时方可使用灰土桩、二灰土桩、土桩挤密法一般适用于地下水位以上，深度为 5～10m 的湿陷性黄土和人工填土
排水固结法	堆载预压法、真空预压法、降水预压法、电渗排水法	通过布置垂直排水井，改善地基的排水条件，及采取加压、抽气、抽水和电渗等措施，以加速地基土的固结和强度增长，提高地基土的稳定性，并使沉降提前完成	适用于处理厚度较大的饱和软黏土和冲填土地基，但需要有预压的荷载和时间的条件。对于厚的泥炭层则要慎重对待

（续）

分类	处理方法	原理及作用	适用范围
加筋法	加筋土、土锚、土钉		加筋土和土锚适用于人工填土的路堤和挡墙结构，土钉适用于土坡稳定
	土工聚合物	在人工填土的路堤或挡墙内，铺设土工聚合物、铜带、钢条、尼龙绳或玻璃纤维等作为拉筋，或在软弱土层上设置树根桩或碎石桩等，使这种人工复合土体可承受抗拉、抗压、抗剪和抗弯作用，以提高地基承载力、增加地基稳定性和减少沉降	适用于砂土、黏性土和软黏土
	树根桩		适用于各类土
	碎石桩		碎石桩(包括砂桩)适用于黏性土。对于软黏土，经试验证明施工有效时方可采用
热学法	热加固法	热加固法是通过渗入压缩的热空气和燃烧物，并依靠热传导，而将细颗粒土加热到适当温度(如温度在100℃以上)，则土的强度就会增加，压缩性随之降低	适用于非饱和黏性土、粉土和湿陷性黄土
	冻结法	冻结法是采用液体氮或二氧化碳膨胀的方法或采用普通的机械制冷设备与一个封闭式液压系统相连接，而使冷却液在里面流动，从而使软而湿的土进行冻结，以提高土的强度和降低土的压缩性	适用于各类土。对于临时性支承和地下水控制，特别在软黏土地质条件，开挖深度大于7～8m，以及低于地下水位的情况下，是一种普遍而有用的施工措施
化学加固法	灌浆法	通过注入水泥浆液或化学浆液的措施，使土粒胶结。用以改善土的性质，提高地基承载力，增加稳定性，减少沉降，防止渗漏	适用于处理岩基、砂土、粉土、淤泥质黏土、粉质黏土、黏土和一般填土层
	高压喷射注浆法	将带有特殊喷嘴的注浆管通过钻孔投入要处理的土层的预定深度，然后将浆液(常用水泥浆)以高压冲切土体，在喷射浆液的同时，以一定速度旋转、提升，即形成水泥土圆柱体；若喷嘴提升不旋转，则形成墙状固化体可用以提高地基承载力，减少沉降，防止砂土液化、管涌和基坑隆起，建成防渗帷幕	适用于处理淤泥、淤泥质土、黏性土、粉土、黄土、砂土、人工填土和碎石土等地基，当土中含有较多的大粒径块石、坚硬黏性土、大量植物根茎或有过多的有机质，应根据现场试验结果确定其适用程度
	水泥土搅拌法	分湿法(亦称深层搅拌法)和干法(亦称粉体喷射搅拌法)两种，湿法是利用深层搅拌机将水泥浆与地基土在原位拌和；干法是利用喷粉机将水泥粉(或石灰粉)与地基土在原位拌和，搅拌后形成柱状水泥土体，可提高地基承载力，减少沉降量，防止渗漏，增加稳定性	适用于处理淤泥、淤泥质土、粉土和含水率高且地基承载力标准值不大于120kPa的黏性土等地基。当用于处理泥炭土或地下水具有侵蚀性时，宜通过试验确定其适用程度

注：二灰为石灰和粉煤灰的拌和料。

表1-1中各种地基处理方法都有各自的特点和作用机理,在不同的土类中产生不同的加固效果和局限性,没有哪一种方法是万能的。具体的工程地质条件是千变万化的,工程对地基的要求也是不相同的,而且材料的来源、施工机具和施工条件也因工程地点的不同又有较大的差别。因此,对于每一工程必须进行综合考虑,通过几种可能采用的地基处理方案的比较,选择一种技术可靠、经济合理、施工可行的方案,既可以是单一的地基处理方法,也可以是多种地基处理方法的综合处理。

1.3.1 换土垫层法

1. 垫层法

其基本原理是挖除浅层软弱土或不良土,分层碾压或夯实土,按回填的材料可分为砂(或砂石)垫层、碎石垫层、粉煤灰垫层、干渣垫层、土(灰土、二灰土)垫层等。干渣分为分级干渣、混合干渣和原状干渣;粉煤灰分为湿排灰和调湿灰。换土垫层法可提高持力层的承载力,减少沉降量;常用机械碾压、平板振动和重锤夯实进行施工。

该方法常用于基坑面积宽大和开挖土方量较大的回填土方工程,一般适用于处理浅层软弱土层(淤泥质土、松散素填土、杂填土、浜填土以及已完成自重固结的冲填土等)与低洼区域的填筑。一般处理深度为2~3m,大于5m慎用。适用于处理浅层非饱和软弱土层、素填土和杂填土等。

2. 强夯挤淤法

采用边强夯、边填碎石、边挤淤的方法,在地基中形成碎石墩体,可提高地基承载力和减小变形。

该方法适用于厚度较小的淤泥和淤泥质土地基,应通过现场试验才能确定其适应性。

1.3.2 振密、挤密法

振密、挤密法的原理是采用一定的手段,通过振动、挤压使地基土体孔隙比减小,强度提高,达到地基处理的目的。软黏土地基中常用强夯法,强夯法是利用强大的夯击能,迫使深层土液化和动力固结,使土体密实,用以提高地基土的强度并降低其压缩性。

1.3.3 排水固结法

其基本原理是软黏土地基在附加荷载的作用下,逐渐排出孔隙水,使孔隙比减小,产生固结变形。在这个过程中,随着土体超静孔隙水压力的逐渐消散,土的有效应力增加,地基抗剪强度相应增加,并使沉降提前完成或提高沉降速率。

排水固结法主要由排水和加压两个系统组成。排水可以利用天然土层本身的透水性,尤其是上海地区多夹砂薄层的特点,也可设置砂井、袋装砂井和塑料排水板之类的竖向排水体。加压主要有地面堆载法、真空预压法和井点降水法。为加固软弱的黏土,在一定条件下,采用电渗排水井点也是合理而有效的。

1. 堆载预压法

在建造建筑物以前，通过临时堆填土石等方法对地基加载预压，达到预先完成部分或大部分地基沉降，并通过地基土固结提高地基承载力，然后撤除荷载，再建造建筑物。

临时的预压堆载一般等于建筑物的荷载，但为了减少由于次固结而产生的沉降，预压荷载也可大于建筑物荷载，称为超载预压。为了加速堆载预压地基固结速度，常可与砂井法或塑料排水带法等同时应用。如黏土层较薄，透水性较好，也可单独采用堆载预压法。

该方法适用于软黏土地基。

2. 砂井法（包括袋装砂井、塑料排水带等）

在软黏土地基中，设置一系列砂井，在砂井之上铺设砂垫层或砂沟，人为地增加土层固结排水通道，缩短排水距离，从而加速固结，并加速强度增长。砂井法通常辅以堆载预压，称为砂井堆载预压法。

该方法适用于透水性低的软弱黏性土，但对于泥炭土等有机质沉积物不适用。

3. 真空预压法

在黏土层上铺设砂垫层，然后用薄膜密封砂垫层，用真空泵对砂垫层及砂井抽气，使地下水位降低，同时在大气压力作用下加速地基固结。

该方法适用于能在加固区形成（包括采取措施后形成）稳定负压边界条件的软黏土地基。

4. 真空-堆载联合预压法

当真空预压达不到要求的预压荷载时，可与堆载预压联合使用，其堆载预压荷载和真空预压荷载可叠加计算。

该方法适用于软黏土地基。

5. 降低地下水位法

通过降低地下水位使土体中的孔隙水压力减小，从而增大有效应力，促进地基固结。

该方法适用于地下水位接近地面而开挖深度不大的工程，特别适用于饱和粉、细砂地基。

6. 电渗排水法

在土中插入金属电极并通以直流电，由于直流电场作用，土中的水从阳极流向阴极，然后将水从阴极排除，而不让水在阳极附近补充，借助电渗作用可逐渐排除土中的水。在工程上常利用它降低黏性土中的含水率或降低地下水位来提高地基承载力或边坡的稳定性。

该方法适用于饱和软黏土地基。

1.3.4 置换法

其原理是以砂、碎石等材料置换软黏土，与未加固部分形成复合地基，以达到提高地基强度的目的。

1. 振冲置换法(或称碎石桩法)

振冲置换法也被称作碎石桩法,该方法是利用一种单向或双向振动的冲头,边喷高压水流边下沉成孔,然后边填入碎石边振实,形成碎石桩。桩体和原来的黏性土构成复合地基,以提高地基承载力和减小沉降。

该方法适用于不排水抗剪强度大于 20kPa 的淤泥、淤泥质土、砂土、粉土、黏性土和人工填土等地基。对不排水抗剪强度小于 20kPa 的软黏土地基,采用碎石桩时须慎重。

2. 石灰桩法

在软弱地基中用机械成孔,填入作为固化剂的生石灰并压实形成桩体,利用生石灰的吸水、膨胀、放热作用以及土与石灰的物理化学作用,改善桩体周围土体的物理力学性质,同时桩与土形成复合地基,达到地基加固的目的。

该方法适用于软弱黏性土地基。

3. 强夯置换法

对于厚度小于 6m 的软弱土层,边夯边填碎石,形成深度为 3～6m、直径为 2m 左右的碎石柱体,与周围土体形成复合地基。

该方法适用于软黏土。

4. 水泥粉煤灰碎石桩(CFG 桩)

水泥粉煤灰碎石桩是在碎石桩基础上加进一些石屑、粉煤灰和少量水泥,加水拌和,用振动沉管打桩机或其他成桩机具制成的具有一定黏结强度的桩。桩和桩间土通过褥垫层形成复合地基。

该方法适用于填土、饱和及非饱和黏性土、砂土、粉土等地基。

5. EPS 超轻质料填土法

发泡聚苯乙烯(EPS)的重度只有土的 1/50～1/100,并具有较好的强度和压缩性能,用于填土料可有效地减少作用在地基上的荷载,需要时也可置换部分地基土,以达到更好的效果。

该方法适用于软弱地基上的填方工程。

1.3.5 加筋法

通过在土层中埋设强度较大的土工聚合物、拉筋、受力杆件等提高地基承载力、减小沉降或维持建筑物稳定。

1. 土工合成材料

土工合成材料是岩土工程领域中的一种新型建筑材料,是用于土工技术和土木工程,而以聚合物为原料的具渗透性的材料名词的总称。它是将由煤、石油、天然气等原材料制成的高分子聚合物通过纺丝和后处理制成纤维,再加工制成各种类型的产品,置于土体内部、表面或各层土体之间,以发挥加强或保护土体的作用。常见的这类纤维有:聚酰胺纤维(PA，如尼龙、锦纶)、聚酯纤维(PF，如涤纶)、聚丙烯纤维(PP，如腈纶)、聚乙烯纤维(PE，如维纶)以及聚氯乙烯纤维(PVC，如氯纶)等。

利用土工合成材料的高强度、韧性等力学性能，扩散土中应力，增大土体的抗拉强度，改善土体或构成加筋土以及各种复合土工结构。土工合成材料的功能是多方面的，主要包括排水作用、反滤作用、隔离作用和加筋作用。

该方法适用于砂土、黏性土和软黏土，或用做反滤、排水和隔离材料。

2. 加筋土

把抗拉能力很强的拉筋埋置在土层中，通过土颗粒和拉筋之间的摩擦力形成一个整体，用以提高土体的稳定性。

该方法适用于人工填土的路堤和挡墙结构。

3. 土层锚杆

土层锚杆是依赖于土层与锚固体之间的黏结强度来提供承载力的，它使用在一切需要将拉应力传递到稳定土体中去的工程结构，如边坡稳定、基坑围护结构的支护、地下结构抗浮、高耸结构抗倾覆等。

该方法适用于一切需要将拉应力传递到稳定土体中去的工程。

4. 土钉

土钉技术是在土体内放置一定长度和分布密度的土钉体，与土共同作用，用以弥补土体自身强度的不足。其不仅提高了土体整体刚度，又弥补了土体的抗拉和抗剪强度低的弱点，显著提高了整体稳定性。

该方法适用于开挖支护和天然边坡的加固。

5. 树根桩法

在地基中沿不同方向，设置直径为 $75\sim250\text{mm}$ 的细桩，可以是竖直桩，也可以是斜桩，形成如树根状的群桩，以支撑结构物或用以挡土，稳定边坡。

该方法适用于软弱黏性土和杂填土地基。

1.3.6 胶结法

在软弱地基中部分土体内掺入水泥、水泥砂浆以及石灰等物，形成加固体，与未加固部分形成复合地基，以提高地基承载力和减小沉降。

1. 注浆法

其原理是用压力泵把水泥或其他化学浆液注入土体，以达到提高地基承载力、减小沉降、防渗、堵漏等目的。

该方法适用于处理岩基、砂土、粉土、淤泥质黏土、粉质黏土、黏土和一般人工填土，也可加固暗浜和使用在托换工程中。

2. 高压喷射注浆法

将带有特殊喷嘴的注浆管，通过钻孔置入要处理土层的预定深度，然后将水泥浆液以高压冲切土体，在喷射浆液的同时，以一定速度旋转、提升，形成水泥土圆柱体；若喷嘴提升而不旋转，则形成墙状固结体。通过高压喷射注浆，可以提高地基承载力、减小沉降、防止砂土液化、管涌和基坑隆起。

该方法适用于淤泥、淤泥质土、人工填土等地基。对既有建筑物可进行托换加固。

3. 水泥土搅拌法

利用水泥、石灰或其他材料作为固化剂的主剂，通过特别的深层搅拌机械，在地基深处就地将软黏土和固化剂（水泥或石灰的浆液或粉体）强制搅拌，形成坚硬的拌和柱体，与原地层共同形成复合地基。

该方法适用于淤泥、淤泥质土、粉土和含水率较高且地基承载力标准值不大于120kPa的黏性土地基。

1.3.7　冷热处理法

冷热处理法主要有冻结法和烧结法两种。

（1）冻结法：通过人工冷却，使地基温度降低到孔隙水的冰点以下，使之冷却，从而具有理想的截水性能和较高的承载力。

该方法适用于软黏土或饱和的砂土地层中的临时措施。

（2）烧结法：通过渗入压缩的热空气和燃烧物，并依靠热传导，而将细颗粒土加热到100℃以上，从而增加土的强度，减小变形。

该方法适用于非饱和黏性土、粉土和湿陷性黄土。

1.3.8　其他方法

1. 锚杆静压桩

锚杆静压桩是结合锚杆和静压桩技术而发展起来的，它是利用建筑物的自重作为反力架的支承，用千斤顶把小直径的预制桩逐段压入地基，在将桩顶和基础紧固成一体后卸荷，以达到减少建筑物沉降的目的。

该方法主要适用于加固处理淤泥质土、黏性土、人工填土和松散粉土。

2. 沉降控制复合桩基

沉降控制复合桩基是指桩与承台共同承担外荷载，按沉降要求确定用桩数量的低承台摩擦桩基。目前上海地区沉降控制复合桩基中的桩，宜采用桩身截面边长为250mm、长细比在80左右的预制混凝土小桩，同时工程中实际应用的平均桩距一般在5～6倍桩径以上。

该方法主要适用于较深厚软弱地基上，以沉降控制为主的八层以下多层建筑物。

表1-1虽已列出多种地基处理方法，但仍有些新方法未纳入表内，而且目前又有新的发展，不能一一阐述。本书简要介绍几种常用地基处理方法的作用原理、设计方法和施工质量要求。

1.4 地基处理方案的选择和设计原则

1.4.1 地基处理设计前的工作内容

对建造在软弱地基上的工程进行设计以前，必须首先进行相关调查研究，主要内容如下：

1. 上部结构条件

建造物的体型、刚度、结构受力体系、建筑材料和使用要求；荷载大小、分布和种类；基础类型、布置和埋深；基底压力、天然地基承载力、地基稳定安全系数和变形容许值等。

2. 地基条件

建筑物场地所处的地形及地质成因、地基成层情况；软弱土层厚度、不均匀性和分布范围；持力层位置的状况；地下水情况及地基土的物理和力学性质等。

各种软弱地基的性状各不相同，现场地质条件随着场地的不同也是多变的，即使是同一种土质条件，也可能有多种地基处理方案。

如果根据软弱土层厚度确定地基处理方案，当软弱土层较薄时，可采用简单的浅层加固办法，如换土垫层法；当软弱土层较厚时，则可以按被加固土的特性和地下水的高低而采用排水固结法、挤密桩法、振冲法或强夯法。

如遇砂性土地基，若主要考虑解决砂土的液化问题，一般可采用强夯法、振冲法、挤密桩法或灌浆法。

如遇淤泥质土地基，由于其透水性差，一般应采用竖向排水井和堆载预压法、真空预压法、土工聚合物等；而采用各种深层密实法处理淤泥质土地基时要慎重对待。

3. 环境影响

在地基处理施工中应该考虑场地环境的影响，如采用强夯法和砂桩挤密法等施工时，振动和噪声会对邻近建筑物和居民产生影响和干扰；采用堆载预压法时，将会有大量的土方运进输出，既要有堆放场地，又不能妨碍交通；采用真空预压法或降水预压法时，往往会使邻近建筑物的地基产生附加沉降；采用石灰桩或灌浆法时，有时会污染周围环境。总之，施工时对场地的环境影响也不是绝对的，应慎重对待，妥善处理。

4. 施工条件

1）用地条件

如果施工时占地较多，对工程施工来说较为方便，但有时又会影响工程造价。

2）工期

从施工角度来讲，工期不宜太紧，这样可以有条件地选择缓慢加荷的堆载预压法等方法，且施工期间的地基稳定性会增大。但有时工程要求缩短工期，早日完工投入使用，这样就限制了某些地基处理方法的采用。

3）工程用料

尽可能就地取材，如当地产砂，就应该考虑采用砂垫层或挤密砂桩等方法的可能性；

如有石料供应,就应考虑碎石垫层和碎石桩等方法。

4) 其他条件

如当地某些地基处理的施工机械的有无、施工的难易程度、施工管理质量控制、施工管理水平和工程造价等因素也是采用何种地基处理方法的关键影响因素。

1.4.2 地基处理方案的确定步骤

地基处理方法的选择和确定要根据下面的步骤进行。

(1) 搜集详细的工程质量、水文地质及地基基础的设计材料。

(2) 根据结构类型、荷载大小及使用要求,结合地形地貌、土层结构、土质条件、地下水特征、周围环境和相邻建筑物等因素,初步选定几种可供考虑的地基处理方案。另外,在选择地基处理方案时,应同时考虑上部结构、基础和地基的共同作用;也可选用加强结构措施(如设置圈梁和沉降缝等)和处理地基相结合的方案。

(3) 对初步选定的各种地基处理方案,分别从处理效果、材料来源及消耗、机具条件、施工进度、环境影响等方面进行认真的技术经济分析和对比,根据安全可靠、施工方便、经济合理等原则,因地制宜地寻找最佳的处理方法。值得注意的是,每一种处理方法都有一定的适用范围、局限性和优缺点。没有一种处理方案是万能的。必要时也可选择两种或多种地基处理方法组成的综合方案。

(4) 对已选定的地基处理方法,应按建筑物重要性和场地复杂程度,在有代表性的场地上进行相应的现场试验和试验性施工,并进行必要的测试以验算设计参数和检验处理效果。如达不到设计要求时,应查找原因,采取措施或修改设计以达到满足设计的要求为目的。

(5) 地基土层的变化是复杂多变的,因此,确定地基处理方案,一定要有有经验的工程技术人员参加,对重大工程的设计一定要请专家们参加。当前有一些重大的工程,由于设计部门缺乏经验和过分保守,往往使很多方案确定得不合理,浪费也很严重,必须引起足够的重视。

1.4.3 地基处理方案的选择

各种地基处理方法的主要适用范围和加固效果如表 1-2 所示。

表 1-2 各种地基处理方法的主要适用范围和加固效果

按处理深浅分类	序号	处理方法	适用情况						加固效果				最大有效处理深度/m
			淤泥质土	人工填土	黏性土			湿陷性黄土	降低压缩性	提高抗剪性	形成不透水性	改善动力特性	
					饱和	非饱和	无黏性土						
浅层加固	1	换土垫层法	*	*	*	*		*	*	*		*	3
	2	机械碾压法		*		*	*	*	*	*			3

（续）

按处理深浅分类	序号	处理方法	适用情况						加固效果				最大有效处理深度/m
			淤泥质土	人工填土	黏性土			湿陷性黄土	降低压缩性	提高抗剪性	形成不透水性	改善动力特性	
					饱和	非饱和	无黏性土						
浅层加固	3	平板振动法		*		*	*	*	*	*			1.5
	4	重锤夯实法		*		*	*	*	*	*			1.5
	5	土工聚合物法	*		*				*	*			
深层加固	6	强夯法		*		*	*	*	*	*		*	30
	7	砂桩挤密法	慎重	*	*	*	*		*	*		*	20
	8	振动水冲法	慎重	*	*	*	*		*	*		*	18
	9	灰土（土、二灰）桩挤密法		*		*	*	*	*	*		*	20
	10	石灰桩挤密法	*		*	*			*	*			20
	11	砂井（袋装砂井、塑料排水带）堆载预压法	*		*				*	*			15
	12	真空预压法	*		*				*	*			15
	13	降水预压法	*		*				*	*			30
	14	电渗排水法	*		*				*	*			20
	15	水泥灌浆法	*		*	*	*	*	*	*	*	*	20
	16	硅化法			*	*		*	*	*	*	*	20
	17	电动硅化法	*		*				*	*	*		20
	18	高压喷射注浆法	*	*	*	*	*		*	*	*		20
	19	深层搅拌法	*		*	*			*	*	*		18
	20	粉体喷射搅拌法	*		*	*			*	*	*		13
	21	热加固法			*			*	*	*			15
	22	冻结法	*	*	*	*	*		*	*	*		

注：表中"＊"表示适用或具有该种加固效果。

地基处理方法设计顺序可参考图 1.1。

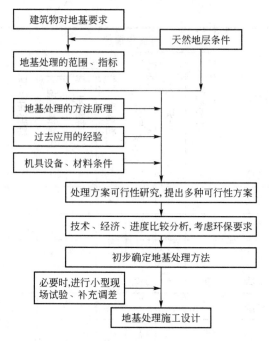

图 1.1　地基处理方法设计顺序

1.5 地基处理技术在我国的发展概况

1.5.1 地基处理技术的发展历史

1. 古代地基处理技术

地基处理在我国有着悠久的历史，人民群众在长期的生产实践中积累了丰富的经验。据史料记载，早在 3000 多年前我国就采用过竹子、木头、麦秸来加固地基；而早在 2000 多年前就开始采用向软黏土中夯入碎石等材料来挤密软黏土。此外，利用夯实的灰土和三合土等作为建(构)筑物垫层，在我国古建筑中应用就更为广泛。

2. 现代地基处理技术

新中国成立以来我国地基处理技术的发展历程大致经历了两个阶段。

1) 第一阶段

20 世纪 50～60 年代的起步应用阶段。这一时期大量地基处理技术从苏联引进，如砂桩挤密、砂石垫层、重锤夯实、化学灌浆、石灰桩、灰土桩及井点降水等地基处理技术先后被引用或开发使用，为我国地基处理技术的发展积累了丰富的经验和教训。

2) 第二阶段

20 世纪 70 年代至今为应用、发展、创新阶段，是我国地基处理技术发展的最主要阶段。大批国外先进地基处理技术被引进国内，从而大大促进了我国地基处理技术的应用和研究。1984 年中国土木工程学会土力学基础工程学会，在浙江大学成立了地基处理学术委员会，1986～2008 年先后召开了十届学术讨论会，组织编著了《地基处理手册》，出版了"地基处理"期刊，原建设部也组织编写了《建筑地基处理技术规范》（JGJ 79—1991）、《建筑地基处理技术规范》（JGJ 79—2002）。中国地基处理学术委员会成立的 30 多年，也是我国地基处理技术迅猛发展的 30 多年。到目前为止，不仅国外已有的地基处理方法被我国行业内专家和工程师掌握，而且还在工程实践中发展了适合我国国情的许多新的地基处理技术，如真空预压法、低强度桩复合地基技术、孔内夯扩技术等，地基综合处理能力已达到世界先进水平。

1.5.2 地基处理发展中存在的问题

我国地基处理技术已经取得了很大的发展，各种地基处理技术的推广应用也产生了良好的经济和技术效益，但在发展中还存在着一些不容忽视的问题。

（1）理论研究落后，对地基处理各种工法及一般理论缺乏深入、系统的研究。例如：复合地基计算理论远落后于复合地基实践。因此，应加强复合地基理论的研究，如各类复合地基承载力和沉降计算，特别是沉降计算理论、复合地基优化设计、复合地基的抗震性状、复合地基可靠度分析等。另外各种复合土体的性状也有待进一步认识。

（2）地基处理方案的选择、比较、优化不够，处理方法的选用有时比较盲目，不能正确评价各种地基处理方法的适用范围，不能因地制宜合理选用技术上可行、经济上节约、处理效果更好的方法。

（3）施工机械性能较低，技术效果和经济效益不高，与工程建设的需要有很大差距，严重影响地基处理的质量和水平。

（4）施工队伍素质差，建设管理体制有待完善。绝大多数施工队伍缺乏必要的技术培训，缺少熟练的技术工人，而现行体制只重视总包单位是否具有高资质，忽视了对具体施工队伍的资质考核与管理，难以形成熟练的专业化施工队伍。

（5）质量检验措施不够完善，不少工法施工的工程质量缺乏保障。

1.5.3 地基处理技术未来发展的展望

展望地基处理的发展，需要综合考虑地基处理学科特点、工程建设对岩土工程发展的要求，以及相关学科发展对地基处理的影响。

1. 优化设计理论研究

地基处理实践的发展势必促进地基处理理论的进步，理论的进步又将指导地基处理实践的进一步发展。在加强地基处理一般理论研究的同时，应特别重视对地基处理优化设计理论的深入研究。地基处理优化设计包括两个层面：一是地基处理方法的合理选用，二是某一方法的优化设计。目前许多地基处理设计仅停留在能够解决工程问题，没有做到合理选用设计方法，更没有做到优化设计方法。今后应加强地基处理优化设计理论的研究。

2. 新材料的开发应用

新材料的开发应用包括新型材料的开发和工业废渣废料及建筑垃圾的利用两个方面。

新型材料主要是指土工合成材料的开发，如目前常用的土工织物、土工膜、土工格栅、土工网、塑料排水带等。新型土工合成材料具有特殊的性能，能够明显改善地基土的性能，提高地基承载力、减小沉降和增加地基的稳定性。土工合成新型材料的发展必将促进地基处理新技术的发展。

近年来，利用工业废渣废料和城市建筑垃圾处理地基的研究也取得了可喜的进步，如采用生石灰和粉煤灰开发的二灰桩复合地基、利用废钢渣开发的钢渣桩复合地基、利用城市建筑垃圾开发的渣土桩复合地基。这些废料的开发利用，节约了大量的资源和建设费用，符合环保要求。

3. 先进施工机械的研制

目前，在地基处理领域，我国施工机械能力与国外差距较大。如深层搅拌法、振冲法、高压喷射注浆法等工法的施工机械性能与国外相比有较大的差距。各种工法的施工机械能力有了较大提高，才能促进地基处理水平有较大提高。

在引进国外先进施工机械的同时，更应重视研制国产的高性能的先进施工机械，这也将是未来地基处理发展中急需解决的问题之一。

4. 新工艺新技术的发展

地基处理理论的深入研究、新材料的开发、先进施工机械的研制必将促进地基处理的新工艺、新技术发展。新工艺和新技术必将带来更好的技术效果和经济效益，发展地基处理的新工艺、新技术也是工程建设的需要。

5. 多种地基处理技术的综合应用

地基处理技术，包括地基加固技术(主要作用是增强软黏土地基的承载力，减少其沉降变形)、桩基技术(主要作用是把上部荷载传至地基深部)、地下连续墙技术(主要作用是提供侧向支护)。这三种不同施工技术的综合应用形成了许多新技术、新工艺，能产生更好的技术效果、经济效益和社会效益。随着地基处理技术水平的提高，多种地基处理技术的综合应用将是我国地基处理技术发展的一个新动向。

6. 复合地基理论的运用和发展

随着地基处理技术的发展，复合地基技术得到愈来愈多的应用。复合地基是指天然地基在地基处理过程中部分土体得到增强或被置换，或在天然地基中设置加筋材料，加固区是由基体(天然地基土体)和增强体两部分组成的人工地基。

开展复合地基的本构模型研究可以从两个方向努力：一是努力建立用于解决实际工程问题的实用模型；二是为了建立能进一步反映某些岩土体应力应变特性的理论模型。理论模型包括各类弹性模型、弹塑性模型、黏弹性模型、黏弹塑性模型、内时模型和损伤模型，以及结构性模型等。它们应能较好地反映地基的某种或几种变形特性，是建立工程实用模型的基础。工程实用模型应是为某地区岩土、某类岩土工程问题建立的本构模型，它应能反映这种情况下岩土体的主要性状。用它进行工程计算分析，可以获得工程建设所需精度的满意的分析结果。

地基处理是地基与环境科学密切结合的一门新学科，它主要应用岩土工程的观点、技术和方法为治理和保护环境服务。人类生产活动和工程活动造成许多环境公害，如采矿造成采空区坍塌，过量抽取地下水引起区域性地面沉降，工业垃圾、城市生活垃圾及其他废弃物，特别有毒有害废弃物污染环境，施工扰动对周围环境的影响等。

另外，地震、洪水、风沙、泥石流、滑坡、地裂缝、隐伏岩溶引起地面塌陷等灾害会对环境造成破坏。上述环境问题的治理和预防给岩土工程师们提出了许多新的研究课题。随着城市化、工业化发展进程加快，地基处理的研究将更加重要。应从保持良好的生态环境和保持可持续发展的高度来认识和重视地基处理的研究。

展望地基处理的发展，要特别重视特殊岩土工程问题的研究，如库区水位上升引起周围山体边坡稳定问题；越江越海地下隧道中岩土工程问题；超高层建筑的超深基础工程问题；特大桥、跨海大桥超深基础工程问题；大规模地表和地下工程开挖引起岩土体卸荷变形破坏问题等。

本 章 小 结

本章详细介绍了地基处理的概念、目的和意义，并对地基处理对象的特征进行了详细的描述，重点介绍了地基处理的方法的定义、加固原理、分类及适用范围，最后简单介绍了地基处理的发展阶段和存在问题、发展前景等。

在学习中应重点掌握地基处理的方法分类及适用范围。

习 题

一、思考题

1. 软黏土有哪些主要特点？
2. 常用地基处理方法的原理、适用的土质条件和作用是什么？
3. 地基处理设计前的四个工作内容是什么？
4. 如何进行地基处理方案的选择？确定步骤是什么？
5. 试述地基处理方法的分类。
6. 地基处理技术现阶段存在哪些问题？
7. 地基处理技术未来的发展前景是什么？

二、单选题

1. 地基加固方法（　　）属于复合地基加固。
   a. 深层搅拌法　b. 换填法　c. 沉管砂石桩法　d. 加筋法　e. 真空预压法
   f. 强夯法
   　A. a 和 b　　　　　B. a 和 c　　　　　C. d 和 f　　　　　D. a 和 e
2. 换填法不适用于（　　）地基上。
   　A. 湿陷性黄土　　　　　　　　　　B. 杂填土
   　C. 深层松砂地基土　　　　　　　　D. 淤泥质土
3. 砂井堆载预压法不适合于（　　）。
   　A. 砂土　　　　　　　　　　　　　B. 杂填土

C. 饱和软黏土　　　　　　　　　　D. 冲填土

4. 强夯法不适用于（　　）地基土。

    A. 松散砂土　　　　　　　　　　B. 杂填土

    C. 饱和软黏土　　　　　　　　　　D. 湿陷性黄土

5. 对于松砂地基不适用的处理方法是（　　）。

    A. 强夯法　　　　　　　　　　　B. 杂填土

    C. 挤密碎石桩法　　　　　　　　　D. 真空预压法

6. 下列不属于化学加固法的是（　　）。

    A. 电渗法　　　　　　　　　　　B. 粉喷桩法

    C. 深层水泥搅拌桩法　　　　　　　D. 高压喷射注浆法

7. 我国《建筑地基处理设计规范》（GB 50007—2011）中规定，软弱地基是由高压缩性土层构成的地基，其中不包括（　　）地基土。

    A. 淤泥质土　　　　　　　　　　B. 冲填土

    C. 红黏土　　　　　　　　　　　D. 饱和松散粉细砂土

8. 在地基处理中，如遇砂性土地基，若主要考虑解决砂土液化的问题，不宜采用的地基处理方法为（　　）。

    A. 强夯法　　　　　　　　　　　B. 真空预压法

    C. 挤密桩法　　　　　　　　　　D. 注浆法

第2章
复合地基理论

教学目标

本章主要讲述复合地基的概念和分类；复合地基的作用机理与破坏模式；复合地基的有关设计参数的确定方法；掌握复合地基承载力的计算方法和确定方法；复合地基变形与沉降计算方法等重要内容。通过本章的学习，应达到以下目标：

（1）了解复合地基的概念和分类；

（2）掌握复合地基的作用机理与破坏模式；

（3）掌握复合地基的有关设计参数的确定方法；

（4）重点掌握复合地基承载力的计算方法和确定方法；

（5）掌握复合地基变形与沉降计算方法。

教学要求

知识要点	能力要求	相关知识
复合地基的概念和分类	（1）了解复合地基的发展过程 （2）掌握复合地基的分类 （3）掌握复合地基的基本特点 （4）掌握复合地基的形成条件	（1）复合地基 （2）柔性桩复合地基 （3）刚性复合地基 （4）复合地基的形成条件
复合地基的作用机理与破坏模式	（1）了解复合地基的作用机理 （2）掌握复合地基的分类 （3）掌握复合地基的基本特点 （4）掌握复合地基的形成条件 （5）掌握复合地基的破坏模式	（1）复合地基垫层的作用 （2）复合地基的作用机理 （3）复合地基的破坏模式
复合地基的有关设计参数	（1）掌握复合地基的设计参数 （2）掌握复合地基的设计步骤 （3）掌握复合地基的面积置换率 （4）掌握复合地基的应力比	（1）复合地基的面积置换率 （2）复合地基的应力比 （3）复合地基的设计内容
复合地基承载力	（1）掌握复合地基的承载力计算方法 （2）掌握复合地基的载荷试验	（1）复合地基的承载力 （2）复合地基的载荷试验
复合地基变形与沉降计算	（1）掌握复合地基的沉降计算方法 （2）掌握复合地基的变形计算	（1）复合模量法 （2）应力修正法 （3）桩身压缩量法 （4）应力扩散法 （5）等效实体法 （6）改进 Geddes 法

基本概念

复合地基、复合地基承载力、置换率、应力比、复合地基模量、复合模量法、应力修正法、桩身压缩量法、应力扩散法、等效实体法、改进 Geddes 法等。

引例

在实际工程中，常常会遇到地基承载力达不到要求或沉降超过允许值的情况，需要进行地基处理，形成人工地基，以保证建(构)筑物的安全与正常使用。现在大量采用的桩可以看成是不同于土体的材料组成的加固体，一般由两种刚度(或模量)不同的材料(桩体和桩间土)所组成，在相对刚性基础下，两者共同分担上部荷载并协调变形(包括剪切变形)的地基。两种或两种以上材料共同作用给承载力和沉降的计算带了很大难题，目前常用的方法主要有复合模量法、应力修正法、桩身压缩量法、应力扩散法、等效实体法、改进 Geddes 法等。

2.1 概　述

复合地基技术于 19 世纪 30 年代起源于欧洲，在国内出现还要晚一些。复合地基一般可认为是由两种刚度(或模量)不同的材料(桩体和桩间土)所组成，在相对刚性基础下，两者共同分担上部荷载并协调变形(包括剪切变形)的地基。对复合地基定义的认识，目前较为广泛接受的观点是看其在工程状态下能否保证桩与桩间土共同直接承担荷载；定义侧重于从荷载传递机理角度揭示复合地基的本质，即在荷载作用下，增强体和地基土体共同承担上部结构传来的荷载。

当天然地基不能满足建(构)筑物对地基的要求时，需要进行地基处理，形成人工地基，以保证建(构)筑物的安全与正常使用。经过地基处理的人工地基大致可分为三类：匀质地基、多层地基和复合地基。复合地基可定义为：天然地基在地基处理过程中部分土体得到增强，或被置换，或在天然地基中设置加筋材料，加固区是由基体(天然地基土体或被改良的天然地基土体)和增强体两部分组成的人工地基。在荷载作用下，基体和增强体共同承担荷载作用。

复合地基与桩基都是采用以桩的形式处理地基，故两者有相似之处，但复合地基属于地基范畴，而桩基属于基础范畴，所以两者又有本质区别。复合地基中桩体与基础往往不是直接相连的，它们之间是通过垫层(碎石或砂石垫层)来过渡；而桩基中桩体与基础直接相连，两者形成一个整体。因此，它们的受力特性也存在着明显差异，即复合地基的主要受力层在加固体内而桩基的主要受力层是在桩尖以下一定范围内。由于复合地基理论的最基本假定是桩与桩周土的协调变形，因此，从理论而言，复合地基中也不存在类似桩基中的群桩效应。

2.1.1 复合地基分类

在工程实践中，复合地基多从以下四个方面来分类。

1. **按增强体设置方向分类**

按增强体设置方向分类,复合地基分为竖向、水平向(图 2.1)及斜向。其中竖向增强体可以采用同一长度,也可采用长短桩形式。长短桩可以采用同一材料,也可采用不同材料制桩(在深厚软黏土地基中采用长短桩复合地基,既可以有效提高地基承载力,也可以有效减小沉降,且具有较好的经济效益)。

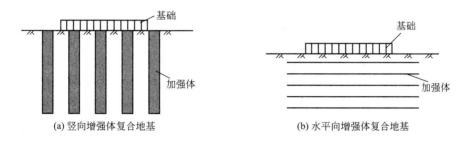

(a) 竖向增强体复合地基 (b) 水平向增强体复合地基

图 2.1 复合地基分类图

根据复合地基工作机理,竖向增强体复合地基(又可称桩体复合地基)中包括散体材料桩复合地基(如碎石桩、砂桩等)及黏结材料桩复合地基(柔性桩复合地基,如水泥土桩、灰土桩等,或者刚性桩复合地基,如钢筋混凝土桩、低强度混凝土桩等)。严格地讲,桩体的刚度不仅与材料性质有关,还与桩的长径比、土体刚度有关,应采用桩土相对刚度来描述。水平向增强体复合地基主要指加筋土地基,加筋材料主要是土工织物和土工格栅等。

2. **按增强体材料分类**

按增强体材料分类,复合地基分为四大类:土工合成材料(如土工格栅、土工布等)、砂石桩、各类土桩(如水泥土桩、土桩、灰土桩、渣土桩等)、各类低强度混凝土桩和钢筋混凝土桩等,如图 2.2 所示。

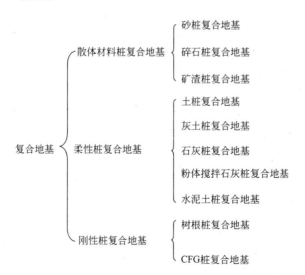

图 2.2 复合地基的分类

桩体如按成桩所采用的材料还可分为以下三种。

（1）散体土类桩：如碎石桩、砂桩等。

（2）水泥土类桩：如水泥土搅拌桩、旋喷桩等。

（3）混凝土类桩：树根桩、CFG 桩等。

3. 按桩体成桩后的桩体强度（或刚度）分类

（1）柔性桩：无需桩周土的围箍即能自立，桩身刚度和强度较小、压缩量较大，单桩沉降以桩身压缩为主、受桩端持力层性状影响不大的复合地基竖向增强体。散体土类桩属于此类桩。

（2）半刚性桩：水泥土类桩。

（3）刚性桩：在地基变形中，桩体是不变形的桩，如混凝土类桩。

由柔性桩和桩间土所组成的复合地基称为柔性桩复合地基，其他依次为半刚性桩复合地基、刚性桩复合地基。在刚性桩中，应力大部分从桩尖开始扩散；应力传到下卧层时还很大；如果软弱土层很厚时，若无较好持力层，沉降好可能会很大，沉降速度较慢。而在柔性桩中，应力从基底开始扩散，组成桩土复合地基；应力传到下卧层是很小；创造了排水条件，初期沉降快而大，后期沉降小，并加快了沉降速率。

4. 按基础刚度和垫层设置分类

按基础刚度和垫层设置分类，复合地基分为刚性基础（设垫层或不设垫层）下的复合地基、柔性基础（设垫层或不设垫层）下的复合地基。

5. 按增强体长度分类

按增强体长度分类，复合地基分为等长度和不等长度（长短桩复合地基）复合地基。

从以上的分类情况可以对目前应用的各种复合地基情况有个全面的了解。不难发现在工程中得到应用的复合地基形式具有多种类型，要建立可适用于各种类型复合地基承载力和沉降计算的统一公式是困难的，或者说是不可能的。

在桩体复合地基中，桩的作用是主要的，而在地基处理中，桩的类型较多，性能变化较大。因此，复合地基的类型按桩的类型进行划分比较合适。然而，桩又可根据成桩所采用的材料以及成桩后桩体的强度（或刚度）来进行分类。

2.1.2　复合地基的基本特点

复合地基有两个基本特点：

（1）加固区是由增强体和其周围地基土两部分组成，是非均质和各向异性的。

（2）增强体和其周围地基土体共同承担荷载并协调变形。

前一特征使它区别于均质地基（包括天然的和人工均质地基），后一特征使它区别于桩基础。

2.1.3　复合地基的形成条件

在荷载作用下，增强体和地基土体共同承担上部结构传来的荷载，这是复合地基的本质。然而如何设置增强体以保证增强体与天然地基土体能够共同承担上部结构荷载是有条件的，这也是在地基中设置增强体能否形成复合地基的条件。

应特别注意的是，当增强体采用黏结材料桩，特别是采用刚性桩形成复合地基时需要重视复合地基时的形成条件。假设复合地基增强体的模量为 E_p，桩间土的模量为 E_{s1}，如图 2.3 所示，$E_p > E_{s1}$，在承台荷载作用下，开始时增强体和桩间土体中竖向应力大小基本上按两者的模量比分配，但是随着土体产生蠕变，土中应力不断减小，而增强体中应力逐渐增大，荷载向增强体上转移；若 $E_p \gg E_{s1}$，桩间土承担的荷载比例极小，特别是遇地下水位下降等因素，桩间土体会进一步压缩，桩间土可能不再承担荷载。在这种情况下，增强体与桩间土体难以形成复合地基共同承担上部荷载。在实际工程中不能满足形成复合地基的条件，而以复合地基进行设计是不安全的，这种情况高估了桩间土的承载能力，降低了复合地基的安全度，可能造成工程事故，应引起设计人员充分的重视。

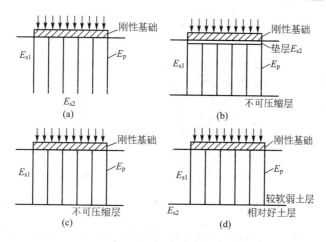

图 2.3 复合地基的形成条件

2.1.4 复合地基与浅基础和桩基础的区别

当天然地基能够满足建(构)筑物对地基的要求时，通常采用浅基础。当天然地基能不满足建(构)筑物对地基的要求时，需要对天然地基进行处理形成人工地基以满足建(构)筑物对地基的要求。桩基础是软弱地基最常用的一种人工地基形式。桩基技术也是一种地基处理技术，而且是一种最常见的地基处理技术。采用的地基处理方法不同，天然地基经过地基处理后形成的人工地基性态也不同。

浅基础、复合地基和桩基础之间并不存在严格的界限，是连续分布的。复合地基置换率等于 0 时就是浅基础，复合地基桩土应力比等于 1 时也就是浅基础。复合地基中不考虑桩间土的承载力，复合地基承载力计算则与桩基础相同。摩擦桩基中考虑桩间土直接承担荷载的作用，也可属于复合地基，或者说考虑桩土共同作用就要归属于复合地基。

根据上述分析，工程建设中常用的三种地基基础形式(包括浅基础、复合地基和桩基础)的荷载传递特点如图 2.4～图 2.6 所示。总结如表 2-1 所示。经典桩基础理论不考虑基础板下地基土直接对荷载的传递作用，虽然客观上摩擦桩桩间土是直接参与共同承担荷载的，但在计算中是不予考虑的。此外，它们的受力特征存在明显差异，即

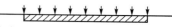

图 2.4 浅基础受力特征图

27

复合地基的受力层在加固区，桩基础则是在桩尖以下一定范围内，并且复合地基不存在类似桩基的群桩效应的影响，如图2.7所示。

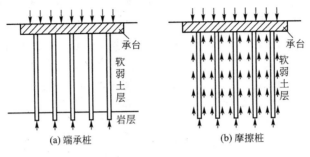

图 2.5 桩基础受力特征图

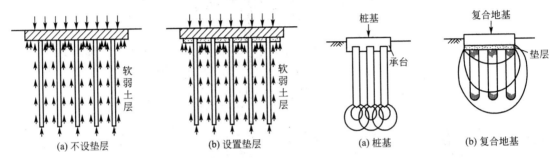

图 2.6 复合地基受力特征图　　　　图 2.7 桩基与复合地基受力特性的对比

复合地基中桩体与桩间土直接同时承担荷载是复合地基的基本特征，也是复合地基的本质。强调从荷载传递路线来判断是否属于复合地基。

表 2-1 浅基础、复合地基和桩基础荷载传递特点

基础类型	不同类型基础和地基处理的荷载传递特点	
浅基础	上部结构荷载是通过基础板直接传递给地基土体	
复合地基	上部结构荷载通过基础板直接同时将荷载传递给桩体和基础板下地基土体	对散体材料桩，由桩体承担的荷载通过桩体鼓胀传递给桩侧土体和通过桩体传递给深层土体
		对黏结材料桩，由桩体承担的荷载则通过桩侧摩阻力和桩端端承力传递给地基土体
桩基础	荷载通过桩体传递给地基土体	在端承桩桩基础中，上部结构荷载通过基础板传递给桩体，再依靠桩的端承力直接传递给桩端持力层。不仅基础板下地基土不传递荷载，而且桩侧土也基本不传递荷载
		在摩擦桩桩基础中，上部结构荷载通过基础板传递给桩体，再通过桩侧摩阻力和桩端端承力传递给地基土体，以桩侧摩阻力为主

2.2 复合地基的作用机理与破坏模式

2.2.1 复合地基的作用机理

复合地基按其作用机理可体现以下几方面的作用。

1. 桩体作用

复合地基是桩体与桩周土共同作用，由于桩体的刚度比周围土体大，在刚性基础下等量变形时，地基中的应力将重新分配，桩体产生应力集中而桩周土应力降低，于是复合地基承载力和整体刚度高于原地基，沉降量有所减小。

由于复合地基中的桩体刚度比周围土体大，在刚性基础下等量变形时，地基中应力将按材料模量进行分布。因此，桩体上产生应力集中现象，大部分荷载由桩体承担，桩间土所承受的应力和应变减小，这样使得复合地基承载力较原地基有所提高，沉降量有所减小，随着桩体刚度的增加，其桩体作用发挥得更加明显。

2. 垫层作用

由于复合地基形成的复合土体性能优于原天然地基，它可起到类似垫层的换土、均匀地基应力和增大应力扩散角等作用。在桩体没有贯穿整个软弱土层的地基中，垫层的作用尤其明显。

3. 加速固结作用

除碎石桩、砂桩具有良好的透水特性，可加速地基的固结外，水泥土类和混凝土类桩在某种程度上也可加速地基固结。因为地基固结不仅与地基土的排水性能有关，而且还与地基土的变形特性有关。

从固结系数 C_v 的计算式可以看出，虽然水泥土类桩会降低地基土的渗透系数 k，但同样会减小地基土的压缩系数 a，而且通常后者的减小幅度要比前者大。为此，使加固后水泥土的固结系数 C_v 大于加固前原地基土的系数，同样起到了加速固结的作用。

4. 挤密作用

如砂桩、土桩、石灰桩、砂石桩等在施工过程中由于振动、挤压、排土等原因，可使桩间土起到一定的挤密作用。采用生石灰桩，由于其材料具有吸水、发热和膨胀等作用，对桩间土同样可起到挤密作用。

对于深层搅拌桩，有资料报道，日本横滨泵厂建设工程在深层搅拌施工过程中，对距施工点4.5m处的地基土侧向位移进行测量，结果发现深层搅拌桩同样存在排土问题。粉体喷射法施工过程中使桩周土强度产生瞬时下降，然后随着时间推延，会重新得到恢复，在达30d时强度可恢复到80%，因而水泥土搅拌法在施工过程中的排土效应还应进一步探讨。

5. 加筋作用

各种桩土复合地基除了可提高地基的承载力外，还可用来提高土体的抗剪强度，增加土坡的抗滑能力。目前在国内的深层搅拌桩、粉体喷射桩和旋喷桩等已被广泛地用于基坑开挖时的支护。在国外，碎石桩和砂桩常用于高速公路等路基或路堤的加固，这都利用了复合地基中桩体的加筋作用。

2.2.2　复合地基的破坏模式

竖向增强体复合地基和水平向增强体复合地基破坏模式是不同的，现分别加以讨论分析。

对于竖向增强体复合地基，其刚性基础下和柔性基础下的破坏模式也有区别。

竖向增强体复合地基的破坏模式可以分成下述两种情况：一种是桩间土首先破坏进而发生复合地基全面破坏；另一种是桩体首先破坏进而发生复合地基全面破坏。在实际工程中，桩间土和桩体同时达到破坏是很难遇到的。大多数情况下，桩体复合地基都是桩体先破坏，继而引起复合地基全面破坏。

竖向增强体复合地基中桩体破坏的模式可以分成四种形式：刺入破坏、鼓胀破坏、桩体剪切破坏和滑动剪切破坏，如图 2.8 所示。

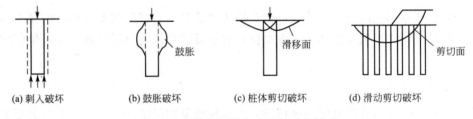

(a) 刺入破坏　　　(b) 鼓胀破坏　　　(c) 桩体剪切破坏　　　(d) 滑动剪切破坏

图 2.8　竖向增强体复合地基破坏模式

桩体发生刺入破坏模式如图 2.8(a)所示。在桩体刚体较大，地基上承载力较低的情况下较易发生桩体刺入破坏。桩体发生刺入破坏，承担荷载大幅度降低，进而引起复合地基桩间土破坏，造成复合地基全面破坏。刚性桩复合地基较易发生刺入破坏模式。特别是柔性基础下(填土路堤下)，刚性桩复合地基更容易发生刺入破坏模式。若处在刚性基础下，则可能产生较大沉降，造成复合地基失效。

桩体鼓胀破坏模式如图 2.8(b)所示。在荷载作用下，桩周土不能提供桩体足够的围压，以防止桩体发生过大的侧向变形，产生桩体鼓胀破坏。桩体发生鼓胀破坏造成复合地基全面破坏，散体材料桩复合地基较易发生鼓胀破坏模式。在刚性基础下和柔性基础下，散体材料桩复合地基均可能发生桩体鼓胀破坏。

桩体剪切破坏模式如图 2.8(c)所示。在荷载作用下，复合地基中桩体发生剪切破坏，进而引起复合地基全面破坏。低强度的柔性桩较容易产生桩体剪切破坏。在刚性基础下和柔性基础下，低强度柔性桩复合地基均可产生桩体剪切破坏。相比之下，在柔性基础下发生的可能性更大。

滑动剪切破坏模式如图 2.8(d)所示。在荷载作用下，复合地基沿某一滑动面产生滑动破坏。在滑动面上，桩体和桩间土均发生剪切破坏。各种复合地基均可能发生滑动破坏模式。在柔性基础下比刚性基础下发生的可能性更大。

在荷载作用下，复合地基发生何种模式破坏，其影响因素很多。

从上面分析可知，它不仅与复合地基中增强体材料性质有关，还与复合地基上基础结构形式有关。除此之外，还与荷载形式有关。竖向增强体本身的刚度对竖向增强体复合地基的破坏模式有较大影响。桩间土的性质与增强体的性质的差异程度会对复合地基的破坏模式产生影响。若两者相对刚度较大，较易发生桩体刺入破坏，但筏形基础上的刚性桩复合地基，由于筏形基础的作用，复合地基中的桩体也不易发生桩体刺入破坏。显然复合地基上基础结构形式对复合地基破坏模式也有较大影响。总之，对于具体的桩体复合地基的破坏模式应考虑上述各种影响因素，通过综合分析加以估计。

(1) 对于不同的桩型，有不同的破坏模式。如碎石桩易发生鼓胀破坏，而 CFG 桩易发生刺入破坏。

(2) 对于同一桩型，当桩身强度不同时，也会有不同的破坏模式。对于水泥搅拌桩，当水泥掺入量 a_w 较小时，如 $a_w=5\%$ 时，易发生鼓胀破坏；当 $a_w=15\%$ 时，易发生整体剪切破坏；当 $a_w=25\%$ 时，易发生刺入破坏。

(3) 对于同一桩型，当土层条件不同时，也将发生不同的破坏模式。当浅层存在非常软的黏土时，碎石桩将在浅层发生剪切或鼓胀破坏，如图 2.9(a)所示；当较深层存在局部非常软的黏土时，碎石桩将在较深层发生局部鼓胀，如图 2.9(b)所示；对于较深层存在较厚的非常软的黏土情况，碎石桩将在较深层发生鼓胀破坏，而其上的碎石桩将发生刺入破坏，如图 2.9(c)所示。

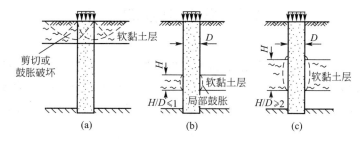

图 2.9 不同影响因素下的复合地基破坏

另外，复合地基的破坏还和荷载的形式、复合地基上基础的结构有关。

水平向增强体复合地基通常的破坏模式是整体破坏。受天然地基土体强度、加筋体强度和刚度以及加筋体的布置形式等因素影响而具有多种破坏形式。

1. 加筋体以上土体剪切破坏

如图 2.10(a)所示，在荷载作用下，最上层加筋体以上土体发生剪切破坏。也有人把它称为薄层挤出破坏。这种破坏多发生在第一层加筋体埋置较深、加筋体强度大，且具有足够锚固长度，加筋层上部土体强度较弱的情况。这种情况下，上部土体中的剪切破坏无法通过加筋层，剪切破坏局限于加筋体上部土体中。若基础宽度为 B，第一层加筋体埋深为 u，当时，发生这种破坏形式可能性较大。

2. 加筋体在剪切过程中被拉出或与上体产生过大相对滑动产生破坏

如图 2.10(b)所示，在荷载作用下，加筋体与土体间产生过大的相对滑动，甚至加筋

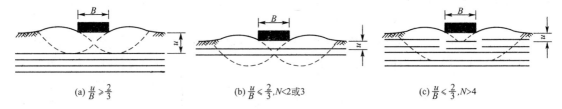

(a) $\dfrac{u}{B} \geqslant \dfrac{2}{3}$ (b) $\dfrac{u}{B} < \dfrac{2}{3}$, $N<2$ 或 3   (c) $\dfrac{u}{B} < \dfrac{2}{3}$, $N>4$

图 2.10　水平向增强体复合地基破坏模式

体被拉出，加筋体复合土体发生破坏而引起整体剪切破坏。这种破坏形式多发生在加筋体埋置较浅，加筋层较少，加筋体强度高但锚固长度过短，两端加筋体与土体界面不能提供足够的摩擦力防止加筋体拉出的情况。试验结果表明，这种破坏形式多发生在加筋层数 N 小于 2 或 3 的情况。

3. 加筋体在剪切过程中被拉断而产生剪切破坏

如图 2.10(c)所示，在荷载作用下，加筋体在剪切过程中被拉断，引起整体剪切破坏。这种破坏形式多发生在加筋体埋置较浅，加筋层数较多，并且加筋体足够长，两端加筋体与土体界面能够提供足够的摩擦力防止加筋体被拉出的情况。在这种情况下，最上层加筋体首先被绷断，然后一层一层逐步向下发展。试验结果表明，加筋体绷断破坏形式多发生在加筋体较长，加筋体层数 N 大于 4 的情况。

2.3 复合地基的设计

在设计复合地基前，应掌握详细的岩土工程勘察资料、上部结构及基础设计资料，掌握建筑物场地的环境情况，包括邻近建筑、地下工程和有关地下管线等情况等；应根据工程要求，确定选用复合地基的目的、处理范围和处理后要求达到的承载力、工后沉降等各项技术经济指标。

2.3.1　复合地基设计的步骤

设计复合地基一般按照以下步骤进行。

（1）根据结构类型。荷载大小及使用要求，结合工程地质和水文地质条件、上部结构和基础形式、施工条件，以及环境条件进行综合分析，提出几种可供考虑的复合地基方案。

（2）对于初选的各种复合地基形式，分别从加固原理、适用范围、预期处理效果、耗用材料、施工机械、工期要求和对环境的影响等方面进行技术经济比较分析，选择一个或几个较合理的复合地基方案。

（3）对于大型重要工程，应对已经选择的复合地基方案，在有代表性的场地上进行相应的现场试验或试验性施工，并进行必要的测试，以检验设计参数和处理效果。通过比较分析，选择和优化设计方案。

（4）在施工过程中应加强监测。监测结果如达不到设计要求时，应及时查明原因，修改设计参数或采用其他必要措施。

2.3.2 复合地基的设计原则

(1) 在桩体复合地基设计过程中，应保证复合地基中桩体和桩间土在荷载作用下能够共同直接承担荷载。

(2) 复合地基宜按沉降控制设计思路进行设计。

(3) 在设计过程中应重视基础刚度对复合地基性能的影响。在柔性基础下，复合地基设计和刚性基础下桩体复合地基设计，应采用不同的计算参数。

(4) 刚性基础下的复合地基宜设置柔性垫层，以改善地基和基础底板受力性能。

(5) 柔性基础下的复合地基应设置加筋碎石垫层等刚度较大的褥垫层，柔性基础下不宜采用不设褥垫层的桩体复合地基。

2.3.3 复合地基置换率

复合地基的承载力和变形特性一方面决定于被加固土的特性，另一方面决定于置换率的大小，置换率(Replacement Rate)用截面积比表示，即

$$m = \frac{A_p}{A} = \frac{A_p}{A_s + A_p} = \frac{d^2}{d_e^2} \tag{2-1}$$

式中，m 为置换率；A_p 为碎石桩置换软黏土的截面积，m^2；A_s 为被加固范围内的土所占的截面积(图 2.11)，m^2，被加固的面积为 $A = A_s + A_p$；d 为桩身平均直径，m；d_e 为 1 根桩分担的处理地基面积的等效圆直径，m。

1 根桩分担的处理地基面积的等效圆直径可以根据三角形(梅花形)或四边形布置的简单几何关系(图 2.12)计算。

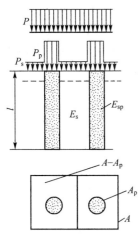

图 2.11 复合地基置换
率示意图

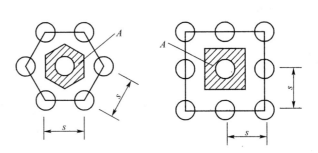

图 2.12 等效圆直径示意图

等边三角形布桩	$d_e = 1.5s$
正方形布桩	$d_e = 1.13s$

矩形布桩
$$d_e = 1.13\sqrt{s_1 s_2}$$

式中，s、s_1、s_2 分别为桩间距、纵向间距和横向间距，m。

2.3.4 复合地基的应力比

在荷载作用下，应力分别由桩体和土来承担，常用桩土应力比 n（Stress Ratio）表示，即

$$n = \frac{p_p}{p_s} \tag{2-2}$$

式中，p_p 为桩体承担的部分竖向荷载；p_s 为桩周土承担的部分荷载；n 为桩土应力比，其大小随荷载水平而变化。

桩土应力比可以反映桩与土的变形协调情况，与桩和周围土的相对刚度有关。

▌2.4 复合地基承载力

2.4.1 复合地基承载力计算

竖向增强体复合地基承载力计算

复合地基的极限承载力可用下式表示：

$$f_{spf} = k_1 \lambda_1 m f_{pf} + k_2 \lambda_2 (1-m) f_{sf} \tag{2-3}$$

式中，f_{spf} 为复合地基极限承载力特征值，kPa；f_{pf} 为桩体极限承载力特征值，kPa；f_{sf} 为天然地基极限承载力特征值，kPa；k_1 为反映复合地基中桩体实际极限承载力的修正系数，其值与地基土质情况、成桩方法等因素有关，一般大于 1.0；k_2 为反映复合地基中桩间土实际极限承载力的修正系数，其值与地基土质情况、成桩方法等因素有关，可能大于 1.0，也可能小于 1.0；λ_1 为复合地基破坏时，桩体发挥其极限强度的比例，也称为桩体极限强度发挥度；λ_2 为复合地基破坏时，桩间土发挥其极限强度的比例，也称为桩间土极限强度发挥度；m 为复合地基置换率。

对于刚性桩复合地基和柔性桩复合地基，桩体极限承载力可采用类似摩擦桩极限承载力计算式计算，其表达式为

$$p_{pf} = u_p \sum_{i=1}^{n} q_{si} l_i + q_p A_p \tag{2-4}$$

式中，p_{pf} 为桩周摩阻力极限值，kPa；u_p 为桩身周边长度，m；A_p 为桩身截面面积，m^2；q_{si} 为桩端土极限承载力；l_i 为按土层划分的各段桩长。对于柔性桩，桩长大于临界桩长时，计算桩长应取临界桩长值。

按式（2-4）计算桩体极限承载力外，尚需计算桩身材料强度允许的单桩极限承载力，即

$$p_{cu} = q \tag{2-5}$$

式中，q 为桩体极限抗压强度，kPa。

由式(2-4)和式(2-5)计算所得的二者中取较小值为桩的极限承载力。

2.4.2　水平向增强体复合地基承载力计算

水平向增强体复合地基主要包括在地基中铺设各种加筋材料，如土工织物、土工格栅等形成的复合地基。复合地基工作性状与加筋体长度、强度、加筋层数，以及加筋体与土体间的黏聚力和摩擦系数等因素有关。水平向增强体复合地基破坏可具有多种形式，影响因素也很多(龚晓南，1992)。到目前为止，许多问题尚未完全搞清楚，水平向增强体复合地基的计算理论尚不成熟。这里只介绍 Florkiewicz(1990)承载力公式，供借鉴。

图 2.13 表示一水平向增强体复合地基上的条形基础。刚性条形基础宽度为 B，下卧厚度为 Z_0 的加筋复合土层，其视黏聚力为 c_r，内摩擦角为 φ_v，复合土层下的天然土层黏聚力为 c，内摩擦角为 φ。Florkiewicz 认为，基础的极限荷载 q_f 是无加筋体($c_r=0$)的双层土体系的常规承载力 $q_0 B$ 和由加筋引起的承载力提高值 $\Delta q_f B$ 之和，即

$$q_f = q_0 B + \Delta q_f B \tag{2-6}$$

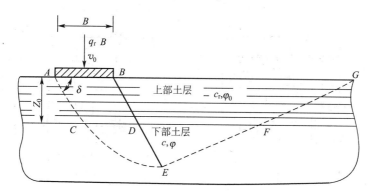

图 2.13　水平向增强体复合地基上的条形基础

复合地基中各点的视黏聚力 c_r 值取决于所考虑的方向，其表达式(Schlosser 和 Long，1974)为

$$c_r = \sigma_0 \frac{\sin\delta\cos(\delta - \varphi_0)}{\cos\varphi_0} \tag{2-7}$$

式中，δ 为考虑的方向与加筋体方向的倾斜角；σ_0 为加筋体材料的纵向抗拉强度。

采用极限分析法分析，地基土体滑动模式取 Prandtl 滑移面模式。当加筋复合土层中加筋体沿滑移面 AC 滑动时，地基破坏。此时，刚性基础竖直向下速度为 v_0，加筋体沿 AC 面滑动引起的能量消散率增量为

$$D = \overline{AC} c_r v_0 \frac{\cos\varphi}{\sin(\delta - \delta_0)} = \sigma_0 v_0 Z_0 \cot(\delta - \varphi_0) \tag{2-8}$$

忽略了 $ABCD$ 区和 $BGFD$ 区中由于加筋体存在($c_r \neq 0$)能量消散率增量的增加。根据上限定理，可得到承载力提高值表示式：

$$\Delta q_f = \frac{D}{v_0 B} = \frac{Z_0}{B} \sigma_0 \cot(\delta - \varphi_0) \tag{2-9}$$

式中，v_0 值可根据 Prandtl 滑移面模式确定。

2.4.3 复合地基的载荷试验

复合地基载荷试验用于测定承压板下应力主要影响范围内复合土层的承载力和变形参数。对于水泥土搅拌桩复合地基、高压喷射注浆桩复合地基、砂桩地基、振冲桩复合地基、土和灰土挤密桩复合地基、水泥粉煤灰碎石桩复合地基及夯实水泥土桩复合地基，地基承载力检验应采用复合地基载荷试验，其承载力检验，数量为总数的 0.5%～1%，但不应小于 3 点。基于复合地基是由竖向增强体和地基土通过变形协调承载的机理，复合地基的承载力目前只能通过现场载荷试验确定。

1. 试验装置

单桩复合地基载荷试验的承压板可用圆形或方形，面积为一根桩承担的处理面积；多桩复合地基载荷试验的承压板可用方形或矩形，其尺寸按实际桩数所承担的处理面积确定。试验装置如图 2.14 所示。

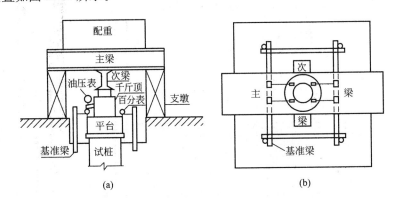

图 2.14 复合地基载荷试验示意图

2. 试验步骤

复合地基载荷试验承压板应具有足够刚度。单桩复合地基载荷试验的承压板可用圆形或方形，面积为一根桩承担的处理面积；多桩复合地基载荷试验的承压板可用方形或矩形，其尺寸按实际桩数所承担的处理面积确定。桩的中心（或形心）应与承压板中心保持一致，并与荷载作用点相重合。

承压板底面标高应与桩顶设计标高相适应。承压板底面下宜铺设粗砂或中砂垫层，垫层厚度为 50～150mm，桩身强度高时取大值。试验标高处的试坑长度和宽度，应不小于承压板尺寸的 3 倍。基准梁的支点应设在试坑之外。

加载等级可分为 8～12 级，最大加载压力不应小于设计要求压力值的 2 倍。每加一级荷载，在加荷载前后各读记压板沉降一次，以后每 30min 读记一次。当 1h 内沉降增量小于 0.1mm 时可加下一级荷载。当出现下列情况之一时，即可终止加载。

(1) 沉降急骤增大、土被挤出或压板周围出现明显的裂缝。

(2) 累计的沉降量已大于压板宽度或直径的 6%。

(3) 总加载量已为设计要求值的两倍以上。

卸荷级数可为加载级数的一半，等量进行，每卸一级，间隔 30min，读记回弹量，待卸完全部荷载后间隔 3h 读记录总回弹量。

复合地基的载荷试验现场如图 2.15 所示。

图 2.15　复合地基的载荷试验现场

复合地基承载力特征值的确定应根据竖向荷载-沉降(Q-s)曲线按有关规范规定确定。当出现下列情况之一时，即可终止加载。

（1）沉降急剧增大，土被挤出或承压板周围出现明显的隆起。

（2）承压板的累计沉降量已大于其宽度或直径的 6%。

（3）当达不到极限荷载，而最大加载压力已大于设计要求压力值的 2 倍。

3. 承载力的确定

承载力特征值的确定应符合下列规定。

1）根据 Q-s 曲线确定承载力

当 Q-s 曲线上极限荷载能确定，而其值不小于对应比例界限的 2 倍时，可取比例界限；当其值小于对应比例界限的 2 倍时，可取极限荷载的一半。

一根桩承担的处理面积可按如下方法计算(图 2.16)。

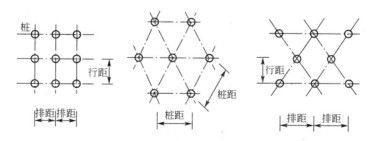

图 2.16　一根桩承担的处理面积的计算方法

（1）对于矩形布桩，一根桩承担的处理面积等于两个方向的桩距的乘积。

（2）对于等边三角形布桩，一根桩承担的处理面积等于 0.866 乘以桩距的平方。

（3）对于梅花形布桩，一根桩承担的处理面积等于桩的行距与排距的乘积。

2）按相对变形值确定承载力

当压力-沉降曲线是平缓的光滑曲线时，按相对变形值确定。

（1）对于砂石桩、振冲桩复合地基或强夯置换墩。当以黏性土为主的地基，可取 s/b 或 s/d 等于 0.015 所对应的压力；当以粉土或砂土为主的地基，可取 s/b 或 s/d 等于 0.01

所对应的压力。

（2）对于土挤密桩，石灰桩或柱锤冲扩桩复合地基，可取 s/b 或 s/d 等于 0.012 所对应的压力；对于灰土挤密桩复合地基，可取 s/b 或 s/d 等于 0.008 所对应的压力。

（3）对于水泥粉煤灰碎石桩或夯实水泥土桩复合地基，当以卵石、圆砾、密实粗中砂为主的地基，可取 s/b 或 s/d 等于 0.008 所对应的压力；当以黏性土、粉土为主的地基，可取 s/b 或 s/d 等于 0.01 所对应的压力。

（4）对于水泥土搅拌桩或旋喷桩复合地基，可取 s/b 或 s/d 等于 0.006 所对应的压力。

（5）对有经验的地区，也可按当地经验确定相对变形值。按相对变形值确定的承载力特征值不应大于最大加载压力的一半。

试验点不应少于 3 点，当试验实测值的极差不超过其平均值的 30% 时，取此平均值作为该复合地基的承载力特征值。

2.5 复合地基变形与沉降计算

2.5.1 复合地基的变形

在各类复合地基沉降实用计算方法中，通常把沉降量分为三部分（图 2.17）即加固区土体压缩量 s_1、加固区下卧层土体压缩量 s_2 和垫层压缩量 s_3，而复合地基总沉降 s 表达式为

$$s = s_1 + s_2 + s_3 \tag{2-10}$$

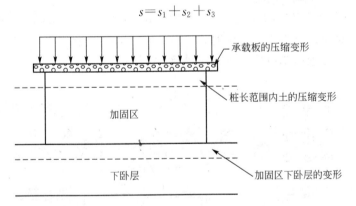

图 2.17　复合地基沉降量构成示意图

具体的计算方法一般有以下三种。

1. 复合模量法

复合模量法的原理是，将复合地基加固区的增强体和基体两个部分视为一个复合体，采用复合压缩模量 E_{sp} 表征复合土体的压缩性，采用分层总和法计算其复合地基加固区压缩量。计算时，按照地基的地质分层情况，将地基分成若干层，假定加固区的复合土体为与天然地基分层相同的若干层均质地基，这样加固区和下卧层均按分层总和法进行沉降计算。表达式为

$$s = \psi_{sp}(s_1 + s_2) = \psi \left[\sum_{i=1}^{n_1} \frac{p_0}{E_{spi}} (Z_i \overline{\alpha_i} - Z_{i-1} \overline{\alpha_{i-1}}) + \sum_{i=n_1+1}^{n_{21}} \frac{\sigma_2}{E_{si}} (Z_i \overline{\alpha_i} - Z_{i-1} \overline{\alpha_{i-1}}) \right]$$

$$(2-11)$$

式中，s 为最终沉降量，mm；s_1、s_2 分别为加固区和下卧层的计算沉降量，mm；ψ_{sp} 为复合地基沉降计算修正系数，根据地区沉降观测资料经验确定，无地区经验时，可根据变形计算深度范围内压缩模量的当量值（$\overline{E}_s$）按表 2 - 2 取值；p_0 为基础底面处的附加应力，kPa；E_{spi} 为第 i 个天然土层和桩形成的复合模量，MPa；Z_i、Z_{i-1} 分别为基础底面至第 i、$i-1$ 层土底面的距离，m；$\overline{\alpha_i}$、$\overline{\alpha_{i-1}}$ 分别为基础底面计算点至第 i、$i-1$ 层土底面范围内的平均附加应力系数；α_2 为作用于下卧层顶面处的附加应力，kPa，可根据应力扩散角原理计算；E_{si} 为第 i 个天然土层的压缩模量，MPa；n_1 为加固区 1 或 2 内的土层数；n_2 为下卧层内的土层数。

表 2 - 2 复合地基沉降计算经验系数 ψ_{sp}

$\overline{E}_s$/MPa	4.0	7.0	15.0	20.0	35.0
ψ_{sp}	1.0	0.7	0.4	0.25	0.2

变形计算深度范围内压缩模量的当量值（$\overline{E}_s$），应按下式计算：

$$\overline{E}_s = \frac{\sum_{i=1}^{n} A_i + \sum_{j=1}^{m} A_j}{\sum_{i=1}^{n} \frac{A_i}{E_{spi}} + \sum_{j=1}^{m} \frac{A_j}{E_{sj}}}$$

$$(2-12)$$

式中，E_{spi} 为第 i 层复合土层的压缩模量，MPa；E_{sj} 为加固土层以下的第 j 层土的压缩模量，MPa；A_i，A_j 为第 i 层复合土层和加固土层以下的第 j 层土附加应力系数沿土层厚度的积分值。

E_{spi} 值可通过面积加权法计算或弹性理论表达式计算，也可通过室内试验测定。面积加权表达式为

$$E_{spi} = mE_p + (1-m)E_{si}$$

$$(2-13)$$

式中，m 为复合地基面积置换率，%；E_p 为桩体压缩模量，MPa；E_{si} 为各层土体的压缩模量，MPa。

复合地基变形计算时，复合土层的压缩模量还可按下列公式计算：

$$E_{spi} = \xi \cdot E_{si}$$

$$(2-14)$$

$$\xi = f_{spk}/f_{ak}$$

$$(2-15)$$

式中，E_{spi} 为第 i 层复合土层的压缩模量，MPa；ξ 为复合土层的压缩模量提高系数；f_{spk} 为复合地基承载力特征值，kPa；f_{ak} 为基础底面下天然地基承载力特征值，kPa。

2. 应力修正法

应力修正法的基本思路是，认为桩体和桩间土体压缩量相等，计算出桩间土的压缩量则可以得到复合地基的压缩量。在计算桩间土的压缩量时，忽略桩体的作用，根据桩间土分担的荷载，利用桩间土的压缩模量，按分层总和法计算。计算时采用荷载 P 在基础底面桩间土产生的附加应力作为荷载计算加固区压缩变形 s_1，采用荷载 P 在下卧层产生的附加

应力作为荷载计算下卧层压缩变形 s_2。

在该法中，根据桩间土承担的荷载 p_s，按照桩间土的压缩模量 E_s，忽略增强体的存在，采用分层总和法计算加固区土层的压缩量。

$$s = s_1 + s_2 = \phi\left(\sum_{i=1}^{n}\frac{\Delta\sigma_{1i}}{E_{si}}h_i + \sum_{j=1}^{m}\frac{\Delta\sigma_{2j}}{E_{sj}}h_j\right) = \mu_s s_s \qquad (2-16)$$

式中，μ_s 为应力修正系数，$\mu_s = 1/[1+m(n-1)]$；n 为加固区土分层数；m 为下卧层土分层数；$\Delta\sigma_{1i}$ 为桩间土应力在加固区第 i 层土中产的平均附加应力，kPa；$\Delta\sigma_{2j}$ 为荷载 P 在下卧层第 j 层土中产生的平均附加应力，kPa；E_{si} 为加固区第 i 层土压缩模量，kPa；E_{sj} 为下卧层第 j 层土压缩模量，kPa；h_i 为加固区第 i 层土的分层厚度，m；h_j 为下卧层第 j 层土的分层厚度，m；ϕ 为沉降计算经验系数，参照规范取值；s_s 为未加固地基在荷载作用下相应厚度内的压缩量，mm。

3. 桩身压缩量法

桩身压缩量法认为桩身的压缩量和桩身下刺入量之和就是地基加固区整体的压缩量 s。在荷载作用下，桩身压缩量 s_p 为

$$s_p = \frac{\mu_p p - p_{b0}}{2E_p}l \qquad (2-17)$$

式中，μ_p 为应力集中系数，$\mu_p = n/[1+m(n-1)]$；l 为桩身长度，即等于加固区厚度；E_p 为桩身材料变形模量；p_{b0} 为桩底端端承力密度。

2.5.2 复合地基的沉降

复合地基加固区下卧层土层压缩量 s_2 通常采用分层总和法计算。在分层总和法计算中，作用在下卧层土体上的荷载或土体中附加压力是难以精确计算的。目前在工程应用上常采用下述三种方法计算。

1. 应力扩散法

利用应力扩散法计算加固区下卧层上附加压力示意图如图 2.18(a)所示。复合地基上荷载密度为 p，作用宽度为 B，长度为 D，加固区厚度为 h，压力扩散角为 β，则作用在下卧层上的 p_b 为

$$p_b = \frac{BD}{(B+2h\tan\beta)(D+2h\tan\beta)}p \qquad (2-18)$$

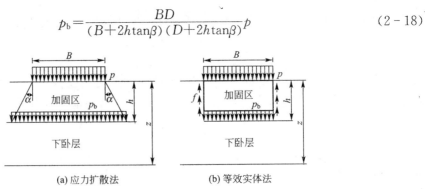

(a) 应力扩散法　　　　　　(b) 等效实体法

图 2.18　下卧层附加应力计算

对于条形基础，仅考虑宽度方向扩散，则式(2-18)可改写为

$$\sigma_z = \frac{B}{(B+2h\tan\beta)} p \qquad (2-19)$$

采用应力扩散法计算关键是压力扩散角的合理选用。

2. 等效实体法

等效实体法计算加固区下卧层上附加应力示意图如图 2.18(b)所示。复合地基上荷载密度为 p，作用面长度为 D，宽度为 B，加固区厚度为 h，f 为等效实体侧摩阻力密度，则作用在下卧层上的附加应力 p_b 为

$$p_b = \frac{BDp - (2B+2D)hf}{BD} \qquad (2-20)$$

对于条形基础，式(2-20)可改写为

$$p_b = p - \frac{2hf}{B} \qquad (2-21)$$

等效实体法计算关键是侧摩阻力的计算。

3. 改进 Geddes 法

黄绍铭建议采用下述方法计算下卧层土层中应力。复合地基总荷载为 p，桩体承担荷载为 p_p，桩间土承担荷载为 p_s。桩间土承担的荷载 p_s 在地基所产生的竖向应力为 $\sigma_{z,ps}$，其计算方法和天然地基中应力计算方法相同。桩体承担的荷载 p_p 在地基中所产生的竖向应力采用 Geddes 法计算。然后叠加两部分应力得到地基中总的竖向应力。

S. D. Geddes(1996)将长度为 L 的单桩在荷载 Q 作用下对地基土产生的作用力，近似地视作如图 2.19 所示的桩端集中力 Q_p、桩侧均匀分布的摩阻力 Q_r 和桩侧随深度线性增长的分布摩阻力 Q_t 等三种形式荷载的组合。S. D. Geddes 根据弹性理论半无限体中作用一集中力的 Mindlin 应力解积分，导出了单桩的上述三种形式荷载在地基中产生的应力计算公式。地基中的竖向应力 $\sigma_{z,Q}$ 可按式(2-22)计算。

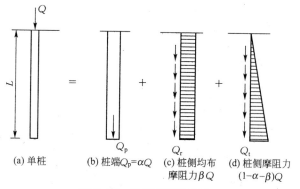

(a) 单桩　(b) 桩端$Q_p=\alpha Q$　(c) 桩侧均布　(d) 桩侧摩阻力
　　　　　　　　　　摩阻力βQ　　 $(1-\alpha-\beta)Q$

图 2.19　单桩荷载的组合

$$\sigma_{z,Q} = \sigma_{z,Q_p} + \sigma_{z,Q_r} + \sigma_{z,Q_t} = \frac{Q_p K_p}{L^2} + \frac{Q_r K_r}{L^2} + \frac{Q_t K_t}{L^2} \qquad (2-22)$$

式中，K_p、K_r、K_t 为竖向应力系数；L 为桩长，m。

对于由 n 根桩组成的桩群，地基中竖向应力可对这 n 根桩逐根采用式(2-22)计算后叠加求得。由桩体荷载 p_p 和桩间土荷载 p_s 共同产生的地基中竖向应力表达式为

$$\sigma_z = \sum_{i=1}^{n} (\sigma_{z,q_p'} + \sigma_{z,q_r'} + \sigma_{z,q_t'}) + \sigma_{z,p_s} \qquad (2-23)$$

例 2-1 某软弱地基采用水泥土搅拌桩处理方案，设计桩径 $d=500\text{mm}$，采用正方形布置，桩间距为 1.2m，按照土的物理力学指标确定单桩承载力为 $R_a = 210\text{kN}$，已知 $\beta = 0.8$，$\eta = 0.3$，$f_{cu} = 3\text{MPa}$，$f_{sk} = 100\text{kPa}$，试确定：

(1) 搅拌桩单桩竖向承载力特征值与（　　）最相近。

    A. 210kN   B. 177kN   C. 588kN   D. 193kN

(2) 复合地基承载力特征值与（　　）最相近。

    A. 215kPa   B. 192kPa   C. 477kPa   D. 203kPa

解： (1) $R_a = \eta f_{cu} A_p = 0.3 \times 3000 \times 0.25^2 \times 3.14 \approx 177 \text{(kN)}$

$R_a = u_p \sum q_{si} l_i + q_p A_p = 210 \text{(kN)}$

比较两个计算值，取较小值，即 $R_a = 177 \text{(kN)}$

所以，正确答案是 B。

(2) $m = \dfrac{0.25^2 \times 3.14}{1.2 \times 1.2} \approx 0.136$

$f_{apk} = m \dfrac{R_a}{A_p} + \beta(1-m) f_{sk} = 0.136 \times \dfrac{177}{0.19625} + 0.8 \times (1-0.136) \times 100 \approx 192 \text{(kPa)}$

所以，正确答案是 B。

复合地基的荷载作用下的沉降计算也可以用有限元法计算。在几何模型上大致可以分成两类：一类在单元划分上把单元分为两种，即加强单元体和土体单元，并根据需要在增强单元和土体单元之间设置或不设置界面单元；另一类是在单元划分上把单元分成复合土体单元和非复合土体单元，复合土体单元采用复合材料参数。各类复合地基的沉降计算采用何种方法计算为宜，需要具体情况具体分析。

本 章 小 结

本章主要讲述复合地基的概念和分类、复合地基的作用机理与破坏模式、复合地基的有关设计参数的确定方法。

在学习中应掌握复合地基承载力的计算方法和确定方法、复合地基变形与沉降计算方法等重要内容。

重点掌握复合地基承载力的计算和沉降的计算。

习 题

一、思考题

1. 简述复合地基承载力的计算思路。

2. 简述复合地基沉降的计算方法。

3. 什么是置换率？如何计算？

4. 什么是应力比？有什么用途？

5. 复合地基的设计应遵循什么原则？

6. 如何确定复合地基的承载力？

7. 复合地基的沉降量分为几部分组成？如何计算？

二、单选题

1. 某软弱土层厚 7.5m，下部为卵砾石层，视为不可压缩层，采用水泥土搅拌桩对地基进行处理，处理深度至卵砾石层顶面，处理后不设置褥垫层，则该地基是否为复合地基？（　　）

  A. 是　　　　　　　　B. 不是　　　　　　　　C. 无法判断

2. 对某软弱地基进行水泥土搅拌桩地基处理后，基础以下铺设 200mm 的粗砂垫层，其目的是为了（　　）。

  A. 增大桩土荷载分担比　　　　　　B. 减小桩土荷载分担比

  C. 增大复合地基强度　　　　　　　D. 减小复合地基强度

3. 某软弱地基进行地基处理后，基础以下铺设石屑垫层，有两种方案：a. 垫层厚度为 150mm；b. 垫层厚度为 500mm。试问：分别采用 a、b 两种方案，从理论上分析，桩土荷载分担比 r_a、r_b 相比较为（　　）。

  A. $r_a > r_b$　　　　B. $r_a < r_b$　　　　C. $r_a = r_b$　　　　D. 无法比较

4. A、B 两个工程地质条件相同，均采用夯实水泥土桩进行地基处理，桩径相同，置换率分别为 $m_a = 10\%$，$m_b = 13\%$；要求处理后复合地基承载力特征值均为 160kPa，基础以下铺设 200mm 的粗砂垫层。试问：A、B 两工程的桩土荷载分担比 r_a、r_b 相比较为（　　）。

  A. $r_a > r_b$　　　　B. $r_a < r_b$　　　　C. $r_a = r_b$　　　　D. 无法比较

5. 某 CFG 桩工程，桩径 $d = 400$mm，置换率 m 为 12.6%。试问：做单桩复合地基载荷试验时，载荷板面积约为（　　）。

  A. 1m²　　　　　B. 1.13m²　　　　C. 0.87m²　　　　D. 0.2m²

6. 经处理后的地基，当按地基承载力确定基础底面积时及埋深时，对于用载荷试验确定的复合地基承载力特征值，应按（　　）进行修正。

  A.《建筑地基基础设计规范》（GB 50007—2011）中规定的方法

  B. 宽度修正系数取 0.0，深度修正系数取 1.0

  C. 宽度修正系数取 1.0，深度修正系数取 0.0

  D. 可以不进行修正

7. 在对某复合地基进行载荷试验时，测得三组试验值分别为：$f_1 = 140$kPa，$f_2 = 150$kPa，$f_3 = 175$kPa，则该复合地基承载力特征值为（　　）。

  A. 140kPa　　　　B. 145kPa　　　　C. 152kPa　　　　D. 155kPa

8. 某软黏土地基，天然地基土压缩模量为 2.5MPa，厚度为 8.0m，以下为不可压缩土层，采用水泥土搅拌桩对其进行地基处理，桩体压缩模量为 150MPa，置换率 m 为 15%，基底附加压力为 160kPa，桩端平面处 $z_i \bar{\alpha}_i - z_{i-1} \bar{\alpha}_{i-1} = 2.8$。试问：

（1）复合层压缩模量与（　　）数值最接近。

  A. 24.6MPa　　B. 76.3MPa　　　C. 22.5MPa　　　D. 39.4MPa

（2）复合地基沉降量与（　　）数值最接近。

  A. 5.9mm　　　　B. 18.2mm　　　C. 19.9mm　　　D. 11.4mm

第**3**章
换土垫层法

本章主要讲述换土垫层法的概念和适用方法，土的压实机理，垫层设计方法，运用换土垫层法的施工工序和技术要点，以及换土垫层法的质量检验方法和技术标准。通过本章的学习，应达到以下目标：

(1) 掌握换土垫层法的概念和适用方法；

(2) 了解土的压实机理；

(3) 掌握垫层设计方法；

(4) 掌握运用换土垫层法的施工工序和技术要点；

(5) 了解换土垫层法的质量检验方法和技术标准。

知识要点	能力要求	相关知识
垫层的作用和原理	(1) 掌握换土垫层法的特点及适用范围 (2) 掌握垫层的作用和原理	(1) 换土垫层法 (2) 砂垫层 (3) 灰土垫层
土的压实机理	(1) 掌握土的压实与含水率的关系 (2) 掌握击实功的定义 (3) 掌握土的级配的作用和意义	(1) 土的压实试验 (2) 击实功 (3) 土的级配 (4) 最优含水率 (5) 最大干密度
垫层设计	(1) 了解垫层材料的选择 (2) 掌握砂垫层厚度的确定 (3) 掌握砂垫层宽度的确定 (4) 掌握砂垫层承载力的确定 (5) 掌握沉降计算 (6) 了解其他几种材料的垫层的设计	(1) 垫层材料的特点 (2) 砂垫层厚度的确定 (3) 砂垫层宽度的确定 (4) 砂垫层承载力的确定 (5) 砂垫层的沉降计算
换土垫层法的施工	(1) 了解垫层施工的分类 (2) 掌握垫层材料的选择 (3) 了解施工参数、机具 (4) 掌握换土垫层法施工要点	(1) 机械碾压法 (2) 重锤夯实法 (3) 振动压实法 (4) 水撼法、振动法(包括平振、插振、夯实)、碾压法
换土垫层法的质量检验	(1) 垫层质量检验 (2) 施工中常见的质量问题及预防处理措施	(1) 环刀法 (2) 贯入测定法

基本概念

土的颗粒级配、压实度、振冲法、最大干密度、最优含水率、砂垫层、压实试验、机械碾压法、重锤夯实法、振动压实法、环刀法、贯入测定法。

引例

在实际工程中，常常遇到需要处理的地层比较浅，采用其他方法成本又比较高，或者换填不彻底等情况，这时采用较为彻底的换填法，对于冲填土、杂填土、已完成自重固结的吹填土等地基处理以及暗塘、暗沟等浅层处理和低洼区域的填筑非常有效。

3.1 概　　述

换土垫层法（Replacement Method，Cushion）就是将基础底面以下不太深的一定范围内的软弱土层挖去，然后以质地坚硬、强度较高、性能稳定、具有抗侵蚀性的砂、碎石、卵石、素土、灰土、煤渣、矿渣等材料分层充填，并同时以人工或机械方法分层压、夯、振动，使之达到要求的密实度，成为良好的人工地基。

3.1.1 换土垫层法的特点及适用范围

与原土相比换土垫层，具有承载力高、刚度大、变形小等优点。

按换填材料的不同，垫层可分为砂垫层、砂卵石垫层、碎石垫层、灰土或素土垫层、煤渣垫层、矿渣垫层以及用其他性能稳定、无侵蚀性的材料做的垫层等。

换填法适用于浅层地基处理，包括淤泥、淤泥质土、松散素填土、杂填土、已完成自重固结的吹填土等地基处理以及暗塘、暗沟等浅层处理和低洼区域的填筑。换填法还适用于一些地域性特殊土的处理，用于膨胀土地基可消除地基土的胀缩作用，用于湿陷性黄土地基可消除黄土的湿陷性，用于山区地基可用于处理岩面倾斜、破碎、高低差，软硬不匀以及岩溶等，用于季节性冻土地基可消除冻胀力和防止冻胀损坏等。在用于消除黄土湿陷性时，尚应符合国家现行标准《湿陷性黄土地区建筑规范》（GB 50025—2004）中的有关规定。在采用大面积填土作为建筑地基时，应符合国家标准《建筑地基基础设计规范》（GB 50007—2011）的有关规定。

实践证明，换土垫层可以有效地处理某些荷载不大的建筑物地基问题，如一般的三层或四层房屋、路堤、油罐和水闸等的地基。

浅层处理和深层处理很难明确划分界限，一般可认为地基浅层处理的范围大致在地面以下5m深度以内。浅层人工地基的采用不仅取决于建筑物荷载量值的大小，而且在很大程度上与地基土的物理力学性质有关。与深层处理相比地基浅层处理，一般使用比较简便的工艺技术和施工设备，耗费较少量的材料。

3.1.2　垫层的作用和原理

下面仅以砂垫层为例讨论换土垫层的作用和原理。砂垫层的主要作用如下。

1. 提高浅基础下地基的承载力

一般来说，地基中的剪切破坏是从基础底面开始的，并随着应力的增大逐渐向纵深发展。因此，若以强度较大的砂代替可能产生剪切破坏的软弱土，就可以避免地基的破坏。

2. 减少沉降量

一般情况下，基础下浅层地基的沉降量在总沉降量中所占的比例是比较大的。以条形基础为例，在相当于基础宽度的深度范围内，沉降量约占总沉降量的50%，同时由侧向变形而引起的沉降，理论上也是浅层部分占的比例较大。若以密实的砂代替了浅层软弱土，那么就可以减少大部分的沉降量。由于砂垫层对应力的扩散作用，作用在下卧土层上的压力较小，这样也会相应减少下卧土层的沉降量。

3. 加速软弱土层的排水固结

建筑物的不透水基础直接与软弱土层接触时，在荷载的作用下，软弱土地基中的水被迫沿基础两侧排出，因而使基底下的软弱土不易固结，形成较大的孔隙水压力，还可能导致由于地基土强度降低而产生塑性破坏的危险。砂垫层提供了基底下的排水面，不但可以使基础下面的孔隙水压力迅速消散，避免地基土的塑性破坏，还可以加速砂垫层下软弱土层的固结并提高其强度，但是固结的效果只限于表层，对其深部的影响就不显著了。

在各类工程中，砂垫层的作用是不同的，房屋建筑物基础下的砂垫层主要起置换的作用，对于路堤和土坝等，则主要起排水固结的作用。

4. 防止冻胀

因为粗颗粒的垫层材料孔隙大，不易产生毛细管现象，因此可以防止寒冷地区土中结冰所造成的冻胀。这时，砂垫层的底面应满足当地冻结深度的要求。

5. 消除膨胀土的胀缩作用

在膨胀土地基上采用换土垫层法时，一般可选用砂、碎石、块石、煤渣或灰土等作为垫层，但是垫层的厚度应根据变形计算确定，一般不小于300mm，且垫层的宽度应大于基础的宽度，而基础两侧宜用与垫层相同的材料回填。

6. 消除湿陷性黄土的湿陷作用

在黄土地区，常采用素土、灰土或二灰土垫层处理湿陷性黄土，可用于消除1~3m厚黄土层的湿陷性。

7. 局部换填处理暗浜和暗沟

局部换填用于处理暗浜和暗沟的建筑场地。在城市建筑场地，有时会遇到暗浜和暗沟。此类地基具有土质松软、均匀性差、有机质含量较高等特点，其承载力一般都满足不了建筑物的要求。一般处理的方法有基础加深、短柱支承和换土垫层。而换土垫层法适用于处理范围较大、处理深度不大、土质较差、无法直接作为基础持力层的情况。

在各种不同类型的工程中，垫层所起的主要作用有时也是不同的。例如，砂垫层可分为换土砂垫层和排水砂垫层两种。一般工业与民用建筑物基础下的砂垫层主要起换土的作用；而在路堤及土坝等工程中，主要是利用砂垫层起排水固结作用，提高固结速率和地基土的强度。换土垫层视工程具体情况而异，软弱土层较薄时，常采用全部换土；软弱土层较厚时，可采用部分换土；并允许有一定程度的沉降及变形。

如前所述，换填法的主要作用是改善原地基土的承载力并减少其沉降量。这一目的通常是通过外界的压（夯、振）实功来实现的。

当地基软弱土层较薄，而且上部荷载不大时，也可直接以人工或机械方法（填料或石填料）进行表层压、夯、振动等密实处理，同样可取得换填加固地基的效果。

换填时应根据建筑体型、结构特点、荷载性质和地质条件，并结合施工机械设备与当地材料来源等综合分析，进行换填垫层的设计，选择换填材料和夯压施工方法。

┃ 3.2 土的压实机理

土的压实是指土体在压实能量作用下，土颗粒克服粒间阻力，产生位移，使土中孔隙减小，密度增加。土的压实性是指土在压实能量作用下能被压密的特性。影响土的压实性的因素很多，主要有含水率、击实功及土的级配等。

3.2.1 土的压实与含水率的关系

在低含水率时，水被土颗粒吸附在土粒表面，土颗粒因无毛细管作用而互相联结很弱，土粒在受到夯击等冲击作用下容易分散而难于获得较高的密实度；在高含水率时，土中多余的水分在夯击时很难快速排出而在土孔隙中形成水团，削弱了土颗粒间的联结，使土粒润滑而变得易于移动，夯击或碾压时容易出现类似弹性变形的"橡皮土"现象（软弹现象），失去夯击效果。所以，含水率太高或太低都得不到好的压实效果。要使土的压实效果最好，其含水率一定要适当。

土的干密度 ρ_d 是反映土的密实度的重要指标。

将同一种土，配制成若干份不同含水率的试样，用同样的压实能量分别对每一份试样进行击实后（图 3.1），测定各试样击实后的含水率 w 和干密度 ρ_d，从而绘制含水率与干密度关系曲线，即压实曲线（图 3.2）。

压实曲线表明，存在一个含水率可使填土的干密度达到最大值，产生最好的击实效果。

最优含水率即将这种在一定夯击能量下，使填土最易压实并获得最大密实度的含水率，用 w_{op} 表示。

最大干密度即在最优含水率下得到的干密度，用 ρ_{dmax} 表示。

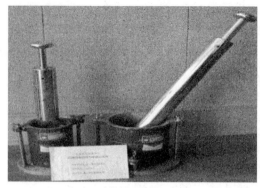

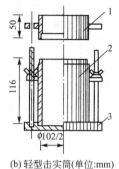
(b) 轻型击实筒(单位:mm)

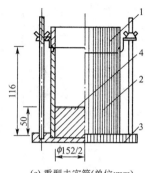
(c) 重型击实筒(单位:mm)

(a) 实物图

图 3.1　土的击实试验

1—套筒；2—击实筒；3—底板；4—垫块

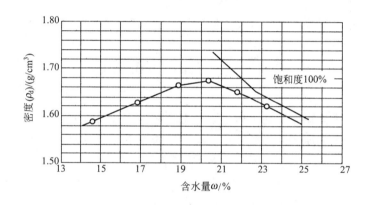

图 3.2　ρ_d - ω 关系曲线

3.2.2　击实功

　　击实功是用击数来反映的，如用同一种土料，在同一含水率下分别用不同击数进行击实试验，就能得到一组随击数不同的含水率与干密度关系曲线。从而得出如下结论。

　　(1) 对于同一种土，最优含水率和最大干密度随击实功而变化；击实功愈大，得到的最优含水率愈小，相应的最大干密度愈高。但干密度增大不与击实功增大成正比，故试图单纯地用增大击实功以提高干密度是不可行的，有时还会引起填土面出现所谓的"光面"。

　　(2) 含水率超过最优含水率以后，击实功的影响随含水率的增加而逐渐减小。

　　(3) 压实曲线和饱和曲线［土在饱和状态(S_r＝100％)时含水率与干密度的关系曲线］不相交，且压实曲线永远在饱和曲线的下方。这是因为在任何含水率下，土都不会被击实到完全饱和状态，亦即击实后的土内总留存一定量的封闭气体，故土是非饱和的。相应于最大干密度的饱和度在80％左右。

3.2.3 土的级配

级配良好的土易于压实，压实性较好，这是因为不均匀土内较粗土粒形成的孔隙有足够的细土粒去充填，因而能获得较高的干密度。均匀级配的土压实性较差，因为均匀土内较粗的土粒形成的孔隙很少有细土粒去充填。

以上所揭示的土的压实特性均是由室内击实试验中得到的。但在实际工程中，垫层填土、路堤施工填筑的情况与室内击实试验的条件是有差别的。室内击实试验是用锤击的方法使土体密度增加。实际上击实试验使土样在有侧限的击实筒内进行，不可能发生侧向位移，力作用在有侧限的土体上，则夯实会均匀，且能在最优含水率状态下获得最大干密度。而现场施工的土料，土块大小不一，含水率和铺填厚度很难控制均匀，实际压实土的均匀性会较差。因此，施工现场所能达到的干密度一般都低于击实试验所获得的最大干密度。因此，对现场土的压实，应以压实系数与施工含水率来进行控制。

3.3 垫层设计

在 3.1 中已经详细阐述了垫层的作用，综合起来，主要有以下几个方面。

（1）置换作用。将基底以下软弱土全部或部分挖出，换填为较密实材料，可提高地基承载力，增强地基稳定。

（2）应力扩散作用。基础底面下一定厚度垫层的应力扩散作用，可减小垫层下天然土层所受的压力和附加压力，从而减小基础沉降量，并使下卧层满足承载力的要求。

（3）加速固结作用。用透水性大的材料作垫层时，软黏土中的水分可部分通过它排除，在建筑物施工过程中，可加速软黏土的固结，减小建筑物建成后的工后沉降。

（4）防止冻胀。由于垫层材料是不冻胀材料，采用换土垫层对基础地面以下可冻胀土层全部或部分置换后，可起防止土冻胀的作用。

（5）均匀地基反力与沉降作用。对石芽出露的山区地基，将石芽间软弱土层挖出，换填压缩性低的土料，并在石芽以上也设置垫层；或对于建筑物范围内局部存在松填土、暗沟、暗塘、古井、古墓或拆除旧基础后的坑穴，可进行局部换填，保证基础底面范围内的土层压缩性和反力趋于均匀。

垫层的设计主要是确定四个参数：垫层的厚度、垫层的宽度、承载力和沉降。

砂垫层设计的主要内容是确定断面的合理宽度。根据建筑物对地基变形及稳定的要求，对于换土垫层，既要求有足够的厚度置换可能被剪切破坏的软弱土层，又要求有足够的宽度以防止砂垫层向两侧挤动。对于排水垫层，一方面要求有一定的厚度和宽度防止加荷过程中产生局部剪切破坏，另一方面要求形成一个排水层，促进软弱土层的固结。

3.3.1 垫层材料的选择

1. 砂石

垫层材料宜选用碎石、卵石、角砾、原砾、砾砂、粗砂、中砂或石屑（粒径小于2mm

的部分不应超过总重的 45％)，应级配良好，不含植物残体、垃圾等杂质。当使用粉细砂或石粉(粒径小于 0.075mm 的部分不应超过总重的 9％)时，应掺入不少于总重 30％的碎石或卵石。最大粒径不宜大于 50mm。对湿陷性黄土地基，不得选用砂石等渗水材料。

2. 粉质黏土

土料中有机质含量不得超过 5％，也不得含有冻土或膨胀土。当含有碎石时，其粒径不宜大于 50mm。用于湿陷性黄土地基或膨胀土地基的粉质黏土垫层，土料中不得夹有砖、瓦和石块。

3. 灰土

体积配合比宜为 2∶8 或 3∶7。土料宜用粉质黏土，不得使用块状黏土和砂质粉土，不得含有松软杂质，并应经过筛选，其颗粒不得大于 15mm。石灰宜用新鲜的消石灰，其粒径不得大于 5mm。

4. 粉煤灰

粉煤灰可用于道路、堆场和小型建筑、构筑物等的换填垫层。粉煤灰垫层上宜覆土 300～500mm。粉煤灰垫层中采用掺加剂时，应通过试验确定其性能及适用条件。作为建筑物垫层的粉煤灰应符合有关放射性安全标准的要求。粉煤灰垫层中的金属构件、管网宜采取适当防腐措施。大量填筑粉煤灰时应考虑对地下水和土壤的环境影响。

5. 矿渣

垫层使用的矿渣是指高炉重矿渣，可分为分级矿渣、混合矿渣及原状矿渣。矿渣垫层主要用于堆场、道路和地坪，也可用于小型建筑、构筑物地基。选用矿渣的松散重度不小于 11kN/m³，有机质及含泥总量不超过 5％。设计、施工前必须对选用的矿渣进行试验，在确认其性能稳定并符合安全规定后方可使用。作为建筑物垫层的矿渣应符合对放射性安全标准的要求。易受酸、碱影响的基础或地下管网不得采用矿渣垫层。大量填筑矿渣时，应考虑对地下水和土壤的环境影响。

6. 其他工业废渣

在有可靠试验结果或成功工程经验时，对质地坚硬、性能稳定、无腐蚀性和放射性危害的工业废渣等均可用于填筑换填垫层。被选用工业废渣的粒径、级配和施工工艺等应通过试验确定。

7. 土工合成材料

由分层铺设的土工合成材料与地基土构成加筋垫层。所用土工合成材料的品种与性能及填料的土类应根据工程特性和地基土条件，按照现行国家标准《土工合成材料应用技术规范》(GB 50290—1998)的要求，通过设计并进行现场试验后确定。

作为加筋的土工合成材料应采用抗拉强度较高、受力时伸长率不大于 4％～5％、耐久性好、抗腐蚀的土工格栅、土工格室、土工垫或土工织物等土工合成材料；垫层填料宜用碎石、角砾、砾砂、粗砂、中砂或粉质黏土等材料。若工程要求垫层具有排水功能时，垫层材料应具有良好的透水性。

在软黏土地基上使用加筋垫层时，应保证建筑稳定并满足允许变形的要求。

3.3.2 砂垫层厚度的确定

根据垫层作用的原理，砂垫层厚度必须满足在建筑物荷载作用下垫层地基不应产生剪切破坏，同时通过垫层传递至下卧软弱土层的应力也不产生局部剪切破坏，即应满足对软弱下卧层验算的要求（但其中地基压力扩散角的取值方法不同），即

$$\sigma_z + \sigma_{cz} \leqslant f_x \qquad (3-1)$$

式中，f_x 为砂垫层底面处软弱土层的承载力设计值，kPa（应按垫层底面的深度考虑深度修正）；σ_{cz} 为砂垫层底面处土的自重应力标准值，kPa；σ_z 为砂垫层底面处的附加应力设计值，kPa，按图 3.3 中的应力扩散图形计算，对条形基础为

$$\sigma_z = \frac{b(p - \sigma_c)}{b + 2z\tan\theta} \qquad (3-2a)$$

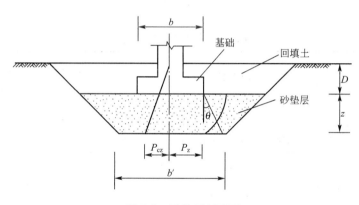

图 3.3 砂垫层剖面图

对矩形基础为

$$\sigma_z = \frac{bl(p - \sigma_c)}{(b + 2z\tan\theta)(l + 2z\tan\theta)} \qquad (3-2b)$$

式中，l，b 分别为基础的长度和宽度，m；z 为砂垫层的厚度，m；p 为基底压力设计值，kPa；σ_c 为基础底面标高处土的自重应力，kPa；θ 为砂垫层的压力扩散角，可按表 3-1 采用。

表 3-1 压力扩散角 $\theta(°)$

z/b	换填材料		
	中、粗、砾、碎石土、石屑	粉质黏土和粉土 ($8 < I_p < 14$)	灰土
0.25	20	6	28
$\geqslant 0.50$	30	23	

注：1. 当 $z/b < 0.25$ 时，除灰土外，其余材料均取 $\theta = 0$；

2. 当 $0.25 < z/b < 0.50$ 时，θ 可内插求得。

计算时，先假设一个垫层的厚度，然后用式（3-2）验算。如不合要求，则改变厚度，重新验算，直至满足为止，一般砂垫层的厚度为 1～2m，过薄的垫层（＜0.5m）的作用不显著，垫层太厚（＞3m）则施工较困难。

3.3.3　砂垫层宽度的确定

砂垫层的宽度一方面要满足应力扩散的要求，另一方面要防止垫层向两边挤动。关于宽度的计算，目前还缺乏可靠的理论方法，在实践中常常按照当地某些经验数（考虑垫层两侧土的性质）或按经验方法确定。常用的经验方法是扩散角法，如表 3.1 所示，设垫层厚度为 z，垫层底宽按基础底面每边向外扩出考虑，那么条形基础下砂垫层底宽应不小于 $z\tan\theta$。扩散角 θ 仍按表 3-1 的规定采用。底宽确定以后，然后根据开挖基坑所要求的坡度延伸至地面，即得砂垫层的设计断面。

垫层的承载力宜通过现场试验确定，当无资料时，可选用表 3-2 中的数值，并应验算下卧层的承载力。

表 3-2　各种垫层的承载力

施工方法	换填材料类别	压实系数（λ_0）	承载力标准值（f_k）/kPa
碾压或振密	碎石、卵石		200～300
	砂夹石（其中碎石、卵石占全重的 30%～50%）		200～250
	土夹石（其中碎石、卵石占全重的 30%～50%）		150～200
	中砂、粗砂、砾砂	0.94～0.97	150～200
	黏性土和粉土（8＜I_P＜14）		130～180
	灰土	0.93～0.95	200～250
重锤夯实	土或灰土	0.93～0.95	150～200

注：1. 压实系数小的垫层，承载力标准值取低值，反之取高值；
　　2. 重锤夯实土的承载力标准值取低值，灰土取高值；
　　3. 压实系数 λ 为土的控制干密度 ρ_d 与最大干密度 ρ_{dmax} 的比值；土的最大干密度通过击实试验确定，碎石或卵石的最大干密度可取 20～25kN/m³。

3.3.4　砂垫层承载力的确定

经换填处理后的地基，由于理论计算方法尚不完善，垫层的承载力宜通过现场荷载试验确定，如对于一般工程可直接用标准贯入试验、静力触探和取土分析法等。

砂垫层的承载力宜通过现场载荷试验确定，当无试验资料时，可根据垫层的压实系数 λ_c（为土的控制干重度 γ_d 与最大干重度 γ_{dmax} 的比值，土的最大干重度可采用击实试验确定，λ_c 可参照表 3-3 确定）按表 3-4 选用。

表 3-3 各种垫层的压实标准

施工方法	换填材料类别	压实系数(λ_c)
碾压、振密或夯实	碎石、卵石	0.94~0.97
	砂夹石(其中碎石、卵石占全重的30%~50%)	
	土夹石(其中碎石、卵石占全重的30%~50%)	
碾压、振密或夯实	中砂、粗砂、砾砂、圆砾、角砾、石屑	0.94~0.94
	粉质黏土	
	灰土	0.95
	粉煤灰	0.90~0.95

表 3-4 各种垫层的承载力特征值

换填材料	承载力特征值(f_k)/kPa
碎石、卵石	200~300
砂夹石(其中碎石、卵石占全重的30%~50%)	200~250
土夹石(其中碎石、卵石占全重的30%~50%)	150~200
中砂、粗砂、砾砂、圆砾、角砾	150~200
石屑	120~150
粉质黏土	130~180
灰土	200~250
粉煤灰	120~150
矿渣	200~300

注：1. 压实系数 λ_c 为土的控制干密度 ρ_d 与最大干密度的 ρ_{dmax} 的比值；土的最大干密度宜通过击实试验确定，碎石或卵石的最大干密度可取 2.0~2.2t/m³；

2. 当采用轻型击实试验时，压实系数 λ_c 宜取高值；采用重型击实试验时，压实系数 λ_c 可取低值；

3. 矿渣垫层的压实指标为最后二遍压实的压陷差小于 2mm。

对于比较重要的建筑物，还要求验算基础的沉降。计算时，砂垫层的压缩模量可取 24~30MPa。沉降由两部分组成，一部分是砂垫层本身的压缩量，另一部分是砂垫层以下软弱土的压缩量。

3.3.5 沉降计算

砂垫层断面确定之后，对于比较重要的建筑物还要求验算基础的沉降，以便使建筑物基础的最终沉降值小于建筑物的允许沉降值。

垫层地基的沉降分两部分，一是垫层自身的沉降，二是软弱下卧层的沉降。由于垫层材料模量远大于下卧层模量，所以在一般情况下，软弱下卧层的沉降量占整个沉降量的大部分。垫层下卧层的沉降量可按国家标准《建筑地基基础设计规范》(GB 50007—2011)的有关规定计算，以保证垫层的加固效果及建筑物的安全使用。

以上按应力扩散设计砂垫层的方法比较简单，故常被设计人员所采用。但是必须注意，应用此法验算砂垫层的厚度时，往往得不到接近实际的结果。因为增加砂垫层的厚度时，式(3-2)中的 σ_z 虽可减少，但 σ_{cz} 却增大了，因而两者之和($\sigma_z+\sigma_{cz}$)的减少并不明显，所以这样设计的砂垫层往往较厚(偏于安全)。

对于超出原地面标高的垫层或换填材料的重度高于天然土层重度的垫层，宜早换填并应考虑其附加的荷载对建筑及邻近建筑的影响。

换填垫层地基的变形由垫层自身变形和下卧层变形组成。对粗粒换填材料，由于在施工期间垫层的自身压缩变形已基本完成，且变形值很小，因此，对于碎石、卵石、砂夹石、矿渣和砂垫层，当换填垫层厚度、宽度及压实程度均满足设计及相关规范的要求后，一般可不考虑垫层自身的压缩量而仅计算下卧层的变形。

当建筑物对沉降要求严格，或换填材料为细粒材料且垫层厚度较大时，尚应计算垫层自身的变形。垫层的模量应根据试验或当地经验确定。在无试验资料或经验时，可参照表3-5选用。

表3-5 垫层模量表

模量 垫层材料	压缩模量(E_s)/MPa	变形模量(E_0)/MPa
粉煤灰	8~20	
砂	20~30	
碎石、卵石	30~50	
矿渣		35~70

例3-1 某四层砖混结构的住宅建筑，承重墙下为条形基础，宽1.2m，埋深1m，上部建筑物作用于基础的荷载为120kN/m，基础的平均重度为20kN/m²。地基土表层为粉质黏土，厚1m，重度为17.5kN/m²，第二层为淤泥质黏土，厚15m，重度为17.8kN/m²，含水率 $\omega=65\%$，第三层为密实的砂砾石。地下水距地表为1m。因为地基土较软弱，不能承受建筑物的荷载，试设计砂垫层。

解：(1) 先假设砂垫层的厚度为1m，并要求分层碾压夯实，干密度大于1.5t/m²。

(2) 砂垫层厚度的验算。根据题意，基础底面平均压力设计值为

$$P=\frac{F+G}{b}=\frac{120+12\times1\times20}{1.2}=120(\text{kPa})$$

砂垫层底面的附加应力由式(3-3a)得

$$\sigma_z=\frac{1.2\times(120-17.5\times1)}{1.2+2\times1\times\tan30°}\approx52.2(\text{kPa})$$

$$\sigma_{cz}=17.5+7.8=25.3(\text{kPa})$$

根据持力层淤泥的含水率 $\omega=65\%$，查得地基承载力基本值 $f_0=50\text{kPa}$，从地基勘察报告查得回归修正系数 $\psi_K=0.90$，则计算地基承载力标准值 $f_K=50\times0.9=45(\text{kPa})$。再经深度修正得地基承载力设计值。

$$f_x=45+\frac{17.5\times1+7.8\times1}{2}\times1\times(2-0.5)\approx63.98(\text{kPa})$$

则 $\sigma_z + \sigma_{cz} = 52.2 + 25.3 = 77.5 \text{(kPa)} > f_x \approx 63.98 \text{kPa}$

这说明所设计的垫层厚度不够，再假设垫层厚度为 1.7m，同理可得

$$\sigma_z + \sigma_{cz} = 34.46 + 30.76 = 65.22 \text{(kPa)} < f_x = 72.83 \text{kPa}$$

（3）确定砂垫层的底宽 b' 为

$$b' = b + 2z \tan\theta$$
$$= 1.2 + 2 \times 1.7 \times \tan 30°$$
$$\approx 3.2 \text{(m)}$$

（4）绘制砂垫层剖面图，如图 3.4 所示。

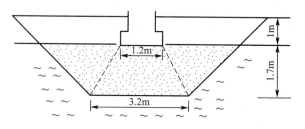

图 3.4 例 3-1 砂垫层剖面图

例 3-2 某工程地基为软弱地基，采用换填法处理，换填材料为砾砂，垫层厚度为 1m，已知该基础为条形基础，基础宽度为 2m，基础埋深位于地表下 1.5m，上部结构作用在基础上的荷载为 $P = 200 \text{kN/m}$；自地面往下 6.0m 均为淤泥质土，其天然重度为 17.6kN/m³，饱和重度为 19.7kN/m³，承载力特征值 f_{ak} 为 80kPa，地下水位在地表下 2.7m，$y_b = 1.0$。试问：

（1）作用于垫层底部是附加应力为（   ）。

A. 46.7kPa   B. 65.7kPa   C. 110kPa   D. 129.1kPa

（2）下卧层承载力是否满足要求？

解：（1） $p_z = \dfrac{b(p_k - p_c)}{b + 2z \tan\theta} = \dfrac{2 \times \left(\dfrac{200}{2} + 20 \times 1.5 - 17.6 \times 1.5\right)}{2 + 2 \times 1.0 \times \tan 30°} \approx 65.7 \text{(kPa)}$

所以，正确答案是 B。

（2） $f_{az} = 80 + 1.0 \times 2.5 \times 17.6 \times \dfrac{2.5 - 0.5}{2.5} \approx 115.2 \text{(kPa)}$

$$p_z + p_{az} = 65.7 + 17.6 \times 2.5 = 109.7 \text{(kPa)} < f_{az} = 115.2 \text{kPa}$$

所以满足要求。

3.3.6 其他几种材料的垫层的设计

1. 土垫层

素土垫层或灰土垫层(石灰与土地体积配合比一般为 2:8 或 3:7)总称为土垫层，是一种以土治土处理湿陷性黄土地基的传统方法，处理深度一般为 1~3m。由于湿陷性黄土地基在外荷载作用下受水浸湿后产生的湿陷变形，包括土的竖向变形和侧向挤出两部分。经载荷试验表明，若垫层宽度超出基础底面宽度较小时，防止浸湿后的地基土产生侧向挤

出的作用也较小，地基土的湿陷变形量仍然较大。因此，在工程实践中，将垫层每边超出基础底面的宽度控制在不得小于垫层厚度的 40%，且不得小于 0.5m。通过处理基底下的部分湿陷性土层，可以达到减小地基的总湿陷量，并控制未处理土层的湿陷量不大于规定值，以保证处理效果。

素土垫层或灰土垫层按垫层布置范围，可分为局部垫层和整片垫层。在应力扩散角满足要求的前提下，前者仅布置在基础(单独基础、条形基础)底面以下一定范围内，而后者则布置于整个建筑物范围内。为了保护整个建筑物范围内垫层下的湿陷性黄土不受水浸湿，整片土垫层超出外墙基础外缘的宽度不宜小于土垫层的厚度，且不得小于 1.5m。当仅要求消除基底下处理土层的湿陷性时，宜采用素土垫层。除了上述要求以外，还要求提高地基土的承载力或水稳性时，则宜采用灰土垫层。

2. 粉煤灰垫层

经研究证实，作为燃煤电厂废弃物的粉煤灰也是一种良好的地基处理材料，由于该材料的物理、力学性能可满足地基处理工程设计的技术要求，使得利用粉煤灰作为地基处理材料已成为岩土工程领域的一项新技术。

粉煤灰类似于砂质粉土，粉煤灰垫层的应力扩散角 $\theta = 22°$。粉煤灰垫层的最大干密度和最优含水率在设计和施工前，应按照《土工试验方法标准》(GB/T 50123—1999)中的击实试验法测定。

粉煤灰的内摩擦角 φ、黏聚力 c、压缩模量 E_s 和渗透系数 k，随粉煤灰的材料性质和压实密度而变化，应该通过室内土工试验确定。

粉煤灰填料因级配状况单一且具有遇水后强度降低的特点，上海地区的经验数值为：对压实系数 $\lambda_0 = 0.9 \sim 0.95$ 的浸水粉煤灰垫层，其承载力标准值可采用 $120 \sim 200 \text{kPa}$，但仍应满足软弱下卧层的强度与地基变形要求。当 $\lambda_0 > 0.90$ 时，可以抗 7 度地震液化。

3. 矿渣垫层

干渣(简称矿渣)又称高炉重矿渣，是高炉熔渣经空气自然冷却或经热泼淋水处理后得到的渣，可以作为一种换土垫层的填料。其技术标准可参照《混凝土用高炉重矿渣碎石技术条件》(YBJ 205—2008)。

高炉重矿渣在力学性质上最为重要的特点是，当垫层压实效果符合标准时，则荷载与变形关系具有直线变形体的一系列特点；如果垫层压实不佳，强度不足，则会引起显著的非线性变形。

矿渣垫层的施工步骤如下。

(1) 测量放线：按设计要求放出边线，将设计高程标在木桩上，桩距为 20m。

(2) 将矿渣按宽度、填筑厚度和矿渣的干容重，计算出每个数据面所需矿渣量，调整好每车的堆入间距。

(3) 矿渣摊铺：将备好的矿渣用推土机或平地机摊铺在路槽内，在摊铺的过程中，要随时进行检查，不得有粗细料集中的现象。

(4) 矿渣垫层的洒水碾压：将摊铺好的矿渣进行洒水，洒水量要略高于最佳含水率，不允许将水流入到土路基上。在矿渣刚碾压时要少量加水，待碾压有一定密实时，再洒水。在碾压过程中要边压边整形。边找补，保证路基标高、路拱和平整度。在碾压过程中要进行压实度检测，当压实度不够时要加强碾压遍数，但要防止过碾的现象，一般用12～15t压路机振动碾压6～8遍即可。碾压时从路边向路中碾压。

素土垫层或灰土垫层、粉煤灰垫层和干渣垫层的设计可以根据砂垫层的设计原则，再结合各自的垫层特点和场地条件与施工机械条件，确定合理的施工方法和选择各种设计计算参数，并可参照有关的技术和文献资料。

▌3.4 换土垫层法的施工

3.4.1 垫层施工的分类

换土垫层的施工可按换填材料（如砂石垫层、素土垫层、灰土垫层、粉煤灰垫层和矿渣垫层等）分类，或按压（夯、振）实方法分类。目前国内常用的垫层施工方法主要有机械碾压法、重锤夯实法和振动压实法。

1. 机械碾压法

机械碾压法是采用各种压实机械，如压路机、羊足碾、振动碾等来压实地基土的一种压实方法。这种方法常用于大面积填土的压实、杂填土地基处理、道路工程基坑面积较大的换土垫层的分层压实。施工时，先按设计挖掉要处理的软弱土层，把基础底部土碾压密实后，再分层填土，并逐层压密填土。碾压的效果主要决定于被压实土的含水率和压实机械的压实能量。在实际工程中若要求获得较好的压实效果，应根据碾压机械的压实能量，控制碾压土的含水率，选择适合的分层碾压厚度和遍数，一般可以通过现场碾压试验确定。关于黏性土的碾压，通常用 $80\sim100$kN 的平碾或 120kN 的羊足碾，每层铺土厚度为 $200\sim300$mm，碾压 $8\sim12$ 遍，碾压后填土地基的质量常以压实系数 λ_c 和现场含水率衡量，压实系数为控制的干密度与最大干密度的比值，在主要受力层范围内一般要求 $\lambda_c>0.96$。

2. 重锤夯实法

重锤夯实法是利用起重设备将夯锤提升到一定高度，然后自由落锤，利用重锤自由下落时的冲击能来夯实浅层土层，重复夯打，使浅部地基土或分层填土夯实。主要设备为起重机、夯锤、钢丝绳和吊钩等。重锤夯实法一般适用地下水位距地表 0.8m 以上非饱和的黏性土、砂土、杂填土和分层填土，用以提高其强度，减少其压缩性和不均匀性，也可用于消除或减少湿陷性黄土的表层湿陷性，但在有效夯实深度内存在软弱土时，或当夯击振动对邻近建筑物或设备有影响时，不得采用。因为饱和土在瞬间冲击力作用下不易排出水，很难夯实。

3. 振动压实法

振动压实法是利用振动压实机将松散土振动密实。地基土的颗粒受振动而发生相对运动，移动至稳固位置，减小土的孔隙而压实。此法适用于处理无黏性土或黏粒含量少、透水性较好的松散杂填土，以及矿渣、碎石、砾砂、砾石、砂砾石等地基。振动压实的效果主要决定于被压实土的成分和振动的时间，振动的时间越长，效果越好。但超过一定时间后，振动的效果就趋于稳定。所以在施工之前先进行试振，确定振动所需的时间和产生的下沉量，如炉灰和细粒填土，振实的时间为 3～5min，有效的振实深度为 1.2～1.5m。一般杂填土经过振实后，地基承载力基本值可以达到 100～120kPa。如地下水位太高，则将影响振实的效果。另外应注意振动对周围建筑物的影响，振源与建筑物的距离应大于 3m。

总的来说，垫层施工应根据不同的换填材料选择施工机械。粉质黏土、灰土宜采用平碾、振动碾和羊足碾，中小型工程也可采用蛙式打夯机、柴油夯；砂石等宜采用振动碾；粉煤灰宜采用平碾、振动碾、平板振动器、蛙式打夯机；矿渣宜采用平碾、振动碾、平板振动器。

3.4.2　垫层材料的选择

在垫层的施工中，填料的质量是直接影响垫层施工质量的关键因素。对于砂、石料和矿渣等垫层，主要检验其粒径级配以及含泥量；对于土、石灰填料等，主要检查其含水率是否接近最优含水率、石灰的质量等级以及活性 CaO 和 MgO 的含量、存放时间等。

砂垫层的砂料必须具有良好的压实性，以中、粗砂为好，也可使用碎石；细砂虽然也可以用于垫层，但不易压实，且强度不高。垫层用料虽然要求不高，但不均匀系数不能小于 5，有机质含量、含泥量和水稳性不良的物质不宜超过 2%，且不希望掺有大石块。

垫层的种类很多，除了砂和碎石垫层外，还有素土和灰土垫层等，近年来又发展了类似垫层的土工聚合物加筋垫层。

3.4.3　施工参数、机具简介

砂石垫层选用的砂石料应进行室内击实试验，根据压实曲线确定最大干密度 ρ_{dmax} 和最优含水率 ω_{op}，然后根据设计要求的压实系数 λ_c 确定设计要求的，以此作为检验砂石垫层质量控制的技术指标。在无击实试验数据时，砂石垫层的中密状态可作为设计要求的干密度：中砂 1.6g/cm³，粗砂 1.7g/cm³，碎石、卵石 2.0～2.1g/cm³。

砂和砂石垫层采用的施工机具和方法对垫层的施工质量至关重要。下卧层是高灵敏度的软黏土时，在铺设第一层时要注意不能采用振动能量大的机具扰动下卧层，除此之外，一般情况下，砂及砂石垫层首先用振动法。因为振动法更能有效地使砂和砂石密实。我国目前常采用的方法有振动压实法(包括平振和插振)、夯实法、碾压法等。下面简单介绍一下常采用的机具及适用范围。

1. 振捣器

振捣器的振动棒头有软管相连(图 3.5)，便于操作，不受电源、潮湿等条件限制，例如，FRZ-50 型风动振捣器，具有体积小，振动频率高，操作简便、安全可靠，且插入激振功能强劲等特点，适用于各种条件的振捣。

振捣器的振捣方法有两种：一种是垂直振捣，即振动棒与垫层表面垂直；一种是斜向振捣，即振动棒与垫层表面成一定角度，约为 40°～45°，如图 3.6 所示。

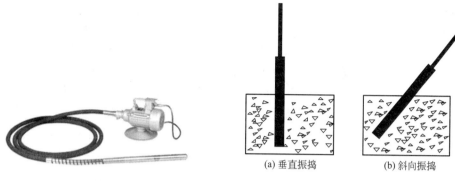

图 3.5　振捣器　　　　　　　　　　图 3.6　振捣器的振捣方法

（a）垂直振捣　　　　　（b）斜向振捣

振捣器的操作要做到"快插慢拔"。快插是为了防止先将表面垫层振实而与下面垫层未振实，慢拔是为了使垫层能填满振动棒抽出时所造成的空洞。在振捣过程中，宜将振动棒上下略为抽动，以使上振下捣密实均匀。

2. 平板振动器

平板振动器是一种在现代建筑中用以垫层捣实和表面振实的设备（图 3.7）。平板振动器具有激振频率高、激振力大、振幅小、混凝土流动性、可塑性强等特点，构件密实度高、成型快，大幅度提高了施工质量。

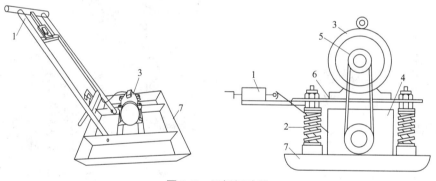

图 3.7　平板振动器

1—操纵机械；2—弹簧减振器；3—电动机；4—振动器；5—振动机槽轮；6—减振架；7—振动板

这种机具适用于各种工业和民业建筑、大坝、桥梁、预制构件的混凝土的平面振捣施工等。

平板振动器具有激振频率高、激振力大、振幅小等特点，可大幅度提高施工质量。由于其体积小，质量轻，并且采用了快速装卡结构，比使用普通外部式振动器节省安装 75% 辅助时间，节省 75% 人力。

3. 振动压实机

振动压实机（图 3.8）是一种通过扶手掌握夯实方向的压实设备，一般采用柴油机或电动机，输出轴装有离合器，动力传递通过三角带，驱动

图 3.8　手扶式振动压实机

双轴振动器，底盘与振动器紧固为一体。振动压实机的工作原理是由电动机错动两个偏心块以相同速度反方向转动而产生很大的垂直振动力。其自重为20kN，转速为1160～1180r/min，振幅为3.5mm，振动力可达50～100kN，并能通过操纵机械使它前后移动或转弯。

这种机具主要适用于处理砂土、炉渣、碎石等无黏性土为主的填土，一起产生高频振动，完成夯实与行走两种功能。其主要特点是，操作简单，双向（向前或向后）夯实。在狭窄地带大型设备无法作业时，其效果更为突出，体积小、激振力大，适用于多种类型垫层的夯实工程。

4. 蛙式打夯机

蛙式打夯机（图3.9）具有机构简单、操作和维修方便，故障率低，工作可靠，夯实效果好等特点。蛙式打夯机适用于带状沟槽、基坑、地基的夯实，以及泥土、灰土回填的夯实和室外场地平整等作业，但不适用于含冻土、坚硬的石块或有砖石的杂土的情况。

5. 振动压路机

振动压路机（图3.10）是利用其自身的重力和振动压实各种建筑和筑路材料。在工程建设中，振动压路机因适宜压实各种非黏性土、碎石、碎石混合料而被广泛应用。

图3.9　蛙式打夯机　　　　　图3.10　双钢轮振动压路机

在垫层的压实施工中，大多已采用振动压路机，因此在级配设计和试验室已越来越多地采用振动压实的方法进行设计及制备试件。与其他方法比较，振动压实法具有模拟实际现场施工的状况，不破坏级配、压实的密实度高等优点，是优选的设计和试验方法，同时符合《公路工程沥青及沥青混合料试验规程》（JTJ 052—2011）的要求，适用于大面积的垫层压实工程。

3.4.4　施工要点

砂垫层施工中的关键是将砂加密到设计要求的密实度。常用的加密方法有水撼法、振动法（包括平振、插振、夯实）、碾压法等。这些方法要求在基坑内分层铺砂，然后逐层振密或压实，分层的厚度视振动力的大小而定，一般为150～200mm。施工时，应将下层的密实度经检验合格后，方可进行上层施工。

砂及砂石料可根据施工方法的不同控制最优含水率。最优含水率由工地试验确定，粉质黏土和灰土垫层土料的施工含水率宜控制在最优含水率 $\omega_{op}\pm2\%$ 的范围内，粉煤灰垫层的最优含水率宜控制在最优含水率 $\omega_{op}\pm4\%$ 的范围内。最优含水率可通过击实试验确定，也可按当地经验取用。采用各种击(压、振)实方法时，每层铺筑厚度及最优含水率可参考表 3-6。

表 3-6 砂和砂石垫层的每层虚铺厚度及最优含水率

夯(压、振)实方法	每层铺筑厚度/mm	施工时最优含水率/%	施工情况	备注
平振法	200~250	15~20	用平板振动机往返振动，测定密实度，合格为准；振捣器移动时，每行应搭接 1/3，以防振动面积不搭接	不宜使用于细砂或含泥量较大的砂所铺筑的砂垫层
插振法	振捣器的插入深度	饱和	用插入式振捣器，插入间距可根据机械振幅大小决定。不应插至下卧黏性土层。插入完毕后所留孔洞应用砂填实。应有控制地注水和排水	
水撼法	250	饱和	注水高度应超过每次铺筑面层，用钢叉摇撼捣实插入点间距为 100mm，摇撼数下，感觉砂已沉实时，便将钢叉拔出。应有控制地注水和排水	湿陷性黄土及膨胀土地区不得使用
夯实法	150~200	8~12	用木夯或机械夯；每夯重 40kg，落距为 400~500mm 一夯加半夯，全面夯实	适用于砂石垫层
碾压法	250~350	8~12	6~10t 压路机往复碾压，碾压次数以达到密实度为准，一般不少于四遍	适用于大面积垫层，不宜用于地下水位以下的砂垫层

注：1. 在地下水位以下的垫层，其最下层的铺筑厚度可比上表增加 50mm；

2. 如用振动压路机，则每层铺筑厚度可以提高。

铺筑前，应首先验槽。浮土应清除，边坡必须稳定，防止塌土。基坑(槽)两侧附近如有低于地基的孔洞、沟、井和墓穴等，应在未做垫层前加以填实。

开挖基坑铺设砂垫层时，必须避免扰动软弱土层的表面，否则坑底土的结构在施工时遭到破坏后，其强度就会显著降低，以致在建筑物荷重的作用下，将产生很大的附加沉降。因此，基坑开挖后应及时回填，不应暴露过久或浸水，并防止践踏坑底。在软黏土层上采用砂垫层时，应注意保护好基坑底部及侧壁土的原状结构，以免降低软黏土的强度。在垫层的最下面一层，宜先铺设 150~300mm 厚的松砂，用木夯仔细夯实，不得使用振捣器。当采用碎石垫层时，也应该在软黏土上先铺一层厚度为 150~300mm 的砂垫底。

砂、砂石垫层底面应铺设在同一标高上，如深度不同时，基坑地基土面应挖成踏步(阶梯)或斜坡搭接。搭接处应注意捣实，施工应按先深后浅的顺序进行。粉质黏土及灰土垫层分段施工时，不得在柱基、墙角及承重窗间墙下接缝。上下两层的缝距不得小于500mm。接缝处应夯压密实。灰土应拌和均匀并应于当日铺填夯压。灰土夯压密实后 3d 内不得受水浸泡。粉煤灰垫层铺填后应于当天压实，每层验收后应及时铺填上层或封层，防止干燥后松散起尘污染，同时应禁止车辆通行。垫层竣工后，应及时进行基础施工与基坑回填。铺设土工合成材料时，下铺地基土层顶面应平整，防止土工合成材料被刺穿、顶破。铺设时应把土工合成材料张拉平直、绷紧，严禁有褶皱；端头应固定或回折锚固；切忌曝晒或裸露；连接宜用搭接法、缝接法和胶结法，并均应保证主要受力方向的联结强度。

人工级配的砂石垫层，应将砂石拌和均匀后，再行铺填捣实。采用细砂作为垫层的填料时，应注意地下水的影响，且不宜使用平振法、插振法。

地下水位高出基础底面时，应采用排水、降水措施，这时要注意边坡的稳定，以防止塌土混入砂石垫层中影响垫层的质量。

当垫层底部存在古井、古墓、洞穴、旧基础、暗塘等软硬不均的部位时，应根据建筑对不均匀沉降的要求予以处理，并经检验合格后，方可铺填垫层。

3.4.5　三种不同的垫层施工方法

1. 机械碾压法

机械碾压法是采用各种压实机械来压实地基土，常用的压实机械如表 3-7 所示。此法常用于基坑面积宽大和开挖土方量较大的工程。

表 3-7　垫层的每层铺填厚度及压实遍数

施工设备	每层铺填厚度/mm	每层压实遍数
平碾(8~12t)	200~300	6~8
羊足碾(5~16t)	200~350	8~16
蛙式打夯机(200kg)	200~250	3~4
振动碾(8~15t)	600~1300	6~8
振动压实机(2t，振动力为 98kN)	1200~1500	10
插入式振动器	200~500	反复振捣
平板振动器	150~250	6~8

在工程实践中，对垫层碾压质量进行检验时，要求获得填土的最大干密度。当垫层为砂性土或黏性土时，其最大干密度宜采用击实试验确定。为了将室内击实试验的结果用于设计和施工，必须研究室内击实试验和现场碾压的关系(图 3.11)。所有施工参数(如铺筑厚度、碾压遍数与填筑含水率等)都必须由现场试验确定。在施工现场相应的击实功下，现场所能达到的垫层最大干密度一般都低于击实试验所得到的最大干密度。由于现场条件毕竟与室内试验的条件不同，因而对于现场施工效果应以压实系数及施工含水率作为控制标准。在不具备试验条件的场合，也可以按照表 3-7 中的参数对施工质量进行预控。由于碾压机械的行驶速度对垫层的压实质量及施工工作效率有很大影响，为保证垫层的压实系数及有效压实深度能达到设计要求，对机械碾压时机械的行驶速度进行控制是完全必要的。按照《建筑地基处理技术规范》(JGJ 79—2002)规定，几种机械的碾压行驶速度不应超过以下标准：平碾 2.0km/h，羊足碾 30km/h，振动碾 2.0km/h，振动压实机 0.5km/h。

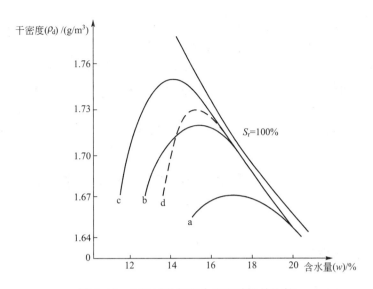

图 3.11 工地试验与室内击实试验的比较

a—碾压 6 遍；b—碾压 12 遍；c—碾压 24 遍；d—室内击实试验

2. 重锤夯实法

重锤夯实法是利用起重机械将夯锤提升到一定高度，然后自由落下，不断重复夯击以加固地基。经夯实后，地基表面形成一层比较密实的土层，从而提高地基表层土的强度，或者减少黄土表层的湿陷性；对于杂填土则可以减少其不均匀性。重锤夯实法一般适用于地下水位距离地表 0.8m 以上稍湿的黏性土、砂土、湿陷性黄土、杂填土和分层填土地基。重锤夯实法的主要施工设备为超重机械、夯锤、钢丝绳和吊钩等。

当直接采用钢丝绳悬吊夯锤时，吊车的起重力一般应大于锤重的三倍。当采用自动脱钩夯锤时，起重力应大于夯锤重量的五倍。夯锤宜采用圆台形状（图 3.12），夯锤重力宜大于 20 倍锤底面单位静压力 15～20kPa。夯锤落距宜大于 4m。当对条形基槽和面积较大的基坑进行夯击时，宜按照一夯挨一夯的顺序进行；而在面积较小的独立柱基基坑内夯击时，宜按照先外后里的跳打顺序夯击，累计夯击 10～15 次，最后两击的平均夯沉量，对于砂土不应超过 5～10mm，对于细颗粒土不应超过 10～21mm。随着重锤夯击遍数的增加，土的每遍夯沉量会逐渐减小，当达到一定的夯击遍数后，继续夯打的效果已不大，因此，重锤夯实的现场试验应确定最少夯击遍数、最后两遍平均夯沉量和有效夯实深度等。一般重锤夯实的有效夯实深度约为锤底直径的一倍左右，并且可以消除 1.0～1.5m 厚土层的湿陷性。

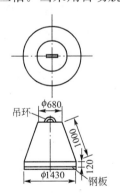

图 3.12 重锤
（单位：mm）

3. 平板振动法

平板振动法是使用平板振动器（图 3.7）来处理无黏性土或黏粒含量少、透水性较好的松散杂填土地基的一种浅层地基处理方法。其振动压实的效果与填土成分、振动时间等因素有关，一般振动时间越长，效果越好，但振动时间超过某一值后，振动引起的下沉基本稳定，再继续振动就不能起到进一步的压实作用。因此，需要在施工前进行试振，以便得出稳定下沉量和时间的关系。对主要由炉渣、碎砖、瓦块组成的建筑垃圾，振实时间在 1min 以上；对含炉灰的细粒填土，振实时间为 3～5min，有效振实深度为 1.2～1.5m。振实范围为基础边缘外扩 0.6m 左右，应先振实基槽两边，然后振实中间部分，振实标准是以振动器原地振实不再继续下沉为准，并辅以轻便触探试验检验其均匀性和影响深度。振实后的地基承载力应由现场载荷试验确定。一般经振实的杂填土地基承载力可达 100～200kPa。

试验证实，处于被扰动状态的土，在适当的上覆压力条件下会达到相当好的压实效果。

3.5 换土垫层法的质量检验

3.5.1 垫层质量检验

垫层质量检验包括分层施工质量检查和工程质量验收。

分层施工的质量和质量标准应使垫层达到设计要求的密实度。检验方法主要有环刀法和贯入法(可用钢叉或钢筋贯入代替)两种。对于粉质黏土、灰土、砂垫层和砂石垫层，可用环刀法、贯入仪、静力触探、轻型动力触探或标准贯入试验检验；对于砂垫层、矿渣垫层，可用重型动力触探检验。并均应以通过现场试验以设计压实系数所对应的贯入度作为衡量检验垫层的施工质量的标准。压实系数的检验可采用环刀法、灌砂法或其他方法。

垫层的质量检验必须分层进行。每夯压完一层，应检验该层的平均压实系数。当压实系数符合设计要求后，才能铺填上层土。

1. 环刀法

用容积不小于 200mm³ 的环刀压入垫层中的每层 2/3 深度处取样，测定其干密度，干密度应不小于该砂石料在中密状态的干密度值。中砂在中密状态时的干土重度一般为 15.5～16.0kN/m³。

对砂石或碎石垫层的质量进行检验时，可以在垫层中设置纯砂检查点，在同样施工条件下，按上述方法检验，或用灌砂法进行检查。

2. 贯入测定法

先将砂垫层表面 30mm 左右厚的砂刮去，然后用贯入仪、钢叉或钢筋以贯入度的大小来定性地检验砂垫层质量，以不大于通过相关试验所确定的贯入度为合格。钢筋贯入法所用的钢筋直径为 $\phi20$mm，长度为 1.25m 以上的平头钢筋，将其垂直举离砂垫层表面 70cm 时自由下落，测其贯入深度。或将钢叉贯入法所用的钢叉于 500mm 高处自由落下，测其贯入深度。

3. 静载荷试验

工程竣工质量验收的检测、试验方法要有静载荷试验，即根据垫层静载荷实测资料，确定垫层的承载力和变形模量。

4. 静力触探试验

根据现场静力触探试验的比贯入阻力曲线资料，确定垫层的承载力及其密实状态。

5. 标准贯入试验

由标准贯入试验的贯入锤击数，计算出垫层的承载力及其密实状态。当采用贯入仪或动力触探检验垫层的施工质量时，每分层检验点的间距应小于 4m。

6. 轻便触探试验

根据轻便触探试验的锤击数，确定垫层的承载力、变形模量和垫层的密实度。

7. 中型或重型以及超重型动力触探试验

根据动力触探试验锤击数，确定垫层的承载力、变形模量和垫层的密实度。

8. 现场取样做物理、力学性质试验

检验垫层竣工后的密实度，估算垫层的承载力及压缩模量。

对于中小型工程，不需全部采用上述试验、检测项目；对于大型或重点工程项目，应进行全面的检查验收。

其检验数量每单位工程不应少于 3 点；对于 1000m² 以上工程，每 50～100m² 至少应有 1 点；对于 3000m² 以上的工程，每 300m² 至少应有 1 点。每一独立基础下至少应有 1 点，基槽每 10～20m 应有 1 点。

3.5.2 施工中常见的质量问题及预防处理措施

1. 开挖基坑时超挖

机械开挖基坑时，出现超挖现象，使垫层的下卧土层发生扰动，降低了基底软黏土的强度。

预防的办法是，机械开挖基坑时，预留 300～500mm 的土层由人工清理。

处理的办法是，如实际中出现了超挖的现象或基坑底的土受到扰动，如标高允许的话，适当调整垫层的标高，由人工清理掉基坑底的扰动软黏土，再进行垫层施工。

2. 进厂材料不符合质量要求

常见的材质方面的问题有进厂的砂石材料级配不合理，含泥量过大；石灰、粉煤灰不符合质量等级要求，含水率过大或过小，有机质含量过高，石灰的存放时间过长等；灰土拌和不均匀；土料含水率过大或过小，土料没经过筛选就使用，土料含有机质、杂质过多，等等。

预防和处理办法是要针对不同的质量不合格原因，采取相应的措施。概括地说，就是要严把材料进料关，定期对材料进行抽样检查，甚至对每批进厂材料均要抽样检查，严禁将不合格的填料用于垫层工程中。

3. 分层填筑密实度不均匀或密度值太小

产生的原因主要是，由于施工时分层厚度太大，导致分层铺筑密实度达不到设计要求，或者由于填土的含水率远大于或小于其最优含水率，以及压实遍数不够，均会导致垫层密实度达不到设计要求。另外，密实度不均匀也是由施工方法不当引起。

预防和处理的办法是，改进施工方法，采用恰当的分层厚度、压实遍数，严格控制施

工时填料的含水率接近其最优含水率。对于砂石垫层、干渣垫层，一般在保持洒水饱和时进行施工。对于素土、灰土和粉煤灰垫层，含水率要在一定范围内施工才能达到设计密实度。另外，要严格控制垫层搭接部位，避免发生密实度不均匀现象，可适当增加质量抽检数量和次数，防止这种现象出现。若未及时发现基坑底已存在的古穴、古井、空洞等，也会导致垫层施工后密实度不均匀，所以在验槽时，对这些问题要进行详细勘查、排除。

3.6 工程实例

3.6.1 上海机械学院动力馆砂垫层地基处理工程

1. 工程概况

上海机械学院动力馆是三层混合结构，建造在冲填土的暗浜范围内，上部建筑正立面与基础平剖面布置如图 3.13 和图 3.14 所示。

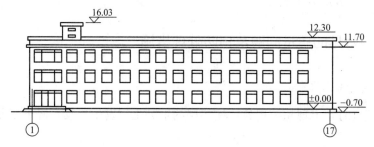

图 3.13 建筑物正立面

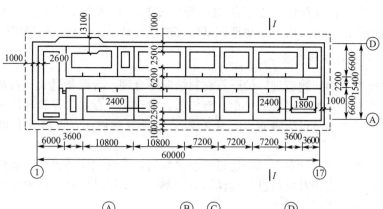

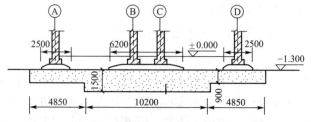

图 3.14 基础平剖面

2. 工程地质条件

建筑物场地系一池塘，冲填时塘底淤泥未挖除，地下水位较高，冲填龄期虽然已达40年之久但仍未能固结。其主要物理力学性质指标如表 3-8 所示。在基础平面外冲填土层曾做过两个载荷试验，地基承载力标准值为 50kPa 和 70kPa。

表 3-8 地基土主要物理力学指标

土层类别	土层厚度/m	层底标高/m	w /(°)	γ /(kN/m³)	I_1	e	c /kPa	φ' /(°)	α_{1-2} /MPa⁻¹	f /kPa
褐黄色冲填土	1.0	+3.38								
灰色冲填土	2.3	+1.08	35.6	17.74	11.3	1.04	8.8	22.5	0.29	
塘底淤泥	0.5	+0.58	43.9	16.95	14.5	1.30	8.8	16	0.61	
淤泥质粉质黏土	7	−6.2	34.2	18.23	11.5	1.00	8.8	21	0.43	98
淤泥质黏土	未穿		53	16.66	20	1.47	9.8	11.5		59

3. 设计方案选择

设计时曾经考虑过下列方案。

(1) 挖除填土，将基础落深，如将基础落深至淤泥质粉质黏土层内，需挖土 4m，因而土方工程量大，地下水位又高，塘泥淤泥渗透性差，采用井点降水效果估计不够理想，且施工也十分困难。

(2) 打钢筋混凝土 200mm×200mm 短桩，长度为 5~8m，单桩承载力为 50~80kN。通常以暗浜下有黏质粉土和粉砂的效果较为显著。

当无试验资料时，桩基设计可假定承台底面下的桩与承台底面下的土起共同支承作用。计算时一般按桩承受荷载的 70% 计算，但地基土承受的荷载不宜超过 30kPa。本工程因冲填土尚未固结，需做架空地板，这样也会增加处理造价。

(3) 采用基础梁跨越。本工程因暗浜宽度太大，因而不可能选用基础梁跨越方法。

(4) 采用砂垫层置换部分冲填土。砂垫层厚度选用 0.9m 和 1.5m 两种，辅以井点降水，并适当降低基底压力，控制基底压力为 74kPa。经分析研究，最后决定采用本方案。

4. 施工情况

(1) 砂垫层材料采用中砂，使用平板振动器分层振实，控制土的干密度为 1.6t/m³。

(2) 建筑物四周布置井点，开始时井管滤头进入淤泥质粉质黏土层内，但因暗浜底淤泥的渗透性差，降水效果欠佳，最后补打井点，将滤头提高至填土层层底。

5. 效果评价

(1) 纵横条形基础和砂垫层处理起到了均匀传递扩散压力的作用，并改善了暗浜内部填土的排水固结条件。冲填土和淤泥在承受上部荷载后，孔隙水压力可通过砂垫层排水消散，地基土逐渐固结，强度也随之提高。

(2) 实测沉降量约 200mm，在规范容许沉降范围以内，实际使用效果良好。

3.6.2　河北涿州某工程区的地基特征及处理方法

河北涿州地处太行山脚下，属太行山隆起与华北沉陷带的过渡地带，是太行山前冲、洪积扇群。由于受小区域构造的影响，形成了涿州地区目前这种区域性很强的工程地质条件。

随着经济文化的发展，涿州地区形成了不同的建筑集中区。这些建筑集中区指的是具有一定数量的二级建筑分布的地区。下面对各区情况进行简要分析。

1. 涿州市老城区

涿州市老城区是在原县城基础上发展起来的。在这个区域进行工程建设首先遇到的就是填土问题。填土的厚度一般在3～7m，主要为建筑垃圾及生活垃圾。由此层填土造成了该地区的工程地质条件较复杂，不能作为二类建筑物的天然地基。目前对该层土的处理方法主要包括以下几种。

(1) 换土垫层法：把该填土层全部或部分清除，然后代之以灰土或级配砂石等垫层。该方法简便易行，施工工艺简单，适合填土层薄的地区。

(2) 钢筋混凝土灌注法：此法技术成熟，适应性强，适合地层变化大、填土层厚的地区。该方法技术要求高，需专门的施工队伍。

(3) 灰土桩：一种近几年来发展起来的比较经济的桩基处理技术。该方法对该层填土的处理效果较好；工作面要求低，特别适合于城区建筑密集场地及交通不便的情况；技术要求界于前两者之间。

当然还有其他的方法，但以上三种方法比较适合，技术也比较成熟，并有大量实例。

2. 拒马河沿岸地区

这一带的建筑地基属于拒马河的二级阶地。上部以粉土及砂为主，在深部则是砂卵石地层，且水位较浅，不同程度地存在地震液化问题。目前这一地区的建筑群主要有边各庄的物探局研究院、物探建筑公司、农大实验农场以及城北的物探职工大学、水电四局、通讯团等。这一地区因在深部发育有卵石层，一般埋深3～5m，故就目前的处理方法而言，主要有强夯及预制桩等。同时还可利用挤密碎石桩等技术消除液化，提高复合地基承载力。此地区进行高层建筑更为有利。

3. 中央电视台涿州拍摄基地

此区地处小清河和琉璃河交汇地带，地层沉积时间短，土质疏松，且地层变化很大，水位不很深。20m范围之内主要以土和砂为主，无卵石等硬地层存在，故在此地区进行建设难度亦较大。在这小小区域的不同地带又有不同程度的液化。目前在这里采取的处理方法主要有强夯法、碎石挤密法等，以提高地基综合性能，同时消除液化影响。当然亦可采用其他方法，如深层搅拌注浆等技术，关键要衡量建筑物的等级及其对地基的敏感程度，同时也得考虑工程造价。此区亦适宜高层建筑。

4. 经济技术开发区

涿州市经济技术开发区及台胞投资开发区，地质条件较好，以较密实的砂、粉土为主，一般能满足二级建筑物对地基的要求，承载力在 $110\sim200kPa$ 之间不等，遇到一级建筑物对地基要求较高时方考虑处理。

以上是对涿州市主要建筑群地质情况的总体分析，并提供较为适宜的基础处理方法，且对其做一个简要分析，为工程建设和投资提供参考。

3.6.3 北京田村路北小区工程

北京城建九公司一项目部承担施工的田村路北小区工程在基坑开挖中采用换填法施工，取得了良好的效果，不仅缩短了工期 2 个多月，有效地避开了雨季基坑开挖带来的危险，而且节约资金 60 余万元。

传统的基坑开挖采用打桩施工法，不仅费时而且费力，而且一般情况下打桩后需晾晒，进行超载试验 30d。而换填法施工，当基坑开挖到规定深度后，遇到土质不好的松散性杂土，继续开挖下去，挖至天然级配砂石，再将基坑用级配砂石填平，之后用振动压路机将换填土分层压实，基坑开挖经换填后立刻就可进行底板施工，不仅节约工效，节省了资金，而且耐用，确保安全度汛，取得良好效果。

本 章 小 结

本章主要讲述换土垫层法的概念和适用方法、土的压实机理、垫层设计方法、运用换土垫层法的施工工序和技术要点，以及换土垫层法的质量检验方法和技术标准等。

本章的重点是砂垫层的作用、换土垫层的设计与施工。

习 题

一、思考题

1. 什么是换土垫层？
2. 换土垫层的作用是什么？
3. 什么是素土垫层、灰土垫层、粉煤灰垫层？
4. 如何确定砂垫层的厚度和底面积？
5. 三种不同的垫层施工方法：机械碾压法、重锤夯实法、平板振动法各有什么不同？
6. 砂垫层的质量检验方法有哪几种？
7. 砂垫层设计的主要内容是什么？

二、单选题

1. 垫层的压实系数为土的（　　）的比值。
   A. 最小干密度与最大干密度　　　　B. 控制干密度与最大干密度
   C. 最大干密度与控制干密度　　　　D. 控制干密度与最小干密度
2. 土的最大干密度宜通过（　　）确定。
   A. 环刀取样试验　　　　　　　　　B. 触探试验

C. 击实试验　　　　　　　　　D. 压缩试验

3. 某五层砖混结构的住宅建筑，墙下为条形基础，宽 1.2m，埋深 1m，上部建筑物作用于基础上的荷载为 150kN/m，基础的平均重度为 20kN/m³。地基土表层为粉质黏土，厚 1m，重度为 17.8kN/m³；第二层为淤泥质黏土，厚 15m，重度为 17.5kN/m³，含水率为 55%；第三层为密实的砂砾石；地下水距地表 1m。因地基土较软弱，不能承受上部建筑物的荷载，试设计砂垫层厚度和宽度。

　　A. 厚 1.6m，底宽 3.05m　　　　　B. 厚 1.4m，底宽 2.68m
　　C. 厚 1.2m，底宽 2.44m　　　　　D. 厚 1.0m，底宽 2.15m

4. 在用换填法处理地基时，垫层厚度确定的依据是（　　）。
　　A. 垫层土的承载力　　　　　　　B. 垫层底面处土的自重压力
　　C. 下卧土层的承载力　　　　　　D. 垫层底面处土的附加压力

5. 基础面积为 $4.5m \times 3m = 13.5m^2$，地基土层属于滨海相沉积的粉质黏土，十字板剪切强度为 $c_u = 22kPa$，天然地基的承载力特征值为 75kPa。要求地基处理后的地基承载力特征值为 120kPa。经过加固方案比较后，拟采用振冲碎石桩处理地基，加固土的强度达到 25kPa。若布置 6 根碎石桩，桩长 8m，正方形布置，间距 1.5m，碎石桩的平均直径为 800mm，试求加固后的地基承载力能否满足要求？（计算时，碎石桩的内摩擦角取 $\varphi = 38°$，承载力安全系数为 2，设 $n = 3$）

　　A. $P_u = 258.1kPa$　　　　　　　B. $P_u = 285.1kPa$
　　C. $P_u = 299.5.1kPa$　　　　　　D. $P_u = 198.1kPa$

6. 用于换填垫层的土工合成材料，在地基中主要起的作用是（　　）。
　　A. 换填作用　　　　　　　　　　B. 排水作用
　　C. 防渗作用　　　　　　　　　　D. 加筋作用

7. 当垫层下卧层为淤泥和淤泥质土时，为防止其被扰动而造成强度降低，变形增加，通常做法是，开挖基坑时应预留一定厚度的保护层，以保护下卧软黏土层的结构不被破坏，其预留保护层厚度约为（　　）。
　　A. 100mm　　　B. 300mm　　　C. 450mm　　　D. 600mm

8. 换土垫层后的建筑物地基沉降由（　　）构成。
　　A. 垫层自身的变形量
　　B. 建筑物自身的变形量和下卧土层的变形量两部分
　　C. 垫层自身的变形量和下卧土层的变形量
　　D. 建筑物自身的变形量和垫层自身的变形量

9. 换填法处理软黏土或杂填土的主要目的是（　　）。
　　A. 消除湿陷性　　　　　　　　　B. 置换可能被剪切破坏的土层
　　C. 消除土的胀缩性　　　　　　　D. 降低土的含水率

10. 在换填法施工中，为获得最佳夯压效果，宜采用垫层材料的（　　）含水率作为施工控制含水率。
　　A. 最低含水率　　　　　　　　　B. 饱和含水率
　　C. 最优含水率　　　　　　　　　D. 临界含水率

三、多选题
1. 换填法处理地基的目的和作用是（　　）。

A. 提高基础底面以下地基浅层的承载力

B. 提高基础底面以下地基深层的承载力

C. 减少地基沉降量，加速地基的排水固结

D. 消除基础底面以下适当范围内地基的湿陷性和胀缩性

2. 换填垫层法施工时的换填材料可以选用（　　）。

　　A. 碎石土和砂土　　　　　　　　　B. 湿陷性黄土

　　C. 少量膨胀土的素土和砂土　　　　D. 粉土、灰土

3. 砂垫层设计的主要内容是确定（　　）。

　　A. 垫层的厚度　　　　　　　　　　D. 垫层的宽度

　　C. 垫层的承载力　　　　　　　　　D. 垫层的密实程度

4. 换填法中用人工合成材料作为加筋垫层时，加筋垫层的作用机理为（　　）。

　　A. 增大地基土的稳定性　　　　　　B. 调整垫层土粒级配

　　C. 扩散应力　　　　　　　　　　　D. 调整不均匀沉降

5. 用换填法进行地基处理时，加筋垫层所用的人工合成材料采用（　　）材料。

　　A. 抗拉强度较高的　　　　　　　　B. 受力时伸长率小的

　　C. 可以降解以有利于环保的　　　　D. 等效孔径小于 0.1mm 的

6. 用换填法进行地基处理时，换填垫层的厚度（　　）。

　　A. 不宜小于 0.5m，否则处理效果不明显

　　B. 不宜小于 2m，否则处理效果不明显

　　C. 不宜大于 3m，否则难以获得良好的经济、技术效果

　　D. 不宜大于 5m，否则难以获得良好的经济、技术效果

7. 当利用压实土做建筑地基时，可用（　　）作为填土。

　　A. 砂夹碎石　　　　B. 中砂　　　　C. 卵石　　　　D. 淤泥质土

8. 换填法适用于处理下列（　　）地基土。

　　A. 细砂土　　　　B. 人工填土　　　　C. 碎石土　　　　D. 饱和软黏土

9. 建筑物基础下，受建筑物荷载影响的土层可以称为（　　）。

　　A. 地基土层　　　　B. 持力层　　　　C. 受力层　　　　D. 下卧层

10. 下列适合于换填法的垫层材料是（　　）。

　　A. 红黏土　　　　B. 砂石　　　　C. 杂填土　　　　D. 工业废渣

第**4**章
深层密实法

教学目标

本章主要讲述深层密实法的概念，强夯法、碎(砂)石桩、石灰桩、土(或灰土、二灰土)桩、CFG 桩的定义、适用范围、设计计算和施工方法。通过本章的学习，应达到以下目标：

(1) 了解深层密实法的概念；

(2) 掌握强夯法的定义、适用范围、设计计算、施工方法；

(3) 掌握碎(砂)石桩的定义、适用范围、设计计算、施工方法；

(4) 掌握石灰桩的定义、适用范围、设计计算、施工方法；

(5) 掌握土(或灰土、二灰土)桩的定义、适用范围、设计计算、施工方法；

(6) 掌握 CFG 桩的定义、适用范围、设计计算、施工方法。

教学要求

知识要点	能力要求	相关知识
深层密实法	(1) 掌握深层密实法按施工方法的分类 (2) 掌握深层密实法的处理效果 (3) 掌握深层密实法的加固机理	(1) 深层密实法 (2) 深层密实法的加固机理
强夯法	(1) 掌握加固机理 (2) 掌握设计计算 (3) 掌握施工方法 (4) 了解质量检验	(1) 强夯法的概念 (2) 动力密实 (3) 动力固结 (4) 动力置换 (5) 有效加固深度 (6) 强夯法的设计
碎(砂)石桩	(1) 掌握加固机理 (2) 掌握设计计算 (3) 掌握施工方法 (4) 了解质量检验	(1) 砂井与砂桩的区别 (2) 砂桩的设计 (3) 砂桩加固机理 (4) 碎石桩的概念
石灰桩	(1) 掌握加固机理 (2) 掌握设计计算 (3) 掌握施工方法 (4) 了解质量检验	(1) 石灰桩的概念 (2) 石灰桩的设计 (3) 石灰桩加固机理 (4) 石灰桩的施工工序
土(或灰土、二灰土)桩	(1) 掌握加固机理 (2) 掌握设计计算 (3) 掌握施工方法 (4) 了解质量检验	(1) 土桩的概念 (2) 土桩的设计 (3) 土桩加固机理 (4) 土桩的施工工序
CFG 桩	(1) 掌握加固机理 (2) 掌握设计计算 (3) 掌握施工方法 (4) 了解质量检验	(1) CFG 桩的概念 (2) CFG 桩的设计 (3) CFG 桩加固机理 (4) CFG 桩的施工工序

基本概念

深层密实法、强夯法、碎石桩、砂桩、土(或灰土、二灰土)桩、CFG桩、动力密实、动力固结、动力置换、有效加固深度。

引例

在实际工程中，常常遇到需要处理碎石土、砂土、杂填土、低饱和度的粉土与黏性土、湿陷性黄土和人工填土等地基，由于被处理地基的承载力比较低，或者特殊的工程地质性质不适合做工程的地基，人们常常采用深层密实法，这种方法的不仅造价比较低，同时可以处理的深度大于换填法的处理深度，这类方法包括强夯法、碎石桩、砂桩、土桩、灰土桩、二灰土桩、CFG桩等，都是以动力密实、动力固结、动力置换为主要原理。例如，深圳国际机场即采用强夯块石墩法加固跑道范围内的地基土。该类方法具有施工简单、加固效果好、使用经济等优点，因而被世界各国工程界所重视，并随后在各地进行了多次实践和应用。到目前为止，国内很多工程都成功地采用了深层密实法，并取得了良好的加固效果。

4.1 概 述

深层密实法(Deep Compaction)是指采用爆破、夯击、挤压和振动等方法，对松散地基土进行振密和挤密。和浅层地基加固相比，深层密实法不仅其所用的施工机具不同，而且它可以使地基土在较大深度范围内得以密实。深层密实法也是当代地基处理工程的重大发展之一。

4.1.1 深层密实法按施工方法的分类

1. 爆破法

爆破法(Blasting)是将炸药放在地面深处，引爆后在地基土内产生高速压力波，并在爆炸源附近的区域内，冲击波使土的疏松结构液化，形成密实结构，以达到地基土加固的目的。如果在水下土面以上较小高度处设置炸药引爆，则对水下土层亦可起到加固作用。这种方法适用于砂土类土，因国内很少使用，在此不以详述。

2. 强夯法

强夯法(Heavy Tamping)是一种将几十吨的重锤从几十米高处自由落下，对土进行强力夯击的办法。它是在重锤夯实法的基础上发展起来的，而其加固机理又与重锤夯实法不同，是一种新的地基处理方法。

3. 挤密法

挤密法(Densification)是以振动、冲击或带套管等方法成孔，然后向孔中填入砂、石、土(或二灰土、灰土)、石灰或其他材料，再加以振实而形成较大直径桩体的方法。按填入材料的不同，将挤密桩可分为砂桩、碎石桩、土(或二灰土、灰土)桩和石灰桩。挤密桩主要靠桩管打入地基时对地基土的横向挤密作用，使土粒彼此移动，小颗粒填入大颗粒空隙中，空隙减小，土的骨架作用随之增强，从而使土的抗剪强度提高，压缩性减小。挤密桩属于柔性桩的范畴。

4. 水泥粉煤灰碎石桩

水泥粉煤灰碎石桩(Cement Fly-ash Gravel Pile，简称 CFG 桩)，是在碎石桩的基础上掺入适量石屑、粉煤灰和少量水泥，加水拌和后制成的一种具有一定胶结强度的桩体。CFG 桩是近几年发展起来的一种新的地基处理方法。与传统的碎石桩法(承载力提高 1 倍左右)相比，CFG 桩是一种低强度混凝土桩，因而可以较大幅度地提高原地基承载力。

4.1.2 深层密实法的处理效果

深沉密实法处理后的水泥土的容重与天然土的容重相近，但水泥土的相对密度比天然土的相对密度稍大。无侧限抗压强度一般为 300～400kPa，比天然软黏土大几十倍至数百倍，但影响水泥土无侧限抗压强度的因素很多，如水泥掺入量、龄期、水泥标号、土样含水率和有机质含量以及外掺剂等。

为了降低工程造价，可以采用掺加粉煤灰的措施。掺加粉煤灰的水泥土，其强度一般比不掺粉煤灰的高。当掺入与水泥等量的粉煤灰后，不同水泥掺入比的水泥土，其强度均比不掺粉煤灰的提高 10%，因此采用深层搅拌法加固软黏土时掺入粉煤灰，不仅可消耗工业废料，变废为宝，还可提高水泥土的强度。

深层地基土的加固效果主要取决于以下几个因素。

(1) 土的类别，特别是土的级配和细颗粒的含量。
(2) 土的饱和度和地下水位。
(3) 地基土初始相对密实度。
(4) 现场原始应力。
(5) 天然土的结构(包括沉积年代和胶结情况等)。
(6) 所选用的地基处理方法及其设计和施工参数。

4.1.3 深层密实法的加固机理

1. 挤密法

挤密法是以振动或冲击的方法成孔，然后在孔中填入砂、石、土、石灰、灰土或其他材料，并加以捣实成为桩体，按其填入的材料可分为砂桩、砂石桩、石灰桩、灰土桩等。挤密法一般采用打桩机或振动打桩机施工，也有用爆破成孔的。挤密桩的加固机理主要靠桩管打入地基中，对土产生横向挤密作用，在一定挤密功能作用下，土粒彼此移动，小颗粒填入大颗粒的空隙，颗粒间彼此靠近，空隙减少，使土密实，地基土的强度也随之增强。所以挤密法主要是使松软土地基挤密，改善土的强度和变形特性。由于桩体本身具有较大的强度和变形模量，桩的断面也较大，故桩体与土组成复合地基，共同承担建筑物荷载。

必须指出的是，挤密砂桩与排水砂井都是以砂为填料的桩体，但两者的作用是不同的。砂桩的作用主要是挤密，故桩径较大，桩距较小，而砂井的作用主要是排水固结，故井径小而间距大。

挤密桩主要应用于处理松软砂类土、素填土、湿陷性黄土等，用于将土挤密或消除湿陷性，其效果很显著。

2. 振冲法

振冲法（Vibroflotation Process）是利用一个振冲器（图4.1），在高压水流的帮助下边振边冲，使松砂地基变密；或在黏性土地基中成孔，在孔中填入碎石制成一根根的桩体，这样的桩体和原来的土构成比原来抗剪强度高和压缩性小的复合地基。

振冲器为圆筒形，筒内由一组偏心铁块、潜水电动机和通水管三部分组成，主要技术指标见表4-1。潜水电动机带动偏心铁块使振冲器产生高频振动，通水管接通高压水流从喷水口喷出，形成振动水冲作用。振冲法的工作过程是利用吊车或卷扬机将振冲器就位后（图4.2中第一步），打开喷水口，启动振冲器，在振冲作用下使振冲器沉到需要加固的深度（图4.2中第二步），然后边往孔内回填碎石，边喷水振动，使碎石密实，逐渐上提，振密全孔。孔内的填料愈密，振动消耗的电量愈大。常通过观察电流的变化，控制振密的质量，这样就使孔内填料及孔周围一定范围内土密实（图4.2中第三、四步）。

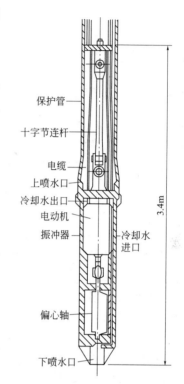

图 4.1　振冲器构造

表 4-1　国内几种常用振冲器的主要技术参数

型号	ZCQ-13	ZCQ-30	ZCQ-55	ZCQ-75
电功率/kW	13	30	55	75
转速/(r/min)	1450	1450	1450	1460
额定电流/A	25.5	60	100	100
不平衡质量/kg	29.0	66.0	104.0	偏心矩 66.3N·m
型号振动力/kN	35	90	200	160
振幅/mm	4.2	4.2	5.0	5.0
振冲器外径/mm	274	351	450	450
长度/mm	2000	2150	2500	2500
总质量/t	0.78	0.94	1.6	2.05

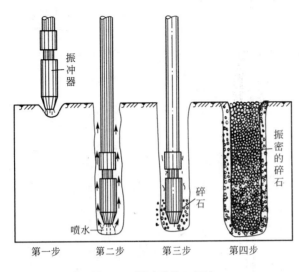

振冲器

喷水

第一步　　　第二步　　　第三步　　　第四步

图 4.2　振冲法施工顺序

碎石

振密的碎石

在砂土和黏性土中，振冲法的加固机理是不同的。在砂土中，振冲器对土施加重复水平振动和侧向挤压作用，使土的结构逐渐被破坏，孔隙水压力逐渐增大。由于土的结构被破坏，土粒便向低势能位置转移，土体由松变密。当孔隙水压力增大到大主应力值时，土体开始液化。所以，振冲对砂土的作用主要是振动密实和振动液化，随后孔隙水消散固结。振动液化与振动加速度有关，而振动加速度又随离振冲器的距离增大而衰减。因此，把振冲的影响范围从振冲器壁向外，按加速度的大小划分为液化区、过渡区和压密区。压密区外无加固效果。

一般来说过渡区和压密区愈大，加固效果愈好，因为液化状态的土不易密实，液化区过大反而降低加密的效果。根据工程实践的结果，砂土加固的效果取决于土的性质（砂土的密度、颗粒的大小、形状、级配、渗透性和上覆压力等）和振冲器的性能（如偏心力、振动频率、振幅和振动时间）。土的平均有效粒径 $d_{10} = 0.2 \sim 2\text{mm}$ 时加密的效果较好；颗粒较细易产生宽广的液化区，振冲加固的效果较差。所以对于颗粒较细的砂土地基，需在振冲孔中添加碎石形成碎石桩，才能获得较好的加密效果。颗粒较粗的中、粗砂土可不必加料，也可以得到较好的加密效果。

在黏性土中，振动不能使黏性土液化，除了部分非饱和土或黏粒土含量较少的黏性土在振动挤压作用下可能压密外，对于饱和黏性土，特别是饱和软黏土，振动挤压不可能使土密实，甚至扰动土的结构，引起土中孔隙水压力的升高，降低有效应力，使土的强度降低。所以振冲法在黏性土中的作用主要是振冲制成碎石桩，置换软弱土层，碎石桩与周围土组成复合地基。在复合地基中，碎石桩的变形模量远比黏性土的大，因而使应力集中于碎石桩，相应减少软弱土中的附加应力，从而改善地基承载能力和变形特性。但在软弱土中形成复合地基是有条件的，即在振冲器制成碎石桩的过程中，桩周土必须具有一定的强度，以便抵抗振冲器对土产生的振动挤压力和尔后在荷载作用下支撑碎石桩的侧向挤压作用。若地基土的强度太低，不能承受振冲过程的挤压力和支撑碎石桩的侧向挤压，复合地基的作用就不可能形成了。由此可见，被加固土的抗剪强度是影响加固效果的关键。工程实践证明，具有一定的抗剪强度（$c_u > 20\text{kPa}$）的地基土采用碎石桩处理地基的效果较好，反之，处理效果就不显著，甚至不能采用。许多人认为，当地基土的不固结不排水抗剪强度 $c_u < 20\text{kPa}$ 时，采用振冲碎石桩应该慎重对待。实践证明，振动挤压可能引起饱和软黏土强度的降低，但经过一段间歇期后，土的抗剪强度是可以恢复的。所以，在比较软弱的土层中，如能振冲制成碎石桩，应间歇一段时间，待其强度恢复后，才能施加上部荷载。

总之，振冲法的机理在砂土中主要是振动挤密和振动液化作用，在黏性土中主要是振冲置换作用，置换的桩体与土组成复合地基。近年来，振冲法已被广泛应用于处理各类地基土，但是主要用于处理砂土、湿陷性黄土及部分非饱和黏性土，提高这些土的地基承载力和抗液化性能，也用于处理不排水抗剪强度稍高($c_u>20\text{kPa}$)的饱和黏性土和粉土，改善这类土的地基承载力和变形特性。

4.2 强 夯 法

强夯法是法国 Menard 技术公司在 1969 年首创的，通过 $80\sim300\text{kN}$ 的重锤(图 4.3，最重达 200t)和 $8\sim30\text{m}$ 的落距(最高达 40m)，对地基土施加很大的冲击能(图 4.4)，一般能量为 $500\sim8000\text{kN}\cdot\text{m}$。强夯在地基土中所出现的冲击波和动应力，可以提高地基土的强度，降低土的压缩性，改善砂土的抗液化条件，消除湿陷性黄土的湿陷性等。同时。夯击能还可以提高土层的均匀程度，减少将来可能出现的地基差异沉降。

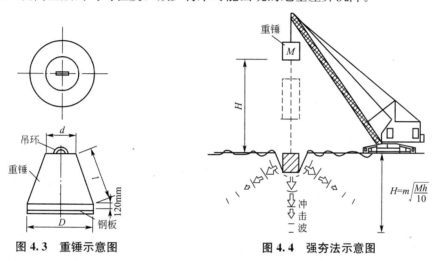

图 4.3　重锤示意图　　　　图 4.4　强夯法示意图

强夯法适用于碎石土、砂土、杂填土、低饱和度的粉土与黏性土、湿陷性黄土和人工填土等地基的加固处理。对于饱和度较高的淤泥和淤泥质土，应通过现场试验获得效果后才宜采用。这种方法的不足之处是施工振动大，噪声大，影响附近建筑物，所以在城市中不宜采用。

近年来，对于高饱和度的粉土与黏性土地基，有人采用在坑内回填碎石、块石或其他粗颗粒材料，强行夯入并排开软黏土，最后形成碎石桩与软黏土的复合地基，该方法称为强夯置换(或强夯挤淤、动力置换)，如深圳国际机场即采用强夯块石墩法加固跑道范围内的地基土。

工程实践表明，强夯法具有施工简单、加固效果好、使用经济等优点，因而被世界各国工程界所重视。我国于 20 世纪 70 年代末首次在天津新港三号公路进行了强夯试验，随后在各地进行了多次实践和应用。到目前为止，国内很多工程都成功地采用了强夯法，并取得了良好的加固效果。

4.2.1　加固机理

强夯法虽然在实践中已被证实是一种较好的地基处理方法，但到目前为止，还没有一套成熟和完善的理论及设计计算方法。

目前，强夯法加固地基有三种不同的加固机理，即动力密实、动力固结、动力置换和震动波密实理论，各种加固机理的特性取决于地基土的类别和强夯施工工艺。

1. 动力密实

强夯法加固多孔隙、粗颗粒、非饱和土是基于动力密实（Dynamic Compaction）的机理，即用冲击型动力荷载，使土体中的孔隙体积减小，使土体变得密实，从而提高地基土强度。非饱和土的夯实过程就是土中的气相被挤出的过程，夯实变形主要是由于土颗粒的相对位移引起的。实际工程表明，在冲击能作用下，地面会立即产生沉陷，夯击一遍后，其夯坑深度一般可达 0.6～1.0m，夯坑底部形成一超压密硬壳层，承载力可比夯前提高 2～3 倍。

2. 动力固结

利用强夯法处理细颗粒饱和土时，则是采用动力固结（Dynamic Consolidation）机理，即巨大的冲击能在土中产生很大的应力波，破坏了土体原有的结构，使土体局部发生液化并产生许多裂隙，使孔隙水顺利逸出，待超孔隙水压力消散后，土体固结，加上软黏土具有触变性，土的强度得以提高。

法国 Menard 教授根据强夯法的实践，首次对传统的固结理论提出了不同的看法，阐述了"饱和土是可以压缩的"新的机理。

1）饱和土的压缩

在工程实践中，不论土的性质如何，夯击时均可立即引起地基土的很大沉降。对渗透性很小的饱和细粒土，孔隙水的排出被认为是产生沉降的充分必要条件，这是传统的固结理论的基本假定。可是，饱和细粒土的渗透性低，在瞬时荷载作用下，孔隙水不能迅速排出，所以就难以解释在夯击时产生很大沉降的机理。Menard 认为，由于土中有机物的分解，第四纪土中大多数都含有以微气泡形式存在的气体，含气量在 1%～4%范围内。进行强夯时，气体体积压缩，孔隙水压力增大，随后气体有所膨胀，孔隙水排出的同时压力逐渐减小。这样每夯击一遍，液相体积和气相体积都有所减少。根据试验，每夯击一遍，气体的体积可减少 40%。

2）土体液化

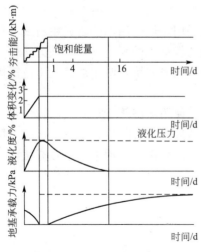

图 4.5 夯击一遍的情况

在重复夯击作用下，施加在土体上的夯击能使气体逐渐受到压缩。因此，土体的夯沉量与夯击能量成正比。当土中气体按体积百分比接近于零时，土体变成不可压缩的土体。相应地，孔隙水压力上升到覆盖压力相等的能量级，土体便产生液化，如图 4.5 所示。液化度为孔隙水压力与液化压力之比，而液化压力即为覆盖压力。当液化度为 100%时，即为土体产生液化的临界状态，对应的能量称为"饱和能"。此时，土中的吸附水变成自由水，土的强度下降到最小值。一旦达到"饱和能"而继续施加能量，除了对土体起重塑的破坏作用外，纯属浪费能量。应当指出，天然土层的液化常常是逐渐发生的。绝大多数沉积物是层状的和结构性的。粉质和砂质土层比黏性土层先进入液化状态。另外，强夯时所产生的液化不同于地震时的液化，只是土体的局部液化。

3）改善土体的渗透性

在很大夯击能的作用下，地基土体中会出现冲击波和动应力。当出现的超孔隙水压力大于颗粒间的侧向压力时，会致使土颗粒间出现裂隙，形成排水通道，此时土的渗透系数骤增，使孔隙水顺利排出。在有规则的网格布置夯点的施工现场，由于夯击能的积聚，在夯坑四周会形成有规则的垂直裂缝，并出现涌水现象。所以，应规划好强夯的施工顺序，而不规则的乱夯，只会破坏这些天然排水通道的连续性。因此，在现场观察到夯击前土工试验所量测的渗透系数，并不能说明夯击后孔隙水压力能迅速消散这一特性。

当孔隙水压力消散到小于颗粒间的侧向压力时，裂隙即自行闭合，土中水的运动重新恢复常态。

4）恢复触变性

在重复夯击作用下，土体强度逐渐减低，当土体出现液化或接近液化时，土的强度达到最小值。此时土体产生裂隙，而土中的吸附水部分变成了自由水。随着孔隙水压力的消散，土的抗剪强度和变形模量都有了大幅度的增长。土颗粒间紧密接触和新吸附水层逐渐固定是土体强度增大的原因，而吸附水逐渐固定的过程可能会延续至几个月。在触变恢复期间，土体的变形是很小的(有资料介绍在1‰以下)。如果用传统的固结理论就无法解释这一现象，这时自由水重新被土颗粒所吸附而变成了吸附水，这也是具有触变性土的特性。

图4.6为夯击三遍的情况。由于饱和黏性土的触变性，当强夯以后，土的结构被破坏，强度几乎降低为零，如图4.7所示。随着时间的延长，土的强度又逐步恢复。这种触变强度的恢复也称为时效(Time Effect)。

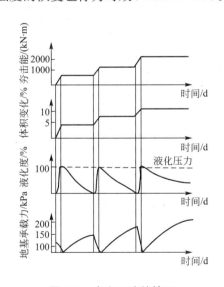

图4.6　夯击三遍的情况

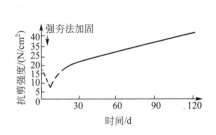

图4.7　强夯后地基土抗剪强度的增长与时间关系

灵敏度较高的黏土中存在触变现象是众所周知的。实际上，这一现象对所有细颗粒土都是明显的，仅是程度不同而已。值得注意的是，经强夯后土在触变恢复过程中，对振动十分敏感，所以，在进行勘探和测试工作时应十分注意。

3. 动力置换

动力置换(Dynamic Replacement)可分为整式置换和桩式置换(图4.8)。整式置换是采用强夯将碎石整体挤入淤泥中，其作用机理类似于换土垫层。桩式置换是通过强夯将碎石填筑于土体中，部分碎石桩(墩)间隔地夯入软黏土中，形成桩(墩)式的碎石桩(墩)。其作用机理类似于振冲法等形成的碎石桩，它主要是靠碎石内摩擦角和墩间土的侧限来维持桩体的平衡，并与墩间土起复合地基作用。

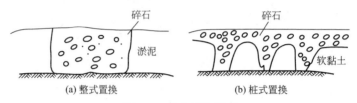

(a) 整式置换 (b) 桩式置换

图4.8 动力置换类型

4. 震动波压密理论

在实施强夯时，重锤由高空落下，产生强大的动能(震动源)作用于地基土。此时，动能转化为波能，从震源向深层扩散，能量释放于一定范围的地基中，使土体得到不同程度的加固，这就是震动波压密理论(Shock Wave Compaction Theory)。

震动波主要分为体波和面波，体波又分为纵波和横波，对地基加固起主要作用的是体波。地基压密理论将地基加固区分为四层，详见图4.9地基压密固结模式图。第一层是松弛区，地基土因受冲击力而扰动，第二层是固结效果最佳区，由于压缩波在此层反复作用，使地下应力超过了地基的破坏强度，土中吸收纵波放出的能量最多，所以这层的固结效果也最好。第三层效果减弱区，第四层是无效固结区，此层地下应力处于地基的弹性界限内，能量消耗已经无法克服土体的塑性变形，故此层基本上没有固结作用。

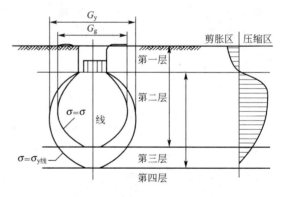

图4.9 地基压密固结模式图

4.2.2 设计计算

1. 有效加固深度

有效加固深度既是选择地基处理方法的重要依据，又是反映地基处理效果的重要参数。国内尚无其确切定义，但一般可以理解为，经强夯加固后，该土层强度明显提高，压缩模量增大，加固效果显著的土层范围。

Menard曾提出用式(4-1)估算有效加固深度。

$$H \approx m\sqrt{\frac{Mh}{10}}　　　　(4-1)$$

式中，H 为有效加固深度，m；M 为夯锤重，kN；h 为落距，m。m 为经验系数，与波在土中传播的速度及土吸收能量的能力有关。根据我国的实践经验，m 值的取值范围为 $0.4\sim0.8$，碎石土、砂土等为 $0.45\sim0.5$，粉土、黏性土、湿陷性黄土等为 $0.4\sim0.45$。

实际上，影响有效加固深度的因素很多，除了锤重和落距外，还有地基土性质、不同土层的厚度和埋藏顺序、地下水位及其他强夯设计参数等。因此，强夯的有效加固深度应根据现场试夯或当地经验确定。在无条件时，可按表 4-2 预估。

表 4-2　强夯的有效加固深度

单击夯击能/kN·m	碎石土、砂土等/m	粉土、黏性土、湿陷性黄土等/m
1000	$5.0\sim6.0$	$4.0\sim5.0$
2000	$6.0\sim7.0$	$5.0\sim6.0$
3000	$7.0\sim8.0$	$6.0\sim7.0$
4000	$8.0\sim9.0$	$7.0\sim8.0$
5000	$9.0\sim9.5$	$8.0\sim8.5$
16000	$9.5\sim10.0$	$8.5\sim9.5$

注：强夯的有效加固深度应从起夯面算起。

2. 夯锤和落距

夯锤重与落距的乘积称为单击夯击能。整个加固场地的总夯击能(即锤重×落距×总夯击数)除以加固面积称为单位夯击能。强夯的单位夯击能应根据地基土类别、结构类型、荷载大小和要求处理的深度等综合考虑，并可以通过试验确定。一般情况下，粗粒土可取 $1000\sim3000\text{kN}\cdot\text{m/m}^2$，细粒土可取 $1500\sim4000\text{kN}\cdot\text{m/m}^2$。

国内夯锤质量一般为 $10\sim25\text{t}$，底面为圆形，并对称设置若干个贯通顶底面的排气孔，孔径取 $250\sim300\text{mm}$，这样可以降低能量损失，减小起吊吸力等。锤底面积宜按土的性质确定，锤底静压力可取 $25\sim40\text{kPa}$，对细粒土宜取较小值。国内外资料报道，对于砂性土，锤底面积一般取 $3\sim4\text{m}^2$，对黏性土不宜小于 6m^2。对于细粒土，在强夯时预计会产生较深的夯坑，应事先加大锤底面积。

国内外夯锤多采用钢板外壳，内灌注混凝土。锤重和落高取决于加固深度所需的能量，锤重有 100kN、150kN、200kN、300kN 等，落高则由起重设备来决定。当夯击能确定后，便可根据施工设备的条件选择锤重和落高，并通过现场试夯确定。

确定夯锤规格后，根据要求的单击夯击能，可确定夯锤的落距。国内常采用 $8\sim20\text{m}$ 的落距。对相同的夯击能，应选用大落距的施工方案，这是因为增大落距可获得较大的触地速度，能将大部分能量有效地传递到地下深处，增加夯实效果，减少消耗在地表土层塑性变形上的能量。

3. 夯击点布置和间距

1) 夯击点布置

夯击点位置可以根据建筑物结构类型布置。对于基础面积较大的建(构)筑物，可以按等边三角形布置；对于办公楼和住宅，可在承重墙位置按等腰三角形布点；对于工业厂房，可根据柱网来布置夯点。

强夯的处理范围应大于基础范围。对于一般建筑物而言，每边超出基础外缘的宽度宜为设计处理深度的 1/2～2/3，并且不宜小于 3m。

2）夯点间距

夯点间距一般根据地基土性质和要求处理深度而确定，一般为 5～9m。第一遍夯点间距要大，可以使夯击能传递到深处。下一遍夯点常布置在上一遍夯点的中间。最后一遍以较低的夯击能进行夯击，彼此重叠搭接，以确保接近地表土层的均匀性和较高的密实度，俗称"普夯"（满夯）。如果夯距太大，相邻夯点的加固效应将在浅处叠加而形成硬壳层，这样会影响夯击能向深部的传递。而夯距太小，又可能使夯点周围的辐射向裂隙（黏性土常见）重新闭合。

4. 夯击次数和遍数

1）夯击次数

夯点的夯击次数应按照现场试夯得到的夯击次数和夯沉量关系曲线确定，而且应同时满足下列条件。

(1) 最后两击的平均夯沉量不大于 50mm，当单击夯击能较大时，不大于 100mm。

(2) 夯坑周围地面不应发生过大的隆起。

(3) 不因夯坑过深而产生起锤困难。

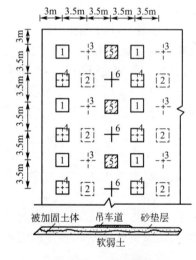

图 4.10 夯点布置图
（夯坑中数字表示遍数编号）

各夯击点的夯击数应使土体竖向压缩最大、侧向位移最小，一般为 4～10 击。

2）夯击遍数

夯击遍数如图 4.10 所示。在整个强夯场地中，将同一编号的夯击点夯完后算为一遍。夯击遍数应根据地基土的性质确定。一般情况下可采用 2～3 遍，最后再以低能量满夯一遍，以便将松动的表层土夯实。对渗透性差的细粒土，必要时夯击遍数可适当增加。

5. 铺设垫层

强夯前，往往在拟加固的场地内满铺一定厚度的砂石垫层，因场地必须具有稍硬的表层，使其能支承起重设备，并使施工时产生的夯击能得到扩散，同时也可以加大地下水位与地表面的距离。地下水位较高的饱和黏性土和易于液化流动的饱和砂土，均需铺设砂（砾）或碎石垫层才能进行强夯。对于场地地下水位在 -2m 深度以下的砂砾石土层，可直接强夯而无需铺设垫层。垫层厚度随场地的土质条件、夯锤质量和形状等条件而定。垫层厚度一般为 0.5～2.0m。铺设的垫层不能含有黏土。

6. 间歇时间

需要分两遍或多遍夯击的工程，两遍夯击之间应有一定的时间间隔。各遍间的间隔时间取决于加固土层中孔隙水压力消散所需要的时间。对于砂性土来说，孔隙水压力的峰值出现在夯完后的瞬间，消散时间只有 2～4min。所以，对渗透系数较大的砂性土可以连续夯击。对于黏性土，因孔隙水压力消散较慢，故当夯击能逐渐增加时，孔隙水压力亦相应叠加，其间歇时间取决于孔隙水压力的消散情况，一般为 15～30d。但如果人为地在黏性土中设置排水通道，则可以缩短间歇时间。

根据初步确定的强夯参数，提出强夯试验方案，进行现场试夯。应根据不同土质条件待试夯结束数周后，对试夯场地进行测试，并与夯前测试数据进行对比，检验强夯效果，确定工程采用的各项强夯参数。

4.2.3　施工方法

强夯施工工序如图 4.11 所示，具体可按下列步骤进行。

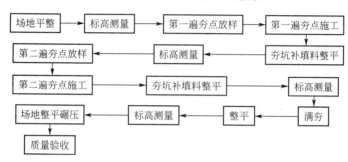

图 4.11　强夯法施工工序

（1）清理并平整施工场地。
（2）标出第一遍夯点位置，并测量场地高程。
（3）起重机就位，夯锤置于夯点位置。
（4）测量夯前锤顶高程。
（5）将夯锤起吊到预定高度，开启脱钩装置。待夯锤脱钩自由下落后，放下吊钩，测量锤顶高程，若发现因坑底倾斜而造成夯锤歪斜时，应及时将坑底整平。
（6）重复步骤(5)，按设计规定的夯击次数及控制标准，完成一个夯点的夯击。
（7）换夯点，重复步骤(3)至(6)，完成第一遍全部夯点的夯击。
（8）用推土机将夯坑填平，并测量场地高程。
（9）在规定的间隔时间后，按上述步骤逐次完成全部夯击遍数，最后用低能量满夯，将场地表层松土夯实，并测量夯后场地高程。

4.2.4　质量检验

强夯加固效果的检验方法根据不同工程，其要求也不一样。《建筑地基处理技术规范》(JGJ 79—2002)中明确规定，强夯处理后的地基竣工验收时，承载力检验应采用原位测试和室内土工试验。强夯后的地基竣工验收时，承载力检验除应采用载荷试验检验外，尚应采用动力触探等有效手段查明承载力与密度随深度的变化，对饱和粉土地基允许采用复合地基载荷试验代替一般的载荷试验。规范中所指的原位测试手段主要有载荷试验、标准贯入试验、静力触探试验、动力触探试验、十字板剪切试验、现场剪切试验、波速试验、木工试验等。检验方法不同，其作用和目的也不一样。

1. 载荷试验

载荷试验主要适用于确定强夯后地基承载力和变形模量。

2. 标准贯入试验

标准贯入试验适用于砂土、粉土和一般黏性土，可用于评价砂土的密实度、粉土和黏性土的强度和变形参数，还可用于辅助载荷试验判断夯后地基承载力，并确定有效加固深度，评价消除液化地基的效果。

3. 静力触探试验

静力触探试验适用于黏性土、粉土、砂土及含少量碎石的土层，用于测定比贯入度、锥尖阻力、侧壁摩阻力和孔隙水压力。

4. 动力触探试验

动力触探试验适用于强风化、全风化的硬质岩石、各种软质岩石、砂土、碎石土，用于确定砂土的孔隙比、碎石密实度，粉土、黏性土的状态、强度与变形参数，评价场地的均匀性和进行力学分层，检验加固和改良效果。

5. 十字板剪切试验

十字板剪切试验用于测定饱和软黏土的不排水抗剪强度和灵敏度。

6. 现场剪切试验

现场剪切试验用于绘制应力与强度、应力与位移、应力与应变曲线，确定岩土的抗剪强度、弹性模量和泊松比等。

7. 波速试验

波速试验适用于确定与波速有关的岩土参数，如压缩波和剪切波的波速、剪切模量、弹性模量、泊松比等，从而检验岩土加固和改良的效果。

8. 土工试验

土工试验主要用于测定土的基本工程特性，如土的粒度、密度、含水率、孔隙比、塑性指数、液性指数、透水性、压缩性、抗剪强度、抗压强度以及固结强度等。

通过以上方法检验对强夯前、后的地基土性能进行分析对比，来判断强夯的加固和改良效果，从而为建筑工程设计提供依据。以上的检测方法在实际工程中往往是相互结合，根据具体工程的要求部分或同时采用。

4.2.5 工程实例

1. 工程简介

沪青平高速公路(中春路—朱枫路)二标段工程地处青浦区。该标段沿线地势平坦，河道纵横，水系发达，且多河塘、鱼塘和明、暗浜，地下水位高，导致了土层具有含水率高、孔隙比大、压缩性高、承载力低等特点；区段内以可塑性黏性土为主，且含水率较高，多数地段处于软弱层上。强夯法软黏土路基处理段处于九峰江东岸，是设计九峰江桥的东桥台位置，为了对不同夯击能对土路基的处理效果进行对比分析，强夯段设试验区。

整个区段土层由上到下分为五层：

第一层为人工填土层，层厚1.5m，褐色黏性土，含水率高，呈可塑状；

第二层上部②₁为灰黄色填土层，层厚约0.6m，松软、稍湿，含少量植物根茎；第二层下部②₂为褐色粉质黏土层，层厚约1m，分布连续，强度较高；

第三层③₁为灰色淤泥质粉质黏土，呈流塑状，高压缩性，层厚约2.9m；

第四层③₂为砂质粉土层，层厚约5.5m，稍密，强度较高；

第五层③₃为淤泥质粉质黏土层，层厚约8.3m，呈流塑状，高压缩性。

2. 设计要求

(1) 路基承载力标准值（基地附近）$f \geqslant 120$KPa，变形模量$E_0 \geqslant 8.0$MPa。

(2) 淤泥质土层在填土荷重及动荷载作用下，在路面层施工的固结沉降达到其层厚的4%。软黏土静力触探比贯入阻力平均值$P_s \geqslant 1.0$MPa。

(3) 经碾压后路基土压实度达到规范要求。

3. 施工工艺流程

整平原地面并填土→做砂石盲沟→摊铺下层砂垫层→打入塑料排水板→摊铺上层砂垫层或5～15mm碎石→夯击。

4. 强夯施工参数设计

1) 开挖盲沟设集水井

纵向盲沟设于道路中心，沟深250～500mm，沟底向集水井方向有1%的排水坡度。横向盲沟以250mm间距设置，沟深250～600mm，沟底向集水井或道路外侧有1.5%排水坡度。

沿纵向盲沟每隔50m设一集水井，井底深应比盲沟深500mm以上，用碎石做滤料，井底用铁砂网、塑料砂网及土工布包封。

2) 设砂石垫层

为保证机械通行施工，由于地下水位较高和黏土上施工，故需要铺设一层砂砾和碎石垫层才能进行强夯，否则土体会发生流动。碎石的厚度一般以600mm为宜，垫层无黏土。

3) 插塑料排水板

以1.5m×1.5m正方形布点，深度20m；排水板采用SPB-1B型；用履带式振动插板机。

4) 强夯

(1) 第一遍：以450kN·m按3.9m×3.4m梅花形布点，每点1击。

(2) 第二遍：以900kN·m按4.5m×4.9m梅花形布点，每点1～2击。

(3) 第三遍：以1800kN·m按5.2m×4.5m梅花形布点，每点2～5击。

(4) 第四遍：以2250～2700kN·m按6.0m×5.2m梅花形布点，每点1～2击。

(5) 第五遍：以600kN·m按2.9m×2.5m梅花形布点，每点1击。

(6) 相邻两遍夯击之间的最短间歇时间为7～15d，具体根据孔隙水压力测试结果确定。

(7) 夯锤直径为2.52m。

(8) 夯击范围距离试验区周边1.26m。

5. 测试手段

（1）孔隙水压力测试：这是了解加固深度、范围、加固效果及控制工程进度的最重要的监测方法。需进行动静两种状态的测试，以了解夯击时超静水压力峰值及孔隙压力随时间消散规律。每试验小区一组测孔，每孔在不同深度至少布三个测压计。

（2）动力触探：这是了解每一遍夯击加固效果的测试方法。在夯前及每一遍夯后 7d 进行检测，每 $500m^2$ 设一测孔。

（3）静力触探：这是了解夯前、夯中、夯后土层特性的重要测试方法。

（4）平板静荷载试验：这是了解加固后地基层承载力标准值、变形模量及回弹模量的测试方法。每一试验小区及路段每 100m 布一测点。

（5）压实度试验：这是检测地基被夯实后密度变化的有效方法。

（6）沉降监测：每小区布两个沉降板，测定淤泥质土顶面的沉降。另外用螺旋钻测量砂石面的标高，每 $400m^2$ 布一测点。

6. 效果评价

1）静力触探

经过对试验区静力触探测试数据的分析，大部分地基固结度在短期内得到了大幅度增加，承载力也提高了 300% 以上，应该说效果还是十分明显的。但从静力触探曲线图看，第三层淤泥质粉质黏土层比贯入阻力 P_s 并无大的变化，加固效果不够理想。这主要是由于淤泥质粉质黏土高压缩性和流塑状态使得其触变性不够灵敏，静力触探曲线不能在短期反映的增长幅度不明显，甚至有低于夯前值的情况。但根据以往的强夯工程看，在静置半年后，该层的曲线应该有比较大的增长。

第一、二、四层加固效果都十分的明显，加固后的承载力和变形模量都满足要求。第二层粉质黏土平均 h 值由夯前的 1.4MPa 增加到夯后的 2.8MPa，增加了 100%；第四层砂质粉土平均 P_s 值由夯前的 1.2MPa 增加到夯后的 2.8MPa，增加了 130%。第三层淤泥质黏土层 P_s 值没有大的变化，强夯的影响深度约为 12m。

2）动力触探

由动力触探的曲线（图 4.12）可以明显看出，N 值夯后比夯前增长了 200%～300%，就 6m 以上土层来说，N 值均大于 10，这说明这段土层的指标是满足设计要求的。

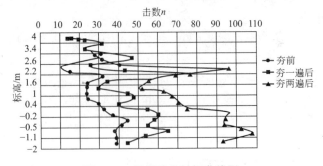

图 4.12　轻便动力触探曲线图

3）沉降观测

沉降观测是强夯各项监测工作中十分重要的一项，由图 4.13 可以看到试验区沉降观测点的分布情况。

从沉降数据表 4-3 中可以看出，除中心点外平均沉降为 151.25mm，除中心点外日平均沉降为 3.7mm。由地基分层沉降观测共 30d。14m 沉降曲线处于第三层淤泥质黏土层，沉降量为 70mm，日平均沉降为 2.3mm。设计要求沉降为 $2900 \times 4\% = 116$(mm)，这样该层特征沉降曲线表明 30d 完成设计沉降的 60%。

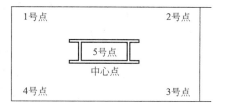

图 4.13 试验区测点平面布置图

表 4-3 沉降观测数据表

点号	1	2	3	4	5
沉降值/mm	230	130	140	105	360

通过新强夯工艺在沪青平高速公路(中段)工程的应用和对中期监测数据的具体分析，可以看到其对软黏土路基的加固效果还是比较明显的，地基承载强度和固结度在短期内都有大幅度的提高，而且基本都满足设计要求，不仅大大缩短了施工工期，而且还提高了软黏土路基的加固质量。

4.3 碎(砂)石桩

碎(砂)石桩也称为挤密碎(砂)石桩或碎(砂)石桩挤密法，是指用振动或冲击荷载在软弱地基中成孔后将砂再挤入土中，形成大直径的密实砂柱体的加固地基的方法。碎(砂)石桩属于散体桩复合地基的一种。

碎(砂)石桩法适用于挤密松散砂土、粉土、黏性土、素填土、杂填土等地基。饱和黏土地基上对变形控制要求不严的工程也可采用碎(砂)石桩置换处理。

根据国内外碎(砂)石桩的使用经验，碎(砂)石柱法可适用于下列工程。

(1) 中小型工业与民用建筑。

(2) 港湾构筑物，如码头、护岸等。

(3) 土工构筑物，如土石坝、路堤等。

(4) 材料堆置场，如矿石场、原料场。

(5) 其他，如轨道工程、滑道、船坞等。

砂桩在 19 世纪 30 年代源于欧洲，最早于 1835 年由法国工程师设计，用于在海湾沉积软黏土上建造兵工厂的地基工程中。当时，设计桩长为 2m，直径只有 0.2m，每根桩承担的荷载为 10kN。制桩方法是在土中打入铁钎，然后拔出铁钎，在形成的孔中填入砂。此后，在很长时间内砂桩由于缺乏先进的施工工艺和施工设备，以及没有较实用的设计计算方法而发展缓慢。直到 20 世纪 50 年代，砂桩在国内外才得以迅速发展，施工工艺才逐步走向完善和成熟。在 20 世纪 50 年代后期，日本成功研制了振动式和冲击式的砂桩施工工艺，大大提高了工作效率和施工质量，处理进度很快由原来的 6 米增加到 30 余米。砂桩在我国的应用也始于 20 世纪 50 年代。起初，砂桩法用于处理松散砂土和人工填土地基，视施工方法不同，又可分为挤密砂桩和振密砂桩两种，其加固原理是依靠成桩过程中对周围砂层的挤密和振密作用，提高松散砂土地基的承载力，防止砂土振(震)动液化。

现在，该法在软弱黏性土地基上的应用也已取得了一定的经验。因为软弱黏性土的渗透性较小，灵敏度大，成桩过程中产生的超孔隙水压力不能迅速消散，挤密效果较差，而且因扰动而破坏了土的天然结构，降低了土的抗剪强度。根据国外的经验，在软弱黏性土中形成碎(砂)石桩复合地基后，再对其进行加载预压，以提高地基强度和整体稳定性，并减少施工后沉降。国内的实践也有碎(砂)石桩处理后的软弱黏性土地基在载荷作用下仍发生大的沉降的事例，如不进行预压，碎(砂)石桩施工后的地基在荷载作用下仍有较大的沉降变形，对沉降要求较严的建筑物难以满足要求。因此，采用碎(砂)石桩法处理饱和软弱黏性土地基应根据工程对象区别对待，通过现场试验来确定地基处理方法。

我国在 1959 年首次在上海重型机器厂采用锤击沉管挤密砂桩法处理地基，1978 年又在宝山钢铁厂采用振动重复压拔管砂桩施工法处理原料堆场地基。这两项工程为我国在饱和软弱黏性土中采用砂桩地基处理方法取得了丰富的经验。近十多年来，碎(砂)石桩法在我国工业与民用建筑、交通和水利工程建设中得到了广泛的应用。工程实践表明，碎(砂)石桩用于处理松散砂土和塑性指数不高的非饱和黏性土地基，其挤密(或振密)效果较好，不仅可以提高地基的承载力、减少地基的固结沉降，而且可以防止砂土由于振动或地震所产生的液化。利用碎(砂)石桩法处理饱和软弱黏性土地基时，主要起置换作用，可以提高地基承载力和减少沉降，同时还起排水通道作用，能够加速地基的固结。

4.3.1　加固机理

1. 在松散砂土中的加固机理

碎(砂)石桩加固砂性土地基的目的主要有提高桩和桩间土的密实度，从而提高地基的承载力，减小变形，增强抗液化能力。

碎(砂)石桩加固松散地基抗液化和改善地基力学性能的机理主要有以下三个方面。

1) 挤密作用

松散砂土地基属单粒结构，是典型的散粒状体。单粒结构可分为松散和密实两种极端状态。密实单粒结构，其颗粒之间的排列已接近稳定状态，在动(静)荷载的作用下不会像松散结构一样产生较大变形；疏松单粒结构的松散砂土地基，其颗粒之间存在较大的孔隙，颗粒位置不稳定，在动(静)荷载的作用下很容易产生位移，因而产生较大的沉降，特别是在振动力作用下更为明显(体积可减小 20%)。另外，砂土地基的承载力和抗液化能力也随其密实度的变化有很大差别，密实砂土地基承载力和抗液化能力达最佳状态，随着密实度的减小，其承载力和抗液化能力也随之减小或减弱。所以，松散砂土地基只有经过处理才能作为建筑物地基。而中密状态砂类土的性质介于松散和密实状态之间。

1978 年，日本宫城地震，油罐区地面加速度约为 0.185g，采用水力冲填的粉砂地基广泛地出现液化，大量油罐倾斜；其中有 3 个 6000t 的油罐，地基采用了挤密砂桩处理，挤密砂桩的间距为 1.8m 的三角形布置，桩径为 0.7m，加固深度为 15.5m，加固范围宽出罐周 2.8m，加固前后地基土的标贯值 $N_{63.5}$ 分别为 5 和 15。这 3 个油罐成功地经受了强烈地震的考验，其中砂桩的抗液化能力是显而易见的。我国对地震区的广泛调查和室内试验也可以证明这一点。

无论采用哪一种施工工艺都能对松散砂土地基产生较大的挤密作用，挤密碎(砂)石桩的加固效果如下。

(1) 使砂土地基挤密到临界孔隙比以下，以防止砂土在地震或其他原因受振时发生液化。

(2) 由于形成强度高的挤密碎(砂)石桩，提高了地基的抗剪强度和水平抵抗力。

(3) 加固后大大减少了地基的固结沉降。

(4) 由于施工的挤密作用，使砂土地基变得十分均匀，地基承载力也大幅度提高。

2) 排水减压作用

对砂土液化机理的研究证明，当饱和松散砂土受到剪切循环荷载作用时，将发生体积的收缩并趋于密实现象。在砂土无排水条件时，体积的快速收缩将导致超静孔隙水压力来不及消散而急剧上升，当向上的超静孔隙水压力等于或大于土中上覆土的自重应力时，砂土的有效应力降为零时便形成了砂土的完全液化。而碎(砂)石桩加固砂土时，桩孔中充填的粗砂(碎石、卵石、砾石)等反滤性好的粗颗粒料，在地基中形成渗透性良好的人工竖向排水减压通道，可有效地消散和防止超静孔隙水压力的增高和砂土的液化。在地基中形成的碎(砂)石桩大大缩短了土中超静孔隙水的排水路径，加快了地基土的排水固结。

我国北京官厅水库大坝下游坝基中细砂地基位于 8 级地震区，天然地基 $e=0.615$，$N_{63.5}=12$，$D_r=53\%$，经分析 8 级地震时将液化，采用 2m 孔距振冲挤密加固后，$e<0.5$，$N_{63.5}=34\sim37$，$D_r\geqslant80\%$，地基的孔隙水压力比天然地基的降低了 66%。

3) 砂土地基预震作用

砂(石)桩在成孔或成桩时，强烈的振动作用，使填入料和地基土在挤密和振密的同时，获得了强烈的预震，对增加砂土抗液化能力是极为有利的。美国 H. B. Seed 等人 (1975) 的试验表明 $D_r=54\%$，受到预震作用的砂样，其抗液化能力相当于相对密度 $D_r=80\%$ 的未受到预震的砂样。也就是说，在一定循环次数的作用下，当两个试样的相对密度相同时，要造成经过预震的试样的液化，所需施加的应力要比施加于未经预震的试样的应力高 46%。由此可知，砂土液化的特性除了与土的相对密度有关外，还与其振动应力历史有关。

例如，在震冲法施工中，振冲器以 1450 次/min 的振动频率、98m/s² 的水平加速度和 90kN 的激振力喷射沉入土中，施工过程使填入料和地基土在挤密的同时获得强烈的预震，这对砂土地基的抗液化能力是极为有利的。

据资料介绍，在 1964 年日本新潟发生 7.7 级地震时，大部分砂土地基发生液化，震害严重；而现场调查结果表明，地基采用了振冲处理的 $2\times10^4 m^2$ 的油罐厂房基本没有破坏，基础仅下沉了 20~30mm，同一地点相邻的几个厂房，虽然已打了深 7m、直径约 0.3m 的钢筋混凝土摩擦桩，并打到了标准贯入击数 $N=20$ 的土层上，但还是发生了明显的沉陷和倾斜。另外，未经处理的建筑物都遭到了严重的破坏。

2. 在软弱黏土中的加固机理

碎(砂)石桩在软弱黏性土地基中，主要通过桩体的置换和排水作用加速桩间土体的排水固结，并形成复合地基，从而提高地基的承载力和稳定性，改善地基土的力学性能。

1) 置换作用

对于黏性土地基，特别是软弱黏性土地基，其黏粒含量高，粒间应力大，并多为蜂窝结构，渗透性低，在振动力或挤压力的作用下，土中水不易排走，会出现较大的超静孔隙水压力，扰动土相对于具有同密度同含水率的原状土，其力学性能会变差。所以，碎（砂）石桩对饱和黏性土的地基的作用不是挤密加固作用，甚至桩周土体的强度会出现暂时的降低。碎（砂）石桩对黏性土地基的作用之一是密实的碎（砂）石桩在软弱黏性土中取代了同体积的软弱黏性土（置换作用），形成复合地基。载荷试验和工程实践表明，碎（砂）石桩复合地基承受外荷载时，发生压力向刚度大的桩体集中的现象，使桩间土层承受的压力减小，沉降比相应减小。碎（砂）石桩复合地基与天然的软弱黏性土地基相比，地基承载力增大率和沉降减小率与置换率成正比。据日本的经验，地基的沉降减小率为 0.7～0.9。我国的淤泥质黏性土中形成的碎（砂）石桩地基的载荷试验表明，在同等荷载作用下，其沉降可比原地基土减小 20%～30%。

2）排水作用

如前所述，软弱黏性土是一种颗粒细、渗透性低且结构性较强的土，在成桩的过程中，由于振动挤压等扰动作用，桩间土出现较大的超静孔隙水压力，从而导致原地基土的强度降低。有工程实测资料表明，制桩后立即测试可知桩间土含水率增加了 10%、干密度下降了 3%、十字板强度比原地基土降低了 10%～40%。制桩结束后，一方面原地基土的结构强度逐渐恢复；另外，在软黏土中，所制成的碎（砂）石桩是黏性土地基中一个良好的排水通道，碎（砂）石桩可以和砂井一样起排水作用，大大缩短了孔隙水的水平渗透途径，加速了软弱黏土的排水固结，加快了地基土的沉降稳定。加固结果使有效应力增加、强度恢复并提高，甚至超过原土强度。

上海宝山钢铁总厂的地基处理对比试验足以说明砂桩在黏性土中的处理效果。在载荷板面积影响范围内，饱和的粉质黏土和淤泥质粉质黏土，当加荷载时间约为 160h 时，砂桩复合地基沉降稳定时间为 69～70h，而天然地基的稳定时间为 190h，这说明砂桩促进地基固结沉降有十分显著的作用。

3）加筋作用

如果软弱土层不大，则桩可穿透整个软弱土层达到其下的相对硬层上面，此时，桩体在荷载作用下就会应力集中，从而使软弱黏土地基承担的应力相应减小。其结果与天然地基相比，复合地基的承载力会提高，压缩会减小，稳定性会增加，沉降速率会加快，还可用来改善土体的抗剪强度，加固后的复合桩土层还能大大改善土坡的稳定，这种加固机理就是通常所说的加筋法。

4）垫层作用

如果软弱土层较厚，则桩体不可能穿透整个土层，此时，加固过的复合桩土层能起到垫层作用，垫层将荷载扩散，使扩散到下卧层顶面的应力减弱并使应力分布趋于均匀，从而提高地基的整体抵抗力，减小其沉降量。

综上所述，碎（砂）石桩无论对砂类土地基还是对黏性土地基，均有如下加固作用：挤（振）密作用、排水减压作用、砂基预震作用、置换、排水固结、复合桩土垫层作用及加筋土作用。通过以上加固作用，可以达到提高地基承载力，减小地基沉降量，加速固结沉降，改善地基稳定性，提高砂土地基的相对密度，增强抗液化能力等目的。

4.3.2　设计计算

由于在砂土和黏性土中挤密和振冲的加固机理不同，所以设计方法也有所差异。

1. 一般设计原则

1) 加固范围

加固范围应根据建筑物的重要性和场地条件确定，通常都大于基础底面面积。若为振冲置换法，对于一般地基，宜在基础外缘增加 1～2 排桩；对于可液化地基，应在基础外缘增加 2～4 排桩。若为振冲密实法，应在基础外缘放宽不得少于 5m。若采用振动成桩法或锤击成桩法进行沉管作业时，应在基础外缘增加不少于 1～3 排桩；当用于防止砂层液化时，每边放宽不宜小于处理深度的 1/2，并不应小于 5m，当可液化土层上覆盖有厚度大于 3m 的非液化土层时，每边放宽不宜小于液化土层厚度的 1/2，且不应小于 3m。

2) 桩位布置

需进行大面积满堂处理时，桩位宜采用等边三角形布置；对于独立基础或条形基础，桩位宜采用正方形、矩形或等腰三角形布置；对于圆形基础或环形基础(如油罐基础)，宜采用放射形布置，如图 4.14 所示。

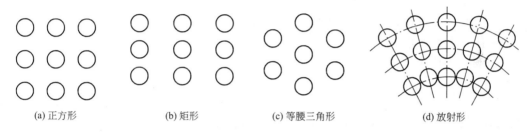

(a) 正方形　　　　(b) 矩形　　　　(c) 等腰三角形　　　　(d) 放射形

图 4.14　桩位布置

3) 碎(砂)石桩的间距

碎(砂)石桩的间距应根据上部结构荷载和场地情况通过现场试验确定，并应符合下列规定。

(1) 对于采用振冲法成孔的碎(砂)石桩，桩间距宜结合所采用的振冲器功率大小确定。30kW 的振冲器布桩间距可采用 1.3～2.0m；55kW 的振冲器布桩间距可采用 1.4～2.5m；75kW 的振冲器布桩间距可采用 1.5～3.0m。荷载大宜采用较小的间距，荷载小宜采用较大的间距。

(2) 当采用振动沉管法成桩时，对粉土和砂土地基，桩间距不宜大于碎(砂)石桩直径的 4.5 倍。初步设计时，碎(砂)石桩的间距也可根据挤密后要求达到的孔隙比 e_1 估算。

等边三角形布置

$$s = 0.95\xi d\sqrt{\frac{1+e_0}{e_0-e_1}} \qquad (4-2)$$

正方形布置

$$s = 0.89\xi d\sqrt{\frac{1+e_0}{e_0-e_1}} \qquad (4-3)$$

式中，s 为砂石桩桩间距，m；d 为砂石桩直径，m；ξ 为修正系数，当考虑振动下沉密实作用时可取 1.1～1.2，不考虑振动下沉密实作用时，可取 1.0；e_0 为地基处理前砂土的孔隙比，可按原状土样试验确定，也可根据动力或静力触探等对比试验确定；e_1 为地基挤密后要求达到的孔隙比，$e_1 = e_{max} - D_{r1}(e_{max}-e_{min})$，其中 e_{max}、e_{min} 分别为砂土的最大、最小孔隙比，可按现行国家标准《土工试验方法标准》(GB/T 50123—1999)的有关规定确定；

D_{r1} 为地基挤密后要求砂土达到的相对密实度，可取 $0.70 \sim 0.85$。

对于黏土地基：

等边三角形布置

$$s = 10.8\sqrt{A_e} \tag{4-4}$$

正方形布置

$$s = \sqrt{A_e} \tag{4-5}$$

式中，A_e 为 1 根碎（砂）石桩承担的面积，m^2。

4）加固深度碎[（砂）石桩桩长]

加固深度根据软弱土层的性质、厚度或工程要求按下列原则确定。

（1）当相对硬层的埋藏深度不大时，应按相对硬层的埋藏深度确定。

（2）当相对硬层埋藏深度较大时，对于按变形控制的工程，加固深度应满足碎石桩或碎（砂）石桩复合地基变形不超过建筑物地基容许变形值的要求；对于按稳定性控制的工程，加固深度应大于最危险滑动面的深度。

（3）在可液化地基中，加固深度应按现行国家标准《建筑抗震设计规范》（GB 50011—2010）的有关规定采用。

（4）桩长不应小于 4m。

5）桩径

桩径应根据地基土质情况和成桩设备等因素确定。采用 30kW 振冲器成桩时，碎（砂）石桩直径一般为 $0.70 \sim 1.0m$；采用沉管法成桩时，碎（砂）石桩的直径一般为 $0.3 \sim 0.8m$。饱和黏性土地基宜选用较大的直径。

6）碎（砂）石桩桩孔内的填料量

碎（砂）石桩桩孔内的填料量应通过现场试验确定，估算时可按设计桩孔体积乘以充盈系数 g 确定，g 可取 $1.2 \sim 1.4$。如施工中地面出现下沉或隆起现象，则填料数量应根据现场具体情况予以增减。

碎（砂）石桩体材料可用碎石、卵石、角砾、圆砾、粗砂、中砂或石屑等硬质材料，不宜选用风化易碎的石料，按一定配比混合，含泥量不得大于 5%。对于振冲法成桩，常用的填料粒径有以下几种：30kW 振冲器为 $20 \sim 80mm$；55kW 振冲器为 $30 \sim 100mm$；75kW 振冲器为 $40 \sim 150mm$。当采用沉管法成桩时，最大粒径不宜大于 $50mm$。

7）碎（砂）石桩顶部垫层

碎（砂）石桩顶部宜铺设一层厚度为 $300 \sim 500mm$ 的砂石垫层。

2. 砂土地基中的设计

在砂土地基中，主要是从挤密的角度出发来考虑地基加固的设计问题。首先根据工程对地基加固的要求（如提高地基承载力、减少沉降、抗地震液化等），按土力学的基本理论，计算出加固后要求达到的密度和孔隙比，并考虑建筑基础的形状，合理布置桩位（单独基础按正方形布置，大面积基础按梅花形布置）。如果想把砂土的初始孔隙比 e_0，经加固后达到孔隙比为 e_f，并假设挤密法和振冲法只产生侧向挤密，那么振冲碎（砂）石桩的间距 l 可按式（4-6）确定，对于正方形布置

$$l = 0.90d\sqrt{\frac{1 + e_0}{e_0 - e_f}} \tag{4-6}$$

对于梅花形布置（图 4.15），则为

$$l = 0.95d\sqrt{\frac{1+e_0}{e_0-e_f}} \qquad (4-7)$$

$$e_f = e_{max} - D_{rf}(e_{max}-e_{min}) \qquad (4-8)$$

式中，d 为砂（石）桩的直径；e_0、e_f 分别为地基处理前和处理后要求达到的孔隙比；e_{max}、e_{min} 为分别砂土最大和最小孔隙比，并按现行规定确定；D_{rf} 为挤密后要求达到的相对密实度，可以取 0.7~0.85。

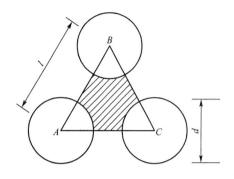

图 4.15　碎（砂）石桩梅花形布置间距的计算

关于估算加固后达到的承载力标准值，可通过现场标准贯入试验锤击数（修正后的 N 值），按《建筑地基基础设计规范》（GB 50007—2011）求得。按照《建筑地基处理技术规范》（JGJ 79—2002），用现场载荷试验确定地基承载力标准值。

关于加固深度问题，若是为了提高承载力和减少沉降，加固的深度不需太深，一般不超过 8m，因为砂土的强度随深度增大很快，沉降的影响深度也不大。

若为了抗地震液化，可按现行抗震规范确定，也可以用标准贯入试验的一些经验公式估算加固深度。《建筑抗震设计规范》（GB 50011—2010）规定，应该采用标准贯入试验判别法，在地面以下 15m 深度范围内的液化土应符合下式要求：

$$\left.\begin{array}{l} N_{63.5} < N_{cr} \\ N_{cr} = N_0\left[0.9+0.1(d_s-d_c)\right]\sqrt{\dfrac{3}{P_c}} \end{array}\right\} \qquad (4-9)$$

式中，$N_{63.5}$ 为饱和土标准贯入锤击数实测值（未经杆长修正）；N_{cr}、N_0 为液化判别标准贯入锤击数临界值、基准值；d_s 为饱和土标准贯入点深度，m；P_c 为黏粒含量百分率，当小于 3 或为砂土时，均应采用 3；d_{cr} 为地下水位深度，m，宜按建筑使用期内年平均最高水位采用，也可按近期内年最高水位采用。

3. 黏性土地基中的设计要点

对于黏性土地基，利用振动碎（砂）石桩加固后，复合地基的承载力和变形特性一方面决定于被加固土的特性，另一方面决定于置换率的大小，置换率用截面积比表示，即

$$m = \frac{A_p}{A} = \frac{A_p}{A_p+A_s} \qquad (4-10)$$

式中，m 为置换率；A_p 为碎（砂）石桩置换软黏土的截面积；A_s 为被加固范围内的土所占的截面积，被加固的面积 $A = A_s + A_p$。

在荷载作用下，应力分别由桩体和土来承担，常用桩土应力比 n 表示，即

$$n = \frac{P_p}{P_s} \qquad (4-11)$$

式中，P_p 为桩体承担的部分竖向荷载；P_s 为桩周土承担的部分荷载。

n 的大小随荷载水平而变化。当荷载到达极限荷载时，根据复合地基的静力平衡原理，复合地基的极限竖向承载力可按面积加权计算，即

$$f_{\mathrm{sp,u}}=\frac{A_{\mathrm{p}}f_{\mathrm{p}}+A_{\mathrm{s}}f_{\mathrm{s}}}{A} \qquad\qquad (4-12)$$

$$f_{\mathrm{cp,u}}=mf_{\mathrm{p}}+(1-m)f_{\mathrm{s}} \qquad\qquad (4-13)$$

式中，$f_{\mathrm{cp,u}}$ 为复合地基的极限竖向承载力；f_{p} 为桩体单位面积极限承载力；f_{a} 为桩间土极限承载力。

令

$$\xi_{\mathrm{p}}=\frac{f_{\mathrm{p}}}{c_{\mathrm{u}}};\quad \xi_{\mathrm{s}}=\frac{f_{\mathrm{s}}}{c_{\mathrm{u}}}$$

式中，c_{u} 为天然地基不固结不排水剪切强度；ξ_{p}、ξ_{s} 分别为碎（砂）石桩和桩周土的承载力系数。

复合地基的承载力系数 ξ 为

$$\xi=\frac{f_{\mathrm{sp,u}}}{c_{\mathrm{u}}}=m\xi_{\mathrm{p}}+(1-m)\xi_{\mathrm{s}} \qquad\qquad (4-14)$$

从式(4-14)可以看出，加固后复合地基的承载力取决于置换率 m 的大小及承载力系数 ξ_{p} 和 ξ_{s}。

设计复合地基时，首先应根据地基加固的要求，选择一个合理的置换率。由置换率的大小确定碎石桩的桩径和间距。实际工程中常用的置换率为 10%～20%，碎石桩的直径为 0.6～1m，间距为 1.5～3m。对于大面积加固，桩宜采用梅花形布置；对于条形基础和单独基础，宜采用正方形布置。桩的长度按建筑物对地基的要求确定，一般尽可能打入坚实土层，如黏软土层太厚，桩长最深也不应超过 15m，因为一般打至 8m 深度以后，再增加深度，对于提高承载力的效果已逐渐不显著，只是减少沉降量而已。

复合地基的各项尺寸确定后，必须进一步验算复合地基承载力及沉降是否能满足所设计建筑物的要求。根据我国工程实践的经验，利用修正的 J. Brauns(1980)公式可以得到较接近于实际的结果。

Brauns 假设：

(1) 极限平衡区位于桩顶附近，滑动面成漏斗形，桩的破坏深度 $h=2r_0\tan\delta_{\mathrm{p}}$。

(2) $\tau_{\mathrm{m}}=0$，$\sigma_\theta=0$。

(3) 地基土和桩体的自重忽略不计。其中 r_0 为碎石桩的半径，$\delta_{\mathrm{p}}=45°+\dfrac{\varphi_{\mathrm{p}}}{2}$，$\varphi_{\mathrm{p}}$ 为碎石桩的抗剪角($\varphi_{\mathrm{p}}\approx30°\sim40°$)，其余符号如图 4.16 所示。

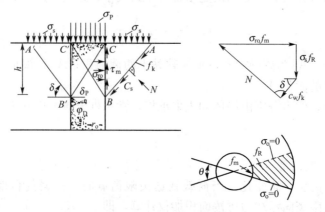

图 4.16　Brauns 的计算图式

在这些前提下，Brauns 导出了碎石桩单桩竖向极限承载力 $f_p = \sigma_p$ 公式：

$$\sigma_p = \tan^2 \delta_p \cdot \frac{2c_u}{\sin 2\delta} \left(\frac{\tan \delta_p}{\tan \delta} + 1 \right) \tag{4-15}$$

$$\xi_{p0} = \frac{\sigma_p}{c_u} = \frac{2\tan^2 \delta_p}{\sin 2\delta} \left(\frac{\tan \delta_p}{\tan \delta} + 1 \right) \tag{4-16}$$

式中，δ_p 为滑动面与水平面的夹角，按照下式用计算法求得，即

$$\delta_p = \frac{1}{2} \tan \delta (\tan^2 \delta - 1) \tag{4-17}$$

式(4-15)是不考虑存在群桩影响的承载力计算式，这种情况的承载力系数记为 ξ_{p0}。实际上的碎石桩都存在群桩的影响。若考虑四周都存在群桩影响的情况（即满堂桩情况），也可导得碎石桩的单桩竖向极限承载力 σ_{p1} 公式，即

$$\sigma_{p1} = \frac{c_u(\lambda+1)}{2} \left(\frac{\sigma_s}{c_u} + \frac{\lambda-1}{2\tan \delta_p} + \frac{2\tan \delta_p}{\lambda-1} \right) \tan^2 \delta_p$$

$$= \xi_{p1} c_u$$

或

$$\xi_{p1} = \frac{\lambda+1}{2} \left(\frac{\sigma_s}{c_u} + \frac{\lambda-1}{2\tan \delta_p} + \frac{2\tan \delta_p}{\lambda-1} \right) \tan^2 \delta_p$$

式中，ξ_{p1} 为四周有群桩影响的单桩承载力系数；$\lambda = (1/m)^{\frac{1}{2}}$，$\sigma_s = (2 \sim 3)c_u$，一般情况下，取影响系数 $\xi_s = \sigma_s/c_u = 2 \sim 3$，当允许变形比较小时，$\xi_s = 2$，否则取高值。

ξ_{p0} 和 ξ_{p1} 是两种极端情况下的承载力系数，实际的群桩都处于这两种情况之间，因此碎石桩的承载力系数 ξ_p 可以根据每根桩的边界条件，分别属于 ξ_{p0} 和 ξ_{p1} 的情况按比例分配求得，即

$$\xi_p = \left(\frac{b_0}{b} \right) \xi_{p0} + \left(\frac{b_1}{b} \right) \xi_{p1} \tag{4-18}$$

式中，b 为总边界数，对于正方形布置每根桩有四个边界，梅花形布置则有六个边界，总边界数为桩数乘边界数。b_0 和 b_1 分别为属于 ξ_{p0} 和 ξ_{p1} 情况的边界数。

如图 4.17 所示，$b = 6 \times 4 = 24$，$b_0 = 10$，$b_1 = 14$，故

$$\xi = \frac{10}{24} \xi_0 + \frac{14}{24} \xi_1$$

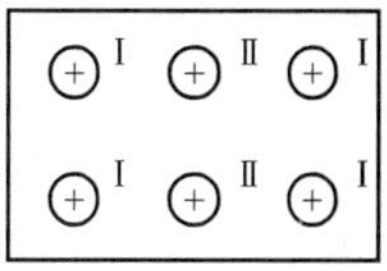

图 4.17　六桩布置图

那么，碎（砂）石桩与桩间土组成的复合地基极限承载力可按式(4-8)求得。复合地基承载力标准值可把极限承载力除以安全系数(2~3)求得。

由于影响振冲碎（砂）石桩的承载力的因素比较复杂，往往不易准确计算。要获得比较可靠的碎石桩复合地基承载力标准值，请参阅《建筑地基处理技术规范》(JGJ 79—2002)，按复合地基现场荷载试验要点通过试验确定。

根据我国工程实践经验，在无荷载试验的情况下，可参考下式估算碎（砂）石桩复合地基承载力标准值，即

$$f_{sp,k} = [1 + m(n-1)](3\tau_{fu}) \tag{4-19}$$

式中，τ_{fu} 为桩间土天然地基的十字板强度，kPa。

复合地基的沉降值可按下式估算，即

$$s'=\mu_s \cdot s \qquad\qquad (4-20)$$

式中，s 为按天然地基计算的沉降量，mm；s' 为复合地基估算沉降量，mm；μ_s 为折减系数，$\mu_s=1/[1+m(n-1)]$。

必须指出，挤密碎(砂)石桩与排水砂井都是以砂为填料的桩体，但两者的作用是不同的。碎(砂)石桩的作用主要是挤密，故桩径较大，桩距较小，而砂井的作用主要是排水固结，故井径小而间距大。

4.3.3 施工方法

碎(砂)石桩的施工方法和相应的机械多种多样，可根据施工条件选用。通常采用的施工方法有振动成桩法和锤击成桩法两种。

1. 振动成桩法

1) 施工机械

通常振动挤密碎(砂)石桩的施工机械包括以下几部分：振动机、进料槽、振动套管等组成的振动打桩机；吊钩、减振器悬挂在中间，可沿着导架上下移动；套管的下端装有底盖和排砂活瓣。为了使砂能有效地排出或套管容易打入，对于重复压管法成桩的打桩机上，还装有高压空气(或水)的喷射装置。其配套的机械有起重机、装砂机、空压机、施工管理仪器等。

2) 施工工艺

振动挤密碎(砂)石桩的成桩工艺就是在振动机的振动作用下，把带有底盖或排砂活瓣的套管打入规定的设计深度，套管入土后，挤密了套管周围的土体，然后投入砂料，排砂于土中，振动密实而成为碎(砂)石桩。

振动挤密碎(砂)石桩的施工顺序如下。

(1) 在地面上将套管的位置确定好。

(2) 启动振动机，将套管打入土中，如遇到坚硬难打的土层，可辅以喷气或射水助沉。

(3) 将套管打入到预定的设计深度，然后由上部料斗投入套管一定量的砂。

(4) 将套管拉拔到一定的高度，套管内的砂即被压缩空气(或在自重作用下)排砂于土中。

(5) 将套管打入规定的深度，并加以振动，使排出的砂振密，使砂再一次挤压周围的土体。

(6) 再一次投砂于套管内，将套管拉拔到规定的高度。

(7) 将以上的打桩工艺重复多次，一直打到地面，即成为碎(砂)石桩。

目前，振动挤密碎(砂)石桩的成桩工艺有三种，即一次拔管成桩法、逐步拔管成桩法和重复压管成桩法。具体的施工工艺流程如图 4.18 所示。

(1) 一次拔管成桩法施工工艺：

① 桩靴闭合，桩管垂直就位。

② 将桩管沉入土层中到设计深度。

③ 将料斗插入桩管，向桩管内灌砂。

④ 边振动边拔出桩管到地面而成桩。

（2）逐次拔管成桩法施工工艺：

① 桩管垂直就位，桩靴闭合。

② 将桩管沉入土层中到设计深度。

③ 将料斗插入桩管，向桩管内灌砂。

④ 边振动边拔出桩管，每拔出一定长度，停拔继续留振若干秒，如此反复进行，直到桩管拔出地面而成桩。

留振时间是指振冲器在地基中某一深度处停下振动的时间。水量的大小是保证地基中的砂土充分饱和。砂土只要在饱和状态下并受到了振动便会产生液化，足够的留振时间是让地基中的砂土完全液化和保证有足够大的液化区。砂土经过液化在振冲停止后，颗粒便会慢慢重新排列，这时的孔隙比将较原来的孔隙比小，密实度相应增加，这样就可达到加固的目的。

（3）重复压管成桩法施工工艺

① 桩管垂直就位。

② 将接管沉入土层中到设计深度，如果桩管下沉速度较慢，可以利用桩管下端喷射嘴射水，加快下沉速度。

③ 用料斗向桩管内灌砂。

④ 按规定的拔出高度拔起桩管，同时向桩管内送入压缩空气，使砂容易排出，桩管拔起后核定砂的排出量。

⑤ 按规定的压下高度再向下压桩管，将落入桩孔内的砂压实。重复进行③～⑤的工序直到桩管拔出地面而成桩。

3）保证碎（砂）石桩施工质量的措施

在碎（砂）石桩的施工过程中，为保证碎（砂）石桩施工质量，需注意采取以下几项措施。

（1）为使施工过程中的排砂充分，桩管拉拔时不宜太快以保证桩身连续性，可根据现场试验确定。通常的拔管速度宜控制在 2m/min 左右。

（2）在套管未入土之前，先在套管内投砂（石）1.0～1.5m³，打到规定深度时，要复打2～3次，这样可以保证桩底成孔质量。

在软弱黏性土中，如不采取这个措施，施工的碎（砂）石桩底部会出现夹泥断桩现象。因为套管打入规定深度拉拔管时，没有挤密的软黏土又重新回复，形成缩颈或断桩，同时底部的软黏土极其软弱，受到振动后往下塌沉。采用上述措施后，由于复打2～3次，可使底部的土更密实，成孔更好，加上有少量的砂排出，分布在桩周，既能挤密桩周的土，又能形成较为坚硬的砂泥混合的孔壁，对成桩极为有利。

（3）每段成桩不宜过大，因为成桩段过大，易造成排砂不畅的现象。如遇排砂不畅可适当加大拉拔高度，或适当加大风压。在打入或排砂时，套管内会产生排砂不畅、泥砂倒流的现象，这可能是套管打下时，产生了较大的孔隙水压力，加上外部风管的残余风压，形成较大的反冲力量所致，如加大风压，就可克服这些现象。桩管快拔出地面时，应减小

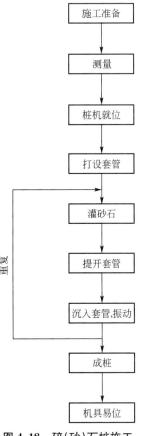

**图4.18 碎（砂）石桩施工
工艺流程图**

施工准备 → 测量 → 桩机就位 → 打设套管 → 灌砂石 → 提开套管 → 沉入套管,振动 → 成桩 → 机具易位

重复

风压，防止砂料外飘。

（4）套管内的砂料应保持一定的高度。

（5）在逐次拔管法中，每段拔起的高度和留振的时间，可由现场试验确定。

（6）为使砂能从套管中顺利排出，向套管内灌砂的同时，应向桩管内通压缩空气或水。

（7）控制每段碎（砂）石桩的灌砂量，以保证成桩后桩的直径达到设计要求。一般应按桩孔体积和砂在中密状态下的干密度计算，其实际灌砂量（不含水重）不得少于计算值的95%，当实际灌砂量未达到这个要求或设计要求时，可在原位再沉下桩管灌砂复打一次或在旁边补加一根碎（砂）石桩。

（8）重复压管施工工艺，桩管每次拔起和压下的高度，应根据碎（砂）石桩直径要求，通过试验确定。

4）振动成桩法施工注意事项

（1）正式施工前应进行成桩试验，试验桩数一般为7～9根，以验证试验参数的合理性，当发现不能满足设计要求时，应及时会同设计单位予以调整桩间距、灌砂量等，对此，有关设计参数需重新试验或改变设计。

（2）正式施工时，要严格按照设计提出的桩长、桩距、桩径、灌砂量以及试验确定的桩管打拔速度和高度、挤压次数和留振时间、电动机的工作电流等施工参数进行施工，以确保挤压均匀和桩身的连续性。

（3）应保证起重设备平稳，导向架与地面垂直，且垂直偏差不应大于1.5%，成孔中心与设计桩心偏差不应大于50mm，桩径偏差控制在20mm以内，桩长偏差不大于100mm。

（4）灌砂量不应小于设计值的95%，如不能顺利下料，即排砂不畅时，可采取前述的质量保证措施的有关内容。

2. 锤击成桩法

1）施工机械

碎（砂）石桩成孔除采用上述的振动成桩法以外，碎（砂）石桩施工还常用蒸汽打桩机或柴油打桩机，下端装有活瓣钢桩靴或预制式钢筋混凝土锥形桩尖（留在土中）的桩管和装砂料斗等。

锤击式成桩的工艺与振动式的成桩工艺基本相同，但扩大桩体的方法不是振动器，而是用内管向下冲击而成。

2）施工工艺

锤击成桩法施工工艺有两种：单管法和双管法。

（1）单管法分以下几个步骤进行施工：

① 带有活瓣的桩靴闭合，桩管垂直就位。

② 将桩管打入土层中直到规定的设计深度。

③ 用料斗向桩管内灌砂，当灌砂量较大时，可分两次灌入，第一次灌入2/3，将桩管从土中拔起一半长度后再灌入剩余的1/3。

④ 按规定的拔出速度，从土层中拔出桩管即可成桩。

（2）双管法的锤击成桩工艺又分为芯管密实法和内击沉管法。芯管密实法适用于碎

(砂)石桩，内击沉管法适用于碎石桩。

芯管密实法的施工机械主要有蒸汽打桩机或柴油打桩机、履带式起重机、底端开口的外管和底端闭口的芯管(内管)以及装砂料斗等。

芯管密实法的成桩工艺：

① 桩管垂直就位。

② 启动蒸汽桩锤或柴油桩锤锤击内管和外管，下沉至规定的设计深度。

③ 拔起内管，向外管内灌砂。

④ 放下内管到外管内的砂面上，拔起外管到与内管底齐平。

⑤ 锤击内管和外管将砂压实。桩底第一次投料较少，如填1手推车约0.15m³(只是桩身每次投料的一半)，然后锤击压实，这一阶段叫做座底，座底可以保证桩长和桩底的密实度。

⑥ 拔起内管，向外管内灌砂。每次投料为两手推车约0.3m³。

⑦ 重复④～⑥的工序，直至桩的内、外管拔出地面而成桩。

制桩达到桩顶时，即最后1～2次加料每次加1手推车或1.5手推车砂料，进行锤击压实，至设计规定的桩长或桩顶标高，这一阶段叫封顶。

3) 锤击成桩法施工的质量保证措施

(1) 单管法的质量保证措施。在单管法的施工中，为保证桩身的连续性，对拉管的速度需进行控制。对拉管的速度不能过快，可根据试验进行确定。在一般土质条件下，每分钟的拉管长度应控制在1.5～3.0m的范围内。

为保证单管法施工的桩身直径满足设计要求，应用灌砂量进行控制。当灌砂量达不到设计要求时，应在原位再沉下桩管灌砂进行复打一次，或在其旁补加一根碎(砂)石桩。

(2) 双管法的质量保证措施。在双管法的施工中，在进行到第⑤工序时，宜按贯入度进行控制，这样做可以保证碎(砂)石桩桩体的连续性、密实性和其周围土层的均匀性。该工艺在有淤泥夹层的土中能保证成桩，不会发生塌孔和缩颈现象，成桩质量较好。

4.3.4 质量检验

(1) 在施工期间及施工结束后，应检查砂石桩的施工记录。应检查振冲深度、碎(砂)石的用量、留振时间和密实电流强度等；对于沉管法，还应检查套管往复挤压振动次数与时间、套管升降幅度和速度、每次填砂石料量等项施工记录。

(2) 施工后应间隔一定时间，方可进行质量检验。对于砂土和杂填土地基，不宜少于7d；对于粉土地基，不宜少于14d。

(3) 碎(砂)石桩的施工质量检验可采用单桩载荷试验，对桩体可采用动力触探试验检测，对桩间土可采用标准贯入、静力触探、动力触探或其他原位测试等方法进行检测。桩间土质量的检测位置应在等边三角形或正方形的中心。检测数量不应少于桩孔总数的2%。

(4) 碎(砂)石桩地基竣工验收时，承载力检验应采用复合地基载荷试验。

(5) 复合地基载荷试验数量不应少于总桩数的0.5%，且每个单体建筑不应少于3点。

4.3.5 工程实例

江苏南通天生港发电厂位于长江下游，1979 年扩建两台 12.5kW 发电机组及配套工程，整个厂房的一半位于新填的粉砂地基上。由于新填粉砂土质松软，原天然地基极限承载力只有 120kPa，要求加固后地基承载力标准值达到 250kPa，谷许沉降在 0.08~0.11m 之内。经研究决定，采用振冲法加固。

振冲加固深度为 7~11m，桩位按三角形布设，桩距 1.4m。桩径 0.8m 在设备外围增加两排护桩。

加固效果如图 4.19 所示。加固前平均孔隙比为 0.883，加固后为 0.759，比加固前减少 14%；加固前标准贯入平均锤击数为 13 击，加固后为 34 击，比加固前提高 2.6 倍；载荷试验测得天然地基极限承载力为 120kPa，相对应的沉降量为 0.078mm。经过振冲加固后，复合地基三组载荷试验分别加载达 300kPa、500kPa 和 600kPa，均没有产生破坏迹象。

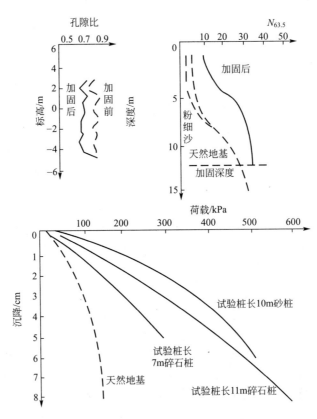

图 4.19　南通天生港发电厂粉细砂地基加固前后试验值

4.4 石 灰 桩

石灰桩是以生石灰为主要固化剂，与粉煤灰或火山灰、炉渣、矿渣、黏性土等掺和料按一定的比例均匀混合后，在桩孔中经机械或人工分层振压或夯实所形成的密实桩体。为提高桩身强度，还可掺加石膏、水泥等外加剂。石灰桩的主要作用机理是通过生石灰的吸水膨胀挤密桩周土，继而经过离子交换和胶凝反应使桩间土强度提高。同时桩身生石灰与活性掺和料经过水化、胶凝反应，使桩身具有 0.3～1.0MPa 的抗压强度。石灰桩属可压缩的低黏结强度桩，能与桩间土共同作用形成复合地基。

石灰桩法适用于处理饱和黏性土、淤泥、淤泥质土、素填土和杂填土等地。由于生石灰的吸水膨胀作用，特别适用于新填土和淤泥的加固，生石灰吸水后还可使淤泥产生自重固结。形成强度后的密集的石灰桩身与经加固的桩间土结合为一体，使桩间土欠固结状态消失。用于地下水位以上的土层时，宜增加掺和料的含水率并减少生石灰用量，或采取土层浸水等措施。

4.4.1 加固机理

1. 对软弱土加固机理

石灰桩加固软弱土的加固机理可分为物理加固和化学加固两个作用，物理作用包括吸水作用、膨胀挤密作用、桩身置换作用，物理作用的完成时间较短，一般情况下 7d 以内均可完成。此时桩身的直径和密度已定型，在夯实力和生石灰膨胀力作用下，7～10d 桩身已具有一定的强度。化学加固作用包括反应热作用、离子交换作用、凝胶作用。石灰桩的化学作用速度缓慢，桩身强度的增长可延续 3 年，甚至 5 年。此外，石灰桩对土的加固作用还包括成孔时对土的挤密作用和桩身置换作用。

石灰桩加固机理分述如下。

1) 成孔挤密

成孔挤密作用与土的性质有关。在杂填土中，由于其粗颗粒较多，故挤密效果较好；在黏性土中，渗透系数小的，挤密效果较差。例如，广东省云浮硫铁矿专用线有一座 4.5m 盖板涵基础采用石灰喷粉深层搅拌处理软弱土基，钻头直径为 500mm，形成石灰桩之后，在粉细砂层内直径增大为 520mm，在软弱土层内直径增大为 600～700mm，桩体体积增大，对周围土起了压密作用。

2) 吸水作用

实践证明，1kg 纯氧化钙消化成为熟石灰可吸水 0.32 kg。对于石灰桩桩体，在一般压力下吸水量为 65%～70%。根据石灰桩吸水总量等于桩间土降低的水总量，可得出软弱土含水率的降低值。

3) 膨胀挤密

生石灰与桩间土层中的水分发生的化学反应：

$$CaO + H_2O \Longrightarrow Ca(OH)_2$$

在压力为 50～100kPa 时，体积膨胀 1.5～3.5 倍，对桩间土发生挤密作用，使土颗粒靠拢挤密孔隙比减小，提高地基承载能力。

4) 发热脱水

1kg 氧化钙在水化时可产生 280cal（卡，1cal≈4.19J）热量，桩身温度可达 200～300℃，使土产生一定的气化脱水，从而导致土中含水率下降、孔隙比减小、土颗粒靠拢挤密，所加固区的地下水位也有一定的下降，并促使某些化学反应形成，如水化硅酸钙的形成。

5）离子交换

软弱土中钠离子与石灰中的钙离子发生置换，改善了桩间土的性质，并在石灰桩表层形成一个强度很高的硬层。

以上这些作用，使桩间土的强度提高。对于饱和粉土和粉细砂，还改善了其抗液化性能。

6）置换作用

软弱土被强度较高的石灰桩所代替，从而增加了复合地基承载力。其复合地基承载力的大小取决于桩身强度与置换率大小。

7）减载作用

石灰桩的掺合料为轻质的粉煤灰或炉渣，生石灰的重度约为 $10kN/m^3$，石灰桩身饱和后的重度为 $13kN/m^3$，因此，当采用洛阳铲或螺旋钻成孔，将桩位处原土取出，换成石灰桩体，并在土中形成大量密集分布的桩体，相当于以轻质的石灰桩置换土，复合土层的自重减轻。置换率越大，则减载作用越明显。由此可减少桩底下卧层软弱土层的附加应力，对减少软弱土变形有一定作用。

一般认为，在软弱土中，石灰桩的置换作用和吸水膨胀作用是主要的；而在杂填土中，置换和挤密起着同样的作用。

2. 石灰桩桩身的排水固结作用

对于单一的以生石灰为原料的生石灰，当生石灰水化后，生石灰的直径可胀到原来所填的生石灰块屑体积的 7 倍，如充填密实和纯氧化钙的含量很高，则生石灰密度可达 $1.1\sim1.2g/cm^3$。

在古老建筑物中所挖出来的石灰桩里，曾经发现过桩周呈硬壳而中间呈软膏状态。因此对于形成石灰桩的要求，应该把四周土的水吸干，而又要防止桩身的软化。因此，必须要求石灰桩应具有一定的初始密度，而且吸水过程中有一定的压力限制其自由胀发。可采用提高填充初始密度、加大充盈系数、用砂填石灰桩的孔隙、桩顶封顶和采用掺和料等措施，以防止石灰桩桩心软弱。

实验分析结果，石灰桩桩体的渗透系数一般在 $4.07\times10^{-3}\sim1\times10^{-5}cm/s$ 间，即相当于粉砂、细砂的渗透系数，比黏土、亚黏土的渗透系数大 $10\sim100$ 倍，说明石灰桩身排水固结作用较好。由于石灰桩桩距较小（一般为 $2\sim3$ 倍桩体直径），水平排水路径很短，具有较好的排水固结作用。建筑物沉降观测记录说明，以建筑竣工开始使用，其沉降已基本稳定，沉降速率在 $0.04mm/d$ 左右。

3. 石灰搅拌桩与桩间土的复合地基效应

生石灰加固软弱地基后，石灰搅拌与未加固部分地基土形成复合地基，复合地基的强度包括搅拌桩桩体的强度和桩周土黏聚力增加后的强度，石灰搅拌桩与周围地基相比具有更高的抗剪强度。与生石灰搅拌桩邻接的桩周土，由于拌和时产生的高温和凝聚反应，形成厚度达数厘米的高度硬壳，此硬层的存在影响了石灰搅拌桩的吸水和排水，尤其是后期排水，但在施工期内此层硬壳尚未形成，排水作用是可以发挥的。从对一些工程的天然土和单桩复合地基荷载试验中发现，石灰搅拌桩复合地基的加荷后稳定时间比天然土基短，也就证实了石灰搅拌桩的排水固结作用。

石灰搅拌加固后的地基，桩体强度高于桩间土。因此，在工程结构荷载和车辆荷载作用下，土体被压缩，承载力主要靠桩体承担。由于土相对于桩有向下滑动的趋势，桩面对桩周土产生一向上的摩擦阻力，故靠近桩周土的压力值为向下的施工荷载值与向上的摩擦力两部分之和。因此，靠近桩边的土承受的压力最小，桩间地基土应力降低而石灰搅拌桩桩体产生应力集中现象。根据基础底面桩和桩间土上埋没的土压力盒测定结果得出，桩体和桩间土的荷载应力分担比 $n = P/S = 3\sim15$（P 为石灰搅拌承担的应力，S 为桩间土承担的应力）。在用石灰搅拌桩加固公路软基时，一般采用 $n = 3\sim5$ 较适宜。

4.4.2 设计计算

石灰桩设计的主要内容有桩身材料、桩径、桩长、置换率、桩距和布桩范围，并根据复合地基承载力和下卧层承载力要求以及变形控制的要求综合确定。

1. 石灰桩的原材料

石灰桩的主要固化剂为生石灰，掺合料宜优先选用粉煤灰、火山灰、炉渣等工业废料。生石灰与掺合料的配合比宜根据地质情况确定，生石灰与掺合料的体积比可选用 1:1 或 1:2，对于淤泥、淤泥质土等软黏土可适当增加生石灰用量，桩顶附近生石灰用量不宜过大。当掺石膏和水泥时，掺加量为生石灰用量的 3%～10%。

2. 石灰桩的直径和桩距

从石灰桩的加固机理来看，采用"细而密"的布桩方案比较好，应根据设计要求及所选用的成孔方法确定，常用 300～400mm，可按等边三角形或矩形布桩，桩中心距可取 2～3 倍成孔直径。石灰桩可仅布置在基础底面下，当基底土的承载力特征值小于 70kPa 时，宜在基础以外布置 1～2 排围护桩。对于多层民用建筑，5～6m 的桩长一般可以满足要求，当缺乏参考资料时，可根据表 4-4 确定桩距。

表 4-4　石灰桩桩距的参考值

土的类别	桩距/桩径
淤泥和淤泥质土	2～3.5
较差的填土和一般黏性土	3～4
较差的填土和黏性土	3～5

3. 石灰桩的桩长

石灰桩作为一种柔性桩，其有效长度比别的桩体胶结程度更好，强度更高的柔性桩更明显，当其长度大于有效长度时，再加长的桩身对提高石灰桩的承载力作用甚微，所以，石灰桩的桩长不宜过长，桩端宜选在承载力较高的土层中。在深厚的软弱地基中采用"悬浮桩"时，应减小上部结构重心与基础形心的偏心，必要时宜加强上部结构及基础的刚度。

4. 石灰桩的承载力

石灰桩复合地基承载力特征值应通过单桩或多桩复合地基载荷试验确定。初步设计时，也可按下列公式估算：

$$f_{spk} = m f_{pk} + (1-m) f_{sk} \qquad (4-21)$$

式中，f_{pk} 为石灰桩桩身抗压强度比例界限值，由单桩竖向载荷试验测定，初步设计时可取 350～500kPa，土质软弱时取低值，kPa；f_{sk} 为桩间土承载力特征值，取天然地基承载力特征值的 1.05～1.20 倍，土质软弱或置换率大时取高值，kPa；m 为面积置换率，桩面积按 1.1～1.2 倍成孔直径计算，土质软弱时宜取高值。

石灰桩复合地基承载力特征值不宜超过 160kPa，当土质较好并采取保证桩身强度的措施，经过试验后可以适当提高其承载力特征值。

当地基需要排水通道时，可在桩顶以上设 200～300mm 厚的砂石垫层。

5. 石灰桩的变形

地基处理的深度应根据岩土工程勘察资料及上部结构设计要求确定。应按现行国家标准《建筑地基基础设计规范》（GB 50007—2011）计算下卧层承载力及地基的变形。变形经验系数 ψ 可按地区沉降观测资料及经验确定。

石灰桩复合土层的压缩模量宜通过桩身及桩间土压缩试验确定，初步设计时可按下式估算：

$$E_{sp} = a[1 + m(n-1)] E_s \qquad (4-22)$$

式中，E_{sp} 为复合土层的压缩模量，MPa；α 为系数，可取 1.1～1.3，成孔对桩周土挤密效应好或置换率大时取高值；n 为桩土应力比，可取 3～4，长桩取较大值；E_s 为天然上的压缩模量，MPa。

6. 石灰桩桩顶要求

石灰桩宜留 500mm 以上的孔口高度，并用含水率适当的黏性土封口，封口材料必须夯实，封口标高应略高于原地面；石灰桩桩顶施工标高应高出设计桩顶标高 100mm 以上。

4.4.3　施工方法

根据加固设计要求、土质条件、现场条件和机具供应情况，可选用振动成桩法（分管内填料成桩和管外填料成桩）、锤击成桩法、螺旋钻成桩法或洛阳铲成桩工艺等。

1. 振动成桩法和锤击成桩法

振动成桩法和锤击成桩法的工序如图 4.20 和图 4.21 所示。

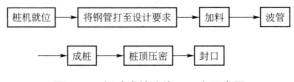

图 4.20　振动成桩法施工工序示意图

采用振动管内填料成桩法时，为防止生石灰膨胀堵住桩管，应加压缩空气装置及空中加料装置；管外填料成桩应控制每次填料数量及沉管的深度。采用锤击成桩法时，应根据锤击的能量控制分段的填料量和成桩长度。

桩顶上部空孔部分，应用3∶7灰土或素土填孔封顶。

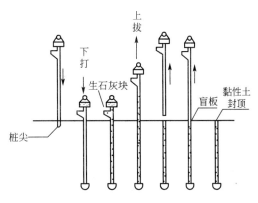

图4.21 石灰桩施工示意图

2. 螺旋钻成桩法

螺旋钻成桩法的施工工序如图4.22所示，正转时将部分土带出地面，部分土挤入桩孔壁而成孔。根据成孔时电流大小和土质情况，检验场地情况与原勘察报告和设计要求是否相符。钻杆达到设计要求深度后，提钻检查成孔质量，清除钻杆上的泥土。把整根桩所需之填料按比例分层堆在钻杆周围，再将钻杆沉入孔底，钻杆反转，叶片将填料边搅拌边压入孔底。钻杆被压密的填料逐渐顶起，钻尖升至离地面1～1.5m或预定标高后停止填料，用3∶7灰土或素土封顶。

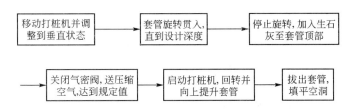

图4.22 螺旋钻成桩法的施工工序示意图

3. 洛阳铲成桩法

洛阳铲成桩法适用于施工场地狭窄的地基加固工程。成桩直径可为200～300mm，每层回填料厚度不宜大于300mm，用杆状重锤分层夯实。

在施工过程中，应有专人监测成孔及回填料的质量，并做好施工记录。如发现地基土质与勘察资料不符，应查明情况采取有效措施后方可继续施工。

当地基土含水率很高时，桩宜由外向内或沿地下水流方向施打，并宜采用间隔跳打施工施工顺序宜采用"先周边后中间"的施工工序(图4.23)。

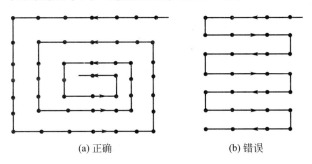

(a) 正确　　　　　(b) 错误

图4.23 石灰桩的施工工序示意图

4.4.4 质量检验

石灰桩地基质量检验标准应符合表 4-5 的规定。

表 4-5　石灰桩工程质量检验标准

项目	序号	检查项目	允许偏差或允许值	检查方法
主控项目	1	桩长/mm	±500	测桩管长度或垂球测孔深
	2	地基承载力	设计要求	按规范方法
	3	桩体及桩间土干密度	设计要求	现场取样检查
	4	桩径/mm	-20	用钢尺量
一般项目	1	石灰有机质含量/%	≤5	实验室焙烧法
	2	石灰粒径/mm	≤5	筛分法
	3	桩位偏差	满堂布桩≤0.4d，条基布桩≤0.25d	用钢尺量
	4	垂直度/%	≤1.5	用经纬仪测桩管

注：d 为桩径。

施工时应及时检查施工记录，当发现回填料不足，缩颈严重时，应立即采取有效补救措施。检查施工现场有无地面隆起异常情况、有无漏桩现象；按设计要求抽查桩位、桩距，详细记录，对不符合者应采取补救措施。

一般工程可在施工结束 28d 后采用标准贯入、静力触探以及钻孔取样进行室内试验等测试方法，检测桩体和桩间土强度，验算复合地基承载力、桩间土的抗剪强度和含水率的变化，参见图 4.24。

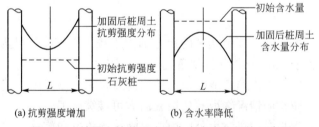

(a) 抗剪强度增加　　　　　　　　(b) 含水率降低

图 4.24　桩周土抗剪强度和含水率变化规律示意图

对于重要或大型工程，应进行复合地基载荷试验，检验数量不应少于总桩数的 2%。石灰桩的其他检验数量不应少于总桩数的 0.5%，并不得少于 3 根。

4.4.5　工程实例

1. 工程概况

湖南某高校新校区规划建在一片以池塘为主的建设用地上，由于施工工期紧，池塘与湖相连无法清淤，在土石方施工过程中没有清除积水、淤泥、杂物、植物、垃圾，也没有分层回填夯实，致使"三通一平"的建设场地达不到要求，大部分是新填土、含水率较大的软弱地基。而道路设计做法为：稳定路基，$f \geq 180\text{kPa}$；二灰层 150mm 厚；水稳层 C10 混凝土 150mm 厚；粗沥青底层 80mm；细沥青面层 20mm。为了达到设计要求，经技术经济比较，考虑工期，决定采用石灰桩技术处理路基。

2. 地质条件简介

土层自上而下的分布：

(1) 杂填土厚度为 2～3m，松散，物理力学性能差。

(2) 淤泥质黏土，场地鱼塘中大部分分布，平均厚度为 2.1m。物理力学性能差，$e=1.34$，$\omega=43.7\%$，$I_p=1.20$，$E_s=2.2\text{MPa}$。

(3) 冲积粉质黏土，厚度较均匀，平均厚度为 2.7m。物理力学性能一般，$e=0.729$，$\omega=24.7\%$，$I_p=0.29$，$E_s=7.4\text{MPa}$。

(4) 残积粉质黏土，平均厚度为 4m。物理力学性能一般，$e=0.812$，$\omega=27.7\%$，$I_p=0.38$，$E_s=7.4\text{MPa}$。

(5) 强风化板岩，分布均匀，物理力学性能好，强度较高。

3. 布桩及桩距

布桩采用等边三角形呈梅花形，梅花形布桩受力均匀，特别是在上层滞水分布地段，阻水效果较好，施工也较安全，有水地段桩距应大于 2 倍桩径，无水地段桩距也不得小于 1.8 倍桩径，一般为 3.0～4.0 倍桩径。桩长以不大于 4.0m 为宜，桩径为 285mm。

4. 石灰桩的施工

地下水位上封填材料为生石灰与粉煤灰的混合料，体积比为 1∶2，生石灰出窑不得超过 3d，以防熟化散开，使用时砸成块度为 40mm 左右的粒径，但不大于 50mm；粉煤灰以稍湿至微湿为宜，用手能捏成团状，两指轻捏即散为好；拌料前，生石灰、粉煤灰必须分开堆放，逐次拌料回填和夯实，每次填料高度控制在 350～450mm，提夯高度不小于 2m，夯实次数大于 5 次，但要注意，如果在地下水位以上直接采用石灰桩，下部分没有碎石桩则应在桩孔填料前进行清底夯实，夯击次数不少于 8 次。顶部采用稍湿的黏土、粉质黏土封孔，封土高度大于 400mm，以防泡水降低封土效果。

试验系统由油压千斤顶加载装置、压力平台反力装置和测量仪表组成，用 1000kN 荷重传感器配 SCY-3 型数字测力测压力；由 2 个对称安装于压板上的百分表（精度 0.01，量程 50mm）测压板的沉降。

该高校新校区道路面积近 30000m²，路基较好的有 27000m²，采用该法加固的软弱道路路基面积约 3000 m²，路基上按常规道路做法：二灰层、水稳层、沥青层施工完成。从 2003 年交付使用至今已五年，没有出现裂纹、下陷等质量问题，使用情况良好，同时与其他处理方法相比较造价低廉，取得了显著的经济效益和良好的社会效益。

4.5 土(或灰土、二灰土)桩

土(或灰土、二灰土)桩在我国西北、华北地区应用比较广泛，适用于处理地下水位以上的湿陷性黄土、新近堆积的黄土、素填土和杂填土地基，处理深度宜为 5～15m。它是利用打入钢套管（或振动沉管、炸药爆破）在地基中成孔，通过挤压作用，使地基土加密，然后在孔内分层填入素土（或灰土、粉煤灰加石灰）后夯实而形成土（或灰土、二灰土）桩。它们与碎石（砂）桩一样，同样属于柔性桩，桩与桩间土共同组成复合地基。

由填夯的灰土桩体和桩间挤密土组成的人工地基称为灰土挤密桩复合地基，适用于处理地下水位以上的湿陷性黄土、素填土和杂填土等地基。当地基土的含水率大于 24％，饱和度大于 65％时，不宜选用灰土挤密桩复合地基。

土（或灰土、二灰土）桩是利用沉管、冲击或爆扩等方法在地基中挤土成孔，然后向孔内夯填素土或灰土成桩。成桩时，通过成孔过程中的横向挤压作用，桩孔内的土被挤向周围，使桩间土得以挤密，然后将备好的素土（黏性土）或灰土分层填入桩孔内，并分层捣实至设计标高。用素土分层夯实的桩体，称为土挤密桩；用灰土分层夯实的桩体，称为灰土挤密桩。二者分别与挤密的桩间土组成复合地基，共同承受基础的上部荷载。

灰土挤密桩或土挤密桩在消除土的湿陷性和减小渗透性方面，其效果基本相同或差别不明显，但土挤密桩地基的承载力和水稳性不及灰土挤密桩，选用上述方法时，应根据工程要求和处理地基的目的确定。当以提高地基的承载力或增强其水稳性为主要目的时，宜选用灰土挤密桩法；当以消除地基的湿陷性为主要目的时，宜选用土挤密桩法。

大量的试验研究资料和工程实践表明，土（或灰土、二灰土）桩用于处理地下水位以上的湿陷性黄土、素填土、杂填土等地基，不论是消除土的湿陷性还是提高承载力都是有效的。但当土的含水率大于 24％及其饱和度超过 65％时，在成孔及拔管过程中，桩孔及其周围容易缩颈和隆起，挤密效果差，故上述方法不适用于处理地下水位以下及处于毛细饱和带的土层。因此，当地基土的含水率大于 24％、饱和度超过 65％时，由于无法挤密成孔，故不宜选用上述方法。

因土（或灰土、二灰土）桩法具有就地取材、以土治土、原位处理、深层加密和费用较低的特点，在我国西北及华北等黄土地区已被广泛应用。

与其他地基处理方法比较，土（或灰土、二灰土）桩挤密法主要有以下特点。

（1）土（或灰土、二灰土）桩挤密法是横向挤密，同样可以达到加固后所要求的最大干密度。

（2）与换土垫层相比，不需要开挖回填，因而节约了时间，比换土垫层法缩短工期约一半。

（3）由于不受开挖和回填的限制，处理深度一般可达 12～15m。

（4）由于填料是就地取材，因而常比其他处理湿陷性黄土和人工填土的地基处理方法造价低，尤其是可将粉煤灰变废为宝，取得很好的社会效益和经济效益。

当地基的含水率大于 24％，且其饱和度大于 65％时，由于成孔质量不好，拔管后桩孔容易缩颈，而且打管时容易对邻近已回填的桩体造成破坏。如果施工时不采取排水措施，则不宜采用土（或灰土、二灰土）桩挤密法处理地基。

还应注意的是，如果黄土层中夹有薄砂砾层时，必须要经过成孔试验；而且当夹层厚度大于 0.4m 时，因施工时打管困难，也不宜采用土（或灰土、二灰土）桩挤密法。

土桩主要用来消除湿陷性黄土的湿陷性。当以提高地基的承载力或水稳性为主要目的时，应采用灰土桩。

4.5.1 加固机理

土(或灰土、二灰土)桩加固地基是一种人工复合地基，属于深层加密处理地基的一种方法，主要作用是提高地基承载力，降低地基压缩性。对湿陷性黄土则有部分或全部消除湿陷性的作用。具体的加固机理可概述为以下几点。

1. 土的侧向挤密作用

土(或灰土、二灰土)桩挤压成孔时，桩孔位置原有土体被强制侧向挤压，使桩周一定范围内的土层密实度提高。其挤密影响半径通常为$(1.5\sim2.0)d(d$为桩径)。相邻桩孔间挤密效果试验表明，在相邻桩孔挤密区交界处挤密效果相互叠加，桩间土中心部位的密实度增大，且桩间土的密度变得均匀，桩距越近，叠加效果越显著。合理的相邻桩孔中心距约为2~3倍桩孔直径。

土的天然含水率和干密度对挤密效果影响较大，当含水率接近最优含水率时，土呈塑性状态，挤密效果最佳。当含水率偏低，土呈坚硬状态时，有效挤密区变小。当含水率过高时，由于挤压引起超孔隙水压力，土体难以挤密，且孔壁附近土的强度因受扰动而降低，拔管时容易出现缩颈等情况。

土的天然干密度越大，则有效挤密范围越大；反之，则有效挤密区较小，挤密效果较差。土质均匀则有效挤密范围大，土质不均匀，则有效挤密范围小。

土体的天然孔隙比对挤密效果有较大影响，当$e=0.9\sim1.20$时，挤密效果好，当$e<0.8$时，一般情况下土的湿陷性已消除，没有必要采用挤密地基，故应持慎重态度。

2. 灰土性质作用

灰土桩是用石灰和土按一定体积比例(2：8或3：7)拌和，并在桩孔内夯实加密后形成的桩，这种材料在化学性能上具有气硬性和水硬性，由于石灰内带正电荷的钙离子与带负电荷的黏土颗粒相互吸附，形成胶体凝聚，并随灰土龄期增长，土体固化作用提高，使土体逐渐增加强度。在力学性能上，它可达到挤密地基，提高地基承载力，消除湿陷性，均匀沉降和减小沉降量等效果。

3. 桩体作用

在灰土桩挤密地基中，由于灰土桩的变形模量远大于桩间土的变形模量(灰土的变形模量为29~36MPa，相当于夯实素土的2~10倍)，荷载在桩上产生应力集中，从而降低了基础底面以下一定深度内土中的应力，消除了持力层内产生大量压缩变形和湿陷变形的不利因素。此外，由于灰土桩对桩间土能起侧向约束作用，限制土的侧向移动，桩间土只产生竖向压密，使压力与沉降始终呈线性关系。

土桩挤密地基由桩间挤密土和分层填夯的素土桩组成，土桩桩体和桩间土均为被机械挤密的重塑土，两者均属同类土料。因此，两者的物理和力学指标无明显差异。因而，土桩挤密地基可视为厚度较大的素土垫层。

4.5.2 设计计算

1. 桩的布置

土挤密桩或灰土挤密桩处理地基的面积应大于基础或建筑物底层平面的面积，并应符合下列规定。

土桩或灰土桩处理地基的宽度应大于基础宽度。若主要考虑消除地基的部分或全部湿陷量，而不考虑防渗隔水作用，或者用于提高地基的承载力，则一般采用局部处理的方法。采用局部处理超出基础底面的宽度时，对于非自重湿陷性黄土、素填土和杂填土等地基，每边不应小于基底宽度的 0.25 倍，并不应小于 0.50m；对于自重湿陷性黄土地基，每边不应小于基底宽度的 0.75 倍，并不应小于 1.00m。

对于湿陷程度严重（Ⅲ级）和很严重（Ⅳ级）的自重湿陷性黄土地基，处理后既需要消除其湿陷性，还需其具有防渗隔水作用，此时宜采用整片处理的方法，处理范围每边超出建筑物外墙基础外缘的宽度不宜小于处理土层厚度的 0.5 倍，并且不应小于 2m，以防止水从处理与未处理土层的接触面渗入地基，提高处理地基的效果。

地基处理的深度应根据建筑物对地基的要求、地基的湿陷类型、湿陷等级、湿陷性黄土层厚度及打桩机械的条件综合考虑决定。处理深度从基础底面起至桩孔下端桩尖处，以使土层剩余湿陷量在容许范围内。采用土桩挤密法处理地基，如果处理深度过小，则不经济。目前，该法施工的桩孔深度可达 12~15m。

2. 处理深度

采用灰土挤密桩或土挤密桩处理地基的深度，应根据建筑场地的土质情况、工程要求和成孔及夯实设备等综合因素确定。对于湿陷性黄土地基，应符合现行的国家标准《湿陷性黄土地区建筑规范》（GB 50025—2004）的有关规定。

3. 桩径

桩孔直径宜为 300~600mm，并可根据所选用的成孔设备或成孔方法确定。为使桩间土均匀挤密，桩孔宜按等边三角形布置，桩孔之间的中心距离 s 可为桩孔直径的 2.0~2.5 倍。

4. 填料和压实系数

桩孔内投入的填料，应该根据工程的要求或地基处理的目的来确定，并且采用夯实系数控制填料的夯实质量。

当采用素土回填夯实时，夯实系数 $\lambda_c \geqslant 0.95$；当用灰土回填夯实时，$\lambda_c \geqslant 0.97$，灰与土的体积配合比宜采用 2∶8 或 3∶7。

桩顶标高以上应设置 300~500mm 厚的 2∶8 灰土垫层，其压实系数 λ_v 不应小于 0.95。

5. 承载力的确定

1）用载荷试验方法确定

对于重大工程，应通过载荷试验确定其承载力设计值。如挤密桩的目的是消除地基的湿陷性，还应进行浸水试验，判定消除湿陷性的效果。

进行载荷试验时，如果 P-s 曲线上无明显直线段，则土桩挤密地基按 $s/b=0.01\sim0.015$、灰土桩复合地基按 $s/b=0.008$（b 为载荷板宽度）所对应的荷载作为处理地基的承载力设计标准值。

2）参照工程经验确定

土（或灰土、二灰土）桩复合地基的承载力特征值应通过现场单桩或多桩复合地基载荷试验确定。初步设计当无试验资料时，也可按当地经验确定，但土挤密桩复合地基的承载力特征值不宜大于处理前的 1.4 倍，并不宜大于 180kPa；灰土挤密桩复合地基的承载力特征值不宜大于处理前的 2.0 倍，并不宜大于 250kPa。

二灰土具有明显的水硬性，而水养试块的强度更高，且其强度随龄期的增加而增大。30d 龄期的单桩容许抗压强度可选用 0.9～1.6MPa，比灰土桩强度提高 1/4 左右，土（或灰土）挤密桩地基的变形模量值如表 4-6 所示。

表 4-6 土（或灰土）挤密桩地基的变形模量值

地基类别		变形模量/MPa
土桩	平均值	15
	一般值范围	13～18
灰土桩	平均值	32
	一般值范围	29～36

6. 变形

灰土挤密桩或土挤密桩复合地基的变形计算应符合现行国家标准《建筑地基基础设计规范》（GB 50007—2011）的有关规定，其中复合土层的压缩模量可采用载荷试验的变形模量代替。

土或灰土挤密桩复合地基的变形包括桩和桩间土及其下卧未处理土层的变形。前者通过挤密后，桩间土的物理力学性质明显改善，即土的干密度增大，压缩性降低，承载力提高，湿陷性消除，故桩和桩间土（复合土层）的变形可不计算，但应计算下卧未处理土层的变形，若下卧未处理土层为中、低压缩性非湿陷性土层，其压缩变形、湿陷变形也可不计算。

4.5.3 施工方法

灰土挤密桩或土挤密桩的施工方法是利用沉管、冲击或爆扩等方法在地基中挤土成孔，然后向孔内夯填素土或灰土成桩。工艺较为简单（图 4.25），但确定施工工艺、选择成孔方法、施工顺序、向孔内夯填填料时应注意以下要求。

1. 成孔方法

土（或灰土、二灰土）桩的成孔方法有沉管法、爆扩法及冲击法等，具体可按地基土的物理力学性质、桩孔深度、机械设备和施工经验等因素选定。

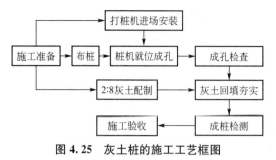

图 4.25　灰土桩的施工工艺框图

虽然沉管(锤击、振动)或冲击成孔等方法施工比较方便,但都有一定的局限性,在城乡建设和居民较集中的地区往往限制使用,如锤击沉管成孔,通常允许在新建场地使用。故应综合考虑设计要求、成孔设备或成孔方法、现场土质和对周围环境的影响等因素,选用沉管(振动、锤击)或冲击、爆扩等方法成孔。

沉管法是用打桩机将带有特制桩尖的钢管打入土层中至设计深度,然后缓慢拔出桩管后成孔。该法简单易行,孔壁光滑平整,挤密效果较易控制,但处理深度受桩架高度限制,一般不超过 7～8m。打桩机技术性能(如锤重、激振力等)应与桩管直径、质量、长度及地基土特性等相适应。桩管沉至设计深度后应及时拔出,不要在土中搁置时间过长,否则会引起拔管困难。

爆扩法成孔不需要打桩机械,可用钢钎打入土中形成 15～30mm 的孔,直接填入炸药和 1～2 个电雷管,或者用洛阳铲和其他工具在土中挖成直径为 60～80mm 的孔,装入炸药卷和电雷管后爆扩成孔。前者适用于含水率较小的土层,而后者适用于含水率较高的土层。爆扩后桩孔直径 D 约为药眼或药卷直径 d_0 的 15～18 倍,并应该通过现场试验确定。

冲击法是使用冲击钻机将 600～3200kg 的锥形锤头提升 0.5～2.0m 后自由落下,反复冲击后成孔,直径可达 500～600mm,成孔深度可达 20m 以上,适用于处理自重湿陷性且厚度较大的土层。

在土(或灰土、二灰土)桩成孔或拔管过程中,对桩孔(或桩顶)上部土层有一定的松动作用,因此施工前应根据选用的成孔设备和施工方法在场地预留一定厚度的松动土层,待成孔和桩孔回填夯实结束后将其挖除或按设计规定进行处理。对于沉管(锤击、振动)成孔,预留松动土层的厚度宜为 0.5～0.7m;对于冲击成孔,宜为 1.2～1.5m。

2. 被加固地基土含水率

拟处理地基土的含水率对成孔施工与桩间土的挤密至关重要。工程实践表明,当天然土的含水率小于 12% 时,土呈坚硬状态,成孔挤密很困难,且设备容易损坏;当天然土的含水率等于或大于 24%,饱和度大于 65% 时,桩孔可能缩颈,桩孔周围的土容易隆起,挤密效果差;当天然土的含水率接近最优(或塑限)含水率时,成孔施工速度快,桩间土的挤密效果好。因此,在成孔过程中,应掌握好拟处理地基土的含水率,不要太大或太小。

应于地基处理前 4～6d,通过一定数量和一定深度的渗水孔,将增湿土的计算加水量均匀地浸入拟处理范围内的土层中。

3. 桩孔回填夯实

回填桩孔用的土料应尽量使用就地挖取的净黄土或一般黏性土,过筛后土块直径不大于 20mm。石灰使用消解 3～4d 后的熟石灰并过筛,其粗粒粒径不大于 5mm,质量不低于 Ⅲ级,(CaO＋MgO)的含量不小于 50%。灰土体积比一般可用 2:8。含水率应该接近最优含水率,当其偏离±3% 以上时应加以调整。

填夯施工前应进行试验,确定每次填料数量和夯击次数。夯锤质量不小于 100kg,锤底直径小于桩孔直径 90～120mm,锤底面应力不宜小于 20kPa。

成孔和回填夯实的施工宜间隔进行，为保证工程质量，成孔和孔内的回填夯实的施工顺序，对整片处理，宜从里(或中间)向外间隔1~2孔进行，对于大型大程，可采取分段工；对于局部处理，宜从外向里间隔1~2孔进行。

雨季或冬季施工，应采取防雨、防冻措施，防止土料和灰土受雨水淋湿和冻结。

4. 施工中可能出现的问题和处理方法

(1) 夯打时桩孔内有渗水、涌水、积水现象，可将孔内水排出地表，或将水下部分改为混凝土桩或碎石桩，水上部分仍为土(或灰土)桩。

(2) 沉管成孔过程中遇障碍物时可采取以下措施处理：

① 用洛阳铲探查并挖除障碍物，也可在其上面或四周适当增加桩数，以弥补局部处理深度的不足，或从结构上采取适当措施进行弥补。

② 未填实的墓穴、坑洞、地道等面积不大，挖除不便时，可将桩打穿通过，并在此范围内增加桩数，或从结构上采取适当措施进行弥补。

(3) 夯打时造成缩颈、堵塞、挤密成孔困难、孔壁坍塌等情况，可采取以下措施处理：

① 当含水率过大缩颈比较严重时，可向孔内填干砂、生石灰块、碎砖碴、干水泥、粉煤灰；如含水率过小，可预先浸水，使之达到或接近最优含水率。

② 遵守成孔顺序，由外向里间隔进行(硬土由里向外)。

③ 施工中宜打一孔，填一孔，或隔几个桩位跳打夯实。

④ 合理控制桩的有效挤密范围。

4.5.4 质量检验

成桩后，应及时抽样检验灰土挤密桩或素土挤密桩处理地基的质量。对于一般工程，主要应检查施工记录、检测全部处理深度内桩体和桩间土的干密度，并将其分别换算为平均压实系数和平均挤密系数；对于重要工程，除检测上述内容外，还应测定全部处理深度内桩间土的压缩性和湿陷性。

抽样检验的数量，对于一般工程，不应少于桩总数的1%；对于重要工程，不应少于桩总数的1.5%。夯实质量的检验方法有下列几种。

1. 轻便触探检验法

先通过试验夯填，求得"检定锤击数"。施工检验时，以实际锤击数不小于检定锤击数为合格。

2. 环刀取样检验法

先用洛阳铲在桩孔中心挖孔或通过开剖桩身，从基底算起沿深度方向每隔1.0~1.5m用带长柄的小环刀分层取出原状夯实土样，测定其干密度。

3. 载荷试验法

对于重要的大型工程，应进行现场载荷试验和浸水载荷试验，直接测试承载力和湿陷情况。

上述前两项检验法，对灰土桩应在桩孔夯实后 48h 内进行，二灰桩应在 36h 内进行，否则将由于灰土或二灰的胶凝强度的影响而无法进行检验。土或灰土挤密桩竣工验收时，承载力检验应采用复合地基载荷试验，检验数量不应少于桩总数的 0.5%，并不应少于 3 点。

对于一般工程，主要应检查桩和桩间土的干密度和承载力；对于重要或大型工程，除应检测上述内容外，尚应进行载荷试验或其他原位测试。也可在地基处理的全部深度内取样测定桩间土的压缩性和湿陷性。

4.5.5　工程实例

甘肃省建工局木材厂单身宿舍土桩挤密法加固地基。该厂单身宿舍兼办公楼为五层砖混结构，$L \times B = 42.9m \times 12.3m$，建筑面积 $2750m^2$。地质勘察资料表明，在建筑场地内湿陷性黄土层厚 7～8m，分级湿陷量为 300mm，属 Ⅱ 级自重湿陷性场地。土的含水率 $\omega = 8.7\%～14.2\%$，天然土干密度 $\rho_d = 1.26～1.32g/cm^3$，具有高-中压缩性。地基决定采用土挤密桩处理。

1. 设计

桩孔直径为 400mm，桩中心距 $l = 2.22d = 0.89m$。成孔挤密后，桩间土的干密度计划提高到 $1.55～1.61g/cm^3$，相应达到的压实系数 λ_c 为 $0.925～0.943$，可满足消除湿陷性要求。桩孔内填料采用接近最优含水率（15%～17%）的黄土，夯实后压实系数 λ_c 不低于 0.93。填料夯实按每两铲土锤击五次进行。

平面处理范围：每边超出基础最外边缘 2m，处理面积为 $790m^2$，桩孔总数为 1155 个，整片布置桩孔，每平方米处理面积内平均分布桩孔 1.46 个。从基础底面算起处理层厚度为 4.2m，消除地基湿陷量 80%，剩余湿陷量 60mm。

2. 施工

采用沉管法成孔，使用柴油沉桩机。桩孔填料采用人工定量填料，夯实使用偏心轮夹杆式夯实机。整个工期历时 78d。

3. 效果检验

在施工过程中和施工结束后，分别在场地 11 个点上分层检验了桩间土的干密度和压实系数（表 4-7）。检验表明，符合设计要求。

表 4-7　桩间土挤密效果检验

土层深度/m	含水率/%	干密度/(t/m²)	压实系数(λ_c)
1.0	8.7	1.52	0.91
1.5	10.8	1.55	0.93
2.5	14.2	1.62	0.97
平均	11.2	1.56	0.94

注：1. 土的最大干密度为 $1.67g/cm^3$，最优含水率为 15%～17%；
　　2. 当土的含水率偏低时，不利于挤密。

对桩孔填料夯实质量也进行了 11 个点的检验(表 4-8)。检验表明,夯实质量差,不均匀,个别地方存在填料疏松未夯现象,普遍未能达到压实系数,产生这种情况的主要原因是施工管理不严、分次填料过快过多。填料平均含水率仅为 11.2%,远低于最优含水率(15%~17%),这也是影响夯实质量的一个重要因素。

表 4-8 桩孔填料夯实质量检验

取样深度/m	干密度/(g/cm³)	压实系数(λ_c)
1.50	1.43	0.89
1.75	1.54	0.92
2.00	1.51	0.90
2.25	1.58	0.95
2.50	1.42	0.85
平均	1.50	0.90

桩孔填料夯实后的平均压实系数为 0.90。仅达到基本消除湿陷性的目的。经过综合分析,认为土桩挤密后尚可满足消除地基 80% 湿陷量的要求。

4.6 CFG 桩(水泥粉煤灰碎石桩)

水泥粉煤灰碎石桩(Cement Fly-ash Gravel Pile,CFG 桩)是在碎石桩的基础上,加进一些石屑、粉煤灰和少量水泥,加水拌和制成的一种具有一定黏结强度的桩,是近年来新开发的一种地基处理新技术。

我国从 20 世纪 70 年代起就开始利用碎石桩加固地基,在砂土、粉土中消除地基液化和提高地基承载力方面取得了令人满意的效果。后来逐渐把碎石桩的应用范围扩大,用到塑性指数较大、挤密效果不明显的黏性土中,以期提高地基的承载能力。然而大量的工程实践表明,对这类土采用碎石桩加固,承载力提高幅度不大。其根本原因在于碎石桩属散体材料桩,本身没有黏结强度,主要靠周围土的约束来抵抗基础传来的竖向荷载。土体越软,对桩的约束作用越差,桩传递竖向荷载的能力越弱。

根据试验及理论分析可知,通常距桩顶 2~3 倍桩径的范围为高应力区,当大于 6~10 倍桩径后轴向力的传递收敛很快,当桩长大于 2.5 倍基础宽度后,即使桩端落在好土层上,桩的端阻作用也很小。在诸多种类的复合地基的增强体中,碎石桩作为散体材料,置换作用最差。

CFG 桩是针对碎石桩承载特性的上述不足,加以改进继而发展起来的。其机理如下。

CFG 桩的骨干材料为碎石,系粗骨料;石屑为中等粒径骨料,当桩体强度小于 5MPa 时,石屑的掺入可使桩体级配良好,对保证桩体强度起到重要作用。有关试验表明,在相同的碎石和水泥掺量条件下,掺入石屑可比不掺入石屑强度增加 50% 左右;粉煤灰既是细骨料,又有低标号水泥的作用,可使桩体具有明显的后期强度;水泥则为黏结剂,主要起胶结作用。

CFG桩属高黏结强度桩，它与素混凝土桩的区别仅仅在于桩体材料的构成不同，而在受力和变形特性方面没有什么区别。它在桩体材料配比上比素混凝土桩更追求经济效益，在有条件的地方应尽量利用工业废料作为掺和料。

随着CFG桩设计施工技术的成熟和推广，该项成果在工程实践中得到了广泛的应用。据不完全统计，该技术已在全国许多工程中推广使用。和桩基础相比，由于CFG桩桩体材料可以掺入工业废料粉煤灰、不配钢筋以及充分发挥桩间土的承载能力，工程造价一般为桩基础的1/3～1/2，经济效益和社会效益非常显著。它具有沉降变形小、施工简单、造价低、承载力提高幅度大、适用范围较广、社会和经济效益明显等特点，被广泛应用于各类工程的地基处理和加固。

CFG桩与一般碎石桩之间的区别如表4-9所示。

表4-9 碎石桩与CFG桩的对比

桩型 对比值	碎石桩	CFG桩
单桩承载力	桩的承载力主要靠桩顶以下有限长度范围内桩周土的侧向约束。当桩长大于有效桩长时，增加桩长对承载力的提高作用不大。以置换率10%计，桩承担荷载占总荷载的百分比为15%～30%	桩的承载力主要来自全桩长的摩阻力及桩端承载力，桩越长则承载力越高。以置换率10%计，桩承担的荷载占总荷载的百分比为40%～75%
复合地基承载力	加固黏性土复合地基承载力的提高幅度较小，一般为0.5～1倍	承载力提高幅度有较大的可调性，可提高四倍或更高
变形	减少地基变形的幅度较小，总的变形量较大	增加桩长可有效地减少变形，总变形量小
三轴应力-应变曲线	应力-应变曲线不呈直线关系。增加围压，破坏主应力差增大	应力-应变曲线为直线关系，围压对应力-应变曲线没有多大影响
适用范围	多层建筑地基	多层和高层建筑地基

CFG桩、桩间土和褥垫层一起形成复合地基，属地基范畴。而桩基是桩基础的简称，是一种深基础。尽管有时CFG桩桩体强度等级与桩基中的桩的强度等级相同，但由于在CFG桩和基础之间设置了褥垫层，在竖向荷载作用下，桩基中的桩、土受力和CFG桩复合地基中的桩、土受力有着明显的不同。

CFG桩是由水泥、粉煤灰、石子、石屑加水拌和形成的混合材料灌注而成。这些材料各自的含量多少对混合材料的强度有很大影响，可以通过室内外材料配比试验和材料力学性能试验确定。

CFG桩由于自身的特点及加固机理，主要适用于处理黏性土、粉土、砂土和已自重固结的素填土等地基。对淤泥质土应按地区经验或通过现场试验确定其适用性。同时，CFG桩复合地基属于刚性桩复合地基，具有承载力提高幅度大、地基变形小等优点，可适用于多种基础形式，如条形基础、独立基础、箱形基础和筏板基础等。

4.6.1　加固机理

CFG 桩加固软弱地基的作用主要有：桩体作用、挤密作用和置换作用。

1. 桩体作用

在荷载作用下，CFG 桩的压缩性明显小于其周围软弱土。因此，基础传递给复合地基的附加应力随地基的变形逐渐集中到桩体上，即出现了应力集中现象。CFG 桩属于刚性桩，它和桩间土共同作用，既具有复合地基的特点，也具有桩基的某些特征，在加固区范围内桩身的变形控制复合地基的变形，变形量很小。

另外，与由松散材料组成的碎石桩不同，CFG 桩桩身具有一定的黏结强度。在荷载作用下，CFG 桩桩身不会出现压胀变形，桩身的荷载通过桩周的摩阻力和桩端阻力传递到地基深处，使复合地基的承载力有较大幅度的提高，加固效果显著。而且，CFG 桩复合地基变形小，沉降稳定快。

2. 挤密作用

由于 CFG 桩采用振动沉管法施工，机械的振动和挤压作用使桩间土得以挤密。经加固处理后，地基土的物理力学指标都有所提高，这也说明加固后的桩间土已挤密。

在碎石桩中掺加适量的石屑、粉煤灰和水泥，加水拌和形成一种黏结强度较高的桩体，使之具有刚性桩的某些性状，一般情况下不仅可以全桩长发挥桩的侧阻，当桩端落在好土层时也能很好地发挥端阻作用，从而表现出很强的刚性桩性状，复合地基的承载力得到较大提高。

3. 置换作用

CFG 桩具有一定的黏结强度，设计上一般按 C7～C15 混凝土强度设计。在上部荷载作用下，桩身压缩性明显比周围土体小。复合地基载荷试验结果表明，在荷载作用下首先是桩体受力，表现出比较明显的应力集中现象，其桩土应力比可达到 10～30，甚至更高，这一点是其他散体材料桩无法比拟的，复合地基强度较高。

4.6.2　设计计算

用 CFG 桩处理软弱地基，其主要目的是提高地基承载力和减小地基的变形。这一点要通过发挥 CFG 桩的桩体作用来实现。对于松散砂性土地基，可以考虑振动沉管施工时的挤密效应。但如果是以挤密松散砂性土为主要加固目的，那么采用 CFG 桩是不经济的。

CFG 桩的设计主要是通过桩径、桩距、承载力和变形等技术参数来控制。

1. 桩径

CFG 桩常采用振动沉管法施工，其桩径应根据桩管大小而定，一般为 350～500mm。

2. 桩距

桩距的选取需要考虑多种因素，如提高地基承载力以满足设计要求，桩体作用的发挥、场地地质条件以及造价等因素，而且施工要方便，具体可参考表 4-10 选取。

表 4 - 10　桩距选用表

土质 布桩形式	挤密性好的土(如砂土 粉土、松散填土等)	可挤密性土(如粉质 黏土、非饱和黏土等)	不可挤密性土(如饱和 黏土、淤泥质土等)
单、双排布桩的条形基础	$(3\sim5)d$	$(3.5\sim5)d$	$(4\sim5)d$
含 9 根以下的独立基础	$(3\sim6)d$	$(3.5\sim6)d$	$(4\sim6)d$
满堂布桩	$(4\sim6)d$	$(4\sim6)d$	$(4.5\sim7)d$

注：d 为桩径，以成桩后桩的实际桩径为准。

3. 承载力确定

CFG 桩复合地基承载力值的确定，应以能够比较充分地发挥桩和桩间土的承载力为原则，所以，可取比例界限荷载值作为复合地基的承载力。复合地基的承载力可按式(4-23)确定。

$$R_{sp}=\frac{N\times Q}{A}+\eta\frac{R_s\times A_s}{A} \tag{4-23}$$

式中，R_{sp} 为 CFG 桩复合地基承载力值，kPa；N 为基础下的桩数；Q 为 CFG 单桩承载力，kN；R_s 为天然地基承载力，kPa；A_s 为桩间土面积，m^2；A 为基础面积，m^2；η 为桩间土承载力折减系数，一般取 0.8～1.0。

也可采用式(4-24)计算复合地基承载力。

$$R_{sp}=\xi[1+m(n-1)]R_s \tag{4-24}$$

式中，ξ 为桩间土承载力折减系数，一般取 0.8；n 为桩土应力比，一般取 10～14。

4. 变形计算

CFG 桩复合地基的变形可由式(4-25)计算。

$$s=s_{sp}+s_s \tag{4-25}$$

式中，s_{sp} 为 CFG 桩复合地基的变形量，为简化计算，可以取 $s_{sp}\approx0$；s_s 为下卧软弱土层的变形量。

下卧软弱土层的变形量由基础扩散到下卧软弱土层顶面的附加应力引起，可用常规的分层总和法计算。

4.6.3　施工方法

CFG 桩目前一般是采用振动沉管桩法施工。由于它是一项新发展起来的地基处理技术，其设计计算理论和工程施工经验还远不够成熟，所以，施工前一般须进行成桩试验，以确定有关技术参数后，再精心组织正常施工。CFG 桩施工工艺流程如图 4.26 所示。

CFG 桩一般有三种成桩施工方法，即振动沉管灌注成桩(适用于粉土、黏性土及素填土地基)、长螺旋钻孔灌注成桩(适用于地下水位以上的黏性土、粉土、素填土、中等密实以上的砂土)和长螺旋钻孔管内泵压混合料灌注成桩(适用于黏性土、粉土、砂土以及对噪声或泥浆污染要求严格的场地)。CFG 桩复合地基通过改变桩长、桩距、褥垫厚度和桩体配比，能使复合地基承载力大幅度的提高有很大的可控性。CFG 桩最常用的成桩施工方法有振动沉管灌注成桩和长螺旋钻孔管内泵压混合料灌注成桩两种方法。

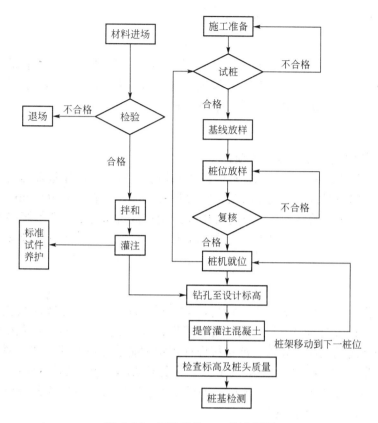

图 4.26　CFG 桩施工工艺流程图

1. 材料准备

桩体原材料采用碎石、石屑、粉煤灰、水泥配合而成，一般材料按 C15 混凝土配比。

(1) 水泥：采用强度等级为 32.5 级及其以上的硅酸盐水泥。水泥进场时应有出厂合格证，并有现场复验报告。混合料 28d 龄期标准试块抗压强度不小于 10MPa。

(2) 粉煤灰：采用细度不大于 45％的 Ⅱ级或 Ⅱ级以上的粉煤灰。粉煤灰进场时应有出厂合格证，并有现场复验报告。

(3) 石子：采用粒径为 9～16mm 的坚硬碎石或卵石，含泥量不大于 1％且应符合国家现行标准《普通混凝土用砂、石质量及检验方法标准》(JGJ 52—2006)的规定。不宜选用卵石，因为卵石咬合力差，施工扰动容易使褥垫层厚度不均匀。碎石粒径为 20～50mm，松散密度为 1.39t/m³，杂质含量小于 5％。

(4) 砂：采用中砂或细砂，含泥量不大于 3％，最大粒径不宜大于 30mm。

(5) 石屑：粒径为 2.5～10mm，松散密度为 1.47g/cm³，杂质含量小于 5％。

(6) 粉煤灰：粉煤灰应选用Ⅲ级或Ⅲ级以上等级粉煤灰。

(7) 外加剂：根据施工需要通过试验确定。

施工前按设计要求由实验室进行配合比试验，施工时按配合比配制混合料。长螺旋杆钻孔灌注成桩施工的坍落度为 160～200mm，振动沉管灌注成桩施工的坍落度宜为 30～50mm，钻孔灌注成桩后桩顶浮浆厚度不超过 200mm；施工前进行成桩工艺试验，以检验设备、工艺、技术参数是否满足设计要求。

2. 桩位放线

根据桩位平面图及现场桩位基准点，用激光测距仪坐标放点，并打孔 300mm 深，灌入白灰做标记，放线后经专人检验，并派人看护。钻机进场就位，施工前先进行试桩，以掌握施工参数及验证单桩承载力，试桩数量 1 根。

3. 沉管

CFG 桩沉管时，须注意以下事项：
(1) 桩机就位必须平整、稳固，调整沉管与地表面垂直，确保垂直度偏差不大于 1％。
(2) 如果采用预制钢筋混凝土桩尖，需要将桩尖埋入地表以下 300mm 左右。
(3) 启动发动机开始沉管，沉管过程中注意调整桩机的稳定，严禁倾斜和错位。
(4) 做好沉管记录。激振电流每沉管 1m 记录，对土层变化处应特别说明，直至沉管到设计标高。

4. 投料

在沉管过程中可用料斗进行空中投料，待沉管至设计标高后必须尽快投料，直到沉管内的混合料面与钢管投料口齐平为止。若上述投料量不足，须在拔管过程中空中投料，以确保成桩桩顶标高满足设计要求。严格按设计规定配制混合料，碎石和石屑杂质含量不得大于 5％。按设计配比配制混合料，将其投入搅拌机加水拌和，加水量由混合料的坍落度控制，一般坍落度为 30～50mm，成桩后的桩顶浮浆厚度一般不超过 200mm。混合料搅拌时间不得少于 1min，须搅拌均匀。

5. 拔管

第一次投料结束后，启动发动机，沉管原地留振 10s 左右，然后边振动边拔管。拔管速度控制在 1.0～1.5m/min，成桩过程宜连续进行，应避免因后台供料慢而导致停机待料。如遇淤泥或淤泥质土，可适当放慢速度。桩管拔出地面后，确认其符合设计要求后用粒状材料或湿黏土封顶，移机进行下一根桩施工。

施工时，桩顶标高应高出设计标高，高出长度应根据桩距、布桩形式、现场地质条件和施打顺序等综合确定，一般不应小于 0.5m。

6. 施工顺序

按由外围或两侧向中心的施工顺序进行。隔排隔桩跳打，且间隔时间不应少于 7d。

7. 桩头处理

施工后待 CFG 桩体达到一定强度(一般为 7d 左右)后开挖，开挖方式有人工、机械和联合开挖三种方式。人工开挖留置不小于 700mm 厚的土层。

8. 铺设垫层

在基础下铺设一定厚度的垫层，工程中一般垫层厚度在 150～300mm 之间，以便调整CFG 桩和桩间土的共同作用。虚铺完成后宜采用静力压实法至设计厚度；当基础底面下桩间土的含水率较小时，也可采用动力夯实法。对于较干的砂石材料，虚铺后可适当洒水再进行碾压或夯实。

4.6.4 质量检验

在施工过程中,抽样做混合料试块,一般一个台班做一组(3块),试块尺寸为150mm×150mm×150mm,并测定28d抗压强度。

施工结束28d后进行单桩复合地基载荷试验,抽检率为2‰,且每个单体工程不应少于3点。并采用低应变动力试验,检测桩身完整性,低应变检测数量占桩数10%。

CFG桩施工的允许偏差、检验数量及检验方法如表4-11所示。

表4-11 CFG桩施工的允许偏差、检验数量及检验方法

序号	检验项目	允许偏差	施工单位检验数量	检验方法
1	桩位(纵横向)	50mm	按成桩总数的10%抽取检验,且每检验批不少于5根	经纬仪或钢尺丈量
2	桩体垂直度	1%		经纬仪或吊线测钻杆倾斜度
3	桩体有效直径	不小于设计值		开挖0.5~1m深后,用钢尺丈量

4.6.5 工程实例

1. 工程概况

山西某工程为商住两用楼,建筑物总高度为49m,共16层,$L \times B = 61.7\text{m} \times 16.5\text{m}$,剪力墙结构,抗震等级为三级。基础形式为筏板基础,地基处理采用CFG桩,要求处理后复合地基承载力特征值不小于270kPa。

2. 场地工程地质条件

场地工程地质条件如表4-12所示。

表4-12 场地各层土基本参数一览表

层序	岩性	侧阻力特征值/kPa	端阻力特征值/kPa	土层承载力特征值(f)/kPa
②	黄土状土	12		120
③₁	粉质黏土	20		90
③₂	粉质黏土	25		150
④	粉质黏土	25		160
⑤₁	粉质黏土	22	150	120
⑤₂	粉质黏土	29	280	170
⑤₃	粉质黏土	26	220	140
⑥	粗砂	35	1000	250
⑦	粉质黏土	30	330	240
⑧₁	粗砾砂	50	1100	300
⑧₂	含卵石粉质黏土	38	500	350

3. 设计

1）褥垫层的设置

结合实际场地情况，设置 300mm 厚的褥垫层，褥垫层材料采用中砂、粗砂、级配砂石或碎石等，最大粒径不宜大于 30mm。

2）桩径

桩径大小取决于所选用的施工设备，该工程采用长螺旋钻孔、管内泵压 CFG 桩施工工艺，螺旋叶片直径为 400mm 或 600mm，目前以采用直径 400mm 居多。所以，该工程设计桩径 $d=400$mm。

3）桩距

桩距的大小取决于设计要求的复合地基承载力、土性和施工机具，所以选用桩距需考虑承载力的提高幅度应满足设计要求、施工方便、桩作用的发挥、场地地质条件以及造价等因素，一般桩距大小为 $(3\sim5)d$。

4）桩长

桩长取决于设计要求的复合地基承载力、容许沉降量、施工工艺及造价等因素，一般设计为 $8\sim16$m。CFG 桩设计时要求桩端落在强度较高、压缩性较小的土层上，根据场地地层情况而定。根据表 4-12，可选择第⑤₁ 层粉质黏土及以下各层作为 CFG 桩的桩端持力层，以选择第⑤₂ 层粉质黏土、第⑥层粗砂及以下各层为宜（表 4-13）。

根据表 4-13 可以看出，该工程可采用不同方式的 CFG 桩布置，地基承载力特征值均能满足设计的要求，在满足沉降要求的前提下，最终选择桩径为 400mm，有效桩长为 15m，桩距为 1.5m 且采用正方形布桩的地基处理方案，该场地土的桩土面积置换率为 5.58%，按此地基处理方案，复合地基的最大沉降量为 121.5mm。

表 4-13　CFG 桩设计参数一览表

桩端持力层	有效桩长/m	桩径/m	桩间距/m	布桩形式	单桩竖向承载力特征值/kN	复合地基承载力特征值/kPa
第⑤₂ 层	8.0	0.4	1.2	正方形	290	288
第⑤₂ 层	10.0	0.4	1.3	正方形	363	303
第⑤₂ 层	12.0	0.4	1.4	正方形	436	311
第⑤₂ 层	15.0	0.4	1.5	正方形	506	315

实践证明，CFG 桩具有施工简单、造价低、承载力提高幅度大、沉降变形小、适用范围较广、社会和经济效益明显等特点。

本 章 小 结

本章主要讲述了深层密实法的概念、加固机理；分别对强夯法、碎（砂）石桩石灰桩、土（或灰土、二灰土）桩、CFG 桩等桩型的定义、适用范围、加固机理、设计计算、施工方法以及加固效果检验等。

本章的重点是各种层次密实桩的加固机理以及设计计算和施工要点。

习 题

一、思考题

1. 什么是深层密实法？其适用条件是什么？

2. 叙述强夯法的适用条件和加固机理？

3. 什么是碎石桩和砂桩？其适用条件、加固机理和质量检验的方法是什么？

4. 什么是土桩和灰土桩、水泥粉煤灰碎石桩(CFG 桩)？

5. 简述强夯法的设计计算、质量检验以及现场测试内容。

6. 什么是石灰桩？石灰的作用是什么？

7. 石灰桩和灰土桩有什么区别？

8. 砂桩和排水固结法中的砂井有什么区别？

9. CFG 桩的加固原理是什么？

10. CFG 桩的承载力如何确定？

二、单选题

1. 某工程采用灰土挤密桩进行地基处理，在用载荷试验确定复合地基承载力特征值时，如按相对变形值确定，可采用 $s/b=($　　$)$所对应的压力。

    A. 0.006　　　　　B. 0.008　　　　　C. 0.01　　　　　D. 0.012

2. 对软弱土采用石灰桩处理后，石灰桩外表层会形成一层强度很高的硬壳层，这主要是由(　　)起的作用。

    A. 吸水膨胀　　　B. 离子交换　　　C. 反应热　　　　D. 碳酸反应

3. 某 CFG 桩工程，桩径 $d=400$mm，置换率为 12.6%，试问：做单桩复合地基载荷试验时，载荷板面积约为(　　)。

    A. 1m^2　　　　　B. 1.13m^2　　　　C. 0.87m^2　　　　D. 0.2m^2

4. 石灰桩的主要固化剂为(　　)。

    A. 生石灰　　　　B. 粉煤灰　　　　C. 火山灰　　　　D. 矿渣

5. 灰土桩的填料(　　)。

    A. 选用新鲜的、粒径均匀的生石灰与土拌和

    B. 选用新鲜的、粒径均匀的熟石灰与土拌和

    C. 生石灰与土的体积比宜为 2∶8 或 3∶7

    D. 熟石灰与土的体积比宜为 8∶2 或 7∶3

6. 在初步设计时，对于采用石灰桩处理过的地基，其复合土层的压缩模量可以按照式 $E_{sp}=\alpha[1+m(n-1)]E_s$ 进行估算，α 为系数，其值为(　　)。

    A. 小于 1　　　　　　　　　　　　B. 大于 0.5

    C. 大于 0.9　　　　　　　　　　　　D. 大于 1，可取 1.1～1.3

7. 按照《建筑地基处理技术规范》(JGJ 79—2002)中关于石灰桩施工安全方面的强制性条文的有关要求，下列说法正确的(　　)。

A. 石灰桩施工时，必须强调调用电安全

B. 石灰桩施工时，必须佩戴安全帽

C. 石灰桩施工时，应采取防止冲孔伤人的有效措施，确保施工人员的安全

D. 石灰桩施工时，项目部应有完善的安全生产管理体系，确保安全生产，文明施工

8. 在对石灰桩进行竣工验收检验时，载荷试验的数量宜为（   ），每一单体工程不得少于 3 点。

A. 总桩数的 0.5%

B. 总桩数的 1%

C. 总桩数的 2%

D. 地基处理面积每 200m² 左右布置一个点

E. 地基处理面积每 500m² 左右布置一个点

9. 柱锤冲扩法处理地工时，其处理深度不宜大于（   ）m，复合地基承载力不宜超过（   ）kPa。

A. 8，180　　　　　B. 10，200　　　　　C. 6，160　　　　　D. 12，250

三、多选题

1. 强夯法施工中，对两遍夯击之间的时间间隔的正确说法有（   ）。

A. 取决于土中超静孔隙水压力和消散时间

B. 取决于起重设备的起吊时间

C. 渗透性较差的黏性土地基间隔时间不小于 3~4 周

D. 缺少实测资料时，可根据地基土的渗透性确定

2. 石灰桩对软弱土的加固机理可分为物理加固和化学加固两个作用，下列属于物理加固作用的是（   ）。

A. 吸水作用　　　B. 膨胀挤密作用　　　C. 桩身置换作用　　　D. 离子交换作用

E. 凝胶作用　　　F. 反应热作用

3. 对于软弱土地基，采用石灰桩处理后，其施工质量检测包括（   ）。

A. 桩间土加固效果检验　　　　　　B. 桩身质量检验

C. 单桩复合地基载荷试验　　　　　D. 多桩复合地基载荷试验

4. 强夯法和重锤夯实法的特点是它们的夯击能特别大，能给地基以冲击能和振动，其对地基土的作用是（   ）。

A. 提高地基上的强度

B. 降低地基土的压缩性

C. 如果地基上是湿陷性黄土能消除其湿陷性

D. 改善地基土抵抗液化的能力

5. 强夯法是 20 世纪 60 年代末由法国开发的，至今已在工程中得到广泛的应用，强夯法又称为（   ）。

A. 静力固结法　　　B. 动力压密法　　　C. 重锤夯实法　　　D. 动力固结法

6. 不加填料的振冲加密法适用于处理的地基是（   ）。

A. 黏粒含量不大于 10% 的中砂　　　　B. 黏粒含量不大于 10% 的粗砂

C. 黏粒含量不大于 5% 的中砂　　　　　D. 素填土和杂填土

7. 在振冲碎石桩法中，桩位布置形式，下列陈述正确的是（　　）。

   A. 对独立或条形基础，宜用放射形布置

   B. 对独立或条形基础，宜用正方形、矩形布置

   C. 对大面积满堂处理，宜用等边三角形布置

   D. 对大面积满堂处理，宜用等腰三角形布置

8. CFG 桩主要由（　　）和水拌和而成。

   A. 石灰　　　　　B. 水泥　　　　　C. 粉煤灰　　　　　D. 碎石

9. 利用振冲置换法处理砂土地基，填料所起的作用是（　　）。

   A. 填充在振冲器上提后在砂层中可能留下的孔洞

   B. 利用填料作为传力介质，在振冲器的水平振动下通过连续加填料，将砂层进一步挤压加密

   C. 形成横、竖向排水通道，加快砂土排水固结时间

   D. 形成人工填料地基垫层，承担基础荷载

10. 挤密桩和排水桩都是以砂作为填料的桩体，但两者在作用机理、桩的布置等许多方面不同，两者的主要区别是（　　）。

   A. 砂桩有作用机理是挤密作用；砂井的作用主要是排水固结

   B. 砂桩有作用机理是排水固结；砂井的作用主要是挤密

   C. 砂桩比砂井直径大；布桩间距小

   D. 砂桩比砂井直径小；布桩间距大

第5章
排水固结法

教学目标

　　本章主要讲述排水固结法的加固机理、设计计算理论、施工工艺、施工监测与加固效果检测，并列举排水固结法应用于填海造陆工程地基处理的典型工程实例。通过本章的学习，应达到以下目标：

　　(1) 了解排水固结法的基本概念；
　　(2) 掌握堆载预压法与真空预压法加固软黏土地基的机理；
　　(3) 掌握排水固结法的设计计算理论及方法；
　　(4) 掌握竖向排水法与预压法的设计内容；
　　(5) 熟悉排水固结法加固软黏土地基的施工工艺、施工监测与加固效果检测项目；
　　(6) 能够运用排水固结法基本设计计算理论对软黏土地基进行设计。

教学要求

知识要点	能力要求	相关知识
排水固结法加固软黏土地基机理	(1) 掌握饱和软黏土的有效应力原理 (2) 掌握饱和软黏土的一维固结理论 (3) 掌握堆载预压法加固软黏土地基的原理 (4) 掌握真空预压法加固软黏土地基的原理	(1) 饱和软黏土的有效应力原理 (2) 一维固结理论 (3) 堆载预压法加固软黏土地基原理 (4) 真空预压法加固软黏土地基原理
排水固结法设计与计算	(1) 熟悉瞬时加载下地基固结度计算 (2) 掌握改进高木俊介法计算地基固结度 (3) 了解地基土抗剪强度增长计算方法 (4) 掌握黏性土地基固结沉降计算方法 (5) 熟悉预压法加固软黏土地基设计	(1) 瞬时加载下理想井竖井固结度 (2) 瞬时加载下非理想井竖井固结度 (3) 逐级加载下竖井地基固结度 (4) 地基土抗剪强度增长 (5) 黏性土地基主固结沉降 (6) 预压法加固软黏土地基设计内容
排水固结法的施工工艺	(1) 了解水平排水系统的施工工艺 (2) 掌握塑料排水带施工工艺要点 (3) 掌握预压荷载施加的施工要点	(1) 水平排水垫层的施工 (2) 竖向排水带的施工要点 (3) 施加各类预压荷载的施工要点
排水固结法施工监测与检测	(1) 掌握施工监测项目、监测设备及工作内容 (2) 熟悉加固效果检测项目及工作内容	(1) 施工监测项目、设备与工作内容 (2) 加固效果监测项目与工作内容

基本概念

排水固结法、有效应力原理、改进的高木俊介法、固结沉降、预压法。

 引例

在我国沿海及内陆河流和湖泊地区工程建设中经常会遇到海相、湖相沉积的软黏土。这种土天然含水率高、压缩性高、强度低、透水性差，在其上建造建(构)筑物会产生相当大的沉降和差异沉降，影响建(构)筑物的正常使用。这种软黏土地基可以利用排水固结法进行处理，通常在地基中设置砂井，预先在场地进行加载预压，使软黏土中的孔隙水排出，提前完成固结沉降，逐步提高地基土强度和承载力。通常需根据工程实际，从排水固结法处理软黏土地基的机理出发，选择堆载预压、真空预压、真空联合堆载预压等一种或几种排水固结法，运用其设计计算理论，对软黏土地基进行排水固结法设计计算与施工，包括地基固结度、强度增长、地基固结沉降计算；水平排水系统、竖向排水系统、预压荷载的设计与施工等。同时，为了检验加固处理效果是否达到设计要求，施工过程中需通过现场监测和加固效果检测方法，保证土体在施工期与使用期的安全稳定性，同时有效控制施工进度，保证工程质量。在实际工程中，必须根据诸多因素来选择排水固结法中的某一类或几类预压法。

5.1 概 述

我国沿海及内陆河流两岸和湖泊地区广泛分布着第四纪后期形成的海相、湖相及河相沉积的软黏土。这种土具有天然含水率大、压缩性高、强度低、透水性差且埋藏较深、分布不均匀等特点。由于高压缩性、低透水性、分布不均匀，在建筑物荷载作用下会产生相当大的沉降和沉降差，而且沉降持续时间很长，可能影响建筑物的正常使用。另外，由于低强度，地基承载力和稳定性往往不满足工程要求。因此，这种地基通常需要采取处理措施。排水固结法就是处理软黏土地基的有效方法之一。

排水固结法是对天然地基，或先在地基中设置砂井(袋装砂井或塑料排水带)等竖向排水体，然后利用建筑物自重分级加载；或是在建筑物建造前预先在场地加载预压，使土体中的孔隙水排出，提前完成固结沉降，同时逐步提高强度的一种软黏土地基加固方法。该法常用于解决软黏土地基的沉降和稳定问题，使地基沉降在加载预压期间基本或大部分完成，使建筑物在使用期间不致产生过大的沉降和沉降差。同时，该法可增加地基土的抗剪强度，提高地基的承载力和稳定性。

排水固结法由排水系统和加压系统两部分组成(图 5.1)。排水系统主要用于改变地基原有的排水边界条件，缩短排水距离，增加孔隙水排出的通道。该系统一般由水平排水系统和竖向排水系统两部分组成。水平排水系统常用强透水性的砂垫层。竖向排水系统常采用砂井和塑料排水带。如软黏土层厚度不大，或软黏土层较厚但含有较多薄粉砂夹层且施工周期较长时，可仅在地面铺设一定厚度的排水砂垫层，然后加载，土层中的孔隙水竖向流入垫层而排出。当遇到深厚的、透水性很差的软黏土层时，可在地基中设置砂井或塑料排水带等竖向排水系统，地面设置砂垫层，构成排水系统。加压系统，即施加起固结作用的荷载，使土中的孔隙水产生压差而渗流使土固结。

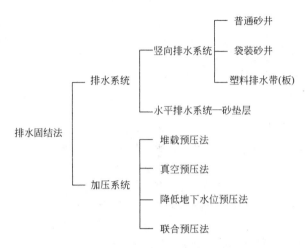

图 5.1　排水固结法的组成

排水系统是一种手段，若没有加压系统，孔隙中的水由于没有压力差就不会自然排出，地基也就得不到加固。如果只增加固结压力，不缩短土层的排水距离，则不能在预压期间尽快地完成设计所要求的沉降量，强度不能及时提高，加载也不能顺利进行。所以上述两个系统是紧密联系的。

根据加压系统加压方式的不同，排水固结法可分为堆载预压法、真空预压法、降低地下水位预压法以及几种方法兼用的联合预压法。预压法适用于处理饱和软黏土地基时。经常将排水固结法和预压法联合使用，并称为排水固结预压法。排水固结法主要适用于加固公路铁路路堤、港口码头和堆场、机场跑道、围海造陆等工程中淤泥、淤泥质土、软黏土及其他软弱黏性土地基，受污染软黏土和强结构性软黏土地基加固工程不宜采用该法。其中，堆载预压法和真空预压法得到了较为广泛的应用。

排水固结法在软黏土地基处理中应用已有近 60 年的历史，通过工程实践和专门的试验研究，已发展了较为实用的竖向排水井(简称竖井)地基设计计算理论，如瞬时加荷条件下固结度的计算，逐渐加荷条件下固结度的计算，预估地基土抗剪强度的增长、沉降计算等。

排水固结法的施工工艺和技术随着该法的广泛使用而得到了发展。我国 1953 年首次将普通砂井堆载预压法用于加固船台地基，后因砂井用砂量大，打设设备笨重，相继于 1979 年、1981 年开发成功袋装砂井和塑料排水带。塑料排水带具有质量轻、便于加工、运输方便、施工设备简单、工效高、费用省、产品质量易于控制、对土层扰动小、适应地基变形等优点。当堆载填料不足时，可采用真空预压法或真空联合堆载预压法对软黏土地基进行加固。真空预压法首先由 W. Kjeuman 教授于 1952 年提出，之后在美国、日本等地开始应用。后因密封技术、抽真空装置及排水板打设技术等问题，该法没能得到推广应用。随着价廉质优密封膜的出现解决了密封技术问题，真空预压技术再次得到了应用。我国于 20 世纪 50 年代后期开始真空预压相关的试验研究，但也因密封技术以及抽真空装置等问题没能达到工程应用阶段。20 世纪 80 年代，中华人民共和国交通运输部(简称交通部)第一航务工程局科研所、天津港湾工程研究所等单位先后对真空预压法的加固机理及可行性进行了现场试验及现场施工，申请了真空预压加固软黏土地基法专利，并研制成功了射流式真空泵抽气设备，很好地解决了气水分离等问题，从此真空预压应用在我国取得长足进展。真空联合堆载预压法是在真空预压法和堆载预压法基础上发展起来的软黏土地基加固方法。我国从 1983 年开始真空联合堆载预压法的研究，并通过室内模型试验和现场大面积试验论证了真空和堆载的加固效果是可以叠加的，开发出了一套先进的工艺和优良设备。该法适用于能在加固区形成稳定负压边界条件的深厚软黏土地基。

排水固结法周密的设计计算和精心施工是必要的，但是另一方面，由于受到理论发展水平的限制、复杂地质条件、施工以及自然界的变化因素的影响，计算结果和实际不一致的情况经常发生。因此，对于重要工程，应进行现场试验，埋设必要的观测设备，按照一定的指标来控制加荷速率，评价加固效果，对设计进行调整和修正，并指导施工，同时观测资料为理论分析提供重要的依据。

5.2 加固机理

饱和黏性土地基在荷载作用下，逐渐排出孔隙中的水，孔隙体积慢慢减小，地基发生固结变形，同时，随着超静孔隙水压力的逐渐消散，有效应力逐渐提高，地基土强度逐渐增长。如图 5.2 所示，土样在天然状态下的固结压力为 σ_0' 时，孔隙比为 e_0，对应于 $e-\sigma_c'$ 曲线上的 a 点，施加附加压力 $\Delta\sigma'$ 至土体完全固结，变为 c 点，孔隙比为 e_1，减小 Δe，曲线 abc 称为压缩曲线。与此同时，抗剪强度与固结压力成比例地由 a 点提高到 c 点。所以土体受压固结时，一方面孔隙比减小产生压缩，另一方面抗剪强度也得到提高。

如从 c 点卸除压力 $\Delta\sigma'$，则试样发生回弹，cef 为卸荷回弹曲线，如从 f 点再加压力 $\Delta\sigma'$，试样再次发生压缩，沿虚线变化到 c'，其相应的抗剪强度变化如图 5.2 所示。从再压缩曲线 fgc' 可清楚看出，固结压力同样从 σ_0' 增加 $\Delta\sigma'$，而孔隙比减小值为 $\Delta e'$，$\Delta e'$ 比 Δe 小得多。这说明如果在建筑场地预先施加一个与上部建筑物荷载相同的压力，使土

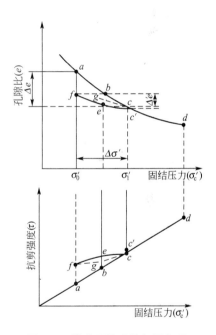

图 5.2 排水固结法的加固机理

层固结，即相当于压缩曲线从 a 点变化到 c 点，然后卸除荷载，相当于在回弹曲线上由 c 点变化到 f 点，再建造建筑物，即相当于再压缩曲线从 f 点变化到 c' 点，这样，建筑物荷载所引起的沉降即可大大减小。如果预压荷载大于建筑物荷载，即超载预压，则效果更好。经过超载预压，当土层的固结压力大于使用荷载下的固结压力时，原来的正常固结黏性土或欠固结黏性土将处于超固结状态，使土层在使用荷载下的变形大幅度减小。

5.2.1 堆载预压法的加固机理

堆载预压法是在建筑物建造之前，在建筑场地进行加载预压，使地基的固结沉降基本完成并提高地基土强度的方法。在荷载作用下，饱和黏性土的固结过程就是超静孔隙水压力消散和有效应力增加的过程。如地基内某点的总应力增量为 $\Delta\sigma$，有效应力增量为 $\Delta\sigma'$，孔隙水压力增量为 Δu，由有效应力原理，满足式(5-1)。

$$\Delta\sigma' = \Delta\sigma - \Delta u \qquad\qquad (5-1)$$

用填土等外加荷载对地基进行预压，是通过增加总应力 $\Delta\sigma$ 并使孔隙水压力 Δu 消散而增加有效应力的方法。堆载预压在地基中形成超静水压力的条件下的排水固结，称为正压固

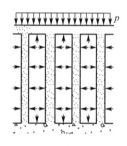

图 5.3 砂井地基的排水情况

结。根据一维固结理论，在达到同一固结度时，软黏土层固结所需的时间与排水距离的平方成正比。软黏土层越厚，一维固结所需的时间越长。为了加速固结，最有效的方法是在天然土层中增加排水路径，缩短排水距离(图 5.3)。在天然地基中设置砂井或塑料排水带等竖向排水系统，这时土层中的孔隙水主要通过砂井和竖向(部分孔隙水)排出。砂井的作用就是缩短排水距离，缩短预压工程的预压期，在短期内能达到较好的固结效果，使沉降提前完成，同时加速地基土强度的增长，使地基承载力提高的速率始终大于施工荷载的速率，以保证地基的稳定性，这一点无论从理论和实践上都得到了证实。

5.2.2 真空预压法的加固机理

真空预压法是利用大气压力作为预压荷载的一种排水固结法，其加固机理如图 5.4 所示。它是在需要加固的软黏土地基表面铺设水平排水砂垫层，设置砂井或塑料排水带等竖向排水体，其上覆盖 2～3 层不透气的密封膜并沿四周埋入黏土中与大气隔绝，通过埋设于砂垫层中带有滤水孔的分布管道，用真空装置抽取地基中的孔隙水和气，在膜内外形成大气压差，由于砂垫层和竖井与地基土界面存在这一压差，土体中的孔隙水发生向竖井的渗流，孔隙水压力不断降低，有效应力不断提高，从而使软黏土地基逐渐固结。在抽真空前，地基处于天然固结状态。对于正常固结黏土层，其总应力为土的自重应力，孔隙水压力为静水压力，膜内外均受大气压力 P_0 作用。抽气后，膜内压力逐渐降低至稳定压力 P_2，膜内外形成压力差 $\Delta P = P_0 - P_2$，工程上称这个压力差为真空度。真空度通过砂垫层和竖井作用于地基，将膜下真空度传至地基深层并形成深层负压源，在软黏土内形成负超静孔隙水压力($\Delta u < 0$)。在形成真空度瞬时($t=0$)，超静孔隙水压力 $\Delta u = 0$，有效应力增量 $\Delta\sigma' = 0$；随着抽真空的延续($0 < t < \infty$)，超静孔隙水压力不断下降，有效应力不断增大；$t \to \infty$ 时，超静孔隙水压力 $\Delta u = -\Delta P$，有效应力增量 $\Delta\sigma' = \Delta P$。由此可见，在真空预压过程中，在真空负压作用下，土中孔隙水压力不断降低，有效应力不断提高，孔隙水向排水井和砂垫层渗流，软黏土层固结压缩，强度提高。在真空负压作用下，地基内有效应力增量是各向相等的，地基在竖向压缩的同时，侧向产生向内的收缩位移，地基在预压过程中不会发生失稳破坏。因此真空预压加固地基的过程是在总应力不变的条件下，孔隙水压力降低，有效应力增加的过程。

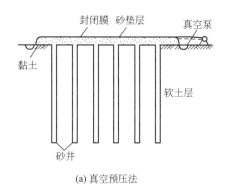 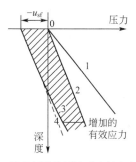

(a) 真空预压法　　　　　　　　(b) 用真空预压法增加的有效应力

图 5.4　真空预压法的加固机理

1—总应力线；2—原来的水压线；3—降低后的水压线；
4—不考虑排水井内水头损失时的水压力线

5.3 设计与计算

排水固结法的设计，实质上就是进行排水系统和加压系统的设计，使地基在受压过程中排水固结、强度增加，以满足逐渐加荷条件下地基稳定性的要求，并加速地基的固结沉降，缩短预压时间。设计之前应进行以下详细的勘探和土工试验以取得必要的设计资料。

（1）土层分布及成因。通过钻探了解土层的分布，查明土层在水平和竖直方向的变化；通过必要的钻孔连续取样及试验，确定土的种类与成层情况。

（2）固结试验。通过试验得到的固结压力 σ'_c 与孔隙比 e 的 e-σ'_c 或 e-$\log\sigma'_c$ 关系曲线，得到土的先期固结压力；不同固结压力下土的竖向及水平向固结系数(包括一部分重塑土的固结系数)。

（3）土的抗剪强度指标及不排水强度沿深度的变化。

（4）砂井及砂垫层所用砂料的颗粒分布、渗透系数。

（5）塑料排水带在不同侧压力和弯曲条件下的通水量。

5.3.1 设计计算理论

1. 竖井固结度计算

固结度计算是竖井地基设计中一个很重要的内容。由各级荷载下不同时刻的固结度，就可以推算地基土强度的增长，从而进行各级荷载下地基的稳定性分析，确定相应的加载计划。已知固结度，就可推算加荷预压期间地基的沉降量，以便确定预压时间。

受压土层的平均固结度包括竖向排水平均固结度和径向排水平均固结度，一般采用砂井固结理论计算，分是否考虑涂抹和井阻作用的理想井、非理想井两种情况计算。竖井地基的固结理论假设荷载是瞬时施加的，首先介绍瞬时加载条件下固结度的计算，然后根据实际加载过程进行修正计算。

1) 瞬时加载下竖井固结度的计算

(1) 理想井排水条件下固结度的计算。

图 5.5 表示影响范围为 d_e、高度为 $2H$ 的黏性土层土柱体，中间是直径为 d_w 的竖井，黏土层上、下面为排水面，在一定压力作用下，土层中的固结渗流水沿径向和竖向流动。

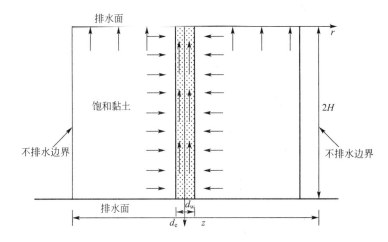

图 5.5 排水井影响范围土柱体剖面图

做如下基本假定：每个井的有效影响范围为一柱体；在影响范围水平面上施加瞬时的均布荷载；土体仅发生竖向压缩变形，土的压缩系数和渗透系数是常数；土体完全饱和，加荷瞬时荷载所引起的全部附加应力都由孔隙水承担。以圆柱坐标表示，设任意点 (r, z) 处孔隙水压力为 u，则固结微分方程为

$$\frac{\partial u}{\partial t} = C_v \left(\frac{\partial^2 u}{\partial r^2} + \frac{1}{r} \cdot \frac{\partial u}{\partial r} + \frac{\partial^2 u}{\partial z^2} \right) \tag{5-2}$$

当水平向渗透系数 k_h 和竖向渗透系数 k_v 不相等时，上式可改写成

$$\frac{\partial u}{\partial t} = C_v \frac{\partial^2 u}{\partial z^2} + C_h \left(\frac{\partial^2 u}{\partial r^2} + \frac{1}{r} \times \frac{\partial u}{\partial r} \right) \tag{5-3}$$

在式(5-2)与式(5-3)中，t 为时间；C_v 为竖向固结系数；C_h 为径向固结系数(或称水平向固结系数)。

根据边界条件对式(5-2)求解是十分困难的。A. B. Newman(1931) 和 N. Garrillo (1942)采用分离变量法求解，式(5-3)可分解为

$$\frac{\partial u_z}{\partial t} = C_v \frac{\partial^2 u_z}{\partial z^2} \tag{5-4}$$

$$\frac{\partial u_r}{\partial t} = C_h \left(\frac{\partial^2 u_r}{\partial r^2} + \frac{1}{r} \times \frac{\partial u_r}{\partial r} \right) \tag{5-5}$$

即分为竖向固结和径向固结两个微分方程。根据边界条件分别对式(5-4)和式(5-5)求解，计算竖向排水平均固结度和径向排水平均固结度，最后再求出竖向和径向排水联合作用时整个竖井影响范围内土柱体的平均固结度。

① 竖向排水平均固结度。

对于土层为双面排水或土层中的附加压力均匀分布时，某一时间竖向固结度的计算公式为

$$\overline{U}_z = 1 - \frac{8}{\pi^2} \sum_{m=1,3\cdots}^{m=\infty} \frac{1}{m^2} e^{-\frac{m^2\pi^2}{4}T_v} \qquad (5-6)$$

$$T_v = \frac{C_v t}{H^2} \qquad (5-7)$$

式(5-6)中，m 为正奇整数。当 $\overline{U}_z > 30\%$ 时，可采用式(5-8)计算。

$$\overline{U}_z = 1 - \frac{8}{\pi^2} e^{-\frac{\pi^2 T_v}{4}} \qquad (5-8)$$

式中，$\overline{U}_z$ 为竖向排水平均固结度，%；e 为自然对数底；T_v 为竖向固结时间因数，无因次；t 为固结时间，s；H 为土层的竖向排水距离，cm，双面排水时 H 为土层厚度的一半，单面排水时 H 为土层厚度。

严格来说，只有在荷载面积的宽度比压缩土层的厚度大得多的情况下，才和理论公式建立中所假设的单向渗流和单向压缩的条件比较一致，否则，理论计算结果和实际存在差距。如果软黏土层中含有薄粉砂等透水夹层时，水平渗流将比较显著，实际固结速率要比理论计算得快，因此应结合现场的实测结果，才能准确确定实际的固结度。

② 径向排水平均固结度。

求解径向固结微分方程式(5-5)时，Barron 曾采用两种假定条件：自由应变，即假定作用于地基表面的荷载是完全柔性、均布的，每个竖井影响范围内土柱体中各点的竖向变形是自由的；等应变，即作用于地基表面的荷载是完全刚性的，各点的竖向变形相同，没有不均匀沉降产生。自由应变条件下的求解比等应变条件复杂，实际情况是介于这两种条件之间。Richart(1957)的计算表明，当井径比 n 大于 5 时，两种条件所得到的地基平均固结度很接近。因此，工程上一般采用等应变条件的公式作为竖井地基径向固结度计算的依据。

在等应变条件下，距竖井轴线 r 处任意时间 t 的孔隙水压力为

$$u_r = \frac{4u_{av}}{d_e^2 F(n)} \left[r_e^2 \ln\left(\frac{r}{r_w}\right) - \frac{r^2 - r_w^2}{2} \right] \qquad (5-9)$$

$$u_{av} = u_i e^{\lambda} \qquad (5-10)$$

$$\lambda = \frac{-8T_h}{F(n)} \qquad (5-11)$$

$$T_h = \frac{C_h t}{d_e^2} \qquad (5-12)$$

$$F(n) = \frac{n^2}{n^2-1} \ln(n) - \frac{3n^2-1}{4n^2} \qquad (5-13)$$

$$n = d_e/d_w \qquad (5-14)$$

等边三角形排列时

$$d_e = 1.05l \qquad (5-15a)$$

正方形排列时

$$d_e = 1.128l \qquad (5-15b)$$

式中，d_e、r_e 为竖井影响范围的直径和半径；d_w、r_w 为竖井直径和半径；u_{av} 为时间 t 时土层的孔隙水压力平均值；u_i 为起始孔隙水压力平均值；n 为井径比；l 为排水井的间距。由式(5-10)和式(5-11)得

$$\ln\left(\frac{u_{av}}{u_i}\right) = -\frac{8}{F(n)}T_h \tag{5-16}$$

即

$$\ln(1-\overline{U}_r) = -\frac{8}{F(n)}T_h \tag{5-17}$$

或

$$\overline{U}_r = 1-e^{-\frac{8}{F(n)}T_h} \tag{5-18}$$

只要知道了径向固结系数 C_h、竖井直径 d_w 和间距 l，利用式(5-12)、式(5-13)及式(5-18)就可以得到固结时间 t 时刻竖井地基的径向排水固结度。

③ 总平均固结度。

竖井地基总平均固结度 $\overline{U}_{rz}$，是由竖向排水和径向排水所引起的。总平均固结度可由式(5-19)计算。

$$\overline{U}_{rz} = 1-(1-\overline{U}_z)(1-\overline{U}_r) \tag{5-19}$$

式中，竖向排水平均固结度 $\overline{U}_z$ 由式(5-8)计算，径向排水平均固结度 $\overline{U}_r$ 由式(5-18)计算。在实际工程中，一般软黏土层的厚度比排水井的间距大得多，常忽略竖向固结。

(2) 考虑涂抹和井阻影响的非理想井排水条件下固结度的计算。

饱和软黏土层固结渗流水流向竖井，再通过竖井流向砂垫层而排出预压区。由于竖井对渗流的阻力，将影响土层的固结速率，这一现象称为井阻效应。此外，竖井施工时对周围土产生涂抹和扰动作用，扰动区土的渗透系数将减小。Hansbo(1981)得到了等应变条件下考虑井阻和涂抹作用的竖井地基固结理论解，即得出饱和软黏土地基深度 z 处的径向排水平均固结度的表达式。

$$\overline{U}_r = 1-e^{-\frac{8T_h}{F}} \tag{5-20}$$

式中，F 是一个综合参数，由三部分组成，表示为

$$F = F_n + F_s + F_r \tag{5-21}$$

其中，F_n 反映了井径比 n 的影响。当井径比 $n > 15$ 时，F_n 可简化为

$$F_n = \ln(n) - \frac{3}{4} \tag{5-22}$$

F_s 反映了涂抹扰动的影响，按式(5-23)计算。

$$F_s = \left(\frac{k_h}{k_s} - 1\right)\ln s \tag{5-23}$$

这里，

$$s = d_s/d_w \tag{5-24}$$

式中，k_h 为天然土层的水平向渗透系数，cm/s；k_s 为涂抹区土的水平向渗透系数，可取 $1/5 \sim 1/3$，cm/s；s 为涂抹区直径 d_s 与竖井直径 d_w 的比值，可取 $2.0 \sim 3.0$，对于中等灵敏黏性土取低值，对于高灵敏度黏性土取高值。

这里 F_r 反映了井阻的影响，可由式(5-25)计算。

$$F_r = \frac{\pi^2 L^2}{4}\frac{k_h}{q_w} \tag{5-25}$$

$$q_w = k_w \pi d_w^2/4 \tag{5-26}$$

式中，L 为排水井贯穿受压土层的最大竖向排水距离，cm；k_w 为竖井砂料的渗透系数，cm/s；q_w 为竖井纵向通水量，为单位水力梯度下单位时间的排水量，cm³/s。

综合以上排水条件平均固结度的计算公式，可看出它们在形式上有共同之处，曾国熙（1959）采用了一个普遍表达式，即

$$\overline{U}=1-\alpha e^{-\beta} \tag{5-27}$$

不同排水条件下的参数 α、β 如表 5-1 所示。

表 5-1 不同排水条件下的参数

序号	条件	平均固结度计算公式	α	β	备注
1	竖向排水固结($\overline{U}_z>30\%$)	$\overline{U}_z=1-\dfrac{8}{\pi^2}e^{-\frac{\pi^2 C_v}{4H^2}t}$	$\dfrac{8}{\pi^2}$	$\dfrac{\pi^2 C_v}{4H^2}$	Tezaghi 解
2	向内径向排水固结(理想井)	$\overline{U}_r=1-e^{-\frac{8}{F(n)d_e^2}\frac{C_h}{t}t}$	1	$\dfrac{8C_h}{F(n)d_e^2}$	Barron 解
3	向内径向排水固结(考虑涂抹、井阻)	$\overline{U}_r=1-e^{-\frac{8}{F}\frac{C_h}{d_e^2}t}$	1	$\dfrac{8C_h}{Fd_e^2}$	Hansbo 解
4	竖向和向内径向排水固结(砂井地基平均固结度)	$\overline{U}_{rz}=1-\dfrac{8}{\pi^2}\cdot e^{-\left(\frac{8}{F(n)}\frac{C_h}{d_e^2}+\frac{\pi^2 C_v}{4H^2}\right)t}$ $=1-(1-\overline{U}_r)(1-\overline{U}_z)$	$\dfrac{8}{\pi^2}$	$\dfrac{8C_h}{F(n)d_e^2}+\dfrac{\pi^2 C_v}{4H^2}$	$F(n)=\dfrac{n^2}{n^2-1}\ln(n)-\dfrac{3n^2-1}{4n^2}$ $n=\dfrac{d_e}{d_w}$

2）逐级加载条件下地基固结度的计算

以上计算固结度的理论公式都是假设荷载是一次瞬时施加的。在实际工程中，荷载总是分级逐渐施加的，因而，根据上述理论方法求得的固结度与时间的关系或沉降与时间的关系都必须加以修正。对于逐级加载条件下地基的固结度计算，主要介绍改进的太沙基法和改进的高木俊介法两种修正方法。

（1）改进的太沙基法。

对于分级加载的情况，太沙基修正方法做了如下基本假定：

① 每一级荷载增量 Δp_n 所引起的固结过程是单独进行的，与上一级或下一级荷载增量所引起的固结度完全无关。

② 每级荷载在加载迄止时间的中点一次瞬时加足。

③ 每级荷载 Δp_n 加载迄止时间 t_{n-1} 和 t_n 内任意时间 t 时的固结状态与 t 时相应的荷载增量瞬时作用下经过时间 $(t-t_{n-1})/2$ 的固结状态相同，时间 t 大于 t_n 时的固结状态与荷载 Δp_n 在加载期间 (t_n-t_{n-1}) 的中点瞬时施加的情况一样。

④ 某一时间 t 时总平均固结度等于各级荷载增量作用下固结度的叠加。

对于两级等速加载的情况（图 5.6），每级荷载单独作用下固结度与时间关系曲线为 C_1、C_2，根据上述假定按下式计算出修正后的总固结度与时间的关系曲线 C。

当 $t_0<t<t_1$ 时：

$$\overline{U}_t'=\overline{U}_{rz\left(t-\frac{t+t_0}{2}\right)}\frac{\Delta p'}{\sum \Delta p} \tag{5-28}$$

$t_1<t<t_2$ 时：

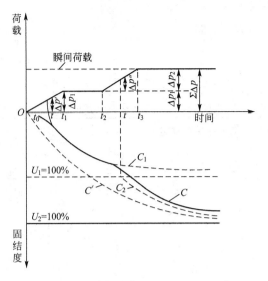

图 5.6 两级等速加载固结度修正法示意图

$$\overline{U}'_t=\overline{U}_{r\approx\left(t-\frac{t_1+t_0}{2}\right)}\frac{\Delta p_1}{\sum\Delta p} \tag{5-29}$$

$t_2<t<t_3$ 时：

$$\overline{U}'_t=\overline{U}_{r\approx\left(t-\frac{t_1+t_0}{2}\right)}\frac{\Delta p_1}{\sum\Delta p}+\overline{U}_{r\approx\left(t-\frac{t+t_2}{2}\right)}\frac{\Delta p''}{\sum\Delta p} \tag{5-30}$$

$t_3<t$ 时

$$\overline{U}'_t=\overline{U}_{r\approx\left(t-\frac{t_1+t_0}{2}\right)}\frac{\Delta p_1}{\sum\Delta p}+\overline{U}_{r\approx\left(t-\frac{t_2+t_3}{2}\right)}\frac{\Delta p_2}{\sum\Delta p} \tag{5-31}$$

对多级等速加荷，修正通式为

$$\overline{U}'_t=\sum_{1}^{n}\overline{U}_{r\approx\left(t-\frac{t_n+t_{n-1}}{2}\right)}\frac{\Delta p_n}{\sum\Delta p} \tag{5-32}$$

式中，$\overline{U}'_t$ 为多级等速加载 t 时刻修正后的平均固结度；$\overline{U}_{r\approx}$ 为瞬时加载条件的平均固结度；t_{n-1}、t_n 分别为每级等速加荷的起始和终止时间（从时间零点起算），当计算某一级加荷期间 t 时刻的固结度时，则 t_n 改为 t；Δp_n 为第 n 级荷载增量，如计算加荷过程中某一时刻 t 的固结度时，则用该时刻相对应的荷载增量。

（2）改进的高木俊介法

该法根据 Barron 理论，对高木俊介法做了改进，考虑了竖向排水条件，把径向和竖向排水两者联合起来，考虑变速加载情况，得到一级或多级等速加载条件下，固结时间 t 时对应总荷载的地基平均固结度，按式（5-33）计算：

$$\overline{U}_t=\sum_{i=1}^{n}\frac{\dot{q}_i}{\sum\Delta p}\left[(T_i-T_{i-1})-\frac{\alpha}{\beta}\mathrm{e}^{-\beta}(\mathrm{e}^{\beta T_i}-\mathrm{e}^{\beta T_{i-1}})\right] \tag{5-33}$$

式中，$\dot{q}_i$ 为第 i 级荷载的加载速率，kPa/d；T_{i-1}、T_i 分别为第 i 级荷载加载的起始和终止时间（从零点起算），d，当计算第 i 级荷载加载过程中某时间 t 时刻的固结度时，则 T_i 改为 t；α、β 为参数。改进的高木俊介法对于竖向排水固结或竖向与径向排水联合作用的固结都可适用。对于不同的排水条件，α、β 参数可根据竖井范围内土层及竖井以下受压土层的排水条件按表 5-1 选用。

2. 地基土抗剪强度增长的预估

当地基土的天然抗剪强度不能满足稳定性要求时，利用土体因固结而增长的抗剪强度是解决问题的途径之一，即利用先期荷载使地基土排水固结，从而使土的抗剪强度提高以适应下一级加载。同时，随着荷载的增加，地基中剪应力也增大。在一定条件下，由于剪切蠕动还有可能导致强度的衰减，因此，地基中某一点某一时间 t 的抗剪强度可表示为

$$\tau_{ft} = \tau_{f0} + \Delta\tau_{fc} - \Delta\tau_{fr} \tag{5-34}$$

式中，τ_{f0} 为地基中某点在加荷之前的天然抗剪强度；$\Delta\tau_{fc}$ 为由于固结而增长的抗剪强度；$\Delta\tau_{fr}$ 为由于剪切蠕动而引起的抗剪强度衰减量。由于剪切蠕变引起强度衰减部分 $\Delta\tau_{fr}$ 目前尚难计算，为了考虑其效应，实用上提供关于地基强度的合理预估方法，把(式 5-34)改写为

$$\tau_{ft} = \eta(\tau_{f0} + \Delta\tau_{fc}) \tag{5-35}$$

式中，η 为考虑剪切蠕变及其他因素对强度影响的折减系数。

目前常用的预估抗剪强度增长的方法主要有两种。

1) 有效应力法

正常固结饱和软黏土的抗剪强度可用式(5-36)表示。

$$\tau_f = \sigma' \tan\varphi' \tag{5-36}$$

式中，φ' 为土的有效内摩擦角；σ' 为剪切面上的法向有效压应力。由于地基土固结而增长的强度为

$$\Delta\tau_{fc} = \Delta\sigma' \tan\varphi' = (\Delta\sigma - \Delta u)\tan\varphi' \tag{5-37}$$

式中，$\Delta\sigma$ 为给定点由外荷载引起的法向压应力增量；Δu 为相应点的孔隙水压力增量。式(5-37)可近似表示为

$$\Delta\tau_{fc} = \Delta\sigma \cdot U_t \tan\varphi' \tag{5-38}$$

式中，U_t 为给定时间给定点的固结度，可取土层的平均固结度。

将式(5-37)与(5-38)分别代入式(5-35)，得

$$\tau_{ft} = \eta(\tau_{f0} + \Delta\sigma \cdot U_t \tan\varphi') \tag{5-39}$$

或

$$\tau_{ft} = \eta[\tau_{f0} + (\Delta\sigma - \Delta u)\tan\varphi'] \tag{5-40}$$

2) 有效固结压力法

该法(赵令炜、沈珠江，1962)是采用只模拟压力作用下的排水固结过程，不模拟剪力作用下的附加压缩的方法。对于荷载面积相对于土层厚度比较大的排水固结预压工程，这样的模拟大致是合理的。土的强度变化可以通过剪切前的竖向有效固结压力 σ_z' 表示。对于正常固结饱和软黏土，其强度为

$$\tau_f = \sigma_z' \tan\varphi_{cu} \tag{5-41}$$

式中，φ_{cu} 为三轴固结不排水压缩试验得到的土的内摩擦角。由于固结而增长的强度可按式(5-42)计算。

$$\Delta\tau_{fc} = \Delta\sigma_z' \tan\varphi_{cu} = \Delta\sigma_z U_t \tan\varphi_{cu} \tag{5-42}$$

这种方法计算较简便，而且也模拟了实际工程中的一般情况，在工程上已得到广泛的应用。

3. 沉降计算

对于以沉降控制预压处理的工程，通过沉降计算可以估算预压期沉降的发展情况、预压时间、超载大小以及卸载后所剩余的沉降量，以便调整排水系统和加压系统的设计；对于以稳定控制的工程，通过沉降计算，可以估算施工期间因地基沉降而增加的土石方量，预估工程完工后尚未完成的沉降量，以便确定预留高度。根据对黏性土地基变形发展的观察与分析，在外荷载作用下地基表面某时间的总沉降 s_t 由三部分组成，可表示为

$$s_t = s_d + s_c + s_s \qquad (5-43)$$

式中，s_d 为瞬时沉降；s_c 为固结沉降（主固结沉降）；s_s 为次固结沉降。

瞬时沉降是在荷载施加后立即发生的那部分沉降量，由剪切变形引起。Skempton 提出，由黏性土层初始不排水变形所引起的瞬时沉降可用弹性力学公式计算。固结沉降指在荷载作用下随着土中超孔隙水压力消散，有效应力增长而完成的那部分主要由于主固结而引起的沉降量。而次固结沉降是由土骨架在持续荷载下发生蠕变所引起的，次固结大小和土的性质有关。对于泥炭土、有机质土或高塑性黏土土层，次固结沉降占有很可观的部分，而其他土所占比例不大。在建筑物使用年限内，若次固结沉降经判断可以忽略，则最终总沉降 s_∞ 可按式(5-44)计算。

$$s_\infty = s_d + s_c \qquad (5-44)$$

软黏土地基的瞬时沉降 s_d 虽然可以按弹性理论公式计算，但由于弹性模量和泊松比不易准确测定，影响计算结果的精度。根据国内外一些建筑物实测沉降资料的分析结果，可将式(5-44)改写为

$$s_\infty = \xi s_c \qquad (5-45)$$

式中，ξ 为考虑地基剪切变形及其他影响因素的综合性经验系数，与地基土的变形特性、荷载条件、加荷速率等因素有关。对于正常固结或弱超固结土，通常取经验系数为 1.1～1.4。荷载较大、地基土较软弱时取较大值，否则取较小值。经验系数可以由下面两种方法得到：①s_c 按公式计算，而 s_∞ 根据实测值推算。②从沉降时间关系曲线推算出最终沉降 s_∞ 和 s_d，再按式(5-44)与式(5-45)两式得到 s_c 和 ξ 值。

固结沉降目前工程上通常采用单向压缩分层总和法计算，只有当荷载面积的宽度大于可压缩土层厚度或当可压缩土层位于两层较坚硬的土层之间时，单向压缩才可能发生，否则应对沉降计算值进行修正以考虑三向压缩的效应。黏性土按其成因（应力历史）的不同有超固结土、正常固结土和欠固结土之分，分别计算这三种不同固结状态黏性土在外加荷载下的固结沉降，应考虑应力历史对黏性土地基沉降的影响。因而固结沉降 s_c 主要有单向压缩分层总和法和应力历史法两种计算方法。

(1) 单向压缩分层总和法固结沉降计算。

对于正常固结或弱超固结土地基，预压荷载下地基的固结沉降量按式(5-46)计算。

$$s_c = \sum_{i=1}^{n} \frac{e_{0i} - e_{1i}}{1 + e_{0i}} h_i \qquad (5-46)$$

式中，e_{0i}、e_{1i} 分别为第 i 层中点的土自重应力、自重应力与附加应力之和相对应的孔隙比，可由室内固结试验曲线查得；h_i 为第 i 层土的厚度，m，计算沉降时，取附加应力与土自重应力的比值为 0.1 的深度作为受压层的计算深度。

(2) 应力历史法固结沉降计算。

对于欠固结土地基，计算预压荷载下地基的固结沉降量时，要考虑应力历史的影响，按式(5-47)计算：

$$s_c = \sum_{i=1}^{n} \frac{h_i}{1+e_{0i}} [C_{ci} \lg (p_{1i}+\Delta p_i)/p_{ci}] \tag{5-47}$$

式中，h_i 为第 i 分层土的厚度，m；e_{0i} 为第 i 层土的初始孔隙比；C_{ci} 为从原始压缩试验 e-$\lg p$ 曲线确定的第 i 层土的压缩指数；p_{1i} 为第 i 层土自重应力的平均值，$p_{1i}=(\sigma_{ci}+\sigma_{c(i-1)})/2$，kPa；$\Delta p_i$ 为第 i 层土附加应力的平均值(有效应力增量)，$\Delta p_i=(\sigma_{zi}+\sigma_{z(i-1)})/2$，kPa；$p_{ci}$ 为第 i 层土的实际有效应力，小于土的自重应力 p_{1i}。

对于超固结土地基，先根据原始压缩曲线和原始再压缩曲线分别确定土的压缩指数 C_c 和回弹指数 C_e，计算地基的固结沉降量时，分以下两种情况。

如果某 i 分层土的有效应力增量 Δp_i 大于($p_{ci}-p_{1i}$)，各分层总和的固结沉降量为

$$s_c = \sum_{i=1}^{n} \frac{H_i}{1+e_{0i}} \{C_{ei} \lg (p_{ci}/p_{1i}) + C_{ci} \lg [(p_{1i}+\Delta p_i)/p_{ci}]\} \tag{5-48}$$

式中，n 为分层计算沉降时，压缩土层中有效应力增量 $\Delta p_i>(p_{ci}-p_{1i})$ 的分层数；C_{ei}、C_{ci} 为第 i 层土的回弹指数和压缩指数；其他符号意义与前相同。

如果第 i 分层土的有效应力增量 Δp_i 不大于($p_{ci}-p_{1i}$)，各分层总和的固结沉降量为

$$s_c = \sum_{i=1}^{n} \frac{H_i}{1+e_{0i}} [C_{ei} \lg (p_{1i}+\Delta p_i)/p_{1i}] \tag{5-49}$$

式中，n 为分层计算沉降时，压缩土层中具有 $\Delta p_i \leq (p_{ci}-p_{1i})$ 的分层数。

首先根据式(5-46)～式(5-49)，计算预压荷载下地基的固结沉降 s_c；然后根据式(5-45)，就可以得到地基的最终总沉降 s_∞。

5.3.2 竖井排水法

由于软黏土的孔隙本身非常小，孔隙中水的渗流是很费时的。因此当工程上遇到的黏土层厚度很大时，如不改变土层的排水边界条件，仅采用预压法，则黏土层固结十分缓慢，地基土的强度增长太慢而不能快速堆载，使预压时间延长，或者在一定时间内所需的超载过大而难以实施。这时可在地基内设置砂井等竖井，以缩短排水距离，加速土层的固结，这是因为固结时间与排水距离的平方成正比，并且多数土在水平向的渗透性比竖向好(含粉砂薄层的成层土，其水平向固结系数约为竖向固结系数的 2～5 倍)。

和天然地基相比，采用竖井排水的地基由于排水固结，强度提高快，对减小由于剪切变形而产生的沉降是有利的。由于设置了竖井，主固结沉降可在较短时间内完成，使次固结沉降较早发生，通过超载预压可减小使用荷载下的次固结沉降。

竖井地基的设计工作包括选择竖井类型，确定竖井的直径与间距、深度及平面布置形式，计算竖井地基固结度。

1. 竖井的类型

工程上采用的竖井有普通砂井、袋装砂井及塑料排水带等。普通砂井一般采用管端封闭的套管法、射水法及螺旋钻法施工。袋装砂井是一种预制的小直径砂井。袋子采用聚丙烯编织布，内灌满砂，制成细长砂袋，然后用闭口套管法成孔，放入砂袋，拔出套管即成

袋装砂井。与普通砂井相比，袋装砂井具有用料省、施工简便、进度快、能适应地基变形等优点，但由于直径小，长径比大，井对渗流水的阻力（井阻）影响较大，为了减小井阻影响，要求砂料有更高的渗透系数，并适当增大袋装砂井的直径。塑料排水带是由纸袋发展起来的一种竖井。由于纸带强度较低、耐久性差、透水性比砂低得多，因侧向土压力作用易变形等特点，纸带已逐步被塑料排水带所代替。与砂井相比，塑料排水带由于是工厂制作，具有质量指标较稳定、质量轻、运输方便、连续性好、施工简便、效率高等优点。但由于施工时对周围土的扰动，塑料排水带的井阻影响依然存在。塑料排水带的品种多达数十种，基本上可分为多孔单质结构型和复合结构型两大类。塑料排水带的主要性能指标包括纵向通水量、复合体抗拉强度、延伸率、滤膜抗拉强度、滤膜渗透系数、滤膜等效孔径等。

2. 竖井的直径和间距

砂井的直径和间距主要取决于黏性土层的固结特性和工期要求。为了加速土层的固结，缩小井径比增大砂井直径效果好得多，宜采用"细而密"的方案。另外，砂井直径还与施工方法有关。采用套管法施工时，砂井直径不宜过小，否则容易造成灌砂率不足、缩颈或砂井不连续等质量问题。常用的普通砂井直径为 30～50cm。

砂井间距的选择不仅与土的固结特性有关，还与黏性土的灵敏度、上部荷载的大小及工期等有关。井距过小，施工时砂井周围土受到扰动，地基土强度降低，并增加一定数量的沉降，而且还会使土的固结系数降低。因此，一般情况下，如荷载大，土的固结系数小，工期较短时，可采用较小的砂井间距，反之，则采用较大的间距。设计时，可先假定井距，再计算地基固结度，若不能满足要求，则缩小井距或延长施工工期。

3. 竖井的深度

竖井深度的选择与土层分布、地基中附加应力大小、建筑物对地基变形和稳定性的要求及工期等因素有关。当软黏土层不厚时，排水井应贯穿黏土层；当黏土层较厚但间有砂层及透镜体时，排水井应尽可能打至砂层或透镜体；当黏土层很厚又无砂透水层时，可按建筑物对地基变形及稳定性的要求来确定。对于以沉降控制的预压工程，如受压层厚度不是很大（如小于 20m），则可打穿受压层以减小预压荷载或缩短预压时间；如受压层厚度很大，深度较大处土层的压缩量占总沉降的比例较小，竖向排水井也不一定打穿整个受压层。对于沉降要求很高的建筑物，如不允许建筑物使用期内产生主固结沉降，竖井应尽可能打穿受压土层，并采用超载预压的方法，使预压荷载下地基中的有效应力大于建筑物荷载下总的附加应力。

4. 竖井的布置形式

排水井有两种平面布置形式：等边三角形和正方形。当排水井为正方形排列时，排水井的有效排水范围为正方形；而当排水井为等边三角形排列时，排水井的有效排水范围为正六边形。实际进行固结计算时，用上述多边形的边界条件求解很困难，Barron 建议将每个排水井的影响范围等效为一个等面积圆来求解，等效圆的直径与排水井间距的关系详见5.3.3 节。

竖井的布置范围一般要比建筑物基础范围稍大，这是因为在基础以外一定范围内，地基中仍然产生由于建筑物荷载而引起的压应力和剪应力。

5. 竖井地基固结度的计算

确定了竖井的类型、竖井的直径和间距、深度及竖井的布置形式与堆载预压加载计划后，就可以计算竖井地基固结度。同时，根据固结度与工期要求，调整竖井地基设计参数。

5.3.3 预压法

预压法即是在建筑物建造以前，在建筑场地进行加载预压，使地基的固结沉降基本完成和提高地基土强度的方法。对于在持续荷载下体积会发生很大的压缩且强度会增长的土，而又有足够时间进行压缩时，这种方法特别适用。为了加速压缩过程，可采用比建筑物重量大的超载进行预压。当预计的压缩时间过长时，可在地基中设置砂井、塑料排水带等竖向排水井以加速土层的固结，缩短预压时间。预压法已成功地应用于码头、堆场、道路、机场跑道、油罐、桥台等对沉降和稳定性要求比较高的建筑物地基。预压法的类型有堆载预压法、真空预压法、降水预压法、真空联合堆载预压法等。其中，堆载预压法、真空预压法及真空联合堆载预压法在处理软黏土地基的应用中最为广泛，下面主要介绍这三类方法的设计要点。

1. 堆载预压法

堆载预压法是先在地基中设置砂井、塑料排水带等竖向排水系统，然后利用建(构)筑物本身荷载分级逐渐加载，或是在建造以前，在场地预先施加荷载，使土体中的孔隙水排出，土层逐渐固结，地基发生沉降，逐步提高地基强度的方法。

利用堆载预压法处理软黏土地基的设计主要包括以下内容。

1) 排水竖井

排水竖井的作用是加速地基固结。当软黏土层厚度不大或软黏土层含较多薄粉砂夹层，且固结速率能满足工期要求时，可不设置排水竖井。对于深厚的软黏土地基，应设塑料排水带或砂井等排水竖井。排水竖井的断面尺寸、排列方式、间距和深度可根据地基土的固结特性和预定时间内所要求达到的固结度，按下列经验初步估计，最后通过固结理论计算确定。

(1) 井径。

著名学者 Hansbo 提出塑料排水带的当量换算直径 d_p(mm)可按式(5-50)计算。

$$d_p = \frac{2(b+\delta)}{\pi} \tag{5-50}$$

式中，b 为塑料排水带宽度，mm；δ 为塑料排水带厚度，mm。

(2) 平面布置。

排水竖井有等边三角形和正方形两种平面布置形式，竖井的有效排水直径 d_e 与间距 l 的关系参见式(5-15a)与式(5-15b)。

(3) 竖井间距。

竖井间距按井径比 n 选用($n=d_e/d_w$，d_w 为竖井直径，对塑料排水带取 $d_w=d_p$)。塑料排水带或袋装砂井的间距可按 $n=15\sim22.5$ 选用，普通大直径砂井的间距一般为砂井直径的 $6\sim8$ 倍。袋装砂井的井距一般为 $1.0\sim1.5$m，直径通常为 $7\sim12$cm。我国常用的直径为 7cm，日本常用的直径为 12cm。常用的直径为 7cm 的袋装砂井相当于井径比为 15～22.5(等边三角形布置)。

(4) 竖井深度。

竖井深度设置详见 5.3.2 节。

(5) 排水砂井砂料。

应选用中粗砂，其黏粒含量不应大于 3%。

2) 排水砂垫层

在竖井顶面应铺设一定厚度的排水砂垫层以连通竖井，引出从土层排入井中的渗流水。砂垫层应足够厚，具有良好的透水性，以减小对水流的阻力。砂垫层的厚度一般不小于 0.4 m。砂垫层砂料宜用中粗砂，黏粒含量不宜大于 3%，砂料中可混有少量粒径小于 50mm 的砾石。砂垫层的干密度应大于 $1.5g/cm^3$，渗透系数宜大于 $1×10^{-2} cm/s$。当砂垫层面积较大时，应在砂垫层底部设置纵横向排水盲沟，使渗流水尽快排出预压区外。

3) 预压荷载

预压荷载的确定包括预压区范围、预压荷载大小、荷载分级、加载速率和预压时间等。

(1) 预压区范围。

预压荷载顶面的范围应等于或大于建筑物基础外缘所包围的范围。

(2) 预压荷载大小。

对于沉降有严格限制的建筑物，应采用超载预压法处理，超载量大小应根据预压时间内要求完成的变形量通过计算确定，并宜使预压荷载下受压土层各点的有效竖向应力大于建筑物荷载引起的相应点的附加应力。

(3) 荷载分级与加载速率。

加载速率应根据地基土的强度确定。当天然地基土的强度满足预压荷载下地基的稳定性要求时，可一次性加载，否则应分级加载，待前期预压荷载下地基土的强度增长满足下一级荷载下地基的稳定性要求时，方可加载。

(4) 预压时间。

对于主要以变形控制的建筑物，当排水竖井处理深度范围内和竖井底面以下受压土层，经预压所完成的竖向变形和平均固结度符合设计要求时，方可卸载；对于主要以地基承载力或抗滑稳定性控制的建筑物，当地基土经预压而增长的强度满足建筑物地基承载力或稳定性要求时，方可卸载。

4) 地基的固结度

按照《建筑地基处理技术规范》(JGJ 79—2002)规定，当不考虑涂抹与井阻影响时，一级或多级等速加载条件下，固结时间 t 对应总荷载的地基平均固结度按照式(5-33)计算；瞬时加载条件下，考虑涂抹和井阻影响时，竖井地基径向平均固结度按照式(5-20)～式(5-26)计算；在一级或多级等速加载条件下，考虑涂抹和井阻影响时，竖井穿透受压土层地基的平均固结度按照式(5-33)计算。对于排水竖井未穿透受压土层的地基，应分别计算竖井范围土层的平均固结度和竖井底面以下受压土层的平均固结度，通过预压使这两部分固结度和所完成的变形量满足设计要求。

5) 地基土的抗剪强度

计算预压荷载下饱和黏性土地基中某点的抗剪强度时，应考虑土体原有的固结状态，正常固结饱和黏性土某点某一时间的抗剪强度可按式(5-51)计算。

$$\tau_{ft} = \tau_{f0} + \Delta\tau_{fc} \tag{5-51}$$

式中，τ_{ft} 为 t 时刻该点的抗剪强度，kPa；τ_{f0} 为地基土的天然抗剪强度，kPa；$\Delta\tau_{fc}$ 为由于固结而增长的抗剪强度，通过式(5-42)计算。

(6) 沉降计算

预压荷载下软黏土地基的固结沉降量按照式(5-46)～式(5-49)计算，最终沉降量按照式(5-45)计算。

2. 真空预压法

真空预压地基的固结是在负压条件下进行的，工程经验和室内试验及理论分析均表明，真空预压法加固软黏土地基同堆载预压法除侧向变形方向不同外，地基土体固结特性无明显差异，固结过程符合负压下的固结理论。因此真空联合堆载预压加固中竖井间距、排列方式、深度的确定，土体固结沉降的计算，一般可采用与堆载预压基本相同的方法进行。采用真空预压法加固软黏土地基必须设置竖向排水体系，设计内容包括：①选择竖井断面尺寸，确定其间距、排列方式及深度；②预压区面积和分块大小，要求达到的膜下真空度和土层固结度；③真空预压下和建筑物荷载下的地基沉降计算，预压后地基土的强度增长计算。

1) 竖井

天津新港的现场试验表明，沉降大部分发生在上部砂井范围内，说明砂井的作用是很有限的。在透水性很小的软黏土中，真空预压必须和竖井相结合才能达到良好的加固效果。排水井的间距、排列方式直接关系到地基的固结度和预压时间，其确定方法同堆载预压法，应根据土的性质、上部结构的要求和工期通过计算确定。当被处理软黏土层底以下有透水层时，砂井不应打穿软黏土层，并应留足够的厚度，以保证土体中的真空度。排水井尽量选用单孔截面大、排水阻力较小的塑料排水带。当采用袋装砂井时，尽量采用渗透系数大于 1×10^{-2} cm/s 的砂料作为排水材料，或采用较大直径的竖井。

2) 预压区面积和形状

真空预压效果与预压区面积大小及长宽比等有关。实测资料表明，预压面积越大，加固效果越明显。真空预压区边缘应大于建筑物基础轮廓线，每边增加量不得小于 3.0m，每块预压区相互连接，形状应尽可能为正方形。

3) 膜内真空度

真空预压效果与密封膜内所能达到的真空度大小关系极大。根据国内一些工程的经验，当采用合理的施工工艺和设备，膜内真空度一般维持在 600mmHg 柱高[①]（相当于80kPa 的真空压力）以上，此值作为最低膜内设计真空度。一般铺设 2～3 层密封膜，密封膜四周通过密封沟埋入黏土层中，密封沟深度至少在 1.5m 以上，必须穿透地表以下浅透水层。对于加固区周边或表层土存在良好的透水层或透气层，采用黏土泥浆与地表的粉砂层拌和（使黏粒含量达 15%），以形成柔性密封墙将其封闭。

4) 真空设备的数量

真空预压所需抽真空设备的数量取决于加固面积的大小和形状、土层结构特点等，开

---

① 1mmHg = 1.33322×10^2 Pa。

始抽真空压力上升和稳定初期，根据加固总面积按每套设备可控面积为 $1000\sim1500m^2$ 确定总的抽真空设备数量，施工中压力稳定一段时间后逐步均匀减少抽真空设备，使停泵数不得大于总泵数的 $1/3\sim1/2$。

5）排水管

真空预压中的排水管既起传递真空压力的作用，也起水平排水的作用，分主管和支管（滤管）两种。主管为直径 75mm 或 90mm 的硬 PVC 管，一般在加固区内沿纵向布置 $1\sim2$ 条。支管为每隔 50mm 钻一直径为 $8\sim10mm$ 的小孔，外包 $250g/m^2$ 土工布的直径为 50mm 或 75mm 硬 PVC 管，一般在加固区内沿横向布置，间距一般为 6m 左右。

6）地基的平均固结度

竖井深度范围内加固土层的平均固结度应大于 80%，具体视工程加固要求而定，计算方法与堆载预压法相同。

7）沉降计算

首先计算加固前建筑物荷载下天然地基的沉降量，然后计算真空预压期间所能完成的沉降量，两者之差即为预压后在建筑物使用荷载下可能发生的沉降。预压期间的固结沉降可根据设计要求达到的固结度推算加固区所增加的平均有效应力，从 $e-\sigma_c'$ 曲线上查出相应的孔隙比进行计算。地基最终沉降量的计算同堆载预压法，但由于真空预压周围土产生指向预压区的侧向变形，式(5-45)中的经验系数 ξ 可取 $0.8\sim0.9$。对于真空联合堆载预压以真空预压为主时，经验系数可取 0.9。关于经验系数，有待于在实际工程中积累更多的资料。

8）地基土强度增长计算

利用真空预压法加固地基时，土体在等向应力增量下固结，强度提高，土体中不会产生因预压荷载而引起的剪应力增量。地基土的抗剪强度的计算同堆载预压法。根据已有资料（薛红波，1988），地基中某点某一时间的实测十字板抗剪强度 τ_{ft} 与天然强度 τ_{f0} 及固结强度增量 $\Delta\tau_{fc}$ 之和的比值大于 1，其中 $\Delta\tau_{fc}$ 按有效固结压力法计算。

3. 真空联合堆载预压

真空预压法加固软黏土地基具有施工工期短、无需分级加载等优点，目前我国工程上真空预压可达到 80kPa 左右的真空压力，对于一般工程已能满足设计要求，但对于荷载较大，承载力和沉降要求较高的建筑物地基，往往需要与其他方法联合使用。堆载预压法技术可靠且费用较为节省，但堆载需要分级施加，且工期较长。根据两种方法加固作用的可叠加性及互补性，可将两种方法联合应用从而形成真空联合堆载预压加固软黏土地基的方法。由于真空负压使土体产生向内收缩变形，可抵消因堆载引起的向外挤出变形，地基不会因填土速率过快而出现不稳定问题，比堆载预压更安全可靠。

真空联合堆载预压加固软黏土地基的设计要点如下。

（1）预压步骤。首先在加固场地进行真空预压，直到真空荷载下沉降变形速率缓慢，被加固土体具有一定的强度之后再在密封膜上堆载进行联合加固；也可以二者基本同步进行，即密封膜下真空度稳定在 600mmHg 柱高（相当于 80kPa 的等效压力）以上半个月后进行堆载预压，开始真空联合堆载预压。

（2）在真空单独预压阶段，排水通道、砂垫层的设计和要求与真空预压法相同；堆载阶段加载荷载分级及分级荷载加载速率、预压荷载大小及预压时间参考单独进行堆载预压的设计要求；地基沉降与固结度计算与堆载预压法的要求相同。

（3）采用真空联合堆载预压法应特别注意以下事宜。

① 为了防止在堆载过程中损坏密封膜，应对密封膜进行保护，可在膜上下分别铺设一层无纺土工布或机织土工布，防止堆载过程刺破。

② 真空预压压力稳定至设计要求 5～10d 后开始堆载，采用填土方式加载时第一层填土的松铺厚度不宜小于 400mm，不得强振碾压，再加上其下土质较软等原因，密实度要求不能过高，一般要求压实度为 0.88～0.90。

③ 施加每级荷载前，均应进行固结度、强度增长计算，满足要求后方可施加下一级荷载。

④ 当堆载中使用的荷载是水时，对在加固区四周的围堰做好密封和加固，避免溃堰发生。

5.4 施工工艺

应用排水固结法加固软黏土地基是一种改善软黏土自身特性，提高自身强度，且应用广泛的方法。该法通过改善软黏土地基排水条件、设定恒定荷载先行预压排水固结，使软黏土经过加固后满足设计要求。从工程施工角度来看，要保证排水固结法的加固效果，在施工过程中应做好以下两个环节：首先，按设计做好排水系统的施工，即铺设水平向排水系统与设置竖向排水系统；其次，严格控制施加预压荷载的施工，确保预压加固全过程地基的稳定性。这两个环节所用材料、施工工艺都必须符合技术要求，关系到加固软黏土地基的成败。

5.4.1 水平排水系统

水平排水系统一般采用通水性好的中粗砂垫层，若理想的砂料来源困难时，也可因地制宜地选用符合要求的其他材料，或采用连通砂井的砂沟来代替整片砂垫层。对于堆载预压加固工程施工，砂垫层起着聚积各竖井所排出的水、再通过外排水工艺排出加固范围、与固结沉降同步排水、使堆载填料处于水面以上的作用；对于真空预压加固工程施工，排水砂垫层不仅起到聚水作用，更重要的是对真空预压荷载起着分布和传递作用，即将真空预压荷载通过排水砂垫层传递到软黏土地基加固的任何点、边、角，再通过排水砂垫层与竖井的连接点分布各竖井，并传递到设计加固深度。

1. 排水垫层的厚度

排水垫层的厚度方面要满足从土层渗入垫层的渗流水能及时地排出，另一方面能起持力层的作用。根据需要和工程实践，其厚度按软黏土地基所处条件确定：

（1）对陆上一般软黏土地基，排水垫层的厚度一般为 300～500mm。

（2）对于吹填或新近沉积的超软黏土，需采用刚度较大的荆笆或竹笆与砂垫层复合垫层，厚度根据承载力计算或有关规定确定。

（3）当表层为吹填砂类土时，可根据砂类土的性能确定排水砂垫层的结构和厚度。

（4）对于潮间带的软黏土地基加固工程，排水砂垫层的厚度根据表层软黏土的性能参照陆上规定确定，要做好垫层的封围。

（5）对于水下软黏土地基施工条件，砂垫层的厚度不小于1m。

2．排水垫层的施工

地基表层具有一定厚度的硬壳层，有一定的承载能力，能应用一般轻型运输机械时，一般采用机械分堆摊铺法铺设砂垫层，即先堆成若干砂堆，然后通过机械或人工摊平；当硬壳层承载力不足时，一般采用顺序推进摊铺法铺设砂垫层；当地基表层为新沉积或新吹填不久的超软黏土地基时，首先要改善地基表面的持力条件，使其能上施工人员和轻型运输工具后再铺设砂垫层。工程上常采用如下加强措施。

（1）软黏土地基表面铺荆笆。搭接处用铅丝绑扎，以承受垫层等荷载引起的拉力，搭接长度取决于地基土的性质，一般搭接长200mm。当采用两层荆笆时，应将搭接处错开，错开距离以搭缝之间间距的一半为宜。

（2）当软黏土地基稍好，可在软黏土地基表面铺设塑料编织网、尼龙编织网或土工合成材料，再铺设砂垫层。

对于超软黏土地基表面采取加强措施，但持力条件仍然很差，一般轻型机械上不去，在这种情况下，通常采用人工或轻便机械顺序推进铺设，常用的有以下四种。

（1）用人力手推车运砂铺设。

（2）用轻型小翻斗车铺垫层或由轻型汽车改装的专用运砂翻斗车。

（3）用轻型皮带输送机推进铺设。

（4）用小型水力泵输砂铺垫层。

无论采用何种施工方法，在排水垫层的施工过程中都应避免对软黏土表层的过大扰动和挤出隆起，以免造成砂垫层与软黏土混合或砂垫层被切断，影响垫层的连续性和整体排水效果。

5.4.2　竖向排水系统

根据国内外应用排水固结法加固软黏土地基的多年经验与技术发展，竖向排水系统先后应用过：200～500mm 直径的普通砂井、70～120mm 直径的袋装砂井、100mm×4mm 的塑料排水带。竖向排水井逐步经历了由粗到细、由散装到袋装、由天然材料的砂井到塑料排水带工厂化生产的发展过程，提高了加固效果，加快了施工进度，与竖井相适应的施工机械和施工工艺也都得到了相应的发展。

1．普通砂井

普通砂井施工工艺主要有套管法、水冲成孔法、螺旋钻成孔三种，一般采用套管法。选择工艺时主要考虑以下三方面。

（1）保证砂井连续、密实，并且不出现缩颈现象。

（2）施工时应尽量减小对周围土的扰动。

（3）施工后砂井的长度、直径和间距应满足设计要求。

套管法是将带有活瓣管尖或套有混凝土端靴的套管沉到预定深度，然后在管内灌砂、拔出套管形成砂井。根据沉管工艺的不同，套管法又分为静压沉管法、锤击沉管法、锤击与静压联合沉管法、振动沉管法等。通常采用后两种沉管方法。利用锤击与静压联合沉管法提管时，由于砂的拱作用及与管壁的摩阻力，易将管内砂柱带上来，使砂井断开或缩颈，影响砂井的排水效果。振动沉管法以振动锤为动力，将套管沉入到预定深度，灌砂后振动提管形成砂井。采用该法施工不仅避免了管内砂随管带上，保证砂井的连续性，同时可振密砂，砂井质量好。

水冲成孔法通过专用喷头，在水压力射流、冲击作用下成孔，经清孔再向孔内灌砂成形。该法对土质较好且均匀的黏性土地基是较适用的，但对土质较软的淤泥，因在成孔和灌砂过程中，容易缩孔，很难保证砂井的直径和连续性。对于夹有粉砂薄层的软黏土地基，若压力控制不严，易在冲水成孔时出现串孔，对地基扰动较大，应引起注意。该法设备简单，对土的扰动相对较小，但在泥浆排放、塌孔、缩颈、串孔、灌砂等方面都还存在一定的问题。

螺旋钻成孔工艺以动力螺旋钻钻孔，属于钻法施工，提钻后孔内灌砂成形。此法适用于陆上工程、砂井长度在 10m 以内、土质较好、不会出现缩颈和塌孔现象的软弱地基。此法在美国应用较广泛，该工艺所用设备简单而机动，成孔比较规整，但灌砂质量较难掌握，对很软弱的地基也不太适用。

以上普通砂井施工方法各有其自身的特点、适用范围和存在问题，应根据加固软黏土地基的特性和施工环境以及本地区的经验，在确保砂井质量的前提下，选用适合的砂井施工工艺。

2. 袋装砂井

袋装砂井改进了普通砂井施工存在的问题，使竖向排水系统的设计和施工更加科学化，主要具有以下优点。

(1) 保证了砂井的连续性。

(2) 打设设备实现了轻型化，比较适合在软弱地基上施工。

(3) 大大减少了用砂量。

(4) 加快了施工进度，降低工程造价。

(5) 缩短了排水距离。

袋装砂井的编织袋应具有良好的透水性，袋内砂不易漏失，袋子材料应有足够的抗拉强度，使其能承受袋内砂自重及弯曲所产生的拉力，要有一定的抗老化性能和耐环境水腐蚀的性能，同时又要便于加工制作、价格低廉。目前国内普遍采用的袋子材料是聚丙烯编织布。

国内外均有专用的袋装砂井施工设备，一般为导管式振动打设机械。按照行进方式的不同，较普遍采用的打设机械有轨道门架式、履带臂架式、步履臂架式、吊架导架式等。袋装砂井的施工顺序为立位、整理桩尖(有的是与导管相连的活瓣桩尖，有的是分离式的混凝土预制桩尖)、振动沉管、将砂袋放入导管、往管内灌水(减少砂袋与管壁的摩擦力)、振动拔管等。为确保质量，袋装砂井施工中应注意以下几个问题。

(1) 定位要准确，砂井垂直度要好，这样就可确保排水距离和理论计算一致。

(2) 砂料含泥量要小，对于小断面的砂井尤为重要，因为直径小，长细比大的砂井的井阻效应较为显著，一般含泥量要求小于 3%。

(3) 袋中砂宜用风干砂，不宜采用潮湿砂，以免袋内砂干燥后，体积减小，严重者易断层，造成袋装砂井缩短与排水垫层不搭接或缩颈、断颈等质量事故。

（4）利用聚丙烯编织袋施工时，应避免太阳光长时间直接照射。

（5）砂袋入口处的导管口应装设滚轮，避免砂袋被挂破漏砂。

（6）施工中要经常检查桩尖与导管口的密封情况，避免导管内进泥过多，将袋装砂井上带，以免影响加固深度。

3. 塑料排水带

塑料排水带是对袋装砂井排水阻力的改进。塑料排水带的特点是单孔过水断面大、排水畅通、排水阻力小、质量轻、强度高、耐久性好，是一种较理想的竖向排水系统。

塑料排水带由芯板和滤膜组成，芯板是由聚丙烯和聚乙烯加工而成的两面有间隔沟槽的板体，滤膜由化纤材料无纺胶黏而成。土层中的固结渗流水通过滤膜渗入到芯板沟槽内，并通过沟槽沿深度向上排入砂垫层中，再汇集于真空分布管由射流泵抽出。滤膜要求渗透性好，与黏性土接触后，其渗透系数不低于中粗砂，排水沟槽输水畅通。此外，塑料排水带沟槽断面不因受土压力作用而大幅减小，这是塑料排水带在水平力作用下保持正常排水作用至关重要的问题。因此，在选用塑料排水带时，应着重从带芯材料特性、滤膜质量、单孔排水截面大小、芯板与滤膜的相对变形等因素综合考虑。

塑料排水带的施工机械基本上可与袋装砂井打设机械共用，可用圆形导管或矩形导管。根据我国软黏土地基加固工程施工经验，以轻型门架型插板机为主体，其他机型只要软黏土地基承载能力满足施工机械要求可兼用。

塑料排水带打设施工工艺如下。

（1）将配备好的竖向排水带施工机械就位。

（2）定位：在排水砂垫层表面做好桩位标记。

（3）穿板：将竖向排水带经导管内穿出管靴，与桩尖连接后拉紧，使桩尖与管靴贴紧。

（4）沉管：将导管沉入桩位，校准导管垂直度后随绳下沉，后再开振动锤沉入设计深度。

（5）拔管：首先将导管内排水带放松，使其在导管内自然下垂，边振动边拔管，当塑料排水带与软黏土黏结锚固形成后，无可能上带时，停止振动静拔至地面。

（6）在砂垫层上预留 200～300mm 剪断塑料排水带，并检查管靴内是否进入淤泥，而后再将排水带与桩尖连接、拉紧，移向下一桩位。

（7）重复步骤（3）～（6）。

塑料排水带施工过程中应注意以下几点。

（1）排水带滤膜在搬运、开包和打设过程中，应避免损坏，防止淤泥进入带芯堵塞输水孔，影响塑料排水带的排水效果。

（2）塑料排水带与桩尖连接要牢固，避免提管时脱开，将塑料排水带带出。

（3）桩尖平端与导管靴间配合要好，避免不平错缝使淤泥在打设过程中进入导管抱带，增大对塑料排水带的阻力，将塑料排水带带出，当塑料排水带带上 1m 以上时应及时查找原因、采取措施并同时补打。

（4）定位沉管时宜拉绳下沉，避免导管弯曲影响径向距离。

（5）当塑料排水带需要接长连接时，应采用滤膜开口相对内插平搭接的连接方法，搭接长度应超过 200mm。

（6）塑料排水带打设后，首先清理干净排水砂垫层内塑料排水带周围的淤泥，使排水及真空、传递压力连接通道畅通，同时认真检查塑料排水带导孔收缩恢复情况，凡未完全收缩恢复的必须用砂填满捣实，避免在施加真空预压荷载时成洞吸破密封膜，影响真空密封及真空预压荷载的施加。

（7）将塑料排水带板头埋入排水砂垫层中。

5.4.3 预压荷载

排水固结法加固软黏土地基是由在地基内设置的水平与竖向排水系统和在地基表面施加的预压荷载来实现的。根据施工工艺的不同，施加的预压荷载一般分为两类：一类是在被加固软黏土地基表面施加实体荷载，称为堆载预压的预压荷载；二是在被加固软黏土地基范围内抽真空形成的大气压差，称为真空预压的预压荷载。

1. 堆载预压的预压荷载施加

堆载预压荷载是在被加固软黏土地基范围内，预先堆筑等于或大于设计荷载的实体材料。堆载预压填料一般以散料为主，如石料、砂、砖土等，采用分级施加，大面积施工时通常采用自卸汽车与推土机联合作业。对超软黏土地地基的堆载预压，第一级荷载宜用轻型机械施工，当机械堆载施工工艺不能满足软黏土地基整体稳定性要求时可采用人工作业，必要时采取加固措施。

堆载预压法施工时应注意如下问题：

（1）单元堆载面积要足够大，以保证深层软黏土地基加固效果，堆载的顶面积不小于建筑物基底面积。当软黏土地基较深厚时，考虑荷载的边界作用应适当扩大堆载的底面积，以保证建筑物范围内的地基得到均匀加固。

（2）严格控制加荷速率，分级荷载大小要适宜，保证在各级荷下地基的稳定，堆载时宜边堆边摊平，避免部分堆载过高而引起地基的局部破坏。

（3）对于超软黏土地基，首先应设计好持力垫层，对其分级荷载大小、施工工艺更要精心设计，避免对土的扰动和破坏。

（4）堆载预压荷载是根据堆载材料的特性计算的，当预压固结沉降较大时，堆载材料已浸入水位以下时，应增加堆料荷载以弥补堆载材料浸入水中的荷载损失。

2. 真空预压的预压荷载施加

真空预压荷载施加是在被加固软黏土地基表面和深度范围内完全密封抽真空特定条件下，在加固软黏土地基内外形成大气压差，以此作为预压荷载。在完成排水系统设计与施工后，为了保证地基在较短的时间内均匀的施加完预压荷载达到设计要求的加固效果，必须采用先进的抽真空设备和真空预压荷载施加工艺，即采用如下主要工艺流程：埋设真空分布滤管、真空密封系统施工、安装真空抽气设备与施加真空预压荷载等。

1）真空分布滤管的布设

真空分布管埋于排水砂垫层中，埋深根据排水砂垫层厚度确定，一般设在排水砂垫层中部。当排水砂垫层较厚时，一般在滤水管上留有 100～200mm 厚的砂覆盖层为宜，应防止尖锐物露出砂面刺穿密封膜。真空分布滤管作为泵与塑料排水带的连接点是在抽真空预压过程中不仅将各塑料排水带排入砂垫层内的水汇集于分布管抽出加固体外，更重要的是使真空预压荷载通过真空分布管均匀传递到排水砂垫层，再通过排水砂垫层与塑料排水带的连接点传递到每根排水带预定深度，所以真空分布管及已施工完成的排水系统，在真空预压排水固结法加固软黏土地基工程施工中起着排水和传递真空预压荷载的双重作用。

在施工中，滤管的排列形式、长度和间距，根据排水砂垫层材料的性质及施工特点确定。一般情况下，当单元加固面积较大时，以采用封闭环行格状结构为宜，如遇有特殊的不规则地形时，则应因地制宜地进行真空分布管布设工艺设计。

2）真空密封系统施工

真空密封是真空预压加固软黏土地基工程成败的关键。真空密封主要包括对加固软黏土地基周边及底部密封与表层密封。

表层密封是指在加固软黏土地基与大气层直接接触表面时，以塑料薄膜为主体的真空密封工艺以及泵、观测设备由通过密封相关与被加固软黏土地基连接的密封件组成，应按真空密封要求严格施工。密封膜要求气密性好，抗老化能力强，韧性好，抗穿刺能力强，且来源容易，价格便宜，一般采用材料来源充足、气密性好的聚氯乙烯薄膜即可，如能采用抗老化、抗穿刺能力强的线性聚乙烯等专用薄膜更好。密封膜按技术要求采用三层密封结构，由于密封膜系大面积铺设，一般预压面积在 $500\sim5000m^2$。加工这样大的面积，有可能出现局部热合不好，搭接不够或运输过程损坏等问题，影响膜的密封性，补铺一层，必须进行全面的仔细检查，发现问题及时弥补，然后再铺下一层。由于密封膜在阳光直接的连续照射下，抗老化性能还存在一定问题，应避免在抽真空前各环节下太阳光线的直接照射。为确保在真空预压全过程的密封性，一般采用 $2\sim3$ 层膜，按先后顺序同时铺设。当真空预压面积超过 $5000m^2$ 时，由于密封膜整块热合，铺设难以保证密封膜的质量，铺设也很困难，此时可化整为零、分块热合、铺设，块与块相交处搭接最小距离为 $2\sim4m$，并交叉铺设，表层接缝处上设压膜埝。另外，密封膜施工时应注意以下问题。

（1）在确保真空密封膜本身密封质量的条件下，膜的四周通常采用挖治理密封工艺密封，密封膜的边缘埋入真空密封条件好的原状土层中且埋入深度不小于 $1.5m$。

（2）严禁在密封膜周边 $10m$ 内设沟。

（3）选用密封效果好的通过密封膜的密封件。在真空预压排水固结加固软黏土地基工程施工中，尽量减少通过密封膜的连接点，真空射流泵的真空吸水口密封膜下真空压力观测点，可通过真空密封件实现全密封条件下的外连接、外测量，不会影响工程施工中的真空密封。监测系多次反复观测，应设计成基本密封条件下的连接，避免开敞型的观测连接点，以确保真空预压荷载的稳定性。

（4）膜周边密封辅助措施。由于被加固的软黏土地基多数为不均匀土，有的在加固范围内，还存在透水性较好的夹层，尽管在膜周边采取了上述措施，但仍在加固范围内存在不密封因素，应采取必要的辅助密封措施。国内外所采取的措施有封闭式板桩土墙加沟内复水及围埝内复水等。

3）安装真空抽气设备

真空预压荷载施加是应用专用射流真空泵对处于密封状态下的被加固土体抽真空，使被加固土体内真空压力不断增加，大气压力随之减小，被加固土体内外大气压差不断增加，直到达到设计压力为止，即预压荷载达到满载，预压荷载在预压加固全过程中一直保持稳定且分布均匀。在施加预压荷载过程中，真空预压荷载施加系统是由真空泵、真空连接管、止回阀、截门与串膜装置连接形成。

（1）真空泵。我国一般采用射流真空泵。常用的射流真空泵由射流箱及离心泵或潜水泵组成，射流箱主要由射流器与循环水箱组成，离心泵与射流口连接形成高压，高速射流使真空泵形成很高的真空压力。通过真空口，真空管与被加固软黏土地基的出膜口连接，再通过密封膜以下的真空分布系统，使真空预压荷载传递到被加固软黏土地基的任何一点，在选择射流真空泵时，除真空效率高，连续运转性能好外，更重要的是在抽真空排水过程中，真空压力损失小。

射流真空泵的设置可根据周边土层密封特性、加固面积及宽度、真空泵效率与工程经验综合确定。为缩短施加真空预压荷载时间，确保分布均匀和连续预压，以每个加固区设置两台泵为宜。当加固面积超过 2000m²，且加固深度不大于 20m 时，软黏土按每台射流真空泵承担 1000m² 的加固面积；对于有较厚粉砂夹层结构土层及粉土，单泵承担面积可根据经验确定，其目的是抽真空后，真空压力上升快且稳定。在加固区内，所用射流真空泵在真空预压过程中是否同步运转视预压固结程度而定。一般在预压初期，因排水和排气量大，射流真空泵同时运转；在预压中后期，在确保真空预压荷载稳定的前提下，可间隔停一部分，但不影响布泵的均匀性，也可采取各泵交替运转的方法，但要严格控制真空预压荷载在工程施工期间一直保持大于设计荷载。

（2）真空连接管路。真空连接管路即加固区与射流真空泵间连接的管路，不仅向膜内传递真空压力，而且是排水的主要通道。因此，要求真空管路应具有满足总排水量需要的过水断面，能承受抽真空过程的径向压力。真空管路间的各连接点需严格进行密封处理，以保证真空度在管内传递不受损失，并使排水畅通。还要注意在高真空作用下，避免真空管内层脱胶堵塞孔道，做到及时发现并更换。

4）真空预压荷载施加步骤

（1）安装出膜装置。真空密封膜是被加固土体与大气隔绝的有效措施，其加固为加压法兰结构，两块比法兰直径大 2cm 的橡胶板夹住塑料密封膜，通过螺栓加压形成一组优良的密闭系统，每一个出膜就是一个通道，必须严格进行真空密封处理，使其满足高真空条件下的密封要求，必须设置射流真空泵出膜装置、膜下真空压力量测装置、监测传感元件出膜装置等。

（2）按设定的出膜装置，安装好射流真空泵、真空管、离心泵与射流泵连接管路，对该真空压力表及监测传感器的膜进行真空密封处理。

（3）接好泵、真空管及膜内真空压力传感器，并测记初读数。

（4）连接好真空管，采用连接管及排水管，并在射流箱内注满水。

（5）加固范围内按设计要求在密封膜上布设沉降观测点，在布设过程中对密封膜采取保护措施，压好底座，防止倾倒刺破密封膜。

（6）开动离心泵进行真空抽气，膜内真空压力逐渐提高，由于被加固的土层在预压初期排水量较大，并且砂垫层中空气体积大，因此，抽真空初期以排气为主，真空度提高较慢，随着砂垫层中空气排出及土层排水固结程度的提高，膜内真空度逐渐稳定在 80kPa 以上，这个过程一般需要 3～10d。当达到预定真空度以后，为节约能源，可根据经验采用自动控制的间隔抽真空措施。在抽真空过程中，特别是初期，由于砂垫层和持力垫层及土体中气体排出，体积增大，使射流箱内循环水减少，由于射流摩擦使水温升高，水的密度发生变化，直接影响射流真空泵的真空效果，所以应采取连续补水措施，在抽真空过程中保持水箱满，温度正常。

5.5 施工监测与效果检测

5.5.1 现场监测

采用排水固结法对软黏土地基处理施工时，为检验土体的加固处理效果是否达到设计要求，确保土体在施工期与使用期的安全稳定性，同时有效控制施工进度，保证工程质量，需进行施工期监测。施工监测内容包满足对加固范围内地基的固结度、垂直变形、侧向变形控制和加固效果进行实时监控。具体监测项目参考表 5-2。

表 5-2 监测项目

监测项目＼施工方法	堆载预压	真空预压	真空联合堆载预压	备注
孔隙水压力	必选	推荐	必选	
膜内真空度	—	必选	必选	
竖向排水体内真空度	—	推荐	推荐	
土体真空度	—	必选	必选	
地面沉降	必选	必选	必选	
深层分层沉降	推荐	推荐	推荐	对工后沉降量有要求时必选
土体水平位移	必选	推荐	必选	附近有建筑物时必选
水位	必选	必选	必选	

1. 孔隙水压力监测

孔隙水压力监测的主要目的是检测施工期间地基土体在荷载作用下不同深度内的超静孔隙水压力的消长规律，及时了解土体的固结状态和强度增长情况，并通过孔压系数来控制施工速率。

孔隙水压力监测通常采用钢弦式测头，测量时用频率计测读频率。对于精度和稳定性要求特别高的试验研究项目，可选用电阻式或陶瓷电容式测头。

孔隙水压力监测断面应优先布置在加固区内上部荷载较大、孔压增长较敏感的位置。垂直方向上应重点布置在可能失稳的深度范围：最不利圆弧滑动面以上，最低地下静水位以下，间隔深度 2~3m 设置 1 个观测点；往下可视土层分布情况适当加大间距，直至接近主要压缩层底面。

测头埋设前应对透水石进行排气处理，并保证处理后直至安装到达设计测点位置期间始终不得脱水，以确保测头反应迅速、测量结果可靠。埋设时，应保证测头平面位置位于排水板平面布置的几何形心上。当土层较硬时，应钻孔至设计深度，将测头送至孔底，然后填入适量的中粗砂，并保证测头的透水石完全处于中粗砂的包围之中，最后用膨润土球对钻孔进行密封。封孔长度应大于竖向排水通道的间距。当土层较软时，可钻孔至设计深度以上 500mm，用专用器械将测头压送至设计深度，然后封孔。原则上应每个钻孔只埋设一个测头，并确保测头上部钻孔密封良好。钻孔的偏斜角度应不超过 1°。

加载期间，尤其是每级荷载施加完成前后，是地基可能出现失稳的危险期，应加大监测频率，一般应每天 1 次。出现孔隙水压力增长较快时，还应加大监测频率，甚至连续监测。一般在停止加载一周以后，地基稳定性逐渐转好，则可将监测频率减少至每 1～3d1 次。监测结果一般应将每一测点分别整编，形成孔压增量-荷载增量曲线和孔压-时间曲线，以确定二者的关系，判断地基稳定状况。

2. 真空度监测

真空度监测包括膜内真空度、竖向排水体内真空度和土体真空度三部分，以综合控制真空预压加固效果。

真空度监测装置包括测头、负压传输管和真空压力表。用于膜内真空度和竖向排水体内真空度监测的测头可将负压传输管端部裹以滤膜和透水(气)保护层简单制作而成。淤泥真空度测头则应选择性能稳定、埋设方便的定型产品。量表可选用直径为 100mm、精度不低于 1.6 级的真空压力表。

1) 膜内真空度

测头一般应设置在排水砂垫层内。没有设置排水砂垫层时，可将测头设置在竖向排水体与抽气管的连接段，并置于排水体的外面。在抽气的开始阶段，膜内真空度每隔 2h 测读一次，以便准确地测出真空压力的上升过程，并有利于检查密封情况。当真空压力达到要求后，每 4～6h 测读一次，并做好记录。

2) 竖向排水体内真空度

按预定的深度将测头布置在竖向排水体内。一般在同一竖向排水体内只安装 1 个测点，在不改变排水体工作性能的情况下，也可以将几个不同深度的测点置于同一竖向排水体内。测点间距以 2～3m 为宜，竖向排水体深度大时取大值，反之取小值。在抽气的开始阶段，竖向排水体真空度应每 2h 测读 1 次；当真空压力达到要求后且变化较小时，每 4～6h 测读 1 次，需要时可根据膜内真空度的变化情况，调整测读密度。

3) 土体真空度

在土体中设置真空度测头的方法与孔隙水压力测头的设置方法相同。在抽气的开始阶段，土体真空度应每 2h 测读 1 次，当真空压力达到要求后，每 4～6h 测读 1 次，必要时可根据膜内和竖向排水体真空度的变化情况，适当调整测读次数。根据真空度监测结果可整理成真空度-时间关系曲线。

3. 地面沉降监测

地面沉降观测点的布置原则是，加固区为条形时，选择合适的断面并沿断面按照荷载特征点位置布置；加固区为矩形时，可均匀布置。接近原地面位置埋设地表沉降标，设立稳定的基准点，采用高精度水准仪测量测点的高程变化。施工初期，每天观测 1 次，稳定时 2～3d 观测 1 次，计算出测点不同时间的沉降量，绘制沉降过程曲线。沉降观测的主要目的是，掌握施工期地表沉降及沉降速率的发展规律，一方面用于评价填土加载的安全稳定性，控制加荷速率；另一方面通过实测数据的实时分析，推算地基的最终沉降量，计算地基的平均固结度，推算工后沉降及确定合理的卸载时间。

4. 深层分层沉降观测

钻孔将专用 PVC 管埋入预定位置，安置感应环于预定深度，并用特定装置保持与土的变形响应性，间隔深度 2～3m 设置 1 个测点，用沉降仪测量感应环的深度，根据各感应环高程的变化，求得地基不同深度土层在荷载作用下的沉降量，进而确定地基内各土层之间的相对压缩量，确定地基的分层沉降和工后沉降。

土体深层分层沉降观测孔应优先布置在压缩土层比较厚、荷载比较大的位置，深度上应优先布置在地基土层的分界面上。一般应采用金属感应或电磁感应式沉降观测装置进行观测。观测时将测尺对准管口固定位置进行读数，每次测量应至少重复 1 次，且读数差不大于 2mm，否则应重新测量，直至满足要求。施工阶段应每 1～2d 观测 1 次。

深层沉降观测的主要目的是，结合深层沉降观测数据，了解不同淤泥层位加固过程中的沉降发展时程线，从而了解各土层的压缩情况，判断有效加固深度，计算各深度淤泥层的固结度，分析预压加固效果。

5. 水平位移监测

一般采用埋设测斜管进行深层水平位移监测。观测测斜管沿深度的倾斜角度，计算管体沿深度的分布位置。通过观测比，较管体位置的变化，求得地基不同深度处土体的水平位移。对于工程等级较低或稳定性较好的辅助监测位置，也可在坡底位置设置边桩监测，边桩一般应设置在荷载坡脚外 1～3m 处，用经纬仪或基准桩来监测地基的浅层位移。

测斜管应布置在潜在滑动面范围内的敏感位置。测斜管深度一般应进入底部硬土层内 2m 以上。钻孔将测斜管埋设到预定位置后，应将测量方向对准潜在的水平位移主方向，然后在钻孔与测斜管之间填充与地基土性质相近的材料并使之密实，以确保测斜管对地基变形的完全响应。

利用测斜管观测时，按自下而上的顺序，每 1m 为一个测点，同一方向的观测应正反各测 2 次或 3 次。每次读数力求准确，同一测点的误差不应超过 0.1mm，并保证每次观测的测点在同一高程。加载施工期每 1～3d 观测一次，荷载稳定期可适当减少监测密度。

根据水平位移监测结果整理出位移量和累计位移量沿深度的分布状况，绘制成位移分布曲线和水平位移历时曲线，进一步找出最大位移的深度位置，计算出位移速率。通过监测结果了解地基软弱土层在外荷载作用下的水平位移情况，根据位移速率和土体变形状况来指导施工，发现失稳迹象及时报警，确保地基的稳定安全。

6. 水位观测

在孔隙水压力观测孔附近，应配套布置地下水位观测装置，并与孔隙水压力对应观测，用以观测抽真空及堆载期间地下水位的变化情况，通过静水压力计算超静孔隙水压力。该装置的埋设位置应保证地下水位不受地基加固过程中所产生的超静孔隙水压力或负压的影响。在地下水位受潮水位影响的地区进行监测时，应在正式监测前进行全潮水位与测点响应的观测，建立各测点与潮水位的相关关系，监测中按此关系减去潮水位的影响。当测点对潮水位的响应无明显规律可循时，可规定在同一潮水位进行监测，以减少水位对监测结果的影响。确定与潮水位对应的监测时机，应综合考虑监测目标区的整体稳定性，特别是水位骤升或骤降所产生的边坡内外水位差对地基稳定的影响，选择在稳定性最差的时机进行监测。

5.5.2 效果检测

加固效果检测通过对加固前后土性变化、地基承载力的变化来检验地基的加固效果，主要检测项目包括以下几种。

1. 钻孔取样检测

对于塑料排水加固区，在加固前、后地基钻孔取样，并在实验室内进行物理力学性质试验，比较加固前、后软黏土物理力学性质指标的变化，评价设计方案的加固效果，钻孔位置结合监测断面确定，每个监测断面应在中心位置取 1～3 孔进行现场取土试验，钻孔深度穿透压缩层并进入压缩层底部不少于 1m。为了减轻取土过程扰动的影响，一般采用薄壁取土器钻取原状土样。原状土样送实验室进行试验，包括各项物理性质试验、压缩试验、固结试验、三轴试验等，加固前后的土工试验资料可为各方案的加固效果分析提供客观依据。

2. 十字板剪切强度检测

在每个预压区中心区域，对加固前、施工过程及加固后的地基进行十字板剪切试验，比较加固过程中软黏土强度指标的变化，分析评价设计方案的加固效果，试验位置应结合监测断面确定，每个监测断面应在中心位置取 1～3 孔进行现场试验，在软黏土中每间隔 1m 试验一次，试验深度穿过软黏土层到达计算压缩层底部不少于 1m。

3. 载荷板试验检测

对于塑料排水加固区，可以在加固前后对地基进行荷载板试验，比较加固前、后地基承载力的变化，分析评价设计方案的加固效果，试验位置结合监测断面确定，每个监测断面应在中心位置取 1～3 点进行现场试验。

5.6 工程实例

5.6.1 工程概况

招商局深圳前湾填海造陆工程，原始地貌属滨海地带，浅海域海水深 1～3m。规划为现代物流产业滨海区，按使用功能分为汽车贸易城、物流园区和码头功能区三部分。首先人工围堰形成塘(图 5.7)，后在 6.5～12m 厚的原状淤泥之上吹填一层厚度为 4～6m 的淤泥。吹填工程自 2005 年 11 月开始，至 2007 年 3 月结束，吹填后塘内淤泥呈泥浆状态，经 6 个月的晾晒铺设一层约 1m 厚的中粗砂作为工作垫层，采用堆载预压与真空联合堆载预压法进行加固处理，软黏土地基处理分区情况如图 5.7 所示。

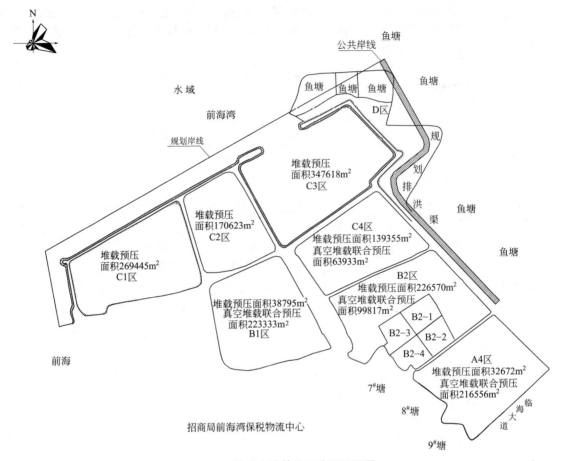

图 5.7　软黏土地基处理分区平面图

　　场区土层自上而下依次为人工填砂、吹填淤泥、第四纪全新世海相沉积淤泥层、粉质黏土层等。吹填淤泥及海相沉积淤泥软黏土地基在处理前的物理力学性质指标如表5-3～表5-5所示。

表 5-3　深圳前湾淤泥的主要物理力学性质

土层	指标 项目	e	$w_0/\%$	$\rho/(\mathrm{g \cdot cm^{-3}})$	$\rho_d/(\mathrm{g \cdot cm^{-3}})$	$w_L/\%$	$w_P/\%$	I_L	I_P
吹填 淤泥	范围值	1.871～ 3.907	80.1～ 147.2	1.34～ 1.58	0.54～ 0.93	36.5～ 56.0	21.4～ 33.0	2.62～ 7.25	15.1～ 23.0
	算术均值	2.967	108.9	1.43	0.69	46.7	27.6	4.42	19.1
	统计件数	167	167	166	166	121	121	121	121
海相 沉积 淤泥	范围值	1.836～ 2.543	69.4～ 93.6	1.48～ 1.61	0.76～ 0.95	43.8～ 58.8	25.8～ 34.8	1.70～ 3.62	19.7～ 24.1
	算术均值	2.190	81.5	1.53	0.85	52.2	30.8	2.29	21.4
	统计件数	338	339	336	337	336	336	319	336

表 5-4　深圳前湾淤泥的其他物理力学性质

| 土层 | 指标项目 | 颗粒组成/% | | | | | $C_v/(10^{-4}\,cm^2\cdot s^{-1})$ | | $k/(10^{-8}\,cm\cdot s^{-1})$ | |
		2~0.075	0.075~0.05	0.05~0.005	<0.005	<0.002	100/kPa	200/kPa	100/kPa	200/kPa
吹填淤泥	范围值	1.2~27.3	0.7~8.5	22.1~44.5	39~64.9	25.1~37.4	3.0~4.0	3.6~5.1	1.9~3.7	1.0~5.5
	算术均值	11.4	4.7	32.3	51.6	32.3	3.3	4.5	2.9	2.8
海相沉积淤泥	范围值	0.5~4.6	0.8~6.8	35.4~43.4	48~63.3	33.8~43.8	3.5~8.5	3.9~9.8	—	—
	算术均值	1.9	3.4	39.8	54.8	38.0	5.3	6.2	—	—

表 5-5　总固结沉降计算结果汇总表

| 区域 | 分区 | 总沉降量/m | | |
		最大值	最小值	平均值
码头区	西侧区(C1区)	3.432	3.006	3.157
	中部区(C2区)	4.792	4.753	4.768
	东侧区(C3区)	4.818	3.805	4.362
汽车贸易城	后方(A区)	4.174	3.844	3.971
	中部区(B2区)	4.586	4.107	4.266
	前方(C4区)	4.113	3.160	3.778
物流园区	物流区(B1区)	4.815	3.229	4.191

5.6.2　设计计算

1. 沉降计算

地基沉降主要为吹填淤泥与海相沉积淤泥层的沉降量,按式(5-46)分别计算其固结沉降量,累加得到地基总固结沉降,计算结果如表5-5所示。由表5-5可知,各区域海相沉积淤泥层沉降平均值为1.544~2.447m,吹填淤泥层沉降平均值为0.71~2.639m,总沉降平均值为3.157~4.768m。

2. 固结速率计算

本工程采用排水固结法加固吹填淤泥和海相沉积淤泥,在分级加荷条件下,地基在 t 时的平均总固结度按式(5-33)计算。经计算,较弱地基经施打塑料排水带后,上部预压荷载必须分级加载,根据海相沉积淤泥和吹填淤泥层厚度不同,一般分为三级或四级加载(不包含砂垫层),待加载完毕后,经6~8个月稳压期,土体固结度可达92%以上,满足设计要求及标准,可卸载进入下一道工序施工。

5.6.3 施工工艺

本工程采用的真空联合堆载预压法主要施工工艺流程，具体如下。

(1) 吹填淤泥落淤晾晒后，铺设一层厚度不小于 1m 的中粗砂垫层作为工作垫层与排水砂垫层。

(2) 施打塑料排水带，打设深度为 10.5～16.5m，打穿天然淤泥层，排水带板头进入黏土或亚黏土层不少于 1.0m，塑料排水带水平间距为 1.0m，呈三角形布置。

(3) 铺设直径为 76mm 的硬质塑料真空滤管，管壁钻有小孔，管壁包裹一层土工布作为隔土层，埋设于排水砂垫层中。

(4) 采用黏土制作压膜沟，压膜沟开挖后铺设密封膜并用素黏土回填。

(5) 依据设计要求和加固分区，结合现场地形地质条件，采用双搅拌头深层搅拌机打设双排黏土密封墙。

(6) 按照 1000～1500m²/台布置射流式真空泵。

(7) 真空预压施工区各项工作就绪后，开始试抽真空，在加固区覆水，以保证膜的密封；当膜下真空度稳定在 80kPa 后，抽真空 10d 左右铺设一层无纺布和一层 50cm 厚的中粗砂垫层作为保护层，然后进行分级堆载填料。

(8) 在满足真空度要求的前提下进行连续抽气，当沉降稳定且满足卸载标准后停泵卸载。

堆载预压主要施工工艺流程与真空联合堆载预压施工工艺流程(1)、(2)相同，待塑料排水带施打结束静压一段时间后，进行分级堆载填料，堆载填料加载情况与(7)相同。

5.6.4 施工监测与检测

施工加固效果监测主要包括地表沉降、分层沉降、孔隙水压力、真空度、水位等监测；加固效果检测主要包括加固前后的现场十字板剪切试验与原状土室内试验。整个场区共布置了 717 个地表沉降观测、64 组分层沉降标，埋设了 73 组孔隙水压力计、9 组真空测头与 73 只水位计。在加固前的勘探孔附近，淤泥层中每间隔 1m 进行现场十字板剪切试验，测试原状土与重塑土的抗剪强度，评价吹填淤泥与海相沉积淤泥强度的变化情况，检验其加固效果。同时，在加固前的勘探孔位附近进行钻孔取样，吹填淤泥层为连续取样，海相沉积淤泥取样间隔 1.50m，对土样进行室内试验测定物理力学性质指标，评价不同加固层土体加固前后土性指标的变化、吹填淤泥与海相沉积淤泥的强度及压缩性的改善程度。

5.6.5 加固效果评价

吹填淤泥与海相沉积淤泥经排水固结预压法处理后，平均含水率比处理前分别减小了49.3%、25.9%；平均孔隙比比处理前分别减小了 1.316、0.718；十字板抗剪强度比处理前分别提高了 27 倍、6 倍；平均压缩系数比处理前分别减小了 57.1%、36.5%，淤泥物理力学性质得到极大改善，软黏土地基处理效果显著。

本 章 小 结

本章详细介绍了排水固结法的基本概念、加固机理，设计与计算理论、施工工艺方法、施工监测与效果检测及工程实例，具体包括堆载预压法与真空预压法的加固机理，竖井固结度计算、地基抗剪强度增长的预估、沉降计算等设计计算理论，竖井排水法与预压法的设计，水平排水系统、竖向排水系统及预压荷载的主要施工工艺，施工期监测与加固效果检测等内容。此外，还列举排水固结法应用于填海造陆工程地基处理的典型工程实例。

对结构物进行有限单元法分析，首先必须对其进行离散化，其单元的形状和大小由多个方面的因素确定，包括计算机的运算速度、计算精度要求、预计的计算费用等。

习 题

一、思考题

1. 简述排水固结法。

2. 堆载预压法和真空预压法加固软黏土地基的机理有什么不同？

3. 排水固结法设计之前应收集哪些主要资料？

4. 推导瞬时加载理想井排水条件下的竖井地基固结度时，做了哪些基本假定？

5. 逐级加载条件下地基固结度主要有哪些计算方法？分别做了哪些假定？

6. 预估抗剪强度增长的方法有几种？排水固结法加固软黏土地基强度增长计算是采用哪种方法，是如何计算的？

7. 排水固结法处理软黏土地基最终沉降量由几部分组成？如何考虑地基土的应力历史计算地基的固结沉降量？

二、单选题

1. 堆载预压法处理软黏土地基时，竖井的布置原则是(　　　)。

    A. 粗而长　　　　　B. 细而密　　　　　C. 粗而疏　　　　　D. 细而疏

2. 砂井或塑料排水带的作用是(　　　)。

    A. 预压荷载下的排水通道　　　　　B. 起竖向增强体的作用

    C. 形成复合地基　　　　　D. 提高复合模量

3. 真空预压法处理地基时，膜下真空度和压缩土层平均固结度应达到(　　　)标准。

    A. 真空度应保持在 400mmHg，平均固结度应达到 65%

    B. 真空度应保持在 500mmHg，平均固结度应达到 70%

    C. 真空度应保持在 600mmHg，平均固结度应达到 75%

    D. 真空度应保持在 600mmHg 以上，平均固结度应大于 80%

4. 下列关于预压法处理软黏土地基的说法中(　　　)是不正确的。

    A. 控制加载速率的主要目的是防止地基失稳

    B. 采用超载预压法的主要目的是减少地基使用期的沉降

C. 当夹有较充足水源补给的透水层时，宜采用真空预压法

D. 在某些条件下也可用建筑物本身自重进行堆载预压

5. 采用堆载预压法加固软黏土地基时，对软黏土层深厚竖井很深的情况应考虑井阻影响，井阻影响程度与下列( )选项无关。

A. 竖井纵向通水量　　　　　　　B. 竖井深度

C. 竖井顶面排水砂垫层厚度　　　D. 受压土层水平向渗透系数

6. 采用排水固结法处理软黏土地基时，为防止地基失稳需控制加载速率，下列( )选项的叙述是错误的。

A. 在堆载预压过程中需控制加载速率

B. 在真空预压过程中不需要控制抽真空速率

C. 在真空联合堆载超载预压过程中需控制加载速率

D. 在真空联合堆载预压过程中不需要控制加载速率

7. 下列关于塑料排水带的说法，不正确的是( )。

A. 塑料排水带的当量换算直径总是大于其宽度和厚度的平均值

B. 塑料排水带的厚度与宽度的比值越大，其当量换算直径与宽度的比值越大

C. 塑料排水带的当量换算直径可以当作排水竖井的直径

D. 同样的排水竖井直径和间距的条件下，塑料排水带的截面积小于普通圆形砂井

8. 塑料排水带或袋装砂井的井径比 n 一般按( )选用。

A. 10～15　　　B. 15～22.5　　　C. 25～30　　　D. 30～35

9. 真空预压区边缘应大于建筑物基础轮廓线，每边增加量不得小于( )。

A. 2.0m　　　B. 2.5m　　　C. 3m　　　D. 4m

10. 真空预压法、真空联合堆载预压法以真空预压为主时，地基最终沉降量计算采用的经验系数 ξ 分别为( )。

A. 0.8～0.9，0.9　　　　　　　　B. 0.7～0.8，0.85

C. 0.7～0.9，0.8　　　　　　　　D. 0.9～0.95，0.9

三、多选题

1. 加载预压法中，竖井深度是根据建筑物对地基变形和稳定性的要求确定，下列对此阐述错误的正确的选项是( )。

A. 对以地基抗滑稳定性控制的工程，如土坝、路堤等，砂井深度应超过最危险滑动面 1.5m

B. 对以沉降控制的工程，如受压层厚度不是很大，可打穿受压层以减小预压荷载或缩短预压时间

C. 对以沉降控制的工程，当受压层厚度很大，深度较大处土层的压缩量占总沉降的比例较小，竖向排水井也不一定打穿整个受压层

D. 对于沉降要求很高的建筑物，如不允许建筑物使用期内产生主固结沉降，竖井应尽可能打穿受压土层

2. 对于( )类地基土，采用排水固结法处理时要慎重。

A. 受污染软黏土　　　　　　　　B. 淤泥和淤泥质土

C. 冲填土　　　　　　　　　　　D. 强结构性软黏土

3. 海相软黏性土的工程特性有( )。

A. 含水率高、孔隙比大   B. 渗透系数值大

C. 压缩模量值大   D. 压缩系数值大

4. 排水固结法处理软黏土地基时，除应预先查明土层分布外，尚应通过室内试验确定的设计参数有（   ）。

A. 土层的给水度及持水性

B. 土层的先期固结压力，孔隙比与固结压力的关系

C. 水平固结系数、竖向固结系数

D. 土的抗剪强度指标

5. 采用排水固结法加固软黏土地基时，以下（   ）试验方法适宜该地基土的加固效果检验。

A. 动力触探   B. 原位十字板剪切试验

C. 标准贯入   D. 载荷板试验

6. 采用排水固结法加固淤泥地基时，在其他条件不变的情况下，下面（   ）措施有利于缩短预压工期？

A. 减少砂井间距   B. 加厚排水砂垫层

C. 加大预压荷载   D. 增大砂井直径

7. 采用排水固结法加固软黏土地基，其作用在于（   ）。

A. 提高地基承载力   B. 减少沉降和沉降差

C. 增强地基的抗剪强度   D. 防止冻胀和消除软黏土的胀缩

8. 排水固结法处理软黏土地基的最终沉降量包括（   ）。

A. 瞬时沉降   B. 主固结沉降

C. 次固结沉降   D. 剩余沉降

9. 工程上采用的竖井主要有（   ）几种类型。

A. 普通砂井   B. 袋装砂井

C. 集水井   D. 塑料排水带

10. 真空度监测包括（   ）。

A. 膜内真空度   B. 滤管内真空度

C. 土体中真空度   D. 竖向排水体内真空度

四、计算题

1. 某饱和软黏土地基厚度为 6m，天然抗剪强度 $\tau_{f0}=30kPa$，三轴不排水压缩试验得 $\varphi_{cu}=29°$，天然孔隙比 $e_0=0.90$，采用堆载预压法处理地基，排水竖井采用塑料排水带，等边三角形布置，塑料排水带宽度和厚度分别为 100mm、4mm，井径比 $n=20$。试求：

(1) 排水竖井的间距。

(2) 采用大面积堆载 $\Delta\sigma_z=100kPa$，且黏土层平均固结度达到 50% 时的抗剪强度。

(3) 若黏土层在堆载产生的附加应力作用下，孔隙比达到 0.85 时黏土层的最终竖向变形量(经验系数取 $\xi=1.2$)。

2. 某路堤下软黏土地基采用袋装砂井处理，受压土层厚 30m，土的固结系数 $C_v=C_h=1.8\times10^{-3}cm^2/s$，袋装砂井直径 $d_w=7cm$，砂井间距 $l=1.4m$，砂井深度 $H_1=20m$，砂井等边三角形排列。求瞬时加载 $t=120d$ 时受压土层的平均固结度(不考虑井阻和涂抹影响)。

3. 一路堤软黏土地基采用袋装砂井处理，土层厚 20m，土的固结系数 $C_v = C_h = 1.8 \times 10^{-3} \, cm^2/s$。砂料渗透系数 $k_w = 2 \times 10^{-2} \, cm/s$，土层水平向渗透系数 $k_h = 1 \times 10^{-7} \, cm/s$，涂抹区土的渗透系数 $k_s = 0.2 \times 10^{-7} \, cm/s$，取 $s = 2$。袋装砂井直径 $d_w = 7cm$，砂井间距 $l = 1.4m$，砂井深度 $H = 20m$。砂井平面为等边三角形排列。路堤荷载为二级等速加载，如图 5.8 所示。求 $t = 120d$ 时土层的平均固结度（考虑井阻和涂抹影响）。

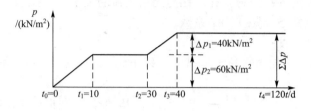

图 5.8　等速加载示意图

第6章
化学加固法

教学目标

本章主要讲述化学加固法的定义、分类和适用范围，灌浆法、高压喷射注浆法、水泥土搅拌法排水粉喷桩、双向水泥土搅拌桩、钉形双向水泥土搅拌桩的加固机理，设计计算、施工工艺和加固效果检验等。通过本章的学习，应达到以下目标：

(1) 了解化学加固法的定义、适用范围和分类；
(2) 掌握灌浆法的设计计算、施工要点和加固效果检验；
(3) 运用高压喷射注浆法的设计计算、施工要点和加固效果检验；
(4) 掌握水泥土搅拌法的设计计算、施工要点和加固效果检验；
(5) 掌握排水粉喷桩、水泥土搅拌桩、钉形双向水泥土搅拌桩等新型桩体的设计计算、施工要点和加固效果检验。

教学要求

知识要点	能力要求	相关知识
化学加固法	(1) 掌握化学加固法的定义 (2) 掌握化学加固法的分类 (3) 掌握化学加固法的适用范围	(1) 硅化加固法 (2) 碱液加固法 (3) 电化学加固法 (4) 高分子化学加固法
灌浆法	(1) 掌握灌浆法的定义 (2) 掌握灌浆分类 (3) 掌握灌浆法的应用范围 (4) 掌握灌浆材料 (5) 掌握灌浆理论 (6) 掌握灌浆设计 (7) 掌握灌浆的施工 (8) 掌握质量检验	(1) 灌浆材料 (2) 灌浆理论 (3) 灌浆设计 (4) 压水试验
高压喷射注浆法	(1) 掌握高压喷射注浆的分类 (2) 掌握高压喷射注浆的优点 (3) 掌握加固机理 (4) 掌握设计计算 (5) 掌握施工工艺 (6) 掌握质量检验	(1) 旋喷、定喷、摆喷 (2) 单管法二重管法和三重管法 (3) 高压喷射注浆加固机理 (4) 高压喷射注浆设计计算
水泥土搅拌法	(1) 掌握水泥土搅拌法的定义 (2) 掌握加固机理 (3) 掌握设计计算 (4) 掌握施工工艺 (5) 掌握质量检验	(1) 水泥土的性质 (2) 水泥土的加固机理 (3) 水泥土搅拌桩的设计 (4) 水泥土搅拌桩的施工要点
几种新型地基处理方法	(1) 了解排水粉喷桩 (2) 了解双向水泥土搅拌桩 (3) 了解钉形双向水泥土搅拌桩	(1) 排水粉喷桩的加固原理 (2) 排水粉喷桩复合地基的计算 (3) 排水粉喷桩的施工方法 (4) 双向水泥土搅拌桩定义 (5) 双向水泥土搅拌桩的施工工艺 (6) 钉形双向水泥土搅拌桩的定义 (7) 钉形双向水泥土搅拌桩的施工工艺

基本概念

化学加固法、灌浆法、水泥土搅拌法、高压喷射注浆法、排水粉喷桩、双向水泥土搅拌桩、钉形双向水泥土搅拌桩、灌浆理论、水泥土。

 引例

在实际工程中，常常在软黏土地基土中掺入水泥、石灰等，用喷射、搅拌等方法使其与土体充分混合固化；或把一些能固化的化学浆液(水泥浆、水玻璃、氯化钙溶液等)注入地基土孔隙，以改善地基土的物理力学性质，达到加固的目的。这类方法可以加固的范围非常广泛，具有加固快、工期短、寿命长、效果好等特性。这类方法可分为灌浆法、高压喷射注浆法、水泥土搅拌法等，目前在工程中应用非常广泛，特别是几种新型方法的开发与应用，克服了原有方法的缺陷，加固效果更为明显。

6.1 概　　述

化学固化法(Chemical Grouting)是在软黏土地基土中掺入水泥、石灰等，用喷射、搅拌等方法使其与土体充分混合固化；或把一些能固化的化学浆液(水泥浆、水玻璃、氯化钙溶液等)注入地基土孔隙，以改善地基土的物理力学性质，达到加固的目的。这类方法按加固材料的状态可分为粉体类(水泥、石灰粉末)和浆液类(水泥浆及其他化学浆液)；按施工工艺可分为低压搅拌法(粉体喷射搅拌桩、水泥浆搅拌桩)、高压喷射注浆法(高压旋喷桩等)和胶结法(灌浆法、硅化法)三类；常用的加固方法按材料分为硅化加固法、碱液加固法、电化学加固法和高分子化学加固法，下面分别予以介绍。

6.1.1　化学加固法的分类

1. 硅化加固法

通过打入带孔的金属灌注管，在一定的压力下，将硅酸钠(俗称水玻璃)溶液注入土中；或将硅酸钠及氯化钙两种溶液先后分别注入土中。前者称为单液硅化，后者称为双液硅化。

硅化法可达到的加固半径与土的渗透系数、灌注压力、灌注时间和溶液的黏滞度等有关，一般为 0.4～0.7m，可通过单孔灌注试验确定。各灌注孔在平面上宜按等边三角形的顶点布置，其孔距可采用加固土半径的 1.7 倍。加固深度可根据土质情况和建筑物的要求确定，一般为 4～5m。

硅酸钠的模数值通常为 2.6～3.3，不溶于水的杂质含量不超过 2%。此法需耗用硅酸钠或氯化钙等工业原料，成本较高。其优点是能很快地抑制地基的变形，土的强度也有很大提高，特别适用于现有建筑物地基的加固。但是，对于已渗有石油产品、树胶和油类及地下水 pH 值大于 9 的地基土，不宜采用硅化法加固。

1) 单液硅化

单液硅化适用于加固渗透系数为 0.1～2.0m/d 的湿陷性黄土和渗透系数为 0.3～

5.0m/d 的粉砂。加固湿陷性黄土时，溶液由浓度为 10%～15% 的硅酸钠溶液掺入 2.5% 氯化钠组成。溶液入土后，钠离子与土中水溶性盐类中的钙离子(主要为硫酸钙)产生离子交换的化学反应，在土粒间及其表面形成硅酸凝胶，可以使黄土的无侧限极限抗压强度达到 0.6～0.8MPa。加固粉砂时，在浓度较低的硅酸钠溶液内(相对密度为 1.18～1.20)加入一定数量的磷酸(相对密度为 1.02)，搅拌均匀后注入，经化学反应后，其无侧限极限抗压强度可达 0.4～0.5MPa。

2) 双液硅化

双液硅化适用于加固渗透系数为 2～8m/d 的砂性土；或用于防渗止水，形成不透水的帷幕。硅酸钠溶液的相对密度为 1.35～1.44，氯化钙溶液的相对密度为 1.26～1.28。两种溶液与土接触后，除产生一般化学反应外，主要产生胶质化学反应，生成硅胶和氢氧化钙。在附属反应中，其生成物也能增强土颗粒间的胶结，并具有填充孔隙的作用。砂性土加固后的无侧限极限强度可达 1.5～6.0MPa。

2. 碱液加固法

碱液对土的加固作用不同于其他的化学加固方法，不是从溶液本身析出胶凝物质，而是碱液与土发生化学反应后，使土颗粒表面活化，自行胶结，从而增强土的力学强度及其水稳定性。为了促进反应过程，可将溶液温度升高至 80～100℃ 再注入土中。加固湿陷性黄土地基时，一般使溶液通过灌注孔自行渗入土中。黄土中的钙、镁离子含量较高，采用单液即能获得较好的加固效果。

3. 电化学加固法

电化学加固法是指在地基土中打入一定数量的金属电极杆，通过电极导入直流电流，使水分从阴极排走，从而使土固结。用电化学法加固地基时，主要发生三个过程：①电渗，电渗后土大量脱水并固结；②离子交换作用，交换时吸附的钠、钙被氢及铝代替；③结构形成过程，由铝胶形成土粒结构，也可采用电流和化学溶液配合的方法使土加固，即化学溶液通过带孔的灌注管网注入土中，通电后溶液随着水的运动由阳极向阴极扩散，提高加固效果。

该法一般用于加固渗透系数小于 0.1m/d 的淤泥质地基。但此法昂贵，需用专门的设备做试验，确认有效后才可采用。

4. 高分子化学加固法

高分子化学加固法是将高分子化学溶液压入土中进行地基处理的一种方法。它适用于砂类土地基加固、帷幕灌浆，以及地下工程的止水堵漏；对坝基工程的泥化夹层与断层破碎带的加固亦有成效，如将氰凝灌入砂土后的抗压强度可达 10MPa。

用于地基加固的高分子材料品种较多，有脲醛树脂、丙烯酰胺类(也称丙凝)、聚氨酯类(也称聚氨基甲酸酯或氰凝)等，其中以聚氨酯类比较好。20 世纪 60 年代末，日本首先研制的 TACSS 灌浆材料和中国在 20 世纪 70 年代初研制成的氰凝，都是以过量的异氰酸酯与聚醚反应而得，称为预聚体。预聚体含有一定量的游离异氰酸基(—NCO)能与水反应，当浆液灌入土中时，—NCO 基遇水后在催化剂作用下，进一步聚合和交联，反应物的黏度逐渐增大而凝固，生成不溶于水的高分子聚合物，达到加固地基的目的。

氰凝灌浆的特点是，遇水反应后，由于水是反应的组成部分，因此浆液被水冲淡或流失的可能性较小；而且在遇水反应过程中放出的二氧化碳气体使浆液发生膨胀，向四周渗透扩散，又扩大了加固范围。高分子材料价格昂贵，限制了它的使用；有剧毒，施工中应有防毒措施，并应考虑对环境污染的问题。

6.1.2 化学加固法的使用范围

化学加固法应用较广，具有加固快、工期短、寿命长、效果好等特性。但由于化学加固法的材料差别较大，所以该方法的适用范围需要分别论述。

1. 灌浆法的适用范围

根据浆液注入的方式，硅化加固法分为压力硅化、电动硅化和气硅化三类。其中，压力硅化根据溶液不同又分为压力双液硅化、压力单液硅化和压力混合液硅化三种。各种方法的适用范围，根据被加固土的种类、渗透系数而定，具体数据如表 6-1 所示。

表 6-1 灌浆法的适用范围

硅化方法	土的种类	土的渗透系数 /(m/d)	溶液的密度($t=18℃$)	
			水玻璃（模数 2.5~3.3）	氯化钙
压力双液硅化	砂类土和黏性土	0.1~10 10~20 20~80	1.35~1.38 1.38~1.41 1.41~1.44	1.26~1.28
压力单液硅化	湿陷性黄土	0.1~2	1.13~1.25	—
压力混合液硅化	粗砂、细砂	—	水玻璃与氯酸钙按体积比1:1混合	—
电动硅化	各类土	≤0.1	1.31~1.21	1.07~1.11
加气硅化	砂土、湿陷性黄土、一般黏土	0.1~2	1.09~1.21	—

2. 高压喷射注浆法的适用范围

高压喷射注浆法按注浆形式分为定喷注浆、摆喷注浆和旋喷注浆等方法，其中，定喷注浆适用于粒径不大于 20mm 的松散地层；摆喷注浆适用于粒径不大于 60mm 的松散地层，大角度摆喷注浆适用于粒径不大于 100mm 的松散地层；旋喷注浆适用于卵砾石地层及基岩残坡积层。

旋喷注浆适用范围较为广泛，具有施工占地少、振动小、噪声较低等优点，但其施工工艺比较复杂，需要配置专门的旋喷设备，成本较高，且容易污染环境，对于特殊的不能使喷出浆液凝固的土质不宜采用。

粉喷桩法是一种在高压喷射注浆法基础上创新发展的方法，适合于加固各种成因的饱和软黏土，目前国内常用于加固淤泥、淤泥质土、粉土和含水率较高的黏性土。

3. 水泥土搅拌法的适用范围

水泥土搅拌法加固的特点是施工工期短，效率高，施工中无振动，无噪声，无地面隆起，不排污，不挤土，不污染环境，施工工具简易，费用低廉等。

水泥土搅拌法适用于处理正常固结的淤泥与淤泥质土、黏性土、粉土、饱和黄土、素填土以及无流动地下水的饱和松散砂土等地基，不宜用于处理泥炭土、塑性指数大于25的黏土、地下水具有腐蚀性以及有机质含量较高的地基。若需采用时必须通过试验确定其适用性。

6.2 灌 浆 法

6.2.1 概述

灌浆法是指利用一般的液压、气压或电化学法通过注浆管把浆液注入地层中，浆液以填充、渗透和挤密等方式进入土颗粒间孔隙中或岩石的裂隙中，经一定时间后，将原来松散的土粒或裂隙胶结成一个整体，形成一个强度大、防渗性能高和化学稳定性良好的固结体。

灌浆法首次应用于1802年，法国工程师 Charles Beriguy 首先采用灌注黏土和水硬石灰浆的方法修复了一座受冲刷的水闸，此后，灌浆法成为加固的一种方法，在我国煤炭、冶金、水电、建筑、交通和铁道等行业已经得到广泛的应用，并取得了良好的效果。

1. 灌浆法的目的

地基处理中灌浆法的主要目的如下。

1）防渗

降低地基土的透水性、防止流砂、钢板桩渗水、坝基漏水、隧道开挖时涌水以及改善地下工程的开挖条件。

2）堵漏

截断水流（图6.1），改善施工、运行条件，封填孔洞，堵截流水。

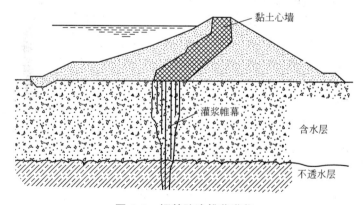

图 6.1 坝基防渗帷幕灌浆

3）加固

提高岩土的力学强度和变形模量，恢复混凝土结构及圬工建筑物的整体性（图6.2），防止桥墩和边坡岸的冲刷；整治塌方滑坡，处理路基病害；对原有建筑物地基进行加固处理(图 6.3)。

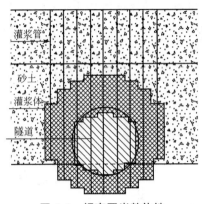

图 6.2　提高围岩整体性

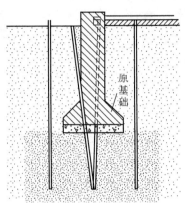

图 6.3　地基加固

4) 纠正建筑物偏斜

提高地基承载力，减少地基的沉降和不均匀沉降，使已发生不均匀沉降的建筑物恢复原位或减少其偏斜度。

2. 灌浆法的分类

1) 按灌浆材料分类

灌浆加固离不开浆材，而浆材品种和性能又直接关系着灌浆工程的质量和造价，因而灌浆工程界历来对灌浆材料的研究和发展极为重视。现在可用的浆材越来越多，尤其在我国，浆材性能和应用问题的研究比较系统和深入，有些浆材通过改性使其缺点消除后，正朝理想浆材的方向演变。

灌浆工程中所用的浆液是由主剂、溶剂及各种附加剂混合而成，通常所说的灌浆材料是指浆液中所用的主剂。附加剂可根据在浆液中所起的作用，分为固化剂、催化剂、速凝剂、缓凝剂和悬浮剂等。

灌浆法按浆液材料主要分为水泥灌浆、水泥砂浆灌浆、黏土灌浆、水泥黏土灌浆、硅酸钠或高分子溶液化学灌浆。不同浆液的材料性能及适用土质范围如表 6-2 所示。

表 6-2　浆液材料性能及适用范围

浆液分类		材料性能	适用范围	特点
水泥浆液	纯水泥浆液	最低为 400# 硅酸盐水泥，水灰比 1:1	砾石及岩石大裂隙	施工简单、方便；浆液凝结时间较长，可灌性差
	速凝剂水泥浆液	水泥浆中掺入 2%~5% 的水泥速凝剂或 5% 的水玻璃		
黏土浆液		常用膨润土并可掺入适量水泥混合注入	砾石及岩石大裂隙	材料来源广，价廉；强度低
水泥黏土浆			粗砂地基的防渗加固	价格低，使用方便。可灌性比水泥浆好

（续）

浆液分类		材料性能	适用范围	特点
沥青浆液	热浆	沥青加热液化再加小于5%煤油	砾石及岩石不大裂隙	耐久性能差
	冷浆	沥青加纸浆液及少量硫酸，经研磨成沥青乳液再加水稀释		
化学浆液	以水玻璃为主剂	掺加水泥浆、氯化钙溶液	中砂、粗砂、砾石及岩石大裂隙	浆液黏度与水接近，可灌性好，但价格较高。在水泥等颗粒状浆液满足不了可灌性要求时采用
	以氢氧化钠为主剂	常用溶液浓度为60~100g/L	加固湿陷性黄土等	价格较高
	以丙烯酰胺为主剂		细砂、粉砂、岩石小裂隙	价格较高
	以纸浆废液为主剂	采用纸浆废液代替木质素碳酸盐，在一定条件下以$(NH_4)_2S_2O_3$-Fe^{2+}氧化还原引发体系，并用氧化铝作交联剂，制成过凝纸浆废液化学灌浆材料	细砂层	
水泥砂浆			较大缺陷的充填加固和防渗处理	强度高，价格便宜，但施工要求较高。易沉淀，可灌性差，在特殊情况下使用

2）按灌浆目的分类

灌浆法按灌浆目的分为帷幕灌浆、固结灌浆、接触灌浆、接缝灌浆和回填灌浆等形式。

（1）帷幕灌浆：将浆液灌入岩体或土层的裂隙、孔隙，形成防水幕，以减小渗流量或降低扬压力的灌浆。

（2）固结灌浆：将浆液灌入岩体裂隙或破碎带，以提高岩体的整体性和抗变形能力的灌浆。

（3）接触灌浆：将浆液灌入混凝土与基岩或混凝土与钢板之间的缝隙，以增加接触面结合能力的灌浆。

（4）接缝灌浆：通过埋设管路或其他方式将浆液灌入混凝土坝体的接缝，以改善传力条件，增强坝体整体性的灌浆。

（5）回填灌浆：用浆液填充混凝土与围岩或混凝土与钢板之间的空隙和孔洞，以增强围岩或结构的密实性的灌浆。

3）按被灌地层分类

灌浆法按被灌地层的构成分为岩石灌浆、岩溶灌浆（见岩溶处理）、砂砾石层灌浆和粉细砂层灌浆。

4）按灌浆压力分类

灌浆法按灌浆压力分为小于$40×10^5$Pa的常规压力灌浆和大于$40×10^5$Pa的高压灌浆。

5）按灌浆机理分类

根据灌浆机理，灌浆法可分为下述几类。

（1）渗透灌浆。渗透灌浆是指在压力作用下，用浆液充填土的孔隙和岩石的裂隙，排挤出孔隙中存在的自由水和气体，而基本上不改变原状土的结构和体积（砂性土灌浆的结构原理），所用灌浆压力相对较小。这类灌浆一般只适用于中砂以上的砂性土和有裂隙的岩石。代表性的渗透灌浆理论有球形扩散理论、柱形扩散理论和袖套管法理论。

（2）劈裂灌浆。劈裂灌浆是指在压力作用下，浆液克服地层的初始应力和抗拉强度，引起岩石和土体结构的破坏和扰动，使其沿垂直于小主应力的平面上发生劈裂，使地层中原有的裂隙或孔隙张开，形成新的裂隙或孔隙，浆液的可灌性和扩散距离增大，而所用的灌浆压力相对较高。

对于岩石地基，目前常用的灌浆压力尚不能使新鲜岩体产生劈裂，主要是使原有的隐裂隙或微裂隙产生扩张；对于砂砾石地基，其透水性较大，浆液掺入将引起超静水压力，到一定程度后将引起砂砾石层的剪切破坏，土体产生劈裂；对于黏性土地基，在具有较高灌浆压力作用下，土体可能沿垂直于小主应力的平面产生劈裂，浆液沿劈裂面扩散，并使劈裂面延伸。在荷载作用下，地基中各点小主应力方向是变化的，而且应力水平不同。在劈裂灌浆中，劈裂缝的发展走向较难估计。

（3）挤密灌浆。挤密灌浆是指通过钻孔在土中灌入极浓的浆液，在注浆点使土体挤密，在注浆管端部附近形成浆泡。当浆泡的直径较小时，灌浆压力基本上沿钻孔的径向扩展。随着浆泡尺寸的逐渐增大，便产生较大的上抬力而使地面抬动。

经研究证明，向外扩张的浆泡将在土体中引起复杂的径向和切向应力体系。紧靠浆泡处的土体将遭受严重破坏和剪切，并形成塑性变形区，在此区内土体的密度可能因扰动而减小；离浆泡较远的土则基本上发生弹性变形，因而土的密度有明显的增加。

浆泡的形状一般为球形或圆柱形。在均匀土中的浆泡形状相当规则，而在非均质土中则很不规则。浆泡的最后尺寸取决于很多因素，如土的密度、湿度、力学性质、地表约束条件、灌浆压力和灌浆速率等。有时浆泡的横截面直径可达 1m 或更大，实践证明，离浆泡界面 $0.3\sim2.0\text{m}$ 内的土体都能受到明显的加密。

挤密灌浆常用于中砂地基，黏土地基中若有适宜的排水条件也可采用。如遇排水困难而可能在土体中引起高孔隙水压力时，必须采用很低的注浆速率。挤密灌浆可用于非饱和的土体，以调整不均匀沉降进行托换技术，以及在大开挖或隧道开挖时对邻近土进行及时加固。

（4）电动化学灌浆。电动化学灌浆是指在施工时将带孔的注浆管作为阳极，将滤水管作为阴极，将溶液由阳极压入土中，并通以直流电（两电极间电压梯度一般采用 $0.3\sim1.0\text{V/cm}$）。在电渗作用下，孔隙水由阳极流向阴极，促使通电区域中土的含水率降低，并形成渗浆通路，化学浆液也随之流入土的孔隙中，并在土中硬结。因而电动化学灌浆是在电渗排水和灌浆法的基础上发展起来的一种加固方法。但由于电渗排水作用，可能会引起邻近既有建筑物基础的附加下沉，这一情况应予慎重注意。

还有其他不同的分类方法，常见到的有充填灌浆、裂缝灌浆、应急灌浆、纠偏灌浆、界面灌浆等。

3. 灌浆法的应用范围

灌浆法适用于土木工程中的各个领域，具体如下。

（1）坝基：砂基、砂砾石地基、喀斯特溶洞及断层软弱夹层等。

（2）房基：一般地基及震动基础等，包括对已有建筑物的修补（图6.4）。

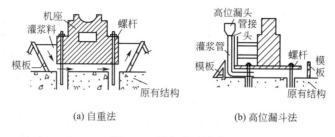

(a) 自重法　　　　　　　　(b) 高位漏斗法

图 6.4　设备基础灌浆

（3）道路基础：公路、铁道和飞机场跑道等。

（4）地下建筑：输水隧洞、矿井巷道、地下铁道和地下厂房等。

（5）其他：预填骨料灌浆、后拉锚杆灌浆及灌注桩后灌浆等。

4. 灌浆法的发展趋势

灌浆法的应用领域越来越广，除坝基防渗加固外，在其他土木工程建设中如铁道、矿井、市政和地下工程等，灌浆法也占有十分重要的地位。它不仅在新建工程，而且在改建和扩建工程中都有广泛的应用领域。实践证明，灌浆法是一门重要且颇有发展潜力的地基加固技术。

浆材品种越来越多，浆材性能和应用问题的研究更加系统和深入，各具特色的浆材已能充分满足各类建筑工程和不同地基条件的需要。有些浆材通过改性已消除缺点，正向理想浆材的方向发展。

为解决特殊工程问题，化学浆材的发展为其提供了更加有效的手段，使灌浆法的总体水平得到提高。然而由于造价、毒性和环境污染等原因，国内外各类灌浆工程中仍是水泥系和水玻璃系浆材占主导地位，高价的有机化学浆材一般仅在特别重要的工程中，以及上述两类浆材不能可靠地解决问题的特殊条件下才使用。

劈裂灌浆在国外已有40多年的历史，我国自20世纪70年代末在乌江渡坝基采用这类灌浆工艺建成有效的防渗帷幕后，也在该领域已取得明显的发展，尤其在软弱地基中，劈裂灌浆技术已越来越多地成为提高地基承载力和清除（或减少）沉降的手段。

在一些比较发达的国家，电子计算机监测系统已较普遍地在灌浆施工中用来收集和处理诸如灌浆压力、浆液稠度和耗浆量等重要参数，不仅可使工作效率大大提高，还能更好地控制灌浆工序和了解灌浆过程本身，促进灌浆法从一门工艺转变为一门科学。

由于灌浆施工属于隐蔽性作业，复杂的地层构造和裂隙系统难于模拟，故开展理论研究实为不易。与浆材品种的研究相比，国内外在灌浆理论方面都仍属比较薄弱的环节。

6.2.2　灌浆材料

1. 水泥灌浆

在国内外灌浆工程中，水泥一直是用途很广和用量很大的浆材，其主要特点为结石力学强度高，耐久性较好且无毒，料源来源广且价格较低，但普通水泥浆因容易沉淀析水而稳定性较差，硬化时伴有体积收缩，对于细裂隙而言颗粒较粗，对于大规模灌浆工程则水泥耗量过大。

在灌浆工程中应用比较广的是普通硅酸盐水泥，某些特殊条件下还采用矿渣水泥、火山灰水泥和抗硫酸盐水泥等。为了改进浆液性能，有时需要在浆中加入少量的添加剂。普通硅酸盐水泥是把石灰石和黏土等生料烧制成熟料，并加入石膏后磨细而成的水硬性胶结材料，其矿物成分主要有四种（表 6-1）。此外，水泥中还含有少量氧化铁、硅和游离石灰。

对于砂卵石、有较大裂隙的岩石，可采用水泥灌浆法。水泥浆的水灰比为 1：1，水泥的标号不低于 325#，以普通硅酸盐水泥为好，矿渣水泥次之。常用的速凝剂有水玻璃、氯化铝、三羟乙基胺、三氧化钙、硫代亚硫酸及铝粉等。速凝剂的掺量为水泥质量的 2%～5%（水玻璃掺量为 5%），凝固时间一般为 5min，强度可达 5000kPa。

由于细颗粒土的空隙细小，水泥浆液不易掺入土的孔隙中，因此常需借助于压力克服地层的初始应力和抗拉强度，能引起岩石和土体结构的破坏和扰动，使地层中原有的裂隙或孔隙张开，形成水力劈裂或孔隙，促使浆液的可灌性和扩散距离增大，称之为劈裂灌浆。

水泥灌浆的特点是，来源丰富，价格便宜，胶凝性好，结石强度高，施工方便，成本较低，所以得到了广泛应用。浆液结石体具有抗压强度高、抗渗性能好、工艺设备简单、操作方便等优点，但是水泥浆液是一种颗粒状的悬浮材料，受到水泥颗粒粒径的限制，通常用于粗砂层的加固。

2. 黏土灌浆

黏土浆是黏土的微小颗粒在水中分散，并与水混合形成的半胶体悬浮液。对于灌浆用的黏土，一般有如下几个要求：塑性指数 $I_p>17$，黏粒（粒径小于 0.005mm）含量不小于 40%～50%，粉粒（粒径为 0.005～0.05mm）含量一般不多于 45%～50%，含砂量（0.05～0.25mm）不大于 5%。

黏土浆的结石强度和黏结力都比较低，抗渗压和冲蚀的能力很弱，所以仅在低水头的防渗工程上才考虑采用纯黏土浆灌浆。

在黏土浆液中加入水玻璃溶液，可配制成黏土水玻璃浆液，水玻璃含量为黏土浆的 10%～15%，浆液的凝结时间可缩短为几十秒至几十分钟，固结体渗透系数为 10^{-5}～10^{-6}cm/s。

3. 化学灌浆

化学灌浆多是用高分子材料配制成的溶液作为浆液的一种新型灌浆。浆液灌入地基或建筑物裂隙中，经凝固后，可以达到较好的防渗、堵漏和补强加固的效果。

化学浆材的品种很多，包括环氧树脂类、甲基丙烯酸酯类、丙烯酰胺类、本质素类和硅酸盐类等。化学浆材的最大特点为浆液属于真溶液，初始黏度较小，所以可用来灌注细小的裂缝或孔隙，解决水泥系浆材难以解决的复杂地质问题。化学浆材的主要缺点是造价较高和存在污染环境问题，导致这类浆材的推广应用受到较大的局限，尤其是日本，在1974 年发生污染环境的福岗事件之后，建设省下令在化学灌浆方面只允许使用水玻璃系浆材。在我国，随着现代大工业的迅猛发展，化学灌浆（包括新型化学灌浆材）在开发应用、降低浆材毒性和环境的污染，以及降低浆材成本等方面也得到迅速的发展，如酸性水玻璃、无毒丙凝、改性环氧树脂和单宁浆材等,都达到了相当高的水平。

常用的化学灌浆材料有:环氧树脂、水玻璃、铬木素、甲凝、丙凝、聚氨酯浆液。

用以水玻璃(硅酸钠)为主剂的混合溶液加固地基的方法称为硅化加固法。硅化灌浆分为单液硅化法和双液硅化法两类。

加固粉砂时采用水玻璃和磷酸,将其调和而成单液,通过下端带孔的注液管注入地基;加固湿陷性黄土时,只需注入水玻璃溶液,与黄土中的钙盐反应生成凝胶。经硅化加固后,粉砂的抗压强度为 $400\sim500kPa$,黄土可达 $600\sim800kPa$。对于加固渗透系数为 $0.1\sim8m/d$ 的砂土和黏性土,采用双液硅化法,即将水玻璃和氯化钙浆液轮流压入土中,氯化钙的作用是加速硅酸的形成。

对于渗透系数为,$0.1\sim2m/d$ 的各类土,即使是具有压力的水玻璃溶液也难以注入土的孔隙中,需要借助于电渗作用,使水玻璃溶液进入土的孔隙中。施工时,先在土中打入两根电极,将水玻璃和氯化钙溶液先后由阳极压注入土,并通以直电流,借助电渗作用,使溶液随水向阴极移动渗入土中,这种加固方法称为电动硅化法。

改性环氧树脂浆材具有广泛的应用范围,价格较便宜,强度、黏度、固化时间可调节,材料力学性能良好。抗压强度为 $70\sim120MPa$,抗拉强度为 $70\sim30MPa$,抗弯强度为 $30\sim85MPa$,劈裂黏结强度有干缝为 $1.9\sim3.1MPa$、有水缝为 $1.3\sim1.9MPa$,浆材起始黏度($25℃$)为 $6\sim150cP$(厘泊,$1cP=10^{-3}Pa\cdot S$)。

水玻璃浆液的黏度小,流动性好,对于用水泥浆或黏土水泥浆难于处理的细砂层和粉砂层地基,可使用水玻璃浆液。

4. 混合型浆材

混合型浆材包括聚合物水玻璃浆材、聚合物水泥浆材和水泥水玻璃浆材等几类。此类浆材包含了上述各类浆材的性质,或者用来降低浆材成本,或用来满足单一材料不能实现的性能。尤其是水玻璃水泥浆材,由于其成本较低和具有速凝的特点,现已被广泛地用来加固软弱土层和解决地基中的特殊工程问题。

1) 水泥黏土浆

水泥黏土浆是由水泥和黏土两种基本材料相混合所构成的浆液。水泥和黏土混合可以互相弥补缺点,构成性能较好的灌浆浆液。

此单液水泥类浆液成本低,流动性、抗渗性好,结石率高,目前大坝的砂砾石基础的防渗灌浆帷幕大多数是采用水泥黏土浆灌注的。

2) 水泥-水玻璃浆材

水泥-水玻璃浆液是以水泥和水玻璃溶液组成的一种灌浆材料。它克服了水泥浆液凝结时间过长的缺点,水泥-水玻璃浆液的胶凝时间可以缩短到几十分钟,甚至数秒钟,可灌性比纯水泥浆也有所提高,尤其适合于动水状态下粗砂层地基的防渗加固处理。该材料固结强度为 $0.5\sim15MPa$,固结率为 $98\%\sim100\%$,凝胶时间为 $30\sim120s$,具有成本低、适应性好,尤其适合突发性漏水、泥、砂的整治,浆液充填率高,湿条件耐久性好等优点。其浆液特点如下:①浆液凝胶时间可准确地控制在几秒至几十分钟范围内;②结石体抗压强度可达 $10\sim20MPa$;③结石率为 100%;④结石体渗透系数为 $1\times10^{-8}cm/s$;⑤适宜于 $0.2mm$ 以上裂隙和 $1mm$ 以上粒径的砂层使用;⑥材料来源丰富,价格便宜。

3）中化-656（丙烯酸盐类）浆材

该材料被广泛用于各种混凝土的渗漏水、油的堵截，具有浆液起始黏度低，可灌性能好，固化时间可任意调节两秒至十几分钟，甚至数小时等优点。固结体渗透系数为 10^{-8} cm/s，抗挤强度为 3.5MPa；固砂体抗压强度为 300～800kPa，浆液起始黏度（25℃）为 1.2～1.6Cp。

4）水泥砂浆

在对较大缺陷的部位灌浆时，可采用水泥砂浆灌浆，一般要求砂的粒径不大于 1.0mm，砂的细度模数不大于 2。在水泥砂浆中加入黏土，组成水泥黏土砂浆，水泥起固结强度作用，黏土起促进浆液稳定的作用，砂起填充空洞的作用。水泥黏土砂浆适用于静水头压力较大情况下的较大缺陷，及大洞穴的充填灌浆。

上述几种材料除水玻璃浆液外，价格都比较低，水玻璃浆液的价格比其他浆液的价格要高一些，工程多采用水泥浆和水泥黏土浆。对一些非均质的粉砂土地基还可以采用水泥和水玻璃浆液分别灌注的方法，达到复合加固的目的。

水泥浆液只能灌入粗砂层，而对于颗粒细、孔隙小、工程特征欠佳的粉砂土地基，水泥灌浆只能进入地基土体结构受到破坏而形成的空洞或裂缝中，起不到防渗灌浆的作用，难以提高地基的抗渗性能。而水玻璃浆液可以进入细砂层和细砂层的孔隙。

采用复合灌浆方法，可取长补短，先用水泥灌浆处理，使水泥浆液先行填充地基土体中大小不一的孔洞和裂隙，经 48h 的沉淀和固化，然后对同一孔进行清孔，再灌注水玻璃浆液（如酸性水玻璃浆液）。这样既可以充分发挥水泥浆液强度高的特点，又可以充分利用水玻璃浆液的优点，提高注浆的效果。

6.2.3　灌浆理论

灌浆就是要让水泥或其他浆液在周围土体中通过渗透、充填、压密扩展形成浆脉。由于地层中土体的不均匀性，通过钻孔向土层中加压灌入一定水灰比的浆液，一方面灌浆孔向外扩张形成圆柱状浆体，钻孔周围土体被挤压充填，紧靠浆体的土体遭受破坏和剪切，形成塑性变形区，离浆体较远的土体则发生弹性变形，钻孔周围土体的整个密度得到提高；另一方面随着灌浆的进行、土体裂缝的发展和浆液的渗透，浆液在地层中形成方向各异、厚薄不一的片状、条状、团块状浆体，纵横交错的浆脉随其凝结硬化，造成结石体与土体之间紧密而粗糙的接触，沿灌浆管形成不规则的、直径粗细相间的桩柱体。这种桩柱体与压密的地基土形成复合地基，相互共同作用，起到控制沉降、提高承载力的作用。

1. 灌浆法的加固作用

1）注浆射流切割破坏土体作用

喷流动压以脉冲形式冲击土体，使土体结构破坏出现空洞。

2）混合搅拌作用

钻杆在旋转和提升的过程中，在射流后面形成空隙，在喷射压力作用下，迫使土粒向与喷嘴移动相反的方向（即阻力小的方向）移动，与浆液搅拌混合后形成固结体。

3）置换作用

高速水射流切割土体的同时，由于通入压缩空气而把一部分切割下的土粒排出灌浆孔，土粒排出后所空下的体积由灌入的浆液补入。

4）充填、渗透固结作用

高压浆液充填冲开的和原有的土体空隙，析水固结，还可渗入一定厚度的砂层而形成固结体。

5）压密作用

注浆在切割破碎土体的过程中，在破碎带边缘还有剩余压力，这种压力对土层可产生一定的压密作用，使注浆体边缘部分的抗压强度高于中心部分。

2. 灌浆后的被加固体的特点

1）固结体范围可调整

根据加固需求和浆液的种类不同，可以设计不同的加固体范围，加固范围为 0.3～6m 不等。

2）固结体形状可不同

在均质土中，固结体可以为圆柱体、非均匀圆柱状、圆盘状、板墙状及扇形状等。

3）质量轻

固结体内部土粒少并含有一定数量的气泡，故固结体的质量较轻，轻于或接近于原状土的密度。黏性土固结体比原状土约轻 10%，但砂类土固结体也可能比原状土重 10%。

4）渗透系数小

固结体内有一定的孔隙，但是这些孔隙并不贯通，而且固结体有一层较致密的硬壳，其渗透系数达 1×10^{-6}cm/s 或更小，故具有较好的防渗性能。

5）固结体强度高、具有较好的耐久性

固结体强度主要取决于原地土质、喷射材料和置换程度（填充率）。在黏性土和黄土中，固结体抗压强度通常为 5～10MPa；在砂类土和砂粒层中，固结体抗压强度可达 8～20MPa。固结体抗拉强度一般为其抗压强度的 1/5～1/10。

由于一般固结体外侧土粒直径大，数量多，浆液成分也多，因此在横断面上中心强度低，外侧强度较高。

6.2.4 灌浆设计

1. 设计前搜集的资料

设计前需做好工程地质和水文地质勘探工作，掌握岩性、岩层构造、裂隙、断层及其破碎带、软弱夹层、岩溶分布及其充填物、岩石透水性、砂或砂卵石层分层级配、地下水埋藏及补给条件、水质及流速等情况。进行坝体补强灌浆设计时，查明裂缝、架空洞穴大小及分布情况。规模较大的灌浆工程需进行现场灌浆试验，以便确定灌浆孔的孔深、孔距、排距、排数，确定灌浆材料、压力、顺序、施灌方法、质量标准及检查方法等。灌浆压力是一项重要参数，既要保证灌浆质量，又要不破坏或抬动被灌地层和建筑物。

2. 理论计算

1）常规设计

灌浆技术的关键是灌浆压力的选择和控制、浆材配比和灌浆工艺。

（1）浆液标准。灌浆标准是指设计者要求地基灌浆后应达到的质量指标。所用灌浆标准的高低关系到工程量、进度、造价和建筑物的安全。

设计标准涉及的内容较多，而且工程性质和地基条件千差万别，对灌浆的目的和要求很不相同，因而很难规定一个比较具体和统一的准则，而只能根据具体情况做出具体的规定。一般有防渗标准、强度和变形标准和施工控制标准等。

施工控制标准是获得最佳灌浆效果的保证。如果灌浆对象是杂填土，由于均一性差、孔隙变化大、理论耗浆量不定，故不单纯用理论耗浆量来控制，同时还按耗浆量降低率来控制，即孔段耗浆量随灌浆次序的增加而减少。

（2）浆材及配方设计。地基灌浆工程对浆液的技术要求较多，可根据土质和灌浆目的进行选择。一般应优先考虑水泥系浆材或通过灌浆试验确定。浆液的选择可参照表 6-3。

表 6-3　按灌浆目的不同对浆材的选择

项目			基本条件
改良目的		堵水灌浆	渗透性好、黏度低的浆液（作为预灌浆使用悬浊型）
	加固地基	渗透灌浆	渗透性好、有一定强度，即黏度低的溶液型浆液
		脉状灌浆	凝胶时间短的均质凝胶，强度大的悬浊型浆液
		渗透脉状灌浆并用	均质凝胶强度大且渗透性好的浆液
	防止涌水灌浆		凝胶时间不受地下水稀释而延缓的浆液 瞬时凝固的浆液（溶液或悬浊型的）（使用双层管）
综合注浆	预处理灌浆		凝胶时间短，均质凝胶强度比较大的悬浊型浆液
	正式灌浆		和预处理材料性质相似的渗透性好的浆液
特殊地基处理灌浆			对酸性、碱性地基、泥炭应事前进行试验校核后选择灌浆材料
其他灌浆			研究环境保护（毒性、地下水污染、水质污染等）

浆材采用不同比例的配方，灌浆效果截然不同。一般水灰比为 0.6～2.0，常用的水灰比是 1.0，若被处理的土质为杂填土，局部孔隙较大，导致灌浆量过大时，采用水：水泥：细砂＝0.75：1：1 的水泥砂浆灌注。

为了调节水泥浆的性能，有时可加入速凝剂或缓凝剂等附加剂。常用的速凝剂有水玻璃和氯化钙，其用量约为水泥质量的 1%～2%；常用的缓凝剂有木质素磺酸钙和酒石酸，其用量约为水泥质量的 0.2%～0.5%。

当钻孔钻至设计深度后，通过钻杆要注入封闭泥浆，封闭泥浆的 7d 无侧限抗压强度宜为 0.3～0.5MPa，浆液黏度为 80～90s。

（3）浆液扩散半径（r）的确定。浆液扩散半径（r）是一个重要的参数，对灌浆工程量及造价具有重要的影响。r 值应通过现场灌浆试验来确定。灌浆孔径一般是 70～100mm，而加固半径与孔隙大小、浆液黏度、凝固时间、灌浆速度、灌浆压力和灌浆量等因素有关，加固半径通常在 0.3～1.0m 范围内变化，不同的被处理对象孔隙率、渗透系数变化很大，因而仅用理论公式计算浆液扩散半径显然不太合理，一般应通过试验确定。

灌注厚度一般不大于 0.5m，一次灌注不能完成者需要进行多层灌注，层次的厚度与工程要求和地基土的孔隙大小有关，同时受注浆管花管长度的限制，灌注前应通过试验确定。

对于黏性土层，由于地层空隙很小，浆液无法渗入，只能通过劈裂作用注放浆液，浆液扩散具有规则性，注浆设计施工可用浆液有效半径来表示交流扩散范围。

对于砂性土层，由于地层空隙较大，浆液以填充固结为主，其扩散半径远大于黏土中的扩散半径。当为一段路段处治时，扩散半径可取大值；当为中、小构造物路段处治时，扩散半径可取小值。

在没有试验资料时，可按土的渗透系数选择浆液扩散半径，参照表 6-4 确定。

表 6-4　按渗透系数选择浆液扩散半径

砂土(双液硅化法)		粉砂(单液硅化法)		黄土(单液硅化法)	
渗透系数 /(m/d)	加固半径 /m	渗透系数 /(m/d)	加固半径 /m	渗透系数 /(m/d)	加固半径 /m
2~10	0.3~0.4	0.3~0.5	0.3~0.4	0.1~0.3	0.3~0.4
10~20	0.4~0.6	0.5~1.0	0.4~0.6	0.3~0.5	0.4~0.6
20~50	0.6~0.8	1.0~2.0	0.6~0.8	0.5~1.0	0.6~0.9
50~80	0.8~1.0	2.0~5.0	0.8~1.0	1.0~2.0	0.9~1.0

(4) 灌浆孔布置。灌浆孔的布置是根据浆液的注浆有效范围，且应相互重叠，使被加固土体在平面和深度范围内连成一个整体的原则决定的。

如果灌浆孔采取梅花形分布，假定灌浆体的厚度为 b，则灌浆孔距

$$L = 2 \times (r - b/4)/2 \tag{6-1}$$

式中，L 为灌浆孔距，m；r 为浆液扩散半径，m；b 为灌浆体的厚度，m。

最优排距为

$$R_m = r + b/2 \tag{6-2}$$

式中，R_m 为最优排距，m；其他符号意义同上。

(5) 灌浆孔孔深。根据工程地质资料，确定孔深。

(6) 灌浆压力。灌浆压力通常是指在不会使地表面产生变化和邻近建筑物受到影响的前提下可能采用的最大压力。注浆压力一般与处理深度处的覆盖压力、建筑物的荷载、浆液黏度、灌注速度和灌浆量等因素有关。

由于浆液的扩散能力与灌浆压力的大小密切相关，有人倾向于采用较高的灌浆压力，在保证灌浆质量的前提下，使钻孔数尽可能减少。高灌浆压力还能使一些微细孔隙张开，有助于提高可灌性。当孔隙中被某种软弱材料充填时，高灌浆压力能在充填物中造成劈裂灌注，使软弱材料的密度、强度和不透水性等得到改善。此外，高灌浆压力还有助于挤出浆液中的多余水分，使浆液结石的强度提高。

灌浆压力值与地层土的密度、强度和初始应力、钻孔深度、位置及灌浆次序等因素有关，而这些因素又难于准确地预知，因而宜通过现场灌浆试验来确定，以取得施工参数。灌浆压力是给予浆液扩散充填、压实的能量。在保证注浆质量的前提下，压力大，扩散的距离大，有助于提高土体强度；但当压力超过受注土层的自重和强度时，可能导致路基及其上部构造物的破坏。所以在施工中，一般以不使地层破坏或仅发生局部和少量破坏作为确定容许注浆压力的基本原则。

进行注浆试验时，一般采取逐步提高压力的办法，求得注浆压力与注浆量的关系曲线，当压力升高至某一数值，而注浆量突然增大时表明地层结构发生破坏或空隙尺寸已被扩大，因而可把此时的压力值作为确定容许注浆压力的依据。

在注浆过程中压力是变化的，起始压力小，最终压力高。在一般情况下，每加深 1m，压力增加 20～50kPa。当这些因素难以准确地确定时，灌浆的压力可通过灌浆试验来确定。

灌浆压力按式(6-3)计算：

$$P=P_1+P_2\pm P_3 \tag{6-3}$$

式中，P 为灌浆压力，Pa；P_1 为灌浆管路中压力表的指示压力，Pa；P_1 为计入地下水水位影响以后的浆液自重压力，按最大的浆液自重进行计算，Pa；P_3 为浆液在管路中流动时的压力损失，Pa。

确定灌浆压力的原则：在不致破坏基础和坝体的前提下，尽可能采用较高的压力。高压灌浆可以使浆液更好地灌入缩小缝隙内，增大浆液的扩散半径，析出多余的水分，提高灌注材料的密实度。当然灌浆也不能过高，以致使裂隙扩大，引起被加固地面或坝体的抬高变形。

(7) 灌浆量。一般先用公式算出初定数值。

灌浆量计算公式为

$$Q=kvn \tag{6-4}$$

式中，Q 为灌浆量，m^3；v 为灌浆对象的体积，m^3；n 为土的孔隙率；k 为经验系数值，对于软黏土、黏性土、细砂，$k=0.3\sim0.5$；对于中砂、粗砂，$k=0.5\sim0.7$；对于砾砂，$k=0.7\sim1.0$；对于湿陷性黄土，$k=0.5\sim0.8$。

一般情况下，黏性土地基中的浆液注入率为 15%～20%。

由于常用的水泥颗粒较粗，一般只能灌注直径大于 0.2mm 的孔隙，而对孔隙较小的就不易灌进，所以选择浆液材料时，浆液的可灌性是决定灌浆效果的最重要参数，根据《建筑地基处理技术规范》(JGJ 79—2002)灌浆也可以用下式评价其可灌性：

$$M=D_{15}/d_{85} \tag{6-5}$$

式中，M 为灌入比；D_{15} 为受灌地层中 15% 的颗粒小于该粒径，mm；d_{85} 为灌注材料中 85% 的颗粒小于该粒径，mm。

$N>15$ 可灌注水泥浆；$N>10$ 可灌注水泥黏土浆。如可灌性不好，可采用水玻璃类、丙烯酸胺类(即丙凝)、木质素类浆液灌浆。

灌浆的流量一般为 7～10L/min。对于充填型灌浆，流量可适当加大，但也不宜大于 20 L/min。

(8) 灌浆顺序。灌浆顺序必须采用适合于地基条件、现场环境及注浆目的的方法进行，一般不宜采用自注浆地带某一端单向推进压注方式，应按跳孔间隔注浆方式进行，以防止串浆，提高注浆孔内浆液的强度与时俱增的约束性。对于有地下动水流的特殊情况，应考虑浆液在动水流下的迁移效应，从水头高的一端开始注浆。

对于加固渗透系数相同的土层，首先应完成最上层封顶注浆，然后再按由下而上的原则进行注浆，以防浆液上冒。如土层的渗透系数随深度而增大，则应自下而上进行注浆。

注浆时应采用"先外围，后内部"的注浆顺序；若注浆范围以外有边界约束条件(能阻挡浆液流动的障碍物)时，也可采用自内侧开始顺次往外侧的注浆方法。

（9）灌浆结束标准。灌浆的结束条件有两个控制指标：残余吸浆量（又称最终吸浆量），即灌到最后的限定吸浆量，吸浆时间，即在残余吸浆量的条件下保持设计规定压力的延续时间。

在规定的灌浆压力下，孔段吸浆量小于 0.6L/min，延续 30min 即可结束灌浆，或孔段单位吸浆量大于理论估算值时也可结束灌浆。

2）帷幕灌浆的设计

（1）帷幕的设置。堤防基础的灌浆帷幕应与堤防防渗体（多由黏土一类的不透水材料所构成）相连，因此帷幕宜设在堤防临水侧铺盖下或临水坡脚下，如图 6.5 所示。

帷幕的形式主要有以下两种。

① 均厚式帷幕。均厚式帷幕各排孔的深度均相同。在砂砾石层厚度不大、灌浆帷幕不甚深的情况下，一般多采用这种形式。

② 阶梯式帷幕。在深厚的砂砾石层中，因为渗流坡降随砂砾石层的加深（即随帷幕的加深）而逐渐减小，所以设置深帷幕时，多采用上部排数多；幕窄的部位，灌浆孔的排数少。

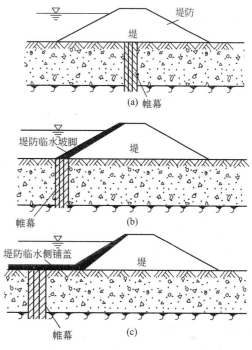

图 6.5　灌浆帷幕位置示意图

（2）帷幕的深度和厚度。一般情况下，帷幕深度宜穿过砂砾石层达到基岩，这样可以起到全部封闭渗流通道的作用。帷幕的厚度（T）主要是根据幕体内的允许坡降值来确定的，但可按式（6-6）进行初步估算：

$$T = H/J \tag{6-6}$$

式中，H 为最大作用水头，m；J 为帷幕的容许比降，对一般黏土浆可采用 3~4。

若砂砾石厚度较浅，一般设置 1~2 排灌浆孔即可。当基础承受的水头超过 25~30m 时，帷幕的组成才设置 2~3 排。

灌浆孔距主要取决于地层的渗透性、灌浆压力、灌浆材料等有关因素，一般要通过试验确定，通常为 2~4m。如果在灌浆施工过程中，发现浆液扩散范围不足，则可采用缩小孔距、加密钻孔的办法来补救。

3）劈裂灌浆的设计

劈裂灌浆是利用堤身的最小主应力面和堤轴线方向一致的规律，以土体水力劈裂原理，沿堤轴线布孔，在灌浆压力下，以适宜的浆液为能量载体，有控制地劈裂堤身，在堤身形成密实、竖直、连续、具有一定厚度的浆液防渗固结体，同时与浆脉连通的所有裂缝、洞穴等隐患均可被浆液充填密实。该方法适应于处理堤身浸润线出溢点过高、有散浸现象、裂缝（不包括滑坡裂缝）、各种洞穴等情况。

堤身劈裂灌浆防渗处理多采用单排布孔，孔距为 5~10m。在弯曲堤段应适当缩小孔距。

劈裂灌浆和锥探充填灌浆浆液多采用土料浆，参见表 6-5 和表 6-6。根据不同的需要可掺入水泥、各种外加剂。

表 6-5　浆土料选择表

项目	劈裂灌浆	充填灌浆
塑性指数/%	8～15	10～25
黏粒含量/%	20～30	20～45
粉粒含量/%	30～50	40～70
砂粒含量/%	10～30	<10
有机值含量/%	<2	<2
可溶盐含量/%	<8	<8

表 6-6　浆液物理力学性能表

项目	劈裂灌浆	充填灌浆
重度/(kN/m³)	13～16	13～16
黏度/s	20～70	30～100
稳定性/(g/cm³)	0.1～0.15	<0.1
胶体率/%	>70	>80
失水量/(cm³/30min)	10～30	10～30

　　灌浆孔口压力以产生沿堤线方向脉状扩散形成一连续的防渗体，但又不得产生有害的水平脉状扩散和变形为准，需要现场灌浆试验或在施工前期确定。堤防灌浆压力多在0.1～1MPa 间。

　　堤身劈裂灌浆应"少灌多次"，分序灌浆，推迟坝面裂缝的出现和控制裂缝的开度在3cm 之内，并在灌后能基本闭合。每孔灌浆次数应在 5 次以上，每次灌浆量控制在每米0.5～1m³ 之间。形成的脉状泥墙厚度应在 50～200mm 之间。一年后脉状泥墙的容重应大于 14kN/m³，一般可达 15～17N/m³，水平向渗透系数达 $1×10^{-8}cm/s～1×10^{-6}$。

　　考虑到堤身应力，劈裂灌浆应在不挡水的枯水期进行，同时应核算灌浆期堤坡的稳定性，进行堤身变形、裂缝等观测，以保证安全。对于较宽的堤防，也应核算堤身应力分布，避免产生贯穿性横缝。

　　劈裂灌浆钻孔均是一次成孔。在冲击钻进中一般采用取土钻头干钻钻进或冲击锤头锤击钻进。在回转钻进中最好采用泥浆循环钻进，特别是在一些较重要的水利工程堤坝施工中，应合理选用冲洗液循环钻进，采用清水钻进时，应依据堤坝的土质条件、渗透程度来慎重选用。钻孔孔径可小到 ϕ25mm，一般孔径在 ϕ60～ϕ130mm 之间。所有灌浆钻孔均需埋设孔口管，使顶部灌浆压力由孔口管承担，可施加较大的灌浆压力，促使浆液析水固结，有利于提高浆液的固结速率和浆体结石的密实度。

　　灌浆压力是劈裂式灌浆施工中的一个重要参数。应注意掌握起始劈裂压力、裂缝的扩展压力、最大控制灌浆压力。灌浆压力的大小不仅与灌浆范围大小、水文工程地质条件等因素有关，而且还与地层的附加荷载及灌浆深度有关，所以不能用一个公式准确地表达出来，应根据不同情况通过经验和灌浆试验确定。

上海市标准《地基处理技术规范》(DBJ 08—40—1994)中规定，对于劈裂灌浆，在浆液灌浆的范围内应尽量减少灌浆压力。灌浆压力的选用应根据土层的性质及其埋深确定。在砂土中的经验数值是 0.2～0.5MPa；在黏性土中的经验数值是 0.2～0.3MPa。灌浆压力因地基条件、环境条件和注浆目的等不同而不能确定时，可参考类似条件下的成功工程实例。一般情况下，当埋深浅于 10m 时，可取较小的注浆压力值。对于压密注浆，注浆压力主要取决于浆液材料的稠度。如采用水泥-砂浆的浆液，坍落度一般在 25～75mm，注浆压力应选定在 1～7MPa 范围内。坍落度较小时，注浆压力可取上限值，如采用水泥-水玻璃双液快凝浆液，则注浆压力应小于 1MPa。

3. 方案选择

灌浆方案的选择一般应遵循下述原则。

(1) 灌浆目的如为提高地基强度和变形模量，一般可选用以水泥为基本材料的水泥浆、水泥砂浆和水泥水玻璃浆等，或采用高强度化学浆材，如环氧树脂、聚氨酯以及以有机物为固化剂的硅酸盐浆材等。

(2) 灌浆目的如为防渗堵漏时，可采用黏土水泥浆、黏土水玻璃浆、水泥粉煤灰混合物、丙凝、AC-MS、铬木素以及无机试剂为固化剂的硅酸盐浆液等。

(3) 在裂隙岩层中，灌浆一般采用纯水泥浆或在水泥浆(水泥砂浆)中掺入少量膨润土，在砂砾石层中或溶洞中可采用黏土水泥浆，在砂层中一般只采用化学浆液，在黄土中采用单液硅化法或碱液法。

(4) 在孔隙较大的砂砾石层或裂隙岩层中，采用渗入性注浆法；在砂层灌注粒状浆材宜采用水力劈裂法；在黏性土层中，采用水力劈裂法或电动硅化法；矫正建筑物的不均匀沉降，采用挤密灌浆法。

6.2.5 灌浆的施工

灌浆施工分为钻孔、冲洗、压水试验、灌浆等主要工序。

1. 灌浆孔的布设

加固灌浆孔的布设常用方格形、梅花形和六角形，如图 6.6 所示。方格形布孔的主要优点是便于补加灌浆孔，在复杂的地区宜采用这种方法；而梅花形和六角形布孔的主要缺点是不便于补加灌浆孔，预计灌浆后不需补加孔的地基多采用这种形式。

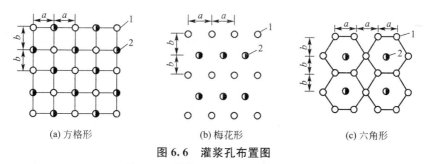

(a) 方格形　　　　　(b) 梅花形　　　　　(c) 六角形

图 6.6　灌浆孔布置图

1—第 1 阶段灌浆孔；2—第 2 阶段灌浆孔

2. 钻孔

钻孔方法有钻孔法、打入法或喷注法，在实际工作中应根据地基岩土特点、施工要求等选择适宜的方法。

1) 钻孔法

钻孔法主要用于岩基或砂砾石地基或已经压实过的地基。与其他方法相比，这种方法具有不扰动地基土和可使用填塞器等优点，但工程费用一般较高。钻孔施工工艺一般选用旋转钻进。

2) 打入法

打入法可用于较浅层的地基土灌浆，一般具有施工效率高和工程费用低等优点。但灌浆只能自下而上进行，且在打入灌浆管过程中易堵塞孔眼，洗净孔眼又较费时。

3) 喷注法

在比较均质的砂层或灌浆管打进困难的地方可采用喷注法。这种方法是利用泥浆泵设置用水喷射的灌浆管，因而容易造成地基土扰动，不是理想的方法。

3. 冲洗

为保证岩石灌浆质量，灌前要用有压水流冲洗钻孔，将裂隙或孔洞中的泥质充填物冲出孔外，或推移到灌浆处理范围以外。冲洗按一次冲洗的孔数，分为单孔冲洗和群孔冲洗；按冲洗方法，分为压力水连续冲洗、脉动冲洗和压气抽水冲洗。

4. 压水试验

冲孔后灌浆前，每个灌浆段大都要做简易压水试验，即一个压力阶段的压水试验。其目的是：①了解岩层渗透情况，并与地质资料对照；②根据渗透情况储备一个灌浆段用的材料，并确定开灌时的浆液浓度；③查看岩层渗透性与每米灌浆段实际灌入干料质量的大致关系，检查有无异常现象；④查看各次序灌浆孔的渗透性随次序增加而逐渐减少的规律。

5. 灌浆施工

1) 单过滤管（花管）灌浆

采用单过滤管灌浆时，可采用钻孔法或打入法设置灌浆花管。其中钻孔法设置单过渡管（花管）灌浆的施工程序（图 6.7）。具体步骤是：①钻机与灌浆设备就位；②钻孔；③插入灌浆花管；④管内外填砂及黏土；⑤灌浆，必要时可分阶段灌浆；⑥灌浆完毕，拔出灌浆花管，并用清水冲洗花管中的残留浆液，以便下次重复利用；⑦钻孔回填或灌浆；⑧移机与灌浆设备至下一个灌浆孔，重复上述过程继续施工，直至完成所有孔灌浆。

施工注意应注意：①施工前首应整平施工场地，并沿灌浆孔位置开挖沟槽与集水坑，以保持场地整洁干燥；②及时准确地做好施工记录，并对资料整理分析，以便指导工程顺利进行，并为验收做好准备，记录内容包括钻孔记录、灌浆记录、浆液试块测试报告、浆液性能现场测试报告；③当采用钻孔法设置灌浆管时，孔径一般为 $70\sim110$mm，垂直偏差应小于 1%，灌浆孔有设计角度时，应预先调节钻杆角度，此时钻机必须用足够的锚栓等固定牢固；④灌浆的流量一般为 $7\sim10$L/s，对于充填型灌浆，流量可适当加快，但不宜大于 20L/s；⑤灌浆材料要求：灌浆用水应是可饮用的河水、井水或其他清洁水，不宜

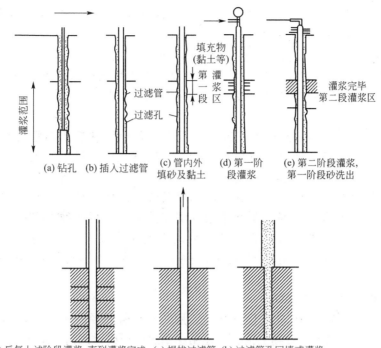

(a) 钻孔　(b) 插入过滤管　(c) 管内外填砂及黏土　(d) 第一阶段灌浆　(e) 第二阶段灌浆，第一阶段砂洗出

(f) 反复上述阶段灌浆,直到灌浆完成　(g) 提拔过滤管　(h) 过滤管孔回填或灌浆

图 6.7　单过滤管(花管)灌浆的施工工序

采用 pH 值小于 4 的酸性水和工业废水；水泥宜采用普通硅酸盐水泥，不宜采用矿渣硅酸盐水泥或火山灰质硅酸盐水泥，一般不得超过出厂日期 3 个月，不得使用受潮结块者，水泥的各项技术指标应符合现行国家标准，并应附有出厂试验单；为改善浆液性能可掺加水玻璃、表面活性剂或减水剂、膨润土等外加剂；⑥冬季施工，当日平均气温低于 5℃或最低温度低于 −3℃时，应采取防冻措施；夏季施工，用水温度不得超过 30~35℃，并应避免将盛浆液的容器和灌浆管在灌浆体静止状态下暴露于阳光下，防止浆液凝固。

2) 单管钻杆灌浆法

单管钻杆灌浆法是钻孔钻至预计深度后，通过空钻杆将浆液灌入地层中的一种施工方法。其施工工序如图 6.8 所示。与其他灌浆方法相比，这种方法具有操作简便和施工费用

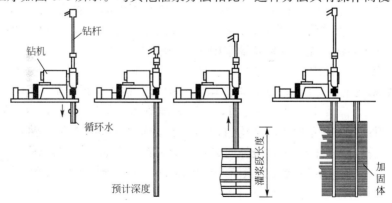

(a) 安装机械,开始钻孔　(b) 钻孔完毕,开始灌浆　(c) 阶段灌浆　(d) 灌浆结束,水洗,移机

图 6.8　单管钻杆灌浆法的施工工序

低等优点，但也存在一些问题，如浆液沿钻杆和钻孔间的间隙易往地表喷浆；浆液喷射方向受到限制，即垂直单一的方向。

单管钻杆灌浆法可自上而下边钻边灌浆，即钻完一段灌注一段，直到预定深度为止。这种方法用于砂砾层时，不用打入护壁管，仅在地表埋设护壁管即可，但易发生冒浆现象，而且由于是全孔灌浆，灌浆压力难以按深度提高，灌浆质量差。

3) 埋管灌浆法

埋管灌浆法是指利用灌浆泵，通过埋设密封管和特制灌浆芯管将浆液注入地层的灌浆施工方法。这种方法具有见效快的特点，具体表现在对于有沉降尚未稳定的建筑物，一经埋管灌浆（双液速凝浆）处理，建筑物会立刻产生回升效果。因此埋管灌浆法能在地面建筑物和地下挡土结构施工的同时及竣工以后，控制受其影响的各类建（构）筑物和挡土结构本身的沉降；预埋管跟踪灌浆技术能进行快速基础托换，也可在既有建筑物基础附近因开挖基坑工程而威胁到既有建筑物的安全时，对其进行灌浆处理，减少既有建筑物所受的影响；埋管灌浆法通常用于地下连续墙和钻孔灌注桩形式的挡土结构墙趾加固。

埋管灌浆法的施工工序如下。

（1）埋设密封管套管。首先设计孔位，用是密封管外径的 1.5～1.8 倍的钻头在钢筋混凝土基础或钢筋混凝土衬砌上钻孔。在钻穿基础底板或衬砌前，退出钻头，在孔内安装密封管套管，并在孔壁与密封管套管间隙灌入"特速硬水泥"，以密封缝隙。待密封管套管安装完毕后，改用同钻杆等直径的小钻头，打穿钢筋混凝土基础或钢筋混凝土衬砌。然后退出钻头，并拧上闷盖，待灌浆时再开盖使用。

（2）预埋密封管。如果各类地面或地下建筑物施工以前已经设计采用埋管灌浆法，则可考虑将密封管作为预埋件，直接浇筑在钢筋混凝土中。

（3）灌浆前卸下闷盖，灌浆管和双功能灌浆头安装就位；在密封管内绕上盘根，装上衬套，并拧上密封管压盖。

（4）利用钻机将灌浆管压至设计极限深度，然后根据需要可由下而上或由外向内进行分层灌浆，也可根据要求进行固定点压密灌浆。

4) 双层管双栓塞灌浆法

双层管双栓塞灌浆法是在灌浆管中的两处各设有一个栓塞，浆液只能从两个栓塞间向管外渗出，并灌入地层中。这种方法可限定在一定范围内进行灌浆。其代表性方法有双层过滤管灌浆法、套管灌浆法和袖阀管法。袖阀管法是法国 Soletanche 公司所首创，因此又称 Soletanche 灌浆法，在砂砾地基灌浆中应用得较多。

（1）袖阀管法。袖阀管法的施工工序如图 6.9 所示。钻孔 [图 6.9(a)] 时，通常都用优质泥浆（如膨润土浆）进行护壁，很少用套管护壁。钻孔直径一般为 70～110mm，垂直偏差应小于 1%，灌浆孔有设计角度时，应预先调节钻杆角度，此时钻机必须用足够的锚栓等固定牢固；为使套壳料的厚度均匀，应设法使插入的袖阀管位于钻孔的中心 [图 6.9(b)]；用套壳料置换孔内泥浆，浇注时应避免套壳料进入袖阀管内，并严防孔内泥浆混入套壳料中 [图 6.9(c)]；待套壳料具有一定强度后，在袖阀管内放入带双塞的灌浆管进行灌浆 [图 6.9(d)]。

袖阀管法具有下列优点：可根据需要对任何一个灌浆段进行灌浆，还可进行重复灌浆；可使用较高的灌浆压力，灌浆时产生冒浆和串浆的可能性小；钻孔和灌浆作业可以分

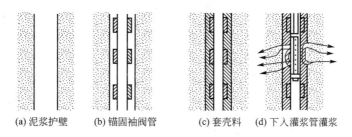

(a) 泥浆护壁　　(b) 锚固袖阀管　　(c) 套壳料　(d) 下入灌浆管灌浆

图6.9　袖阀管法的施工工序

开，钻孔设备的利用率高。但也具有下列缺点：袖阀管被具有一定强度的套壳料胶结，难于拔出重复使用，耗费管材较多；每个灌浆段的长度是固定的，为330～500mm，不能根据地层的实际情况调整灌浆段长度。

（2）套管灌浆法。套管灌浆法的施工工序如图6.10所示。

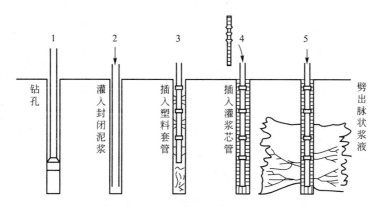

图6.10　套管灌浆法的施工工序

其施工工序如下：钻机与灌浆设备就位；钻孔直径一般为70～110mm，垂直偏差应小于1%，灌浆孔有设计角度时，应预先调节钻杆角度，此时钻机必须用足够的锚栓等固定牢固；当钻孔至设计深度后，从钻杆内灌入封闭泥浆；插入塑料单向阀管至设计深度，当灌浆孔较深时，阀管中应加入水，以减少阀管插入土层的弯曲；待封闭泥浆凝固后，在塑料阀管中插入双向密封灌浆芯管，自下而上灌浆；灌浆完成后，应用清水冲洗塑料阀管中的残留浆液，以利下次重复使用。对于不宜用清水冲洗的场地，可考虑用纯水玻璃浆或陶土浆灌满阀管。

5）布袋灌浆法

布袋灌浆可作为地下工程基坑围护结构中防水挡土处理工艺中的辅助方法，也可用于地下工程中堵漏；在地下土体漏洞较大的情况下显得尤为有效。此外，布袋灌浆还可用做承载桩。

其施工工序如下：钻孔机械与灌浆设备安装就位；钻孔一般采用回转式钻进工艺，开孔直径选用110mm，以利塑料灌浆管及布袋顺利送入孔内。钻孔垂直偏差应小于1%。钻进时一般用清水循环，但遇易塌方地层时，应改用泥浆循环，以保证成孔质量。将塑料灌浆管放入布袋内，管底用闷头旋紧，布袋应自底部上翻300mm，用铅丝扎紧三道，以免泄浆，同时每隔500mm扎一道牛筋或细铅丝，然后将其放入孔内；灌浆压力一般为0.3～0.5MPa；灌浆流量控制在10～12L/min，切忌过大；灌浆应自下而上逐节压浆，每节提升高度一般为 333mm（即 1 节塑料灌浆管的长度）；浆液一般为水泥-粉煤灰（CB）浆液，可由水、膨胀土、粉煤灰、水泥、KA-1、KA-2 等组成；布袋为尼龙纤维袋，一般选用 ϕ300mm 的卷筒型。

6）双层管钻杆灌浆法

双层管钻杆灌浆法是将 A、B 液分别送到钻杆端头，浆液在端头所安装的喷枪里或从喷枪中喷出之后混合而灌入地基。其施工工序与单管钻杆法基本相同，不同的是双层管钻杆法的钻杆在灌浆时是旋转的，同时增加了喷枪，灌浆段也比单管钻杆灌浆法短。根据浆液在双层管钻杆端头喷枪的混合方式不同，双层管钻杆灌浆法又可分为 DDS 灌浆法、LAG 灌浆法和 MT 灌浆法。DDS 灌浆法中 A、B 液在喷枪内混合后，由端头侧壁孔喷出；LAG 灌法则在喷枪外混合，并在端头侧壁喷出；MT 灌浆法中浆液在喷枪内混合后，由端头底部喷出而灌入地层，如图 6.11 所示。

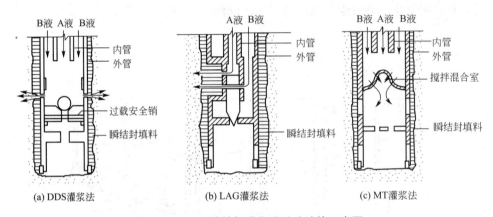

图 6.11　双层管钻杆灌浆法端头喷枪示意图

该法具有下列特点：灌浆时使用凝胶时间非常短的浆液，因此浆液不会向远处流失；土中的凝胶体容易压密实，可得到强度较高的凝胶体；由于用的是双液，若不能完全混合，可能会出现不凝胶的现象。

在灌浆过程中，必须根据吸浆量的变化情况及时地调整浆液的浓度。稀浆流动性好，但会扩散到灌浆范围外，造成浪费，而且凝固时收缩大，会导致水泥结石与岩石缝面脱开，防渗和固结质量降低；稠浆流动性差，扩散范围小，细小裂缝灌不进去，但凝固时收缩小，与缝面黏结好，防渗、固结质量相对提高。

灌浆过程从稀浆开始，使细裂缝首先灌满，而后逐级变浓，充填更大的裂隙。这种由稀到浓的变换方式，使得灌浆的整体质量提高。

在规定的灌浆压力下，当所灌孔段在 30min 内（帷幕灌浆自上而下采用 60min），吸浆量一直小于 0.4L/min，即可结束这一段的灌浆。整个孔结束灌浆后，要用水泥砂浆封孔。

6.2.6　质量检验

灌浆效果和灌浆质量的概念不完全相同，灌浆质量一般指灌浆是否严格按照设计和施工规范进行，如灌浆材料的种类、浆液的性能、钻孔的角度、灌浆压力等，都应符合规范要求，否则应根据具体情况采取适当的补充措施；灌浆效果则指灌浆后能将地基土的物理力学性质改善到什么程度。

灌浆质量高不等于灌浆效果好。因此，设计和施工中除应明确某些质量标准外，还应规定所要达到的灌浆效果及检验方法。

灌浆法作为地基加固和地基防渗处理的有效方法，灌浆效果的检查还没有比较合适的标准，但一般常用下列几个方法判断。

1. 浆液的灌入量

同一地区堤防地基的差异不是很大，可以根据各孔段的单位灌入量来衡量。根据灌浆资料分析每孔的灌入量，从总灌入量和单位灌入量数据分析，受灌段土体空隙降低的程度。

2. 静力触探

在灌浆结束 28d 可利用静力触探测试加固前、后土体力学指标的变化，用以了解加固效果。

3. 抽水试验

在现场进行抽水试验，测定加固土体的渗透系数。

4. 载荷试验

采用现场静载荷试验测定加固土体的承载力和变形模量。

5. 标贯试验

采用标准贯入试验或轻便触探等动力触探方法测定加固土体的力学性能。

6. 室内土工试验或从检查孔采取岩心试验检查

通过室内试验测定加固前后土或岩石的物理力学指标，可以判断加固效果。为了检测基岩缺陷岩体固结灌浆后的物理力学性能，可以从灌浆后检查孔钻孔芯样中选取有水泥浆结石充填岩体裂隙的芯样进行单轴抗压、三轴抗压及中型抗剪强度等试验。也可以从取到的含水泥结石的岩芯样进行理化分析，测试芯样中水泥结石的含量。理化分析可以采用化学成分分析、x 射线衍射分析、电镜扫描分析、x 射线能谱分析等。根据对芯样的物理力学性能测试和理化分析，可准确地判断岩体在固结灌浆后的力学性能、岩体组成成分的改善程度和是否满足建筑物承载要求。

7. 电阻率法

将灌浆前后土的电阻率进行比较，电阻差说明土体孔隙中浆液的存在情况。

8. 射线密度计法

射线密度计法属于物理探测方法的一种，在现场可测土的密度，用以说明灌浆效果。

9. 钻孔弹性波测定

采用钻孔弹性波试验测定加固土体的动弹性模量。利用瑞利波散频特性及瑞利波在地层中传播频率和波长变化的特点，求出瑞利波的传播速度 v_R，再根据瑞利波的传播速度与横波传播速度的相关性，推求出横波速度，由已知频率 f，求出相应波长 L。由半波长理论，可近似地认为测得的瑞利波速度 v_R 是 1/2 波长深度处介质的平均弹性性质。

在以上几种方法中，动力触探试验和静力触探试验最为简便实用。

检验点一般为灌浆孔数的 2%～5%，如检验点的不合格率等于或大于 20%，或虽然小于 20%，但检验点的平均值达不到设计要求，在确认设计原则正确后应对灌浆不合格的灌浆区实施重复灌浆。

钻孔弹模计可以直接测试出岩体灌浆前后弹性模量的变化情况，是检测灌浆质量效果的一种有效方法。但岩体灌浆后弹性模量的提高程度与测点部位地质条件及钻孔成孔质量有密切关系，且灌后等待测试的时间长（28d）。因此，为避免影响主体工程施工速度，该方法不被广泛使用，可根据固结灌浆部位的地质情况及建筑物承载力的要求，灵活采用。

10. 压水试验

地基灌浆结束 28d 后，通常要钻一定数量的检查孔，进行压水试验。通过对比灌浆前后地层渗透系数和渗透流量的变化，对施工资料和压水试验成果逐孔逐段进行分析，再与其他试验观测资料一起综合评定才能得出符合实际的质量评价。设检查孔做压水试验，以单位吸水量值表示幕体的渗透性。

6.2.7　工程实例

1. 工程概况

某大楼地基采用直径为 1.2 m 的钻孔灌注桩，该大楼为 13 层框架结构，单桩设计承载力为 6050kN。由于该地基为不良地基，桩基施工时经动测检验发现有 1 根桩的承载力仅为 3120 kN，远未达到设计要求，则必须对这根桩进行处理，从而提高其承载力。

2. 灌浆加固处理

在这根桩周围，距桩周 0.4m 用 4 个直径为 110mm 的钻孔，钻孔深超过桩长 1m，注浆压力为 4.0MPa，水泥采用 525 号普通硅酸盐水泥，浆液为水灰比为 0.65：1.0 水泥浆，采用由下到上的灌浆工艺施工，先对桩底封闭灌浆。

3. 灌浆加固机理分析

根据相关资料，灌浆加固可把桩的承载力提高 50% 以上，通过压力灌浆，可使桩底沉降量大幅减小，使桩底阻力、桩周摩擦力和土体强度大幅提高，桩底及桩周土体的整体性和密度得到较大提高，从而使单桩承载力得到提高。

4. 加固效果分析

此桩的承载力根据动测检测在注浆后达到 7950kN，要求能够满足单桩承载力；对加固后的土取样，并进行单轴抗剪强度和抗压强度试验，试验结果表明它的多项指标都比加固前有很大提高；大楼竣工一年后的长期监测资料表明，该桩只有较小的沉降量，满足设计要求。

6.3 高压喷射注浆法

高压喷射注浆法（High Pressurized Jet Grouting）是一种近年来发展起来的地基处理方

法。该方法可以用多种化学浆液注入地基中与地基土拌和,组成加固体,达到加固的目的。目前工程上主要采用水泥系浆液。所以本节主要介绍以水泥系浆液为主的高压喷射注浆法。

6.3.1 概述

高压喷射注浆法是利用高压喷射化学浆液与土混合固化处理地基的一种方法。它是将带有特殊喷嘴的注浆管,置入预定的深度后,以 20MPa 的高压喷射冲击破坏土体,并使浆液与土混合,经过凝结固化形成加固体。

1. 高压喷射注浆的分类

1) 按注浆的形式分类

高压喷射注浆按注浆的形式分为旋喷注浆、定喷注浆和摆喷注浆三种类型,所形成的固结体形状如 6.12 所示。

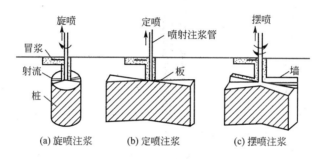

图 6.12 高压喷射注浆法的分类

(1) 旋喷注浆。在利用旋喷注浆法施工时,喷嘴一面喷射一面旋转并提升,固结体呈圆柱状 [图 6.12(a)]。该法主要用于加固地基,提高地基的抗剪强度,改善土的变形性质,也可组成闭合的帷幕,用于阻挡地下水流和治理流沙。旋喷法施工后,在地基中形成的圆柱体称为旋喷桩。

(2) 定喷注浆。利用定喷注浆法施工时,喷嘴一面喷射一面提升,喷射方向固定不变,固结体形如板状或壁状 [图 6.12(b)]。

(3) 摆喷注浆。利用摆喷注浆法施工时,喷嘴一面喷射一面提升,喷射的方向呈较小角度来回摆动,固结体形如较厚墙状 [图 6.12(c)]。

定喷注浆及摆喷注浆两种方法通常用于基坑防渗,改善地基土的水流性质和稳定边坡等工程。

2) 按喷射方法分类

高压喷射注浆法施工工艺根据喷射方法可分为单管法、二重管法和三重管法。

(1) 单管法。如图 6.13 所示,单管法采用较细的单层喷射管,借助喷射管本身的喷射或振动贯入土中,仅在必要时才使用钻机在地基中预先成孔(孔径为 60～100mm),然后放入喷射管进行喷射。加固直径可达 300～800mm。水、水泥和膨润土经称量,并两次进行搅拌、混合,然后输入到高压泵。水可输送到搅拌器与水泥混合,也可直接输送到高压泵。

高压旋喷注浆法的主要设备是高压脉冲泵(要求工作压力在 20MPa 以上)和带有特殊

喷嘴的钻头。脉冲泵低压吸入旋喷时所需要的浆液，并借助于喷嘴高压排出，使浆液具有很大的能量，以达到破坏土体的目的。装在钻头侧面的喷嘴是旋喷注浆的关键部件，一般是由耐磨的钨合金制成。高压泵输出的浆液通过喷嘴后具有很大的能量，这种高速喷流能破坏周围土的结构。旋喷时的压力、喷嘴的形状和喷嘴回旋的速度等对所形成的旋喷桩的质量影响很大。常用的喷嘴形状如图 6.14 所示，喷嘴出口的直径 D 取 2mm 左右，圆锥角 θ 约为 13°，喷嘴的直线段长 $s=$ 为 $(3\sim4)D$，而锥部长度 l 视钻头的尺寸而定。喷射压力一般为 20MPa，喷嘴的回转速度约为 20r/min，这样的组合效果较好。

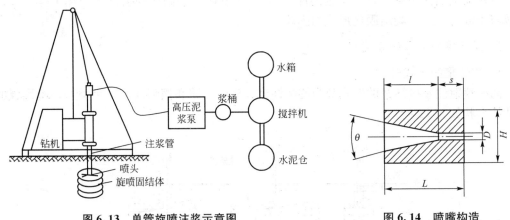

图 6.13　单管旋喷注浆示意图　　　　图 6.14　喷嘴构造

由于单一喷嘴的喷射水流破坏土的有效射程较短，因而又发展了二重管法和三重管法，大大提高了喷射能力和加固效果。

（2）二重管法。二重管法又称浆液、气体喷射法，如图 6.15 所示。同轴复合喷射高压水泥浆和压缩空气两种介质。其中外喷嘴喷射压力为 0.7MPa 左右的压缩空气，内喷嘴喷射压力为 20MPa 左右的高压浆液。高压浆液流在和它外围的环绕空气流共同作用下，对土体的破坏能力增强，加固直径可达 100cm。

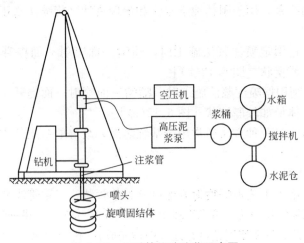

图 6.15　二重管旋喷注浆示意图

（3）三重管法。同轴复合喷射高压水流、压缩空气和水泥浆液三种介质（图 6.16）。在以高压泵等高压发生装置产生的 40MPa 左右的高压水射流周围，环绕喷压射力为 0.7MPa

左右的圆筒状压缩空气流,高压水射流和压缩空气射流同轴喷射冲切土体,以形成较大的空隙,再另由泥浆泵注入压力为 $2\sim5MPa$ 的水泥浆液。

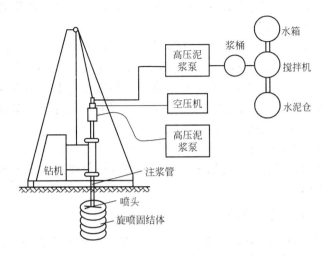

图 6.16 三重管旋喷注浆示意图

高压喷射注浆法加固体的直径大小与土的类别、密实度及喷射方法有关,当采用旋喷形成圆柱状的桩体时,单管法形成桩体直径一般为 $300\sim800mm$;三管法形成桩体直径一般为 $800\sim2000mm$;双管法形成桩体直径介于两者之间。

在这个系统中,设置专门的水泥仓、水箱和自动称量系统;在输送水泥浆、高压水、压缩空气过程中,采用监测装置,以保证施工质量。

采用三管法旋喷,应先送高压水流,再送水泥浆和压缩空气;喷射时应先达到预定的喷射压力、喷浆量,再逐渐提升注浆管,注浆管分段提升的搭接长度不得小于 $100mm$;当达到设计桩顶高度或地面出现溢浆现象时,应立即停止当前桩的旋喷工作,将旋喷管拔出并清洗管路。三重管法是将水泥浆与压缩空气同时喷射,除可延长喷射距离、增大切削能力外,也可促进废土的排除,减轻加固体单位体积的质量。

旋喷桩的浆液有多种,一般应根据土质条件和工程设计的要求来选择,同时也要考虑材料的来源、价格和对环境的污染等因素,目前使用的以水泥浆液为主。当土的透水性或地下水流速时,为了防止浆液流失,常在浆液中加速凝剂,如三乙醇胺和氯化钙等。在软弱土地基中,所形成的旋喷桩试样的极限抗压强度可达 $3.0\sim5.0MPa$。桩体的直径随着地基土的性质及旋喷压力的大小而变化。在软黏土中,如压力为 $5\sim10MPa$,形成旋喷桩的直径约 $800mm$。

(4) 多管法(SSS-MAN 法)。首先在地面上钻一个导孔,然后置入多重管,用逐渐向下运动旋转的超高压射流,切削破坏四周的土体,经高压水冲切下来的土和石屑,随着泥浆用真空泵从多重管中抽出,如此便在地层中形成一个较大的空间;装在喷嘴附近的超声波传感器可及时测出空间的直径和形状,然后根据需要选用浆液、砂浆、砾石等材料填充,在地层中形成一个大直径的柱状固结体。在砂性土中,最大直径可达 $4m$。此法属于用充填材料充填空间的全置换法。

2. 高压喷射注浆法加固技术的优点

(1) 由于将水泥土与原地基软黏土就地搅拌混合,因而可最大限度地利用原土。

（2）对周围原有建筑的影响较小。

（3）可按照不同的地基土的性质及工程设计要求，合理选择，设计比较灵活。

（4）施工设备简单，管理方便，施工时无振动，无污染，可在密集的建筑群中进行施工，而且料源广阔，价格低廉。

（5）土体加固后重度变化不大，黏性土固结体比原状土约轻 10%，但砂类土固结体可能比原状土重 10%左右，基本上轻于或接近原状上的容量，产生较少的附加沉降。

（6）透气透水性差，固结体内虽有一定的孔隙，但这些孔隙并不贯通，为密封型，而且固结体有一层较致密的硬壳，其渗透系数相当高，具有一定的防渗功能。

（7）固结强度高，单桩承载力较高。

（8）与钢筋混凝土桩基相比，节省了大量的钢材，降低了造价。

（9）根据上部结构的需要，可灵活采取垂直喷射或倾斜喷射或水平喷射，使之形成柱状、壁状、块状等加固形式。

3. 高压喷射注浆法的适用范围

高压喷射注浆法一般适用于标准贯入试验击数 $N<10$ 的砂土和 $N<5$ 的黏性土，超过上述限度，则可能影响成桩的直径，应慎重考虑。这种方法用途广泛，作为旋喷柱可以提高地基的承载力，作为连续墙可以防渗止水，还可应用于深基础的开挖，防止基坑隆起，减小支撑基坑的侧壁压力，特别是对于已建建筑物的事故处理，有其独到之处。但对于拟建建筑物基础，其作用与灌注桩类似，但其强度较差，造价较贵，显得逊色。如能发展无毒、廉价的化学浆液，高压喷射注浆法将会有更好的应用前景。

高压旋喷桩复合地基对淤泥、淤泥质土、流塑或软塑黏性土、粉土、砂土、黄土、素填土和碎石土等地基都有良好的处理效果。但对于硬黏性土、含有较多的块石或大量植物根茎的地基，因喷射流可能受到阻挡或削弱，冲击破碎力急剧下降，切削范围减小，影响处理效果；而对于含有过多有机质的土层，其处理效果取决于固结体的化学稳定性。鉴于上述几种土的组成复杂，差异悬殊，高压喷射注浆处理的效果差别较大，不能一概而论，所以应根据现场试验结果确定其适用性。对于湿陷性黄土地基，因当前试验资料和施工实例较少，也应预先进行现场试验。对于地下水流速过大或已涌水的防水工程，由于工艺、机具和瞬时速凝材料等方面的原因，应慎重使用，必要时应通过现场试验确定。高压喷射注浆处理深度较大，我国建筑地基高压喷射注浆处理深度目前已达 30m 以上。

6.3.2　加固机理

1. 水射流对土体的破坏作用

水射流破土效果随土介质的物理力学性质不同而变化。当喷射初始时，被破坏土体处于三向受压状态，在水射流冲击点表面，土体被水射流冲压产生凹陷变形。

射流作用在土体表面时，将产生两种作用力：一是在距喷嘴较近处，射流作用面积很小，压力远远大于土体的自重应力，因而在土体中少产生一个剪切力；二是在距喷嘴较远处，射流压力不能使土体发生破坏，但可压密土体并将部分射流液体挤入土体中，因而在土体中产生一个挤压力。对于无黏性土，渗透作用占主导地位；对于黏性土，压密起主要作用。

当水射流移动进入土颗粒之间时，土体因被切割而破坏。由于土质的不均匀性，水射流首先进入大孔隙中产生侧向挤压力，以裂隙为边界，大块土体被冲刷下来，翻滚到射流压力较小处而停止。因此该处射流压力较小，土块不会再发生破坏，这就是喷射桩体内存在块状土的原因。

影响水射流破土效果的因素比较多，水气同轴喷射时，高压水射流破碎土体的效果与水射流出口压力、喷射速度、喷嘴直径、喷嘴形状等因素有关；与空气射流的速度、方向及流量大小等因素有关；与被破碎土体的密度、颗粒大小及级配、抗剪强度等因素有关。

随着喷射压力增加，有效喷射距离增大，但喷射流的流量对水射流压力有较大影响。水射流出口速度增加，所携带的能量增大，破土效果提高。空气射流的速度越大，高压水射流速度的衰减越小，空气射流的流量增加，水射流的扩散减小，射流有效距离增大，可取得较好的破土效果，因而成桩直径增大。

2. 混合搅拌作用

由于高压喷射流是高能高速集中和连续地作用于土体上，压应力和冲蚀等多种因素总是同时密集在压应力区域内发生效应。因此，喷射流具有冲击、切割、破坏土体，并使浆液与土搅拌混合的功能。

3. 水泥与土的固化原理

单管喷射注浆使用浆液作为喷射流；一重管喷射注浆也以浆液作为喷射流，但在其外周有一圈空气流形成复合喷射流；三重管喷射法注浆，以水汽为复合喷射流并注浆填空；多重管喷射注浆的高压水射流把土冲空以浆液填充。水泥的加入已从根本上改变了土体结构，水泥包裹在土颗粒表面，并把它们黏聚在一起形成整体。在短时间内，土粒周围充满了水泥凝胶体。随着时间增长，水泥凝胶体结晶，并逐渐充满土体的空隙，土体与水泥形成特殊的水泥-土骨架结构，土的强度也随之得以改善。水泥凝胶体的结晶过程是较缓慢的，因此，固结体的强度会在较长时间内持续增长。

由水泥的各种成分所生成的胶质膜逐渐发展连接成胶质体，即表现为水泥的初凝状态，随着水化过程的不断发展，凝胶体吸收水分并不断扩大，产生结晶体。结晶体与胶质体相互包围渗透，并达到一种稳定状态，这就是硬化的开始。水泥的水化过程是一个长久的过程，水化作用不断地深入到水泥的微粒中，直到水分完全被吸收，胶质体凝固结晶充满为止。在这个过程中，固结体的强度将不断提高。

4. 升扬置换作用（三重管法）

高速水射流切割土体的同时，由于通过压缩气体而把一部分切割下来的土粒排出到地面，土粒排出后所留孔隙由水泥浆液补充。

5. 压密作用

高压喷射流在切割破碎土层过程中，在破碎部位边缘还有剩余压力，并对土层可产生一定的压密作用，使喷射桩体边缘部分的抗压强度高于中间部分，旋喷桩固结体的横断面情况如图 6.17 所示。

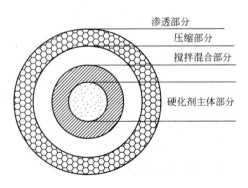

渗透部分
压缩部分
搅拌混合部分
硬化剂主体部分

图 6.17 旋喷桩固结体的横断面

6.3.3　设计计算

高压旋喷注浆形成水泥土加固体(桩或墙体),它与被加固土相比,强度较大,压缩性较小,而且两者相差比较悬殊。所以在设计时,既要考虑桩的作用,又要考虑复合地基的作用。在计算单桩承载力时,可借用一般桩的计算方法,对于地基承载力及沉降则采用复合地基的计算方法。

高压旋喷注浆设计的主要要求是确定浆液的水灰比、外加剂、桩径的大小,验算桩体和复合地基承载力的标准值及基础沉降。根据经验,水泥浆液的水灰比一般为 $1:1 \sim 1.5:1$,外加剂一般采用氯化钙、木钙、石膏、三乙醇胺和氯化钠等。桩径的大小取决于采用旋喷的方法,在黏性土中,单管旋喷一般为 $0.4 \sim 0.8$m,二重管旋喷为 $0.8 \sim 1.2$m,三重管旋喷为 1.0m~ 2.0m;在砂土中,旋喷为 $0.1 \sim 0.2$m。关于桩体和复合地基承载力特征值的验算和深层搅拌法一并讨论。

深层搅拌法加固地基设计一般是要根据建筑物地基的土质、水质条件和建筑物对地基的要求,确定搅拌桩的长度、水泥掺入比及置换率或桩数,然后验算单桩和复合地基的承载力特征值及基础沉降。一般设计方法是,首先根据地质条件确定搅拌桩的桩长及桩径,按摩擦桩计算单桩极限承载力,然后计算桩身水泥土要求的极限抗压强度。然后通过室内试验,按所需的极限抗压强度,选择水泥掺入比。也可以先通过室内试验得到某一水泥掺入比所对应的极限抗压强度,计算桩身单桩承载力特征值和桩长。当单桩承载力特征值确定后,即可根据建筑物对地基的要求确定所需的桩数或搅拌桩置换率,进一步验算复合地基承载力特征值。

1. 直径的确定

高压旋喷桩的直径除浅层可用开挖的方法确定之外,深部的直径无法用准确的方法确定,因此只能用经验的方法给出。根据国内外施工经验,其设计直径可参考表 6-7 选用。

表 6-7　旋喷桩设计直径

土的类型	喷注种类	单管法	二重管法	三重管法
黏性土	$0 < N_{63.5} < 5$	1.2 ± 0.2	1.6 ± 0.3	2.5 ± 0.3
	$10 < N_{63.5} < 20$	0.8 ± 0.2	1.2 ± 0.3	1.8 ± 0.3
	$20 < N_{63.5} < 30$	0.6 ± 0.2	0.8 ± 0.3	1.2 ± 0.3
砂土	$0 < N_{63.5} < 10$	1.0 ± 0.2	1.4 ± 0.3	2.0 ± 0.3
	$10 < N_{63.5} < 20$	0.8 ± 0.2	1.2 ± 0.3	1.5 ± 0.3
	$20 < N_{63.5} < 30$	0.6 ± 0.2	1.0 ± 0.3	1.2 ± 0.3
砂砾	$20 < N_{63.5} < 30$	0.6 ± 0.2	1.0 ± 0.3	1.2 ± 0.3

注:$N_{63.5}$ 为标准贯入击数。

2. 桩的平面布置

桩的平面布置形式很多,可根据具体情况具体设计,一般的平面布置形式如图 6.18

所示。

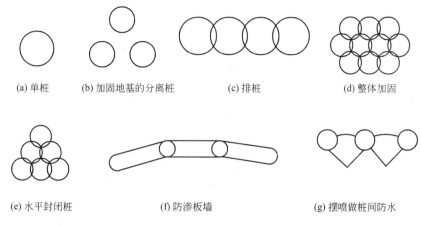

(a) 单桩　　(b) 加固地基的分离桩　　(c) 排桩　　(d) 整体加固

(e) 水平封闭桩　　　　(f) 防渗板墙　　　　(g) 摆喷做桩间防水

图 6.18　桩的平面布置形式

3. 单桩和复合地基承载力特征值计算

高压旋喷注浆桩体为水泥土桩，单桩和复合地基承载力特征值的计算基本是类似的。

1) 单桩承载力特征值

把旋喷桩视为摩擦桩，单桩竖向承载力特征值可按式(6-7)和式(6-8)估算，取其中较少值。

$$R_k = \eta f_{cu} A_p \tag{6-7}$$

$$R_k = u_p \sum_{i=1}^{n} q_{si} l_i + \alpha q_p A_p \tag{6-8}$$

式中，R_k 为单桩竖向承载力特征值，kPa；f_{cu} 为桩体试块（70.7mm×70.7mm×70.7mm）的无侧限抗压强度平均值；η 为强度折减系数，可取 0.35；d_p 为桩体平均直径，m；n 为按桩长范围内所划分的土层数；l_i 为桩周第 i 层土的厚度，m；q_{si} 为桩周第 i 层土摩擦力的特征值，可借用钻孔灌注桩侧壁摩擦力特征值；q_p 为桩端天然地基土的承载力特征值。

2) 复合地基承载力特征值

搅拌桩或旋喷桩复合地基承载力特征值应通过现场试验确定，也可用式(6-9)粗略估算。

$$f_{spk} = \frac{1}{A_c} \left[R_K + \beta f_{sk} (A_C - A_P) \right] \tag{6-9}$$

式中，f_{spk} 为复合地基承载力特征值；A_c 为 1 根桩承担的处理面积，按正方形布置，$A_c = S^2$，按正三角形布置，$A_c = 0.87s^2$，s 为桩的间距；A_p 为桩的平均截面积；f_{sk} 为桩间天然地基土承载力特征值；β 为桩间天然地基承载力折减系数，可根据现场试验确定，也可取 0.3～1.0（对于旋喷桩而言）或 0.5～1.0（对于搅拌桩而言），桩端为软黏土及桩身强度低时取高值，不考虑桩间土的作用时，$\beta = 0$；R_K 为单桩竖向承载力特征值，可根据式(6-1)和式(6-2)确定，取其中较小值。

4. 浆量计算

浆量计算主要有两种方法，即体积法和喷量法，取较大者作为设计喷浆量。

1）体积法

$$Q=\frac{\pi D_e^2}{4}K_1h_1(1+\beta)+\frac{\pi D_0^2}{4}K_2h_2 \tag{6-10}$$

式中，Q 为需要的喷浆量，m^3；D_e 为旋喷固结体直径，m；D_0 为注浆管直径，m；K_1 为填充率，取 $0.75\sim0.90$；h_1 为旋喷长度，m；K_2 为未旋喷范围土的填充率，取 $0.50\sim0.75$；h_2 未旋喷长度，m；β 为损失系数，取 $0.1\sim0.2$。

2）喷量法

$$Q=\frac{H}{V}q(1+\beta) \tag{6-11}$$

式中，V 为提升速度，m/min；H 为喷射长度，m；q 为单位喷浆量，m^3/m。

根据计算所需的喷浆量和设计的水灰比，即可确定水泥的使用数量。

5．复合地基沉降量的估算

桩长范围内复合地基土层及其下卧土层的沉降，可按照《建筑地基处理技术规范》（JGJ 79—2002）有关规定计算，其中复合土层的压缩模量可按式（6-12）确定。

$$E_{ps}=[E_s(A_e-A_P)+E_PA_P]A_e \tag{6-12}$$

式中，E_{ps} 为复合土层的压缩模量，MPa^{-1}；E_s 为桩间土的压缩模量，也可用天然地基土的压缩模量代替，MPa^{-1}；E_P 为桩体的压缩模量，可采用测定混凝土变形模量方法确定，MPa^{-1}。

高压喷射注浆法已在许多软黏土地基处理工程中取得良好的效果。但是必须指出，对于含水率很大和有机质含量较高的土，采用普通水泥浆液未必能取得良好的效果。因此，宜慎重对待，一般应通过试验取得加固效果后才能采用。

6．其他指标

（1）高压喷射注浆的主要材料为水泥，对于无特殊要求的工程，宜采用 32.5 级及以上的普通硅酸盐水泥。根据需要可加入适量的早强、速凝、悬浮或防冻等外加剂及掺合料。所用外加剂和掺合料的数量应通过试验确定。水泥浆液的水灰比应按工程要求确定，可取 $0.8\sim1.5$，常用 1.0。水泥在使用前需做质量鉴定。搅拌水泥浆所用的水应符合《混凝土拌和用水标准》（GBJ 63—1989）的规定。

（2）高压旋喷桩复合地基宜在基础和桩顶之间设置厚 $200\sim300mm$ 的砂石褥垫层。

（3）当旋喷桩需要相邻桩相互搭接形成整体时，应考虑施工中垂直度误差等，设计桩径相互搭接不宜小于 $300mm$。尤其在截水工程中尚需要采取可靠方案或措施保证相邻桩的搭接，防止截水失败。

6.3.4 施工工艺

旋喷注浆法的施工程序如图 6.19 所示。首先用钻机钻孔至设计处理深度，然后用高压脉冲泵，通过安装在钻杆下端的特殊喷射装置，向四周土喷射化学浆液。在喷射化学浆液的同时，钻杆以一定的速度旋转，并逐渐往上提升（图 6.20）。高压射流使一定范围内土体结构遭受破坏并与化学浆液强制混合，胶结硬化后即在地基中形成比较均匀的圆柱体，即旋喷桩。

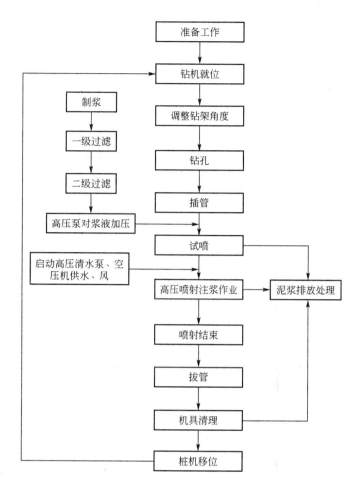

图 6.19 高压喷射注浆的施工工序

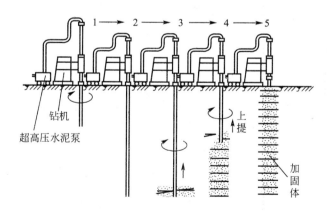

图 6.20 旋喷注浆法施工工序

1—开始钻进；2—钻进结束；3—高压旋喷开始；
4—喷嘴边旋转边提升；5—旋喷结束

1. 钻机就位与钻孔

钻机与高压注浆泵的距离不宜过远，并不宜大于 50m。钻孔的位置与设计位置的偏差不得大于 50mm。实际孔位、孔深和每个钻孔内的地下障碍物、洞穴、涌水、漏水及与工程地质报告不符等情况均应详细记录。钻孔的目的是为了将注浆管置入预定深度。如能通过振动或直接把注浆管置入土层预定深度，则钻孔和置入注浆管的两道工序合并为一道工序。旋喷桩施工的主要机具及参数如表 6-8 所示。

表 6-8　旋喷桩施工的主要机具及参数

项目		单管法	二重管法	三重管法
参数	喷嘴孔径/mm	$\phi2\sim3$	$\phi2\sim3$	$\phi2\sim3$
	喷嘴个数/个	2	$1\sim2$	2
	旋转速度/(t/min)	20	10	$5\sim15$
	提升速度/(mm/min)	$200\sim250$	100	$50\sim150$
机具性能	高压泵　压力/MPa	$20\sim40$	$20\sim40$	$20\sim40$
	流量/(L/min)	$60\sim120$	$60\sim120$	$60\sim120$
	空压机　压力/MPa	—	0.7	0.7
	流量/(L/min)	—	$1\sim3$	$1\sim3$
	泥浆泵　压力/MPa	—	—	$3\sim5$
	流量/(L/min)	—	—	$100\sim150$

浆液配比：水∶水泥∶陶土∶碱=(1~1.5)∶1∶0.03∶0.0009

2. 喷射注浆

置入注浆管，开始横向喷射，当喷射注浆管贯入土中，喷嘴达到设计标高时，即可喷射注浆。

高压喷射注浆单管法及二重管法的高压水泥浆液流和三重管法高压水射流的压力宜大于 20MPa，三重管法使用的低压水泥浆液流压力宜大于 1MPa，气流压力宜取 0.7MPa，低压水泥浆的灌注压力通常在 1.0~2.0MPa，提升速度可取 0.05~0.25m/min，旋转速度可取 10~20r/min。

3. 旋转、提升

在喷射注浆参数达到规定值后，随即分别按旋喷（定喷或摆喷）的工艺要求，提升注浆管，由下而上喷射注浆。注浆管分段提升的搭接长度不得小于 100mm。

4. 拔管及冲洗

完成一根旋喷桩施工后，应迅速拔出喷射注浆管，进行冲洗。为防止浆液凝固收缩影响桩顶高程，必要时可在原孔位采用冒浆回灌或第二次注浆等措施。

对需要扩大加固范围或提高强度的工程，可采取复喷措施，即先喷一遍清水再喷一遍或两遍水泥浆。在高压喷射注浆过程中出现压力骤然下降、上升或大量冒浆等异常情况时，应查明产生的原因并及时采取措施。当处理既有建筑地基时，应采取速凝浆液或大间距隔孔旋喷和冒浆回灌等措施，以防在旋喷过程中地基产生附加变形和地基与基础间出现脱空现象，影响被加固建筑及邻近建筑。同时，应对建筑物进行沉降观测。施工中应如实记录高压喷射注浆的各项参数和出现的异常现象。

6.3.5 质量检验

高压旋喷桩复合地基检测与检验可根据工程要求和当地经验采用开挖检查、取芯、标准贯入试验、荷载试验等方法进行检验，并结合工程测试及观测资料综合评价加固效果。质量检验、载荷试验宜在注浆结束28d后进行。竣工验收时，承载力检验应采用复合地基载荷试验和单桩载荷试验。成桩28d后抽芯取样进行无侧限抗压强度试验，抽验数为2%，并不少于2根，其无侧限抗压强度不得小于设计值。

检查点的位置应布置在建筑荷载大的部位、施工中出现异常的部位以及地质条件复杂易影响注浆质量的部位，检查点的数量为施工注浆孔数的2%～5%，对于不足20孔的工程，至少检验2个点。

高压旋喷桩施工质量标准表如表6-9所示。

表6-9 高压旋喷桩施工质量标准表

序号	项目	允许偏差	检查数量	检查方法及说明
1	固结体位置(纵横方向)	50mm	抽检2%，但不少于2根	用经纬仪检查(或钢尺丈量)
2	固结体垂直度	1.5%		用经纬仪检查喷浆管
3	固结体有效直径	±50mm		开挖0.5～1m深后尺量
4	桩体无侧限抗压强度	不小于设计规定		钻芯取样，做无侧限抗压强度试验
5	复合地基承载力	不小于设计规定	抽检2‰，但不小于1处	平板荷载试验
6	渗透系数	不小于设计规定	按设计要求数量	加固体内或围井钻孔注(压)水试验

6.3.6 工程实例

河南省体育中心工程包括主体育场、综合训练馆和两栋附馆，主体育场东西看台高60m，南北看台高30m，为框架结构，柱下为独立基础，最大单柱荷载设计值为16500kN，最小单柱荷载设计值1870kN；附馆和综合训练馆高20m，为框架结构，柱下为独立基础，预估荷载设计值为3500kN。

工程场地位于郑州市北部，地貌属于黄河冲积平原，在勘探深度范围内土层自上而下共分5层：①全新统上段(Q_{4-3})黄河近期泛滥沉积的褐色-褐黄色、软塑-可塑状粉土和粉质黏土层，底板埋深10.5m左右；②全新统中段(Q_{4-2})静水相或缓流水相沉积形成的灰-灰黑色、可塑-软塑状粉土和粉质黏土层，层底埋深18.5m左右；③全新统下段(Q_{4-1})冲洪积的浅灰-褐灰色、中密-密实的粉、细砂层，层底埋深30.0m左右；④第四系上更新统(Q_3)冲洪积的褐黄-褐红色、可塑-硬塑状粉质黏土和粉土层，层底埋深约56.0m；⑤第四系中更新统(Q_2)冲洪积的褐黄色、硬塑至坚硬状态的粉质黏土、黏土层。场区地下水为潜水，稳定水位在自然地面下 4.0m。

由于特殊的地质条件和工程的复杂性，本工程采用了高压旋喷桩加固地基，要求处理后地基承载力标准值不低于 300kPa，高压旋喷桩设计桩径为 600mm，设计有效桩长为 11.0m，桩距为 1.2m。

为了确定复合地基的承载力及变形特性，在复合地基施工结束后进行了 9 桩复合地基、单桩复合地基和单桩载荷试验。另对桩身取样进行了无侧限抗压强度试验，桩身无侧限抗压强度和变形模量分别为 7.7MPa 和 1.22GPa。

桩复合地基载荷试验承压板尺寸为 3.0m×3.0m，承压板下铺 200mm 厚的砂石褥垫层，桩距为 1.2m，桩径为 0.6m，桩长 12m，置换率为 0.283，3 组 9 桩复合地基（编号分别为 2#、4# 和 6#）载荷试验的 P-s 曲线如图 6.21 所示。单桩复合地基载荷试验承压板尺寸为 1.2m×1.2m，承压板下铺 200mm 厚的砂石褥垫层，桩长为 11～12m，桩径为 0.6m，面积置换率为 0.196，9 桩复合地基（编号为 1#F～9#F）载荷试验的 P-s 曲线如图 6.22 所示。

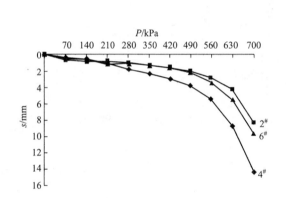

图 6.21　9 桩复合地基载荷试验 P-s 曲线　　　图 6.22　单桩复合地基载荷试验 P-s 曲线

对比复合地基承载力特征值的实测值和理论计算值，如表 6-10 所示。

表 6-10　复合地基承载力特征值的实测值和理论计算值

方法 承载力	载荷试验实测值		理论计算值	
	9 桩复合地基	单桩复合地基	$m=0.196$	$m=0.283$
f_{spk}/kPa	406.6	421.6	432.0	476.0

复合地基承载力的理论计算值比实测值略大。复合地基承载力理论计算值与实测值间的差异随面积置换率、复合地基载荷试验的桩数而变化。从本工程的结果来看，随着面积置换率和复合地基载荷试验桩数的增加，差异增大。

旋喷桩复合地基载荷试验时承压板下桩数不同，测得的复合地基承载力也不同，承压板下桩数越多，所得的承载力标准值越低；在相同荷载作用下，多桩复合地基的沉降量比单桩复合地基的大，旋喷桩复合地基有明显的群桩效应。复合地基承载力计算值比载荷试验的结果略大，从本工程的结果来看，随着面积置换率和复合地基载荷试验桩数的增加，它们之间的差异会增大。

同时,为准确掌握复合地基的沉降变化,在承台上设置了沉降观测点,从承台施工到工程完工投入使用共进行了 15 次观测,根据观测值推算出的复合地基最终沉降量如表 6-11 所示。

表 6-11 复合地基最终沉降量的计算值与实测值对比

参数　　　　　　承台承台尺寸 　　　　　　承台重	7.5m×7.5m 16500kN	2.5m×2.5m 1870kN
加固深度/承台宽度(l/B)	1.47	4.40
按复合地基理论计算的沉降量/mm	51.30	3.82
按分层总和法计算的沉降量/mm	141.50	46.14
实测沉降量/mm	80.00	43.00

由表 6-11 可知,高压旋喷桩的加固深度与承台宽度的比值(l/B)对复合地基沉降量的计算有较大影响,较小的 l/B 值会使沉降量计算值偏大,较大的 l/B 值会使沉降量计算值偏小。

用分层总和法计算复合土层的沉降量时,复合土层压缩模量的不同计算方法,会使计算结果出现较大差异,沉降计算值会大大低于实际值。

本工程通过高压旋喷法处理地基,无论是在承载力方面还是在沉降量方面,都满足了规范的要求,取得了较好的处理效果。

6.4 水泥土搅拌法

水泥土搅拌法是利用水泥作为固结剂,通过特制的搅拌机械,在地基中将水泥和土体强制拌和,使软弱土硬结成整体,形成具有水稳性和足够强度的水泥(或石灰)土桩或地下连续墙。深层搅拌法可以在软黏土地基中制成柱状、壁状和块状等不同形式的加固体,这些加固体与天然地基组成复合地基,共同承担建筑物的荷载。

水泥土搅拌桩是深层搅拌桩的一种类型,在我国也仅有十几年的历史。水泥土搅拌法最早在美国研制成功。日本在 1973—1974 年开始研究水泥土搅拌,并于 1975 年投入实际使用。目前,成孔的最大直径为 2m,最大钻孔深度为 70m。我国于 1978 年由冶金建筑研究总院和交通部水运规划设计院研制出了第一台双轴搅拌中心管输浆的搅拌机械。粉体喷射搅拌法是采用粉体作为固化剂,不再向地基中注入附加水分,这样能充分吸收周围软黏土中的水分。因此加固后初期强度较高。对含水率高的软黏土其加固效果尤为明显。日本是最早研发和使用该法的国家。1987 年,中华人民共和国铁道部(简称铁道部)第四勘测设计院和上海探矿机械厂制成步履式粉喷机,成桩直径达 500mm,加固深度达 12.5m。

根据固化剂掺入状态的不同,它可分为浆液搅拌和粉体喷射搅拌两种。前者是用浆液和地基土搅拌(简称湿法),后者是用粉体或石灰和地基土搅拌(简称干法)。

水泥土搅拌法具有以下优点。

（1）由于将固化剂与原地基土就地搅拌混合，因而最大限度地利用了地基土。

（2）搅拌时不会使地基土产生侧向挤出，对原有建筑物影响很小。

（3）根据地基土的不同性质和工程要求，可以合理选择固化剂的类型及其配方，设计灵活。

（4）施工过程中无振动、无污染、无噪声，可在城市市区内和密集建筑群中施工。

（5）加固后土体的重度基本不变，软弱下卧层不会产生附加沉降。

（6）与钢筋混凝土桩基相比，降低成本的幅度较大。

（7）可根据上部结构的需要，灵活地采用柱状、壁状、格栅状和块状等加固形式。

该方法适用于淤泥、淤泥质土、含水率较高且地基承载力不大于 120kPa 的黏性土和粉土。对于含有高岭石、多水高岭石、蒙脱石等黏土矿物的软黏土加固效果较好。而对于含有伊利石、氯化物和水铝石英等矿物的黏性土以及有机物含量高、酸碱度（pH 值）较低的黏性土加固效果较差。当地基土的天然含水率小于 30%（黄土含水率小于 25%）、大于 70% 或地下水的 pH 值小于 4 时不宜采用干法。湿法的加固深度不宜大于 20m，干法不宜大于 15m。

石灰固化剂一般适用于黏土颗粒含量大于 20%，粉粒及黏粒含量之和大于 35%，黏土的塑性指数大于 10，液化指数大于 0.7，土的 pH 值为 4~8，有机质含量小于 11%，土的天然含水率大于 30% 的偏酸性的土质加固。

6.4.1　加固机理

水泥（或水泥浆）与软黏土采用机械搅拌加固的基本原理是基于水泥加固土的物理化学反应过程的，有别于混凝土的硬化机理。水泥加固土中的水泥掺入量很小，仅占被加固土质量的 7%~15%，水泥的水解和水化反应完全是在具有一定活性的介质——土的围绕下进行的，所以水泥土的强度增长较混凝土缓慢。

1. 水泥水化作用

在对水泥与加固土体进行拌和时，水泥会与土中的水发生水化作用，生成水化碳酸钙、水化铁酸钙凝胶等水化产物。反应中所生成的氢氧化钙和含水硅酸钙溶解在水中，与外围的水泥颗粒继续发生反应。随着反应的进一步进行，周围的水溶液逐渐达到饱和。饱和后溶液中的水分子继续渗入水泥颗粒内部，以细分散状态的胶体析出，悬浮于溶液中形成胶体。

2. 水泥的离子交换和颗粒聚集作用

由于土颗粒在天然状态下表面带有负电荷，而反离子层为阳离子，其层中的 Na^+、K^+ 能与水泥浆中 $Ca(OH)_2$ 溶液中的 Ca^{2+} 进行离子交换，使土粒水化膜变薄，进而使土颗粒聚结成较大的团粒。另外，水泥水化后其凝胶颗粒呈分散状，比表面积极速增大，所产生的表面能具有强烈的吸附活性，能使土颗粒结合扩大，形成水泥土的团粒结构，同时也逐渐封住了各土颗粒之间的空隙，在宏观上表现为水泥土的强度有了极大的提高。

3. 水泥土的硬化作用

离子交换后期，由于 Ca^{2+} 数量超过离子交换的需要量，在碱性环境中，Ca^{2+} 会与土中游离的二氧化硅和三氧化二铝进行化学反应，生成不溶于水的稳定结晶化合物。在空气和水中，该结晶化合物会逐渐硬化，进而导致水泥土的强度增加。而且，由于其结构比较密实，可防止水分的侵入，故该水泥土还具有优异的防水性能。

4. 碳酸化作用

水泥水化中所生成的氢氧化钙还能与空气和水中含有的二氧化碳发生碳酸化反应，生成不溶于水的碳酸钙，该过程也可以小幅度增加水泥土的强度，但主要体现在后期强度。水泥加固软黏土的强度主要来自于水泥水解水化物与土体的胶结作用。从施工现场情况来看，水泥搅拌桩中均不可避免地存有原状土块和水泥团块，其团块大小与机械的搅拌功能和搅拌的程度密切相关。一般规律是，强制搅拌越充分，土块被粉碎得越小，则水泥和土体混合得越均匀，所表现出来的水泥土搅拌桩的总体强度就越高。另外，根据笔者的经验，施工过程中所发生的问题通常不是发生在是否充分搅拌这一环节上，而是由于机械结构呈水平向片状的搅拌，造成水泥土搅拌桩是片状结构，其抗剪抗滑能力均较小。

6.4.2 水泥土的物理力学性质

通过机械搅拌将水泥土和软黏土混合形成水泥土的过程是一种物理化学反应的过程，它与混凝土硬化的机理不同。混凝土硬化是水泥在粗骨料中进行，而水泥土硬化是水泥在具有活性的黏土介质中进行，作用缓慢而复杂。水泥遇水后发生水化和水解作用，生成氧化钙等多种化合物，其中钙离子与黏土矿物表面吸附的 K^+ 及 Na^+ 进行当量交换，使黏土颗粒形成较大的土团粒，同时水泥水化后生成的胶体粒子，把土团粒连接起来形成蜂窝状结构。随着水泥水化的深入，溶液析出大量 Ca^{2+} 与黏土矿物中的二氧化硅和三氧化二铝进行化学反应，形成稳定性好的结晶矿物及碳酸钙，这种化合物在水和空气中逐渐硬化成为水泥土。水泥土的主要物理力学指标如下。

1. 重度

水泥土的容重与天然土的容重相近，但水泥土的相对密度比天然土的相对密度稍大。水泥土的重度仅比天然土重度增加 0.5%～3.0%，也不会产生较大的附加沉降。

2. 相对密度

由于水泥的相对密度为 3.1，比一般黏土的相对密度(2.65～2.75)大，故水泥土的相对密度比天然黏土的相对密度稍大。水泥土相对密度比天然黏土的相对密度增加 0.7%～2.5%。

3. 含水率

水泥土的含水率一般比原状土降低了 0.5%～7%。

4. 抗渗性

渗透系数 k 一般为 $1 \times 10^{-7} \sim 1 \times 10^{-8} \, \mathrm{cm/s}$。

5. 水泥土抗拉强度

水泥土抗拉强度与抗压强度有一定关系。在一般情况下，抗拉强度在 $(0.15 \sim 0.25) q_u$

之间。

6. 抗剪强度

当水泥土无侧限抗压强度 $q_u = 0.5 \sim 4 \text{MPa}$ 时，其抗剪强度指标之一黏聚力 c 在 $100 \sim 1000 \text{kPa}$ 之间，其另一抗剪强度指标摩擦角 φ 在 $20° \sim 30°$ 之间。

7. 无侧限抗压强度

水泥土的无侧限抗压强度一般为 $300 \sim 400 \text{kPa}$，水泥土的抗压强度除了与被加固土的性质有关外，还与水泥的标号、掺和量、龄期及外加剂等有密切关系。水泥标号愈大，强度增长愈大，水泥标号增加 $100^\#$，强度可提高 30%，因此在实际应用中应尽量采用高标号水泥。水泥的掺入比愈大，水泥土的强度逐渐增大，当掺入比小于 5% 时，对水泥土的强度影响不大，因此掺入比必须大于 5%，一般掺入比采用 $10\% \sim 15\%$。水泥土的强度随养护的龄期增大而增大，超过 3 个月后，强度增长才开始稳定，一般将 3 个月的龄期作为标准。外加剂如木钙、三乙醇胺和石膏等，对加固土起早强、缓凝、减水和节省水泥的作用，但必须避免污染环境。水泥土的抗剪强度、抗拉强度和变形模量都与无侧限抗压强度存在一定的关系。

当无侧限抗压强度 $q_u = 1.0 \sim 8.0 \text{MPa}$ 时，如竖向应力比较小，抗剪强度与无侧限抗压强度的关系为 $\tau_f = (0.3 \sim 0.45) q_u$，当竖向应力较大时，$\tau_f = 0.5 q_u$。抗拉强度与无侧限抗压强度的关系为 $\tau_f = (0.15 \sim 0.25) q_u$。变形模量为 $E_0 = 120 \sim 150 q_u$。一般水泥土的内摩擦角 $\varphi = 20° \sim 25°$，压缩模量 $E_s = 60 \sim 100 \text{MPa}$。

为了降低工程造价，可以采用掺加粉煤灰的措施。掺加粉煤灰的水泥土，其强度一般比不掺粉煤灰的高。不同水泥掺入比的水泥土，当掺入与水泥等量的粉煤灰后，强度均比不掺粉煤灰的提高 10%，因此采用深层搅拌法加固软黏土时掺入粉煤灰，不仅可消耗工业废料，还可提高水泥土的强度。

影响水泥土的无侧限抗压强度的因素主要有水泥掺入比、水泥标号、龄期、含水率、有机质含量、外掺剂以及养护条件等。

例如，水泥土的强度随着水泥掺入比的增加而增大，当水泥掺入比小于 5% 时，由于水泥与土的反应过弱，水泥土固化程度低，强度离散性也较大，故在水泥土搅拌法的实际施工中，选用的水泥掺入比必须大于 7%。

6.4.3 设计计算

水泥搅拌法的设计和深层搅拌桩的设计基本一致。

1. 水泥搅拌桩单桩竖向承载力特征值计算

水泥搅拌桩单桩竖向承载力特征值应通过现场单桩载荷试验确定。有经验时单桩竖向承载力特征值也可按式(2-4)和式(2-5)估算，取两者中的较小值。

2. 竖向承载水泥搅拌桩复合地基的承载力特征值计算

竖向承载水泥搅拌桩复合地基的承载力特征值应通过复合地基载荷试验确定，或采用单桩载荷试验结果和天然地基的承载力特征值结合经验确定。有经验时水泥搅拌桩复合地基的承载力特征值可按式(2-3)估算。

3. 软弱下卧层验算

竖向承载水泥搅拌桩复合地基处理范围以下存在软弱下卧层时，下卧层承载力应按式(6-13)验算。

$$p_z + p_{cz} \leqslant f_{az} \tag{6-13}$$

式中，p_z 为相应于荷载效应标准组合时，软弱下卧层顶面处的附加压力值，kPa；p_{cz} 为软弱下卧层顶面处土的自重压力值，kPa；f_{az} 为软弱下卧层顶面处经深度修正后的地基承载力特征值，kPa。

4. 变形计算

竖向承载水泥搅拌桩复合地基的变形量主要包括水泥搅拌桩复合土层的平均压缩变形量 s_1 和桩端下未加固土层的压缩变形量 s_2，即

$$s = s_1 + s_2 \tag{6-14}$$

(1) 水泥搅拌桩复合土层的平均压缩变形量 s_1，可按式(6-15)计算。

$$s_1 = \frac{(p_z + p_{z1})}{2E_{sp}} l \tag{6-15}$$

水泥搅拌桩复合土层的压缩模量 E_{sp} 可按式(6-16)计算。

$$E_{sp} = mE_p + (1-m)E_s \tag{6-16}$$

式中，p_z 为水泥搅拌桩复合土层顶面的附加压力平均值，kPa；p_{z1} 为水泥搅拌桩复合土层底面的附加压力平均值，kPa；l 为水泥搅拌桩桩长，m；E_s 为水泥搅拌桩桩间土的压缩模量，MPa；E_p 为水泥搅拌桩桩身的压缩模量，MPa。

$$E_{sp} = \xi E_s \tag{6-17}$$

$$\xi = \frac{f_{spk}}{f_{ak}} \tag{6-18}$$

式中，f_{spk} 为复合地基的地基承载力特征值，kPa；f_{ak} 为天然地基承载力特征值，kPa。

(2) 水泥搅拌桩桩端以下未加固土层的压缩变形量 s_2，可采用现行国家规范《建筑地基基础设计规范》(GB 50007—2011)的有关规定计算。

5. 抗滑验算

路(坝)堤复合地基稳定性可采用圆弧滑动总应力法进行验算(图6.23)，则稳定性安全系数由式(6-19)计算。

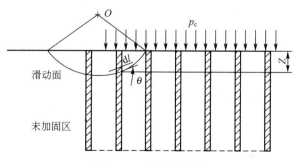

图 6.23 圆弧分析法

$$K=\frac{S}{T} \tag{6-19}$$

式中，T 为最危险滑动面上的总剪切力，kN；S 为最危险滑动面上的总抗剪切力，kN；K 为安全系数。

稳定性安全系数取 1.20～1.30，并且水泥搅拌桩桩长应超过危险滑弧以下 2.0m。

6. 其他

（1）竖向承载水泥搅拌桩的平面布置可根据上部结构特点和基础特点确定。水泥搅拌桩在基础范围内布置，独立柱基下水泥土桩不少于 3 根。水泥土搅拌桩平面布置可根据上部建筑对变形的要求，采用柱状、壁状、格栅状、块状等处理形式。一般可只在基础范围内布桩，其中柱状处理可采用正方形或等边三角形布桩形式。

（2）根据现场拟处理土的性质和室内试验成果，选择合适的水泥品种、外掺剂和掺合量，取 90d 龄期的立方体试块抗压强度值为水泥土设计抗压强度值。

（3）水泥搅拌桩固化剂应选用 325 级及以上的普通硅酸盐水泥，水泥掺量、水灰比按设计要求由配合比试验确定。水泥掺量宜在 10%～20% 范围内；喷浆搅拌法的水泥浆水灰比控制在 0.45～0.55。

（4）竖向承载水泥搅拌桩的长度应根据上部结构对承载力和变形的要求确定，并宜穿透软弱土层，到达承载力相对较高的土层。水泥搅拌桩直径不应小于 500mm；采用喷粉法施工的搅拌桩桩长宜控制在 15.0m 以内。

（5）水泥搅拌桩复合地基宜在基础下设置褥垫层。褥垫层厚度可取 200～300mm，其材料可选用中砂、粗砂、级配砂石等，最大粒径不宜大于 20mm。

6.4.4　施工方法

根据施工方法的不同，水泥土搅拌法可分为水泥浆搅拌法和粉体喷射搅拌法两种。

1. 水泥土搅拌法的机具设备

水泥土搅拌桩的主要施工设备为深层搅拌机，有中心管喷浆方式的 SJB-1 型深层搅拌机和叶片喷浆方式的 GZB-600 型深层搅拌机两类。

1）SJB-1 型深层搅拌机

SJB-1 型深层搅拌机是双搅拌轴中心管输浆的水泥搅拌专有机械，制成的桩外形呈"8"字形（纵向最大处为 1.3m，横向最大处为 0.8m），其外形和构造如图 6.24（a）所示。SJB-1 型深层搅拌机的组成部分如下。

（1）动力部分：两台 30kW 潜水电动机各自连接一台 2 级 2K-H 行星齿轮减速器。

（2）搅拌部分：包括搅拌轴（每节长 2.45m、直径为 127mm）和搅拌头（带硬质合金齿的两叶片式；直径为 0.7～0.8m）。

（3）输浆部分：由中心管（直径为 40mm，每节长 2.45m）和穿在中心管内部的输浆管（直径为 68mm）以及单向球阀（球径为 120mm）等组成。中心管通过横向系板与搅拌轴连成整体。

其技术性能如表 6-12 所示。其配套设备如图 6.25 所示，主要有灰浆搅拌机（共两台各 200L，轮流供料）、集料斗（容量为 400L）、HB6-3 型灰浆泵、电气控制框等。

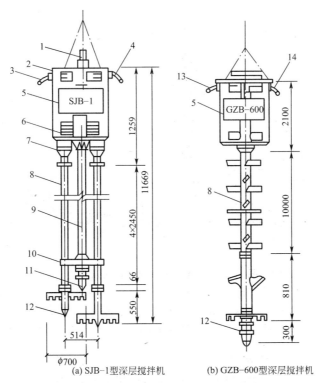

图 6.24 深层搅拌机外形和构造(单位：mm)

1—输浆管；2—外壳；3—出水口；4—进水口；5—电动机；6—导向滑块；7—减速器；8—搅拌轴；
9—中心管；10—横向系板；11—球形阀；12—搅拌头；13—电缆接头；14—进浆口

表 6-12 SJB-1 型深层搅拌机技术性能要求

项次	项目		规格性能	数量
1	深层搅拌机	搅拌轴数量	$\phi127\times10mm$(直径×长度)	2 根
		搅拌轴长度	每节长 2.45m	2 节
		搅拌时外径	$\phi700\sim800mm$	
		电动机功率	30kW	2 台
2	起吊设备及导向系统	履带式起重机	CH500 型，起重高度大于 14m，起重量大于 10t	1 台
		提升速度	0.3~1.0m/min	
		导向架	$\phi88.5mm$ 钢管制	1 座
3	固化剂制配系统	灰浆泵	HB6-3 型，输浆量为 3m³/h 工作压力为 1.5MPa	1 台
		灰浆搅拌机	HL-1 型 200L	2 台
		集料斗	容量为 400L	1 个
		磅秤	计量	1 台
		提升速度测定仪	量测范围 0~2m/min	1 台
4	技术指标	一次加固面积	0.7~0.9m²	
		最大加固深度	10m	
		加固效率	40~50m/台班	
		总质量(不含起重机)	6.5t	

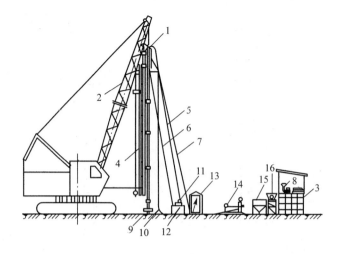

图 6.25　深层搅拌机配套机械及布置

1—深层搅拌机；2—履带式起重机；3—工作平台；4—导向架；5—进水管；6—回水管；
7—电缆；8—磅秤；9—搅拌头；10—输浆压力胶管；11—冷却泵；12—储水池；
13—电气控制柜；14—灰浆泵；15—集料斗；16—灰浆搅拌机

2）GZB-600 型深层搅拌机

GZB-600 型深层搅拌机是利用进口钻机改装的单搅拌轴、叶片喷浆方式的搅拌机，其外形和构造如图 6.24(b)所示。GZB-600 型深层搅拌机的组成部分如下。

（1）动力部分：两台 30kW 电动机，各自连接一台 2K-H 行星齿轮减速器。

（2）搅拌轴与输浆管：单轴叶片喷浆方式是使水泥浆由中空轴经搅拌头叶片，沿着旋转方向输入土中，搅拌轴外径为 129mm，轴内输浆管外径为 76mm。

（3）搅拌头：在搅拌头上分别设置搅拌叶片和喷浆叶片，两层叶片相距 0.5m，成桩直径为 600mm，喷浆叶片上开有三个尺寸相同的喷浆口。其技术性能如表 6-13 所示。其配套设备如图 6.26 所示，主要有 PMZ-15 型灰浆计量配料装置、两台灰浆搅拌机（容量各为 500L）、集料斗（容量为 180L）、灰浆泵、电磁流量计等组成。

表 6-13　GZB-600 型深层搅拌机技术性能

项目		规格性能	项目		规格性能
搅拌机	搅拌轴数量/根	1	固化剂制备系统	灰浆拌制机台数×容量/L	2×500
	搅拌叶片外径/mm	600		泵输送量/(L/min)	281
	搅拌轴转数/(r/min)	50		工作压力/kPa	1400
	电机功率/kW×台数	30×2		集料斗容量/L	180
起吊设备	提升力/kN	150	技术指标	一次加固面积/m²	0.283
	提升速度/(m/min)	0.6~1.0		最大加固深度/m	10~15
	提升高度/m	14		加固效率/[m/(台·班)]	60
	接地压力/kPa	60		总质量(不包括起吊设备)/t	

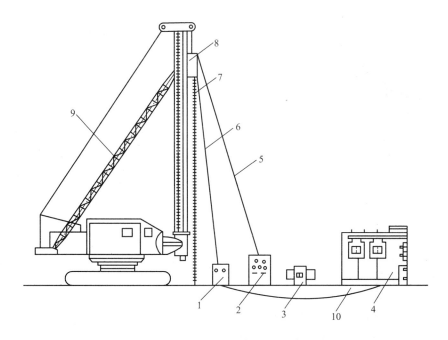

图 6.26 GZB - 600 型搅拌机配套机械

1—流量计；2—控制柜；3—低压变压器；4—PM2 - 15 泵送装置；5—电缆；
6—输浆胶管；7—搅拌轴；8—搅拌机；9—打桩机；10—电缆

深层搅拌桩加固软黏土的固化剂可选用水泥、掺入量一般为加固土重的 7%～15%，每加固 1m³ 土体掺入水泥 110～160kg。SJB - 1 型深层搅拌机还可用水泥砂浆做固化剂，其配合比为 1∶1～1∶2（水泥∶砂），为增强流动性，可掺入水泥质量 0.20%～0.25% 的木质素磺酸钙减水剂，另加 1% 的硫酸钠和 2% 的石膏以促进速凝、早强。水灰比为 0.43～0.50，水泥砂浆稠度为 11～14cm。

2. 施工工艺方法要点

1）深层搅拌桩的施工工艺流程。

深层搅拌桩的施工工艺流程如图 6.27 所示。

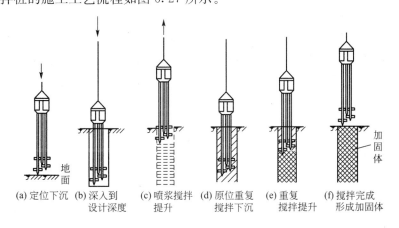

(a) 定位下沉　(b) 深入到　(c) 喷浆搅拌　(d) 原位重复　(e) 重复　(f) 搅拌完成
　　　　　　　设计深度　　提升　　　搅拌下沉　搅拌提升　形成加固体

图 6.27 深层搅拌桩施工工艺流程

2) 深层搅拌桩的施工程序

深层搅拌桩的施工程序：深层搅拌机定位——→预搅下沉——→制配水泥浆（或砂浆）——→喷浆搅拌、提升——→重复搅拌下沉——→重复搅拌提升直至孔口——→关闭搅拌机、清洗——→移至下一根桩、重复以上工序。

3) 施工中的技术要点

(1) 场地应先整平，清除桩位处地上、地下一切障碍物（包括大块石、树根和生活垃圾等），场地低洼处用黏性土料回填夯实，不得用杂填土回填。

(2) 施工前应确定搅拌机械的灰浆泵输送量、灰浆输送管到达搅拌机喷浆口的时间和起吊设备提升速度等施工工艺参数，并根据设计要求通过试验确定搅拌桩的配合比。

(3) 施工时，先将深层搅拌机用钢丝绳吊挂在起重机上，用输浆胶管将储料罐砂浆泵与深层搅拌机接通，启动电动机，搅拌机叶片相向而转，借设备自重，以 0.38～0.75m/min 的速度沉至要求加固深度；再以 0.3～0.5m/min 的均匀速度提起搅拌机，与此同时启动砂浆泵将砂浆从深层搅拌中心管不断压入土中，由搅拌叶片将水泥浆与深层处的软黏土搅拌，边搅拌边喷浆直到提至地面（近地面开挖部位可不喷浆，便于挖土），即完成一次搅拌过程。用同样的方法再一次重复搅拌下沉和搅拌喷浆上升操作，即完成一根柱状加固体，外形呈"8"字形，一根接一根搭接，相搭接宽度宜大于 100mm，以增强其整体性，即成壁状加固体，几个壁状加固体连成一片，即成块状。

(4) 施工中固化剂应严格按预定的配合比拌制，并应有防离析措施。起吊时应保证起吊设备的平整度和导向架的垂直度。成桩时要控制搅拌机的提升速度和次数，使其连续均匀，以控制注浆量，保证搅拌均匀，同时泵送必须连续。

(5) 搅拌机预搅下沉时，不宜冲水；当遇到较硬土层下沉太慢时，方可适量冲水，但应考虑冲水成桩对桩身强度的影响。

(6) 每天加固完毕，应用水清洗储料罐、砂浆泵、深层搅拌机及相应管道，以备再用。

6.4.5 质量检验

1. 水泥搅拌桩体的检验

(1) 成桩后 3d 内，可用轻型动力触探(N_{10})检查桩身的均匀性，检验数量宜为施工总桩数的 1%，且不少于 3 根。

(2) 成桩 7d 后，采用浅部开挖桩头（至设计桩顶标高处），目测检查水泥土桩均匀性，量测成桩直径，检查量为总桩数的 5%。

(3) 成桩 28d 后，宜采用小应变动测方法随机抽查，数量不少于总桩数的 10%。

2. 桩间土的检验

桩间土的检验采用原位测试和室内土工试验。

(1) 竖向承载水泥搅拌桩复合地基竣工验收时，承载力检验应采用复合地基载荷试验和单桩载荷试验。

(2) 复合地基载荷试验宜在成桩 28d 后进行，检验数量由设计单位提出。

(3) 经触探和载荷试验检验后，对桩身质量有怀疑时，应在成桩 28d 后，钻取芯样做抗压强度检验。

3．质量控制

施工前应检查水泥及外掺剂的质量、桩位、搅拌机工作性能、各种计量设备(主要是水泥流量计及其他计量装置)的完好程度。施工中应检查机头提升速度、水泥浆或水泥注入量、搅拌桩的长度及标高。施工结束后应检查桩体强度、桩体直径及地基承载力。进行强度检验时，对承重水泥土搅拌桩应取90d后的试件；对支护水泥土搅拌桩应取28d后的试件。试件可钻孔取芯，或通过其他规定方法取样。对不合格的桩应根据其位置和数量等具体情况，分别采取补桩或加强邻桩等措施。

水泥土搅拌桩地基质量检验标准如表6-14所示。

表6-14 深层搅拌桩复合地基质量检验标准

项目	序号	检查项目	允许偏差或允许值		检查方法
			单位	数值	
主控项目	1	水泥及外掺剂质量	设计要求		查产品合格证书或抽样送检
	2	水泥用量	参数指标		查看流量计
	3	桩体强度	设计要求		钻孔取芯，或其他规定方法
	4	地基承载力	设计要求		按规定的方法
一般项目	1	机头提升速度/(m/min)	≤0.5		量机头上升距离及时间
	2	桩底标高/mm	±200		测机头深度
	3	桩顶标高/mm	+100 −50		水准仪(最上部500mm不计入)
	4	桩位偏差/mm	<50		用钢尺量
	5	桩径	<0.04D		用钢尺量(D：桩径)
	6	垂直度/%	≤1.5		经纬仪
	7	搭接/mm	>200		用钢尺量

6.4.6 工程实例

1．工程概况

某石化公司炼油厂原油中转库建造4台40000m³的大型油罐。在勘探深度45m的范围内地基土主要有6层，其中填土层为3m，淤泥质为20m，淤泥质黏土夹薄层粉砂为2m，细砂层为10m，粉质黏土与粉砂互层为5m，碎石层为5m。碎石层下面为基岩风化层。由于持力层承载力低，经过多重地基处理方案的比较，最后采用水泥搅拌桩对地基进行加固。

2．水泥搅拌桩复合地基的设计、沉降计算

选用525#矿渣水泥、掺入比为15%、生石膏为2%和木质素磺酸钙为0.2%的配比方案，90d 无侧限抗压强度可达 3MPa。

油罐内径为 50m，油罐高 19m，罐体自重为 10000kN，充水高度为 17m，设计地面标高 10.5m，标高 9.0m。搅拌桩顶面处平均压力为 200kPa。

搅拌桩桩径为 700mm、桩中心距为 1200mm、桩长 21～27m 和置换率为 $m=0.267$。根据规范公式，算得搅拌桩复合地基承载力标准。

在群桩体顶面平均压力为 230kPa、搅拌桩压缩模量 $E_p=120F_{cu}$ 情况下，求得复合地基平均沉降计算值 $s=s_1+s_2=56\text{mm}+160\text{mm}=216\text{mm}$。其中，$s_1$ 为复合土层的压缩变形，s_2 为桩端以下未处理土层的压缩变形。

工程桩的布置形式：在夹角 45°方向沿半径 3.6m、16m 和 30m 圆环上的桩间各加一根桩，形成三圆环壁，灌壁环墙下为双层桩，把原先的软黏土层加固处理成一个刚度很大的封闭圆筒形实体。

3. 地基加固处理后效果

复合地基强度经加固后达到要求，油罐中部最大沉降达 170mm，差异沉降小于规范限制值。复合地基的侧向变形实际结果表明南侧最大位移为 16mm，北侧最大位移为 10mm。最大位移都发生在桩深 15m 左右处，说明环墙下二层圆环壁桩的布桩形式非常成功地阻止了深厚淤泥质软黏土的侧向位移。这个工程证明了水泥土搅拌桩处理深厚软弱地基的一种可靠方法。只要设计合理，施工质量控制严格，完全可以达到目的。加固效果表现在天然地基承载力标准值由 70kPa 提高到 240kPa，地基沉降消除 85%，加固后沉降不到 200mm，节约了工程造价。

6.5 几种新型地基处理方法概述

在软黏土地基加固的方法中，粉喷桩是一种大量采用的较为成熟的技术，在铁路、公路、工业与民川等工程中得到了推广应用，但因其价格昂贵，限制了该方法的大量应用。排水固结法也是一种加固软黏土地基的经济有效的方法，但该方法固结时间较长，将粉喷桩和排水固结法有机地结合起来，形成一种全新的软黏土地基处理技术——排水粉喷桩复合地基法。该项技术日趋成熟，可较大幅度地加大粉喷桩的间距，加快粉喷桩复合地基的强度增长。

6.5.1 排水粉喷桩复合地基法

排水粉喷桩复合地基法简称 2D 工法，该方法在喷粉压力及搅拌剪切力的作用下，利用竖向排水体的排水作用，使粉喷桩施工过程的超孔隙水压力能迅速消散，加速了桩周土体的固结，提高了桩周土体的强度；同时由于施工过程的劈裂以及竖向排水体的排水作用，使粉喷桩成桩过程桩体搅拌均匀，桩身质量特别是深部的桩身质量得到保证。

粉喷桩施工方法是 1967 年瑞典工程师 Kjeld Pans 发明的。该方法是利用压缩空气输送粉体固化材料，并通过搅拌叶片使固化材料与软黏土搅拌混合在一起，形成水泥土桩体加固软黏土地基的方法。大量工程实践表明，粉喷桩具有施工简单、快速、振动小等优点，能有效地提高软黏土地基的稳定性，减少和控制沉降量。但是粉喷桩成本高，同时若在施工当中存在临空面时，粉喷桩施工会引起边坡失稳；在已有构筑物附近施工会引起地面开裂、构筑物受损等现象；有时施工完后粉喷桩会出现突然下沉等不良现象。

排水固结也是一种加固软黏土地基的经济有效的方法。该方法的加固机理是主要在天然地基或先在地基中设置如排水板、砂井等竖向排水体，然后利用建筑物本身质量分级逐渐加载，或是在场地先行加载预压，使土体中的孔隙水排出，逐渐固结，地基发生沉降的同时强度也得到逐步提高。排水固结法可以使地基的沉降在加载预压期间大部分完成或基本完成，使路基或构造物在使用期间不致产生不利的沉降和沉降差。同时排水固结法能加速地基土抗剪强度增长，从而提高地基的承载力和稳定性。

排水粉喷桩复合地基法就是一种将上述两种方法结合起来的新型地基处理工法。

1. 排水粉喷桩的加固机理

该法的加固机理是利用粉喷桩与竖向排水体（这里指采用塑料排水板）联合加固软黏土地基，在发挥粉喷桩复合地基已有优势的同时，竖向排水体的存在使粉喷桩施工以及上部加载过程中产生的超孔隙水压力能更快地消散，即加快桩间土体的固结速率。因此，与常规粉喷桩复合地基相比，该方法在满足路堤稳定性和工后沉降的设计要求的前提下，可增大粉喷桩的桩间距，从而节省工程造价，具有明显的工程实用价值。

排水粉喷桩复合地基在荷载传递规律上与常规粉喷桩复合地基相类似，外部荷载由粉喷桩和地基土共同来承担；地基土分担的荷载使土体发生固结，强度提高，从而使桩土间的荷载传递规律以及整个地基的变形特征发生重分布。

2. 排水粉喷桩复合地基法的计算

排水粉喷桩复合地基作为一种组合型的复合地基，对其进行固结研究的关键是如何在现有的排水板地基、粉喷桩复合地基固结分析模型的基础上，提出一种适合于排水粉喷桩复合地基计算的实用模型。传统的排水板固结问题是将排水板等效为竖井地基，建立轴对称单井模型来分析。竖井固结理论中经典的有 Barron 单层理想井理论；Hansbo 发展了 Barron 的理论，得到了考虑涂抹区的压缩性和井阻作用的近似解；谢康和、Tang Xiaowu 等进一步发展了竖井地基等应变固结理论，给出了柱坐标系下竖向二维固结方程解。需要说明的是，以上理论都假定地基上的外部荷载全部由地基土体承担，即不考虑竖井的刚度。

然而对于本文的排水粉喷桩复合地基来说，它不仅具有排水通道以加快固结，在受力机理上，粉喷桩的存在使其具有明显的复合地基特征，因此本质上仍属复合地基的固结问题。目前国内外关于复合地基的固结研究较少，且多数都是对碎石桩、砂桩等强透水桩的研究，对于粉喷桩这类弱透水桩复合地基的固结研究较少。浙江大学首先对搅拌桩复合地基固结特性开展了研究，提出了排水粉喷桩复合地基的固结研究模型。

1) 基本特点

相对于天然土体来说，粉喷桩桩体具有较大刚度，但属于弱透水性材料；排水板具有较好的透水性，但其竖向刚度效应可以忽略。粉喷桩和排水板间距均较大，面积置换率较小。

2) 计算简图

固结方程的建立包括三个部分：平衡条件、应力应变关系以及渗流连续条件。排水粉喷桩复合地基模型如图 6.28 所示。考虑平衡方程时，认为排水板的模量与天然土体相同，建立粉喷桩与天然土体的平衡方程，进而得到地基应力应变关系；考虑渗流连续条件时，认为粉喷桩是不透水体，且刚好位于单根排水板有效作用区域的边界上(如图 6.29 阴影部分所示)，从而可以简化为单根砂井地基的固结方程；最后两者联立，得到整个复合地基的固结方程。

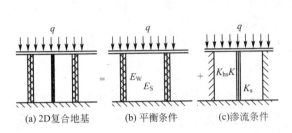

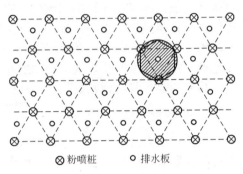

图 6.28 排水粉喷桩复合地基简化剖面图 　　图 6.29 排水粉喷桩复合地基平面布置图

　　针对排水粉喷桩复合地基这种新型地基处理工法，提出了相应的加固区固结理论计算模型；对于下卧层，采用 Terzaghi 一维固结理论简化计算，得到地基整体的固结简化计算模型；考虑下卧层、加固区孔压的连续性，将加固区模型一维等效，采用双层地基模型进行整体固结计算。两种计算方法均能到桩周土体应力场的分布规律、桩周土体超静孔隙水压力的消散规律和固结度规律。经实际工程验证，分别在现场进行了静力触探试验、十字板剪切试验、粉喷桩桩身标准贯入试验、芯样的无侧限抗压试验以及对施工过程桩周土体超静孔隙水压力的现场观测，试验测试结果充分说明 2D 工法复合加固软黏土地基比运用常规粉喷桩加固对桩周土体的固结、粉喷桩桩身质量更有效。

　　3. 排水粉喷桩的施工方法

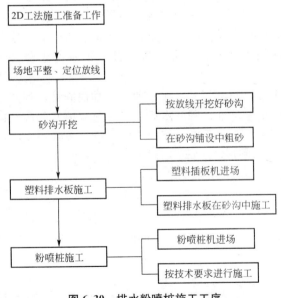

图 6.30 排水粉喷桩施工工序

　　排水粉喷桩的施工工序如图 6.30 所示。

　　由于粉喷桩施工时侧向喷粉压力作用于桩周土体是一个动态的过程，当施工结束后，侧向喷粉压力也随即消失针对 2D 工法的特点，采用等效水头，根据自由井的理论，可求解出在等效水头作用下桩周土体超静孔隙水压力的消散规律。

　　粉喷桩在施工过程中对桩周土体的作用力是一种气压力，在该气压力的作用下，桩周土体会产生一种劈裂现象，称为气压劈裂。在气压劈裂的理论指导下，对产生气压劈裂作用的劈裂气压力进行分析研究，便可得到发生气压劈裂的准则。

6.5.2 双向水泥土搅拌桩法

水泥土搅拌桩法具有施工简便、工期短、振动小等优点，在软黏土地基处理工程中得到了广泛应用，但由于其存在均匀性差、桩身强度低、施工中浆液上冒、桩间距小受力不合理、施工慢、经济效益低等缺陷，使成桩质量及其处理软黏土地基的效果不甚理想，致使许多工程对水泥土搅拌桩施工技术持慎用态度，甚至限用。

针对上述现象，经过有关人员多年的探索与实践，出现双向水泥土搅拌桩法。双向水泥土搅拌桩是指在水泥土搅拌桩成桩过程中，由动力系统带动分别安装在内、外同心钻杆上的两组搅拌叶片同时正、反向旋转搅拌水泥土而形成的水泥土搅拌桩。

1. 双向水泥土搅拌桩法的特点

（1）普通搅拌桩采用四搅两喷的施工工艺，而双搅桩采用两搅一喷工艺，双搅桩比普通搅拌桩工效提高一倍，缩短了施工工期。

（2）通过双向水泥土搅拌桩成桩机械上的同心双轴钻杆的正反循环叶片搅拌水泥土，保证水泥土充分搅拌均匀，桩身强度均匀且有较明显的提高（水平均匀）。

（3）在搅拌中阻断浆液上冒途径，不会出现冒浆现象，保证水泥土搅拌桩体中的水泥掺入量（竖向均匀）。

（4）施工过程对桩周土体的扰动小。

（5）利用常规设备加工改进，易于推广。

2. 双向水泥土搅拌桩法施工机具的改进

水泥土搅拌桩法是指利用水泥、石灰等胶凝材料作为固结剂，通过特制的深层搅拌机械，将固化剂和地基土强制搅拌，利用固化剂与软黏土之间所产生的一系列物理和化学反应，使软黏土硬结成具有整体性、水稳定性和一定强度的地基处理方法。

该法由于具有施工方便和快捷，可有效缩短工期；并且可减少噪声、振动小等优点，在软黏土地基处理工程中得到较为广泛的应用。但常规的水泥土搅拌桩施工的成桩质量和软黏土地基处理效果不是很理想，容易发生桩身强度不足，承载力不能满足设计的问题。

该装置对现行水泥土搅拌桩成桩机械的动力传动系统、钻杆以及钻头进行了改进，采用同心双轴钻杆，在内钻杆上设置正向旋转搅拌叶片并设置喷浆口，在外钻杆上安装反向旋转搅拌叶片，通过外钻杆上叶片反向旋转过程中的压浆作用和正、反向旋转叶片同时双向搅拌水泥土的作用，阻断水泥浆上冒途径，把水泥浆控制在两组叶片之间，保证水泥浆在桩体中均匀分布和搅拌均匀，确保成桩质量。

双向水泥土搅拌桩机钻头示意图如图6.31所示。

3. 双向水泥土搅拌桩法的施工工艺

双向水泥土搅拌桩法的施工工艺和常规水泥土搅拌桩法的施工工艺基本相似（图6.32）。具体操作步骤如下。

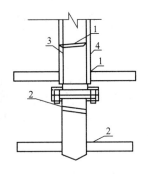

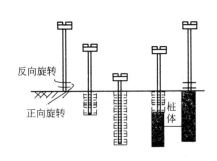

图 6.31　双向水泥土搅拌桩机钻头示意图　　图 6.32　双向水泥土搅拌桩施工工艺流程图

1—安装在外钻杆上的反向旋转搅拌叶片；
2—安装在内钻杆上的正向旋转搅拌
叶片；3—内钻杆；4—外钻杆

1）搅拌机定位

首先根据设计图样将桩位在制图软件（如 AutoCAD）中成图，计算出桩位坐标，再进行现场测量放线并用石灰标出桩位；实地用全站仪放样后，在指定桩位安装打桩机，将桩机移至指定桩位并对中；利用水平靠尺将桩机调平，如果水准气泡不居中，需再次调平。用吊锤对桩机进行垂直度检验，若垂直度不满足要求，需再次调整桩机钻杆垂直度。只有保证这两项才能保证桩的垂直度。

2）喷浆下沉

启动搅拌机使其沿导向架向下切土，同时开启灰浆泵向土体喷水泥浆，两组叶片同时正、反向旋转切割、搅拌土体直至设计深度，在桩底持续喷浆搅拌不少于10s。按照配合比即水灰比（0.50～0.55）配制水泥浆并且用比重计进行现场测量。为了保证成桩的均匀性，要保证喷浆下沉速度均匀，防止承载力不够。

3）提升搅拌

关闭灰浆泵，提升搅拌机，两组叶片同时正、反向旋转搅拌水泥土，直至地表或桩顶以上500mm；提升钻杆时，两组叶片仍要搅拌水泥土，这是双向水泥土搅拌桩法施工的特点。提升的速度也要进行控制，保证提升速度均匀。关闭灰浆泵时，要少许打开阀门，让水泥浆能从喷浆口出来，以防止泥土堵塞喷浆口。根据掺量设计配比进行施工，成桩采用两搅一喷的施工工艺，下降速度控制在 0.5m/min 以下，提升速度控制在 0.8m/min 以下，以确保桩身搅拌均匀，桩身无夹层、断层。

4）桩顶处理

在桩顶 1.0～1.5m 的范围内进行二次喷浆搅拌并人工修整，做好养护。桩顶是承载受力最直接的部位，为了保证承载力，在桩顶 1.0～1.5m 处再次喷浆搅拌，搅拌完成后全部用土工布苫盖养护。

4. 双向水泥土搅拌桩桩身强度分析

在龄期28d，对双向水泥土搅拌桩试验段和常规水泥土搅拌桩试验段各随机抽取 6 根桩，进行标准贯入试验，并取芯进行无侧限抗压强度试验。

1）无侧限抗压强度试验

无侧限抗压试验结果如图 6.33 所示。双向水泥土搅拌桩沿桩体垂直各深度无侧限抗压强度基本集中在 1.1MPa 附近，沿桩身分布较为均匀；而常规水泥土搅拌桩无侧限抗压强度在 0.1~2.6MPa 之间变化，且随深度增加而衰减，特别是 6m 以下桩体强度很低。由此可以看出双向水泥土搅拌桩施工工艺能够增加水泥浆在桩体内均匀分布，并搅拌均匀，能够提高水泥土搅拌桩深部施工质量；而常规水泥土搅拌桩桩体质量分布很不均匀，水泥土搅拌桩深部成桩质量很差，桩体强度离散性较大，难以保证水泥土搅拌桩施工效果。

2）标准贯入试验

标准贯入试验结果如图 6.34 所示。标准贯入试验显示，双向水泥土搅拌桩沿桩体垂直各深度标准贯入击数变化基本在 17~24 击之间；而常规水泥土搅拌桩标准贯入击数在 3~26 击之间变化，桩身上部和下部的标准贯入击数相差 4~5 倍，且随深度增加而衰减。其结果和无侧限抗压强度试验基本一致。

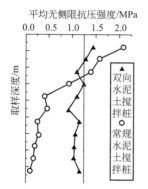

图 6.33　无侧限抗压强度沿深度分布图

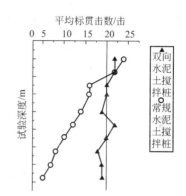

图 6.34　标准贯入击数沿深度分布图

5. 双向水泥土搅拌桩的质量检测

检测按《建筑地基处理技术规范》（JGJ 79—2002）、《公路工程质量检验评定标准》（JTG F80/1—2004)有关规定执行。

（1）成桩后 3d 内，可用轻型动力触探(N_{10})检查桩身的均匀性。桩芯无侧限抗压强度（28 d）应满足：桩顶至 2/3 桩身长度范围内无侧限抗压强度大于 0.8MPa，1/3 桩身至桩尖长度范围内无侧限抗压强度大于 0.6MPa。

（2）成桩 7d 后，采用浅部开挖桩头，目测检查搅拌的均匀性，测量成桩直径。

（3）载荷试验必须在桩身强度满足试验荷载条件时且在成桩 28d 后进行。

（4）经触探和载荷试验检验后对桩身质量有怀疑时，应在成桩 28d 后，用双管单动取样器钻取芯样进行抗压强度检验。

（5）水泥土搅拌桩单桩承载力 $f>100$kN(桩长 8m)。

双向水泥土搅拌桩工艺的引进，无论从成桩的质量（水泥土的均匀性、桩的承载力方面）、双向水泥土搅拌桩的施工工期上，还是从节约原材料的成本上，都取得了成功，工程应用效果良好。该技术可减少 1/3 的工期；在和普通桩同等承载力的情况下，可节约水泥用量 1/5。

6. 工程实例

宁波市北外环东延一期道路位于宁波市镇海区，土层自上而下分别为：①层杂填土，结构松散-稍密，主要由黏性土夹碎石、块石和生活垃圾组成，层厚 0.5~0.8m，地基允许承载力 75kPa；②层黏土，以可塑状态为主，厚层状，中等-中等偏高压缩性，夹少许粉土团粒，层厚 1.2～3.1m，地基允许承载力为 60kPa；③层淤泥质粉质黏土，流塑状态，厚层状，高压缩性，夹粉土团粒，土质不均，层厚 2.0～6.0m，地基允许承载力为 55kPa；④层淤泥，流塑状态，厚层状，高压缩性，夹粉土团粒，见贝壳碎片，干强度高，层厚 4.0～12.2m，地基允许承载力为 60kPa；⑤层粉砂，稍密状态，湿，厚层状，低压缩性，土质不均一，含少量黏性土团块，层厚 1.3～4.2m，地基允许承载力为 130kPa。

沿线有两座跨河桥(1 号桥与 2 号桥)，桥区属第四纪滨海淤积平原，需要进行软黏土地基处理。根据该工程特点，在桥头接坡较高的路段(填方高度 2～3 m)，为避免道路工后发生不均匀沉降，决定采用水泥土搅拌桩进行软黏土地基处理。其中，2 号桥施工仍采用常规水泥土搅拌桩；1 号桥则采用双向水泥土搅拌桩施工工艺。这一施工方法的区别恰好为常规水泥土搅拌桩和双向水泥土搅拌桩对比提供了方便。

现场各取搅拌桩 5 根，分别采用四搅两喷工艺施工和两搅一喷工艺施工。设计桩长根据土层厚度为：常规水泥土搅拌桩 12m，桩径 500mm；双向水泥土搅拌桩 16m，桩径 600mm。水泥均采用普硅 42.5 级水泥、掺水泥重 0.2% 的木质素磺酸钙和 2% 的生石膏粉；掺灰比为 15%，水灰比为 0.5，桩间距均为 1.5 m。

施工完毕后对两种水泥土搅拌桩进行全桩钻芯取样，并进行了标准贯入试验。该试验龄期为 28d，试验结果如图 6.35 所示。对现场水泥土芯样进行了无侧限抗压强度试验，试验结果如图 6.36。

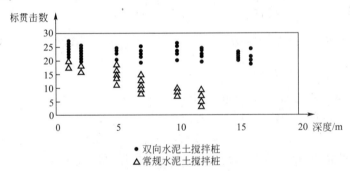

图 6.35 标贯击数对比分析

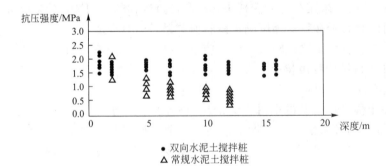

图 6.36 抗压强度对比分析

由图 6.35 可以看出，双向水泥土搅拌桩沿桩体垂直各深度标准贯入击数变化基本为 20～25 击；常规水泥土搅拌桩的变化则很大，桩身上部和下部的标准贯入击数相差 3～5 倍，在桩身 10 m 以下大都低于 10 击。由此可以看出，双向水泥土搅拌桩施工工艺能够保证水泥浆在桩体中均匀分布，保证水泥土搅拌桩施工质量；常规水泥土搅拌桩桩体水泥浆分布很不均匀，离散性较大，难以保证水泥土搅拌桩施工质量。

由图 6.36 可以看出，双向水泥土搅拌桩芯样的无侧限抗压强度基本集中在 1.5～2.0MPa 附近，且沿桩身分布均匀；常规水泥土搅拌桩芯样的无侧限抗压强度则分散在 0.4～2.3MPa 之间，桩深 4m 以内芯样的无侧限抗压强度可达到 1.5MPa 以上，而在 6m 以下则逐渐降低，有的甚至和原状土的强度差不多。由此进一步反映出双向水泥土搅拌桩优越的工程特性，它克服了常规施工工艺的缺陷，能够保证水泥土搅拌桩的工程质量，提高水泥土搅拌桩深层处理效果。

双向水泥土搅拌桩的机具、机头费用和现行水泥土搅拌桩相比，约增加 10%～15%，但是前者的成桩质量和使用效果得到了保证，还可以将原来的四搅两喷工艺改为四搅一喷，功效可以提高一倍。

在设计时可适当加大桩间距或减少水泥掺入量，由于桩间距的加大，降低了单位面积地基处理工程造价，其综合经济效益比常规水泥土搅拌桩节省投资 15%～35%，并且随着软黏土处理深度的增加，其经济效益越发明显。

6.5.3 钉形双向水泥土搅拌桩法

钉形双向水泥土搅拌桩法是在充分研究常规水泥土搅拌桩的加固机制和影响常规水泥土搅拌桩成桩质量和桩身质量因素的基础上，并吸收了常规水泥土搅拌桩的优点，充分利用复合地基应力传递规律，在攻克了常规水泥土搅拌桩的严重缺陷后，经多年的探索与实践发明出来的一种新型、先进的地基处理方法（2007 年开始在国内使用）。

1. 钉形双向水泥土搅拌桩法的改进技术

与常规水泥土搅拌桩法相比，钉形双向水泥土搅拌桩法解决了常规水泥土搅拌桩法的冒浆、对土体扰动小、芯样相对较差的问题，桩身强度相对较高，并且桩身截面可以变化，桩体受力相对合理。因此，钉形双向水泥土搅拌桩法具有技术先进、施工可控、经济合理，桩体施工长度可达到 25 m 左右的特点。

钉形双向水泥土搅拌桩是通过对现有的常规水泥土搅拌桩成桩机械进行简单改造，配上专用的动力设备与多功能钻头，采用同心双轴钻杆，在水泥土搅拌成桩过程中，由动力系统分别带动安装在同心钻杆上的内、外两组搅拌叶片同时正、反旋转搅拌而形成桩体。同时在施工过程中，利用土体的主、被动压力，使钻杆上叶片打开或收缩，桩径随之变大或变小，形成钉形桩。

2. 钉形双向水泥土搅拌桩法的优点

1）施工质量对比

（1）双向水泥土搅拌桩机的正、反向旋转叶片同时双向搅拌，把水泥浆控制在两组叶片之间，使水泥土充分搅拌均匀，保证了成桩质量，特别是水泥土搅拌桩深层桩体质量。

（2）大量工程实践表明，常规水泥土搅拌桩法的施工中会出现冒浆现象，大量水泥浆冒出地表，严重影响桩身的水泥掺入量，特别是下部桩体的水泥掺入量。大量工程桩水泥土芯样表明，常规水泥土搅拌桩芯样出现水泥浆包裹土团的现象和成块的水泥凝固体。所有这些现象均表明传统水泥土搅拌桩法普遍存在水泥土搅拌不均匀现象，严重影响桩体成桩质量。

2) 经济方面对比

双向水泥土搅拌桩单桩的材料费与现行水泥土搅拌桩相比没有发生任何变化；但双向水泥土搅拌桩的机械费用与现行水泥土搅拌桩相比，虽增加了 10%～15% 但双向水泥土搅拌桩人工费减少约 20%～30%，且成桩质量有保证，因而总造价基本不变。

3. 钉形双向水泥土搅拌桩法的施工工艺

钉形双向水泥土搅拌桩法一般下部采用两搅一喷施工工艺，上部扩大头部分采用四搅三喷工艺。工艺流程如图 6.37 所示，具体示意说明如图 6.38 所示。

桩机定位 ⟶ 切土下沉 ⟶ 缩径下沉 ⟶ 提升搅拌

⟶ 扩径提升 ⟶ 扩径下沉 ⟶ 提升搅拌

图 6.37　钉形双向水泥土搅拌桩法的施工工艺流程

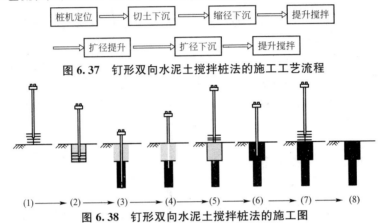

(1) ⟶ (2) ⟶ (3) ⟶ (4) ⟶ (5) ⟶ (6) ⟶ (7) ⟶ (8)

图 6.38　钉形双向水泥土搅拌桩法的施工图

(1) 双向深层搅拌桩机定位：放线、定位，安装打桩机，并移至指定桩位对中。

(2) 扩大头部位切土下沉：开启搅拌机，并使叶片伸展至上部扩大头设计直径，双向深层搅拌机沿导向架向下切土，同时开启水泥灰浆泵向软黏土层喷水泥浆液，搅拌设备的两组叶片同时正反向旋转，内、外钻杆同时双向切割搅拌土体，直到上部扩大头设计深度（上部一搅一喷）。

(3) 搅拌桩下部缩径切土下沉：改变内、外钻杆的旋转方向，使叶片收缩至桩体下部设计直径，搅拌设备的两组叶片同时正反向旋转和切割搅拌土体，达到设计规定的深度，并在桩底处持续喷射浆液搅拌不少于 10s(下部一搅一喷)。

(4) 双向深层搅拌桩提升搅拌：关闭灰浆泵，提升搅拌设备，使两组叶片同时双向搅拌水泥土，直至扩大头底面（下部两搅）。

(5) 扩径部位提升搅拌：改变钻杆的旋转方向，使搅拌机叶片伸展至上部扩大头直径，开启灰浆泵，两组叶片同时双向旋转搅拌水泥土，直至地表面(上部两搅两喷)。

(6) 上部扩大头再次下沉搅拌：开启灰浆泵，两组叶片同时正反向旋转搅拌水泥土，直至扩大头设计深度(上部三搅三喷)。

(7) 上部提升再次搅拌：关闭灰浆泵、提升搅拌机，搅拌机两组叶片同时双向旋转搅拌水泥土，直至地表面(或桩顶以上 500mm)，完成搅拌作业(上部四搅三喷)。

(8) 桩顶处理：桩顶人工修整，完成后移机。

4. 钉形双向水泥土搅拌桩法的检测方法

施工质量检测方法主要有浅部开挖、轻便触探、桩身取芯、载荷试验等。

1) 浅部开挖

成桩 7d 后，采用浅部开挖桩头，目测检查搅拌的均匀性，量测成桩直径，做好记录，检查数量为 0.1%。且不少于 3 根,本工程随机抽取了 3 根。

2) 轻便触探

成桩 3d 后,用轻型动力触探(N_{10})检查每米桩身的均匀性,检验数量为施工总桩数的 0.1%,且不少于 3 根,本工程随机抽取了 3 根。由于每次落锤能量较小,连续触探一般不大于 4m。触探杆宜用铝合金材料,可不考虑杆长的修正。

3) 桩身取芯

成桩 28d 后,可进行取芯试验,现场进行标准贯入试验,结合室内试验检验桩身强度。取芯时,应注意取芯的工艺,应采用双管单动取样器钻取芯样,为保证试块尺寸,钻孔直径不小于 108mm。检验桩数为总桩数的 0.5%,且不少于 3 根。

4) 载荷试验

竖向承载水泥土搅拌桩地基竣工验收时,承载力检验应采用复合地基载荷试验和单桩载荷试验,对大型的工程可选用 2 根以上的群桩进行复合地基试验。试验规程见《建筑地基处理技术规范》(JGJ 79—2002)。载荷试验必须在桩身强度满足试验荷载条件时,并宜在成桩 28d 后进行,检验数量为总桩数的 0.1%~0.2%,本工程随机抽取了 3 根,且每根试验桩不应少于 3 个试件。

钉形双向水泥土搅拌桩质量标准按照表 6-15 的规定检查。

表 6-15　钉形双向水泥土搅拌桩质量标准

项目	序号	检查项目	容许偏差值		检查方法	检查频率
			单位	偏差值		
保证项目	1	桩径	不小于设计值		钢卷尺量测	≥2%
	2	桩长	不小于设计值或电流、钻进速度控制值		钻芯取样结合施工记录	100%
	3	扩大头高度	不小于设计值		钻芯取样结合施工记录	≥0.5%
	4	水泥掺入量	不小于设计值		查施工记录	100%
	5	桩身强度	不小于设计值		标贯试验和强度试验	≥0.5%
	6	承载力	不小于设计值		荷载试验	≥0.1%
	7	水泥质量	符合国家标准		送检	2000m³ 且每单项工程不少于一次
一般项目	1	提升和下沉速度(m/s)	±0.05		测单桩下沉和提升时间	10%
	2	水灰比/(g/cm³)	±0.05		水泥浆相对密度	每台泵不少于一次
	3	外加剂	±1%		按水泥重量比计量	每台泵不少于一次
	4	喷浆量	±1%		标定	每台泵一次
允许偏差项目	1	桩位/mm	±50		钢卷尺量测	2%
	2	垂直度	1%		测机架垂直度	5%
	3	桩顶标高/mm	+30,-50		扣除桩顶松散体	2%

5. 工程实例

沪苏浙高速公路工程钉形双向水泥土搅拌桩试验场地位于沪苏浙高速公路 K30＋050～K30＋450 段。常见的深层软黏土处理方法主要分为排水固结法和复合地基处理法。排水固结法效果好，造价低，但施工工期长，路基要有一定的时间进行预压。鉴于本次工期紧张，推荐采用复合地基法处理软黏土。本项目软黏土深度较深，对于这种大规模软黏土地基深层处理，在满足规范要求和完工后沉降和稳定性的前提下，还应充分考虑工程造价和工期要求。针对这种情况，采用了先进的双向钉形水泥土搅拌桩法来处理软黏土地基。

钉形双向水泥土搅拌桩及常规水泥土搅拌桩桩位均采用梅花形布置，桩径为 500mm 时水泥掺入量为 65kg/m(桩径为 1000mm 时的水泥掺入量为 260kg/m)，水灰比为 0.45～0.55，喷浆压力不小于 0.25MPa。

目前，国内在对深层软黏土基础的处理中，桩基工程设计存在很多问题，主要在于对"土"性的认识不够，获取"土"性的手段不够，大多仅局限于室内试验和原位测试实验，导致获取的土质参数不符合实际。而且在施工过程当中，设计不断变更，对桩基沉降计算可靠性低，对桩基设计随意性大。

钉形搅拌桩是在对现有的常规水泥土搅拌桩成桩机械的基础上进行简单改造，配上专用的动力设备及多功能钻头，采用同心双轴钻杆，在内钻杆上设置正向旋转叶片并设置喷浆口，在外钻杆上安装反向旋转叶片。通过外杆上叶片反向旋转过程中的压浆作用和正反向旋转叶片同时双向搅拌水泥土的作用，阻断水泥浆上冒途径，保证水泥浆在桩体中均匀分布和搅拌均匀，确保成桩质量。

钉形双向水泥土搅拌桩桩间距为 2.0m，桩径为 1000mm 和 500mm，扩大头高度为 4m 的单桩极限承载力在 500～550kN 之间，单桩复合地基极限承载力为 300kPa。而常规水泥土搅拌桩桩间距为 1.4 m，桩径为 500 mm 单桩复合地基极限承载力在 145～165kPa 之间。

桩土应力比测试表明，钉形双向水泥土搅拌桩单桩复合地基的平均最大桩土应力比常规水泥土搅拌桩单桩复合地基的平均最大桩土应力比提高 39％，比常规桩 3 桩复合地基的平均最大桩土应力比提高 36％。

钉形双向水泥土搅拌桩由于桩身强度的大幅度提高及桩身结构的更趋合理，能搅拌均匀，上层叶片的同时反向旋转，阻断了水泥浆上冒途径，强制对水泥浆就地搅拌，彻底解决冒浆现象；对桩周土体扰动小，受力合理，能将上部荷载传到地基深处，减小复合地基沉降，与常规水泥土搅拌桩相比，复合效果更佳，从现有的工程实例看，其综合经济效益比常规水泥土搅拌桩节省投资约 25％，并且随着处理软黏土深度的增加，其经济效益和社会效益越发明显。

本 章 小 结

本章主要讲述化学加固法的定义、分类和适用范围；灌浆法、高压喷射注浆法、水泥土搅拌法、排水粉喷桩、双向水泥土搅拌桩、钉形双向水泥土搅拌桩的加固机理、设计计算、施工工艺和加固效果检验等，这类方法可分为灌浆法、水泥土搅拌法、高压喷射注浆法等，尤其是排水粉喷桩、双向水泥土搅拌桩、钉形双向水泥土搅拌桩等几种新型的方法的开发与应用，使这种方法具有广泛的运用前景。

本章的重点是灌浆法、高压喷射注浆法、水泥土搅拌法的加固原理、设计计算和施工要点。

习　题

一、思考题

1. 什么是灌浆法？灌浆在地基处理中有哪些作用？
2. 简述灌浆法的分类。在选择灌浆法的方案时，如何确定采用哪种灌浆方法？
3. 灌浆法的加固原理是什么？主要作用有哪些？
4. 简述灌浆法的一般施工工序及施工要点。
5. 如何检验灌浆法的处理效果？
6. 什么是高压喷射注浆法？如何分类？
7. 什么是水泥土搅拌桩？水泥土有哪些性质？
8. 什么是排水粉喷桩复合地基工法？其加固机理是什么？
9. 什么是双向水泥土搅拌桩？它和水泥土搅拌桩有什么区别？
10. 什么是钉形双向水泥土搅拌桩？其施工工艺有什么特点？

二、单选题

1. 在高压喷射注浆法及水泥土搅拌法中，所采用水泥宜为（　　）。
   A. 32.5 级及以上的普通硅酸盐水泥　　B. 32.5 及以上的火山灰质硅酸盐水泥
   C. 32.5 级及以上的矿渣硅酸盐水泥　　D. 32.5 及以上的硅酸盐水泥
2. 在竖向承载时独立基础下布设的旋喷桩数和水泥土搅拌桩数分别为（　　）根。
   A. >2、>3　　　B. >3、>2　　　C. >4、>3　　　D. <4、<5
3. 当利用喷射注浆法处理既有建筑地基时，在水泥浆液中应加（　　）。
   A. 减水剂　　　B. 缓凝剂　　　C. 速凝剂　　　D. 脱模剂
4. 下列不属于化学加固法的是（　　）。
   A. 电渗法　　　　　　　　　B. 粉喷桩法
   C. 深层水泥搅拌桩法　　　　D. 高压喷射注浆法
5. 在灌浆法中，灌浆所用的浆液是由主剂、溶剂及各种外加剂混合而成，通常所指的灌浆材料是指浆液中（　　）。
   A. 溶剂　　　B. 主剂　　　C. 外加剂　　　D. 主剂和溶剂
6. 水泥土搅拌桩属于复合地基中的（　　）。
   A. 刚性桩　　B. 散体材料桩　　C. 柔性材料桩　　D. 树根桩
7. 深层搅拌法加固地基，按不同的分类方式均不能列入的地基处理方法是（　　）。
   A. 复合地基处理方法　　　B. 化学处理法
   C. 柔性桩处理法　　　　　D. 振密挤密法
8. 在水泥搅拌法中，形成水泥加固土体，其中水泥在其中应作为（　　）。

A. 拌和剂　　　　B. 主固化剂　　　　C. 添加剂　　　　D. 溶剂

9. 在某些复合地基中，加有褥垫层，下面陈述中，（　　）不属于褥垫层的作用。

A. 提高复合地基的承载力　　　　　　B. 减少基础底面的应力集中

C. 水泥高压旋喷桩　　　　　　　　　D. 调整桩、土荷载分担比

10. 在对夯实水泥土桩地基施工进行检验时，需检验桩的数量应为（　　）。

A. 总桩数的 0.5%~1% 且单体工程不应少于 3 个点

B. 总桩数的 2%~4% 且单体工程不应少于 5 个点

C. 总桩数的 4%~6% 且单体工程不应少于 5 个点

D. 总桩数的 6%~8% 且单体工程不应少于 10 个点

三、多选题

1. 高压喷射注浆的喷射方式有（　　）。

A. 旋喷　　　　　　　　　　　　　　B. 定喷

C. 摆喷　　　　　　　　　　　　　　D. 摇喷

2. 高压喷射注浆双管法是指同轴复合喷射（　　）。

A. 高压水流　　　　　　　　　　　　B. 高压水泥浆

C. 压缩空气　　　　　　　　　　　　D. 水泥干粉

3. 高压喷射注浆三管法是指同轴复合喷射（　　）。

A. 高压水流　　　　　　　　　　　　B. 高压水泥浆

C. 压缩空气　　　　　　　　　　　　D. 水泥干粉

4. 高压喷射注浆法的加固机理包括（　　）。

A. 对天然地基土的微观加固硬化机理

B. 置换作用机理

C. 旋喷桩与桩间土形成复合地基加固机理

D. 挤密作用机理

5. 石灰桩对软弱土的加固机理可分为物理加固和化学加固两个作用，下列属于物理加固作用的是（　　）。

A. 吸水作用　　　　　　　　　　　　B. 膨胀挤密作用

C. 桩身置换作用　　　　　　　　　　D. 离子交换作用

E. 凝胶作用　　　　　　　　　　　　F. 反应热作用

6. 某五层砖混结构的住宅建筑，墙下为条形基础，宽 1.2m，埋深 1m，上部建筑物作用于基础上的荷载为 150kN/m，基础的平均重度为 20kN/m³。地基土表层为粉质黏土，厚 1m，重度为 17.8kN/m³，第二层为淤泥质黏土，厚 15m，重度为 17.5kN/m³，含水率 $\omega = 55\%$，第三层为密实的砂砾石。地下水距地表为 1m。因地基土较软弱，不能承受上部建筑物的荷载，试设计砂垫层厚度和宽度（　　）。

A. 厚 1.6m，底宽 3.05m　　　　　　B. 厚 1.6m，底宽 3.10m

C. 厚 1.2m，底宽 2.50m　　　　　　D. 厚 1.7m，底宽 3.20m

7. 某油罐如图 6.39(a)所示，油罐基础下为一厚 14m 的正常固结淤泥质黏土层，下卧层为透水性良好的砂、砾石层。由于该土层较为软弱，拟采用袋装砂井处理地基。袋装砂井的直径为 7cm，梅花形布置，间距为 1.2m。淤泥质黏土层的水平向固结系数 $c_H = 3 \times 10^{-3}\,cm^3/s$，竖向固结系数为 $1.5 \times 10^{-3}\,cm^2/s$。油罐充水预压加荷过程如图 6.39(b)所示，

试求第二级加荷完毕，历时 60d，对于第二级总荷载(140kPa)，固结度为多少? 对于最终荷载(190kPa)，固结度又是多少? (   )

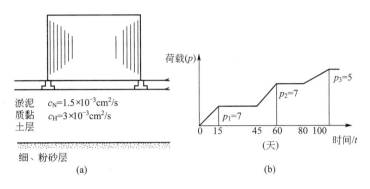

图 6.39   多选题(7)插图

A. 73.0%；54.0%   B. 72.7%；53.6%

C. 86.6%；65.1%   D. 54.5%；47.9%

8. 深层搅拌法和高压旋喷法的区别是(   )。

A. 适用的地基不同，前者适用饱和软黏土，后者适用于粉细砂砾石及冲填土

B. 拌和手段不同，前者是机械拌和，后者是用高压射流切割拌和

C. 使用的主固化剂不同，前者主要是用水泥浆体作为主固化剂，后者是用水直接拌和

D. 两者的加固机理不同，前者是应用复合地基的加固机理，后者是应用桩基原理进行加固

9. 下述(   )情况不宜于采用粉体喷搅法(干法)来处理。

A. 地基土的天然含水率小于30%   B. 地基土的天然含水呈大于70%

C. 地下水的 pH 值小于 4   D. 地下水的 pH 值大于 12

10. 根据工程需要和机具设备条件，高压喷射注浆法可划分为(   )。

A. 单管法   B. 双管法   C. 三管法   D. 四管法

第**7**章
加　筋　法

本章主要讲述土工合成材料、加筋土挡墙、土钉、树根桩、植被护坡等几类常用加筋法的相关概念、加固原理、设计计算方法、施工工艺与质量检验，并列举部分加筋法技术应用的工程实例。通过本章的学习，应达到以下目标：

(1) 掌握加筋法的基本概念与基本原理；
(2) 掌握土工合成材料的分类及主要功能；
(3) 熟悉加筋土挡墙的特点和破坏机理；
(4) 掌握加筋土挡墙的设计内容与施工方法；
(5) 熟悉土钉支护结构的加固机理；
(6) 掌握土钉支护结构的设计内容与施工工艺；
(7) 掌握树根桩的设计内容与施工方法；
(8) 熟悉植被影响边坡稳定性的方式及植被护坡机理；
(9) 掌握植被护坡稳定性分析一般方法；
(10) 熟悉植被护坡的设计内容与施工方法。

教学要求

知识要点	能力要求	相关知识
土工合成材料	(1) 掌握土工合成材料的分类与主要功能 (2) 熟悉土工合成材料的性能指标	(1) 土工合成材料的类别 (2) 土工合成材料应用方面的功能 (3) 土工合成材料的特性指标
加筋土挡墙	(1) 熟悉加筋土挡墙的基本概念及挡土原理 (2) 熟悉加筋土挡墙的特点和破坏机理 (3) 掌握加筋土挡墙设计计算内容及施工步骤 (4) 了解加筋土挡墙的质量检验与检测项目	(1) 加筋土挡墙的概念及挡土原理 (2) 加筋土挡墙的特点与缺点 (3) 加筋土挡墙的破坏形式与机理 (4) 加筋土挡墙的设计计算 (5) 加筋土挡墙的施工步骤 (6) 加筋土挡墙的质量检验
土钉	(1) 熟悉土钉的基本概念及与加筋土挡墙施工的不同之处 (2) 熟悉土钉支护结构的加固机理 (3) 掌握土钉支护结构的主要设计内容 (4) 掌握钻孔注浆型土钉的主要施工步骤 (5) 熟悉土钉的质量检验与监测项目	(1) 土钉的概念 (2) 土钉与加筋土挡墙施工不同之处 (3) 土钉支护结构的加固机理 (4) 土钉支护结构的设计计算 (5) 钻孔注浆型土钉的施工 (6) 土钉抗拔试验 (7) 土钉支护工程的现场监测
树根桩	(1) 熟悉树根桩的概念 (2) 掌握树根桩加固地基的设计要点 (3) 熟悉树根桩的施工机械及施工方法	(1) 树根桩的概念 (2) 树根桩的设计要点 (3) 树根桩的施工方法
植被护坡技术	(1) 熟悉植被护坡的概念 (2) 熟悉影响植被护坡稳定性的主要方式 (3) 熟悉植被护坡的作用机理 (4) 掌握植被护坡平面与圆弧滑面破坏稳定性分析方法 (5) 熟悉植被护坡的主要设计内容 (6) 熟悉植生带护坡的施工工艺	(1) 植被护坡的概念 (2) 影响植被护坡稳定性的主要方式 (3) 植被护坡机理 (4) 植被护坡平面与圆弧滑面破坏稳定性分析 (5) 植被护坡设计 (6) 植生带护坡的施工工艺

基本概念

加筋法、土工合成材料、加筋土挡墙、土钉、树根桩、植被护坡、瑞典圆弧法、毕肖普法。

 引例

在土木工程建设中，天然地基在上部结构传递的荷载及外加荷载作用下，往往由于强度不足产生较大的沉降和侧向变形，影响建(构)筑物的稳定性。为改善天然地基土体的力学性能，提高其强度，减少沉降，增强稳定性，通常在人工填土的路堤或者挡土墙内铺设土工合成材料，或在边坡内打入土锚(或土钉、树根桩等)或者植入坡面植被等作为加筋材料，土体与加筋材料可形成加筋土挡墙、土钉、树根桩、植被护坡几类常用的加筋法技术。这种人工复合的土体能够承受抗拉、抗压、抗剪或抗弯作用。加筋法的应用已有几千年的历史，其理论发展滞后于工程实践，本章对常用加筋法的相关概念、加固原理、设计计算方法、施工工艺与质量检验进行了详细介绍，并列举部分加筋法技术应用的工程实例。在实际工程中，我们必须根据诸多因素来选择加筋法中某一类或几类方法。

7.1 概 述

加筋法是在人工填土的路堤或者挡土墙内铺设土工合成材料(或钢带、钢条、钢筋混凝土带、尼龙绳、竹筋等)作为加筋材料，或在边坡内打入土锚(或土钉、树根桩等)或者植入可代替浆砌片石、喷射混凝土等护坡技术的浅层坡面植被等作为加筋材料，使这种人工复合的土体能够承受抗拉、抗压、抗剪或抗弯作用，从而改善地基土的力学性能，提高其强度，减少沉降和增强地基稳定性，并抑制地基侧向变形的方法。这种起加筋作用的人工材料称为筋体或筋材。

由土和筋体组成的复合土体称为加筋土。根据筋体或筋材种类的不同，土与筋体可形成加筋土挡墙、土钉、树根桩、植被护坡等加筋土技术。加筋法的基本原理是在土体中放置筋材，构成土-筋材复合体，当受到外力作用时，将产生体变，引起筋材与其周围土之间的相对位移趋势。两种材料界面上的摩擦阻力(和咬合力)限制了土的侧向位移，等效给土体施加了一个侧压力增量，使土体中的拉应力传递到筋材上。筋材承受拉应力，筋材之间的土承受压应力和剪应力，使加筋土中的筋材和土体都能较好地发挥各自的作用。

加筋法的概念早已存在，利用天然材料加筋和改善土体性状的历史悠久。远在人类早期，先辈们就在泥中加筋。我国陕北半坡村遗址有很多简单房屋利用草泥修筑墙壁和屋顶，距今已有五六千年。汉朝在玉门一带修建的长城(约在公元前两百年前)仍可见砂、砾石、红柳和芦苇叠压而成的遗址。有许多历史记载说明在水利工程中，利用竹、木、植物加筋的历史也很悠久。20世纪60年代初，法国工程师 Henri Vidal 把加筋技术从直观认识和经验提高到理论的新阶段。他用三轴试验证明，在砂土中加筋可使其强度提高4倍多，同时开发了利用金属条带作筋材的加筋土系统。法国于1965年在 Prageres 首次用加筋土修建了一座挡土墙；在美国，Vidal 形式的加筋土于1972年首次在加利福尼亚被应用于处理一个滑坡。20 世纪 70 年代以后发展了多种非金属筋材的加筋土结构。据法国加筋土协会统计，截至 1978 年，在五大洲 28 个国家已修建了 2266 座加筋土工程。我国 20 世纪 80 年代初开始进行加筋土的科研和探讨，随后加筋土结构被广泛应用于铁路、煤炭、公路、水利、海岸等工程中。据不完全统计，现已建成千余座加筋土工程，遍及我国广大地区，并先后在武汉、太原、邯郸、北京、杭州和重庆召开了有关加筋土的学术讨论和经验交流会议。此外，中华人民共和国水利部(简称水利部)、交通部和铁道部还分别编制了技术规范，其中包括加筋土的设计、施工内容。

本章主要介绍土工合成材料、加筋土挡墙、土钉技术、树根桩和植被护坡技术。

7.2 土工合成材料

土工合成材料是 20 世纪 60 年代末兴起的，用于岩土工程领域的一种化学纤维品的建筑材料，是土木工程中应用的合成材料的总称。它主要是由聚酯纤维、聚乙烯、聚氯乙烯、聚丙烯、尼龙纤维等高分子化学材料作为原料而制成的各种类型的产品，可放置于岩土体或其他工程结构的内部、表面或各种结构层之间，用途极为广泛，具有排水、隔离、反滤、加固补强、保护和止水等作用，是应用于土木工程中的一种新型工程材料。

土工合成材料的出现已经有 100 年左右，但在土木工程中的应用则是从 20 世纪 30 年代末才开始的。1958 年，美国首先将土工合成材料应用于护岸工程，把塑料薄膜作为岸坡的防渗材料；1970 年，法国开创了在土石坝工程中使用土工聚合物的先例，并促使土工合成材料快速发展起来。最近 40 多年来，由于无纺织物的推广，土工合成材料的发展速度加快，其中尤其以北美、西欧和日本为最快。1977 年，在法国巴黎举行的第一次国际土工合成材料会议上，J. P. Giroud 把它命名为"土工织物"(Geotextile)。1982 年，召开了第二次国际土工合成材料会议，并成立了国际土工织物学会(International Geotextile Society，IGS)。1983 年，*Geotextiles And Geomembranes* 学术期刊正式出版发行。1986 年，在维也纳召开的第三届国际土工合成材料会议上，将其称为"岩土工程的一场革命"。1992 年，召开了第四届国际土工合成材料、土工膜和相关产品学术会议。土工合成材料的研究已经成为岩土工程学科一个重要分支。

我国在 20 世纪 60 年代中期开始使用土工合成材料。到 20 世纪 80 年代中期，土工合成材料在我国水利、铁路、公路、军工、港口、建筑、矿冶和电力等领域逐渐得到推广，并成立了全国范围内的土工合成材料技术协作网和中国水力发电工程学会土工合成材料专业委员会。1995 年，经过中华人民共和国民政部(简称民政部)批准，正式成立了中国土工合成材料工程协会。从 1986 年开始，每隔三年召开一次全国土工合成材料学术会议。

土工合成材料在工程界的广泛应用虽然已有 40 多年的时间，但至今国内外对其技术名称也未得到统一，如土工聚合物、土工合成材料(Geosythetics)或者土工织物(Geotextile)等；另外，对特定的产品，还有专用名称，如土工网(Geoweb)、土工格栅(Geogrid)和土工垫(Geomat)等。但是，由于这些土工制品的原材料都是由聚酰胺纤维(尼龙)、聚酯纤维(涤纶)、聚丙烯腈(腈纶)和聚丙烯纤维(丙纶)等高分子聚合物经加工而合成的，所以现在采用"土工合成材料"作为其技术总称。

7.2.1 土工合成材料的分类

土工合成材料包括各种土工纤维(土工织物)、土工膜、土工格栅、土工垫以及各种组合型的复合土工合成材料,其产品根据加工制造的不同,可以分为以下几类。

1. 有纺型土工合成材料

有纺型土工合成材料(Woven Geotextile)是由相互正交的纤维织成的,与通常的棉毛织品相似,用编织机编织而成。其特点是孔径均匀,沿经纬线方向强度大,拉断的延伸率较低。

2. 无纺型土工合成材料

无纺型土工合成材料(Nonwoven Geotextile)中,其纤维(连续长丝)的排列是无规则的,与通常的毛毯相似,不使用编织机。它一般多由连续生产线生产,制造时先将聚合物原料经过熔融挤压、喷丝、直接平铺成网,然后再把网丝联结起来,制成土工合成材料。联结的方法有热压、针刺和化学黏结等不同的处理方法,将不规则的纤维联结并整合成薄片状、纤网状或絮垫状土工织物。前两种方法制成的产品又分别称无纺热黏型和无纺针刺型土工织物。

3. 编织型土工合成材料

编织型土工合成材料(Knitted Geotextile)是指通过组合、交叉等方式将纤维丝线编制成环状的土工产品。这种土工合成材料由单股或多股线带编织而成,与通常编制的毛衣相似。编织型土工合成材料的伸缩性比有纺型土工合成材料大。

4. 组合型土工合成材料

组合型土工合成材料(Composite Geotextile)是由有纺型土工合成材料、无纺型土工合成材料和编织型土工合成材料组合而成的土工合成材料。

5. 土工膜

土工膜(Geomembranes)是指在各种塑料、橡胶或土工纤维上喷涂防水材料而制成的各种不透水(或者透水性极小)膜。

6. 土工垫

土工垫是由粗硬的纤维丝粘接而成。

7. 土工格栅

土工格栅由规则的网状抗拉条带(如聚乙烯或聚丙烯板),通过单向或者双向拉伸扩孔而制成(图 7.1)。孔格尺寸为 10~100mm 的圆形、椭圆形、方形或长方形。

8. 土工网

土工网是由挤出的 1~5mm 塑料股线制成的网状结构。由纤维围成的网状结构开孔尺寸较大,有交结点。

9. 土工塑料排水板

土工塑料排水板是一种复合型土工合成材料,由芯板和透水滤布两部分组成。滤布包裹在芯板外面,在其间形成纵向排水沟槽。

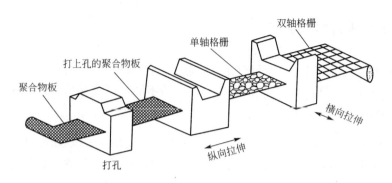

图 7.1　双轴格栅的加工程序

10. 土工复合材料

土工复合材料是指由两种或两种以上土工产品组成的复合材料，主要用于排水或止水，如土工塑料排水带。

土工复合材料的要求应符合国家标准《土工合成材料应用技术规范》（GB 50290—1998）。土工合成材料的划分应符合图 7.2 的要求。

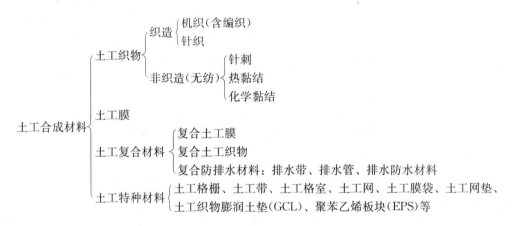

图 7.2　土工合成材料的划分

7.2.2　土工合成材料的主要功能

土工合成材料在工程上的应用，主要表现在排水、反滤、隔离、加筋、防护和防渗六个方面，不同应用领域的土工合成材料功能的相对重要性不同，前四种作用的应用见表 7-1。

表 7-1　不同应用领域的土工合成材料功能的相对重要性

应用领域＼功能	隔离	排水	加筋	反滤
无护面道路	A	C	B	B
海、河护岸	A	C	B	A

（续）

应用领域 \ 功能	隔离	排水	加筋	反滤
粒状填土区	A	C	B	D
挡土墙排水	C	A	D	C
用于土工薄膜下	D	A	B	D
近水平排水	C	A	B	D
堤坝基础加筋	B	C	A	D
加筋土墙	D	D	A	D
堤坝桩基	B	D	A	D
岩石崩落网	D	C	A	D
密封水力充填	B	C	A	A
防冲	D	C	B	A
柔性模板	C	C	C	A
排水沟	B	C	D	A

注：表中A、B、C、D按功能相对重要性分别为主要、次要、一般、不很重要功能。

1. 排水

土工合成材料的排水作用是指利用土工合成材料将不必要的大气降水、土中多余的水分收集起来，并将其排出的性能。具有良好的二维、三维透水特性的土工合成材料必须有一定厚度。利用这种特性，土工合成材料除了可用于透水反滤材料外，还可使水经过土工纤维的平面时能迅速沿水平方向排走，而且不会堵塞，构成水平的排水层。另外，它还可以与其他材料(如粗粒料、排水管、塑料排水板等)共同构成排水系统或深层排水井。此外，还有专门用于排水的复合土工合成材料。图7.3列出了一些土工合成材料用于排水的工程实例。

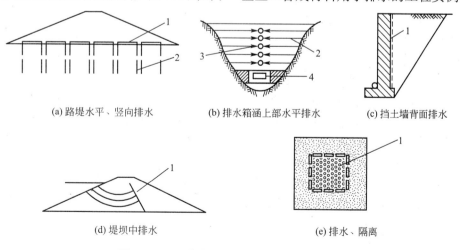

(a) 路堤水平、竖向排水　　(b) 排水箱涵上部水平排水　　(c) 挡土墙背面排水

(d) 堤坝中排水　　(e) 排水、隔离

图7.3　土工合成材料用于排水的典型实例

1—土工合成材料；2—塑料排水带；3—塑料管；4—排水涵管

土工合成材料的排水效果取决于其在相应的受力条件下导水度(导水度等于水平向渗透系数与其厚度的乘积)的大小，及其所需的排水量和所接触的土层的土质条件。

2. 反滤

土工合成材料的反滤作用是指把土工合成材料铺设在被保护的土上，可以起到与一般砂砾石反滤层同样的作用，即允许水流渗透通过，同时又阻止水流将土颗粒带走，从而防止发生流土、管涌和堵塞。

土工合成材料反滤作用通常与其他性能并用。影响反滤作用效果的因素有很多，如土工合成材料的物理特性、土的粒径和颗粒级配、上覆层应力状态、水力条件等。

多数土工合成材料在单向渗流的情况下，在紧贴土工合成材料的土体中，发生细颗粒逐渐向滤层移动，自然形成一个反滤带和土骨架网，阻止土颗粒的继续流失，最后在土工合成材料与相邻的接触部分土层共同形成了一个完整的反滤系统(图7.4和图7.5)。将土工合成材料铺设在上游面块石的护坡下面，起反滤和隔离作用；也可以将其放置于下游排水体周围，起反滤作用；或者将土工合成材料铺放在均匀土坝的坝体内，起竖向排水作用，这样可以有效地降低均质土坝坝体的浸润线，提高下游坡坝的稳定性。具有这种排水作用的土工合成材料，在其平面方向需要有较大的渗透系数。

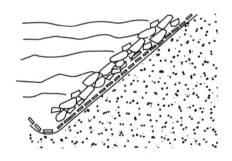

图 7.4 土工合成材料用于护坡工程

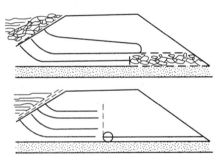

图 7.5 土工合成材料用于土坝工程

3. 隔离

土工合成材料的隔离作用是指把土工合成材料设置在两种不同的土质、材料，或者土与其他材料之间。将它们相互隔离开来，可以避免不同材料的混杂产生的不良效果。由于土工合成材料具有一定的抗拉、抗刺破、抗撕裂强度和抗变形能力，可适应受力、变形和各种环境的变化，所以具备整体连续性的土工合成材料可以起到隔离作用。将土工合成材料用于受力结构体系中，将有助于保证受力构件的状态和设计功能；将其用于道路工程中，可防止路堤翻浆冒泥；将其用于材料的储存和堆放，可以避免材料的损失和劣化；将其用于垃圾、废料的处置，还可以避免污染等。

作为隔离作用的土工合成材料，其渗透性应大于所隔离土的渗透性，并不被其堵塞。在承受动荷载作用时，土工合成材料还应具备足够的耐磨性。当被隔离的材料或土层间无水流作用时，也可以使用不透水的土工膜作为隔离材料。

4. 加筋

土工合成材料的加筋作用是指利用土工合成材料的抗拉强度和韧性等力学性质，可以分散荷载，增强土体的抗变形能力，减小沉降量，从而提高土工结构的稳定性，或作为加筋材料构成加筋土以及各种复合土工结构。

当地基可能产生冲切和剪切破坏时，铺设的土工合成材料将阻止地基中剪切破坏面的产生和进一步发展，从而使地基的承载力提高；当软黏土地基强度很小，可能产生很大的变形时，铺设的土工合成材料可以阻止软黏土的侧向挤出，从而减少软黏土地基的侧向变形，增大地基的稳定性。在沼泽地、泥炭土和软黏土上建造临时道路，是土工合成材料最重要的用途之一。

土工合成材料用做土体的加筋材料时，其作用与其他筋材的加筋土相似，通过土与加筋材料之间的摩擦力使之成为一个整体，提供锚固力，以保证支挡建(构)筑物的稳定。土工合成材料用于加筋，一般要求有一定的刚度。土工合成材料能很好地与土相结合，是一种良好的加筋材料。与金属筋材相比，土工合成材料不会因腐蚀而失效，在桥台、挡土墙、护岸、码头支挡建(构)筑物中均得到了成功的应用。

5. 防护

土工合成材料的防护作用是指限制或者防止岩土体受外界环境影响而破坏的作用，用于防冲、防浪、防冻、防震、固砂、防止盐碱化及泥石流等，可以分为屏障作用和防侵蚀作用。屏障作用是将土工合成材料放置于流动的水、风的流动路径中，就像在流体中设置屏障一样，可以让流体顺利通过但却阻止土颗粒的流失。经过一段时间后，土颗粒在土工合成材料屏障的背面积聚下来，使得该屏障承受了一定的压力。

6. 防渗

利用土工合成材料中弱透水材料，可以有效防止液体的渗透、气体的挥发，以保护环境或建筑物的安全。

7.2.3 土工合成材料的特性指标

土工合成材料的特性包括物理性能、力学性能、水力学性能和耐久性能。人工合成产品的种类繁多，应用非常广泛，所以在选择土工合成材料类型时，必须要首先了解其材料的特性。

表征土工合成材料产品性能的指标主要包括以下几个方面。

(1) 产品形态：材质及制造方法、宽度，每卷的直径、长度及质量。

(2) 物理性能：相对密度、单位面积的质量、厚度、开孔尺寸(等效孔径)及均匀性等。

(3) 力学性能：主要包括抗拉强度、破坏时的延伸率及拉力变形曲线、撕裂强度、刺破强度、CBR顶破强度、疲劳强度、蠕变性质及土工合成材料与土体间的摩擦系数、直剪摩擦、拉拔摩擦等。这些指标可以通过相应的力学试验得到。

(4) 水力学性能：垂直向和水平向的透水性(即垂直渗透系数、水平渗透系数)、孔隙率、开孔面积率。

(5) 耐久性能：包括抗老化能力、抗紫外线能力、抗徐变性、抗化学腐蚀性、生物稳定性、耐磨性、抗温度性、抗冻融及干湿变化性等。

7.2.4 工程实例

1. 工程概况

某油罐工程位于长江岸边河滩软黏土地基上，采用浮顶式（钢制）储罐，容量为 $2\times10^4\mathrm{m}^3$，内径为 40.50m，高 15.8m，设计要求的环墙基础高度为 2.5m，并在原场地上填上 4m 后建造。油罐充水后，包括填土和基础荷载共计为 $288\mathrm{kN/m}^2$。

根据油罐工程的特点，油罐地基需满足如下要求。

（1）承受 $288\mathrm{kN/m}^2$ 和荷载。

（2）油罐整体倾斜不大于 $0.004\sim0.005$，周边沉降差不大于 0.0022，中心与周边沉降差不大于 $1/45\sim1/44$。

（3）油罐的最终沉降不超过预留高度。

2. 场地土层简介

建筑场地主要地基土分布自上而下分别为：①表层土厚 $0.30\sim0.50\mathrm{m}$；②黏土层厚 $1.30\sim2.30\mathrm{m}$；③淤泥质黏土层厚 $12\sim18\mathrm{m}$，其不排水抗剪强度为 $12\sim47\mathrm{kPa}$。

3. 地基处理设计与施工

经多种地基处理方案的比较分析后，采用土工合成材料加筋垫层和排水固结充水预压联合处理方案处理油罐下卧的软黏土地基，方案设计图如图 7.6 和图 7.7 所示。

利用 4m 厚的填土作为加筋垫层，筋材沿油罐基础底面水平方向布置。为了更好地发挥加筋的约束作用和垫层的刚度，设计了袋装碎石袋，并按 60°交错铺设，形成一均匀分布的垫层。加筋垫层由两层碎石袋组成。第一层碎石袋层厚 0.9m，距基础底面为 1.1m，宽 50.5m；第二层碎石袋厚 0.9m，宽 54.5m，两层间距为 1.0m。根据国产土工编织物的特性，选用了聚丙烯纺织物，其抗拉强度为 500kN/m，延伸率为 38%，弹性模量为 97090kPa。

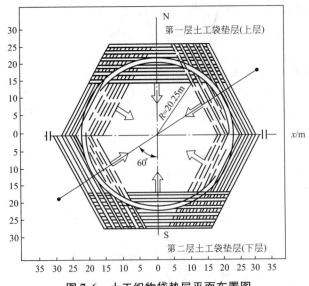

图 7.6 土工织物袋垫层平面布置图

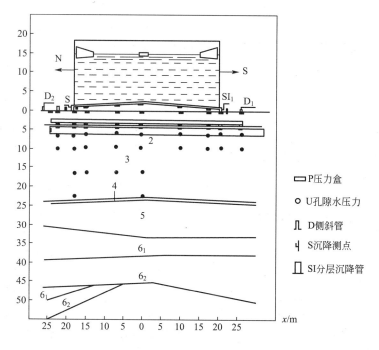

图 7.7 土织物垫层地基剖面及测试设备埋设布置图

注：1、2、3、4、5、6_1、6_2 为土层符号。

4．现场观测与地基处理效果

为了保证地基的工程质量和在预压过程中地基的安全稳定，正确指导施工过程，验证土工织物袋垫层和排水固结联合处理油罐工程软黏土地基的效果，在该油罐工程中埋设了沉降仪、测斜管、分层沉降管、压力盒及孔隙水压力测头等观测设备，以测量地基及基础的变形、基底及垫层底的压力和地基土的孔隙水压力。

由填土、施工基础及多级充水过程中各阶段沉降观测结果分析可知，采用土工合成材料加筋垫层和排水固结联合处理油罐的方法是可行的，并取得了良好的效果，都满足油罐基础的设计要求。同时，土工合成材料加筋垫层可以防止垫层的抗拉断裂，保证垫层的均匀性，约束地基土的侧向变形，改善地基的位移场，调整地基的不均匀沉降等。

根据基底压力实测分析，基底压力基本上是均匀的，并与荷载分布的大小一致。荷载通过基础在垫层中扩散，扩散后达到垫层底面的应力分布基本上也是均匀的，说明加筋垫层起到了扩散应力和使应力均匀分布的作用。

7.3 加筋土挡墙

加筋土挡墙是由基础、墙面板、帽石、填料及在填料中布置的拉筋几部分组成的一个整体复合结构（图 7.8）。这种结构内部具有墙面所承受的水平土压力、拉筋的拉力、填料与拉筋间的摩擦力等相互作用的内力。

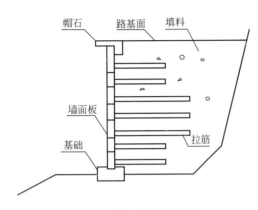

图 7.8　加筋土挡墙结构图

加筋土挡墙的挡土原理是依靠填料与拉筋之间的摩擦力来平衡墙面承受的水平土压力(即加筋土挡墙的内部稳定性),并以基础、墙面板、拉筋和填料等组成复合结构而形成土墙以抵抗拉筋尾部填料所产生的土压力(即加筋土挡墙的外部稳定性),从而保证挡墙的稳定。

自 1965 年在法国普拉涅尔斯成功地修建了世界上第一座加筋土挡墙以来,利用抗拉材料加筋土体的技术已经由经验判断上升到理论设计阶段。加筋土挡土墙的设计计算理论和施工方法经过 40 多年的发展,以其造价低、性能好等优点得到较为广泛的应用。在一些软黏土地基、人工填土地基以及沿河路基的边坡支挡工程中,加筋土挡墙更显示出在造价和结构上的优势。我国 20 世纪 70 年代开始对这种新型支挡结构进行试验研究和应用,在加筋材料的生产、技术指标以及墙体设计理论和施工方法等方面取得了较丰富的研究成果。1978 年在云南省田坝矿区煤场修建了我国第一座试验加筋土挡墙。之后,相继在山西、云南、陕西、四川等省累计建成各种类型的加筋土挡墙约 400 余座。加筋土挡墙结构已成为当前地基处理的新技术,已被广泛地应用于路基、桥梁、驳岸、码头、储煤仓、堆料场等水工和工业结构物中(图 7.9)。

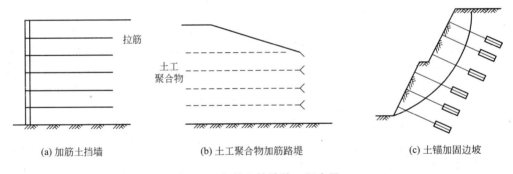

(a) 加筋土挡墙　　　　　(b) 土工聚合物加筋路堤　　　　　(c) 土锚加固边坡

图 7.9　加筋土挡墙的工程应用

下面主要针对加筋土挡墙的特点和破坏机理、设计与施工方法及质量检验进行介绍。

7.3.1　加筋土挡墙的特点和破坏机理

1. 加筋土挡土墙的特点

(1) 能够充分利用填料与拉筋的共同作用,所以挡土墙结构的质量轻,其所用混凝土的体积相当于重力式挡土墙的 3%~5%。工厂化预制构件可以降低成本,并能保证产品质量。

(2) 加筋土挡墙由各种构件相互拼装而成,具有柔性结构的特点,有良好的变形协调能力,可以承受较大的地基变形,适宜在软黏土地基上使用。

（3）墙面板形式可以根据需要拼装成美观的造型，适合于城市道路的支挡工程。

（4）可以形成很高的垂直墙面，节省挡土墙的占地面积，减少土方量，施工简便，施工速度快，质量易于控制，且施工时无噪声。对于不利于放坡的地区、城市道路以及土地资源紧缺的地区而言具有重要意义。

（5）节省投资。加筋土挡墙墙面板薄，基础尺寸小。当挡土墙高度大于 5m 时，与重力式挡土墙相比，可以降低近一半造价，挡墙越高，经济效益越明显。

（6）加筋土挡墙这一复合结构的整体性较好。与其他类型结构相比，其所特有的柔性能够很好地吸收地震能量，具有良好的抗震性能。

由于具有以上特点，加筋土挡墙在公路、铁路、煤矿工程中得到较多的应用，但在工程应用中也应注意其具有的一些缺点。

（1）挡土墙背后需要充足的空间，以便获得足够的加筋区域来保证其稳定性。

（2）存在加筋钢材的锈蚀、暴露的土工合成材料在紫外线照射下的变质、老化等问题。

（3）对超高加筋土挡墙的设计和施工经验还不成熟，尚需进一步完善。

（4）对于 8 度以上（含 8 度）地震地区和具有强烈腐蚀环境中不宜使用加筋土挡墙，在浸水条件下应慎重应用。

2. 加筋土挡墙的破坏机理

加筋土挡墙的破坏分为外部稳定性和内部稳定性破坏。外部稳定性破坏基本上与重力式挡墙类似，其可能的破坏形式主要有：①加筋土挡墙与地基间的摩阻力不足或墙后填料的侧向推力过大所引起的滑移破坏；②加筋土挡墙由于墙后土体的侧向推力所引起的倾覆破坏；③由于地基承载力不足或不均匀沉降引起的倾斜破坏；④加筋土挡墙及墙后填料发生整体滑动破坏。与加筋土挡墙内部稳定性有关的破坏形式有两种：①由于拉筋开裂造成的断裂破坏；②由于拉筋与填料之间摩擦力不足造成的加筋体断裂破坏。

内部稳定性取决于筋材的抗拉强度和填料与筋材间的最大摩擦力，它们是影响挡墙内部稳定的主要因素。图 7.10(a)为未加筋的土单元体，在竖向应力 σ'_v 的作用下，单元土体产生轴向压缩变形，侧向发生膨胀。通常，侧向应变要比轴向应变大 1.5 倍。随着 σ'_v 逐渐增大，轴向压缩变形和侧向膨胀也越来越大，直至土体破坏。在土单元体中埋置了水平方向的拉筋［图 7.10(b)］，沿拉筋方向发生膨胀变形时，通过拉筋与土颗粒间的静摩擦作用，引起土体侧向膨胀的拉力传递给拉筋。由于拉筋的拉伸模量大，阻止了单元土体的侧向变形，在同样大小的竖向应力作用下，侧向变形 $b_H = 0$。加筋后的土体就好像在单元土体的侧面施加了一个约束荷载，它的大小与静止土压力 $K_0\sigma_v$ 等效，并且随着竖向应力的增加，侧向荷载也成正比例增加。在同样大小的竖向应力作用下，加筋土的摩尔应力圆的各点都在破坏曲线下面。只有当与拉筋之间的摩擦失效或拉筋被拉断时，土体才有可能发生破坏，加筋土挡墙出现与内部稳定有关的上述两种断裂破坏。

外部稳定性破坏主要是由于加筋土挡墙复合结构不足以抵抗填料所产生的土压力而导致挡墙发生滑移、倾覆、倾斜与整体滑动等破坏。从加筋土挡墙土（图 7.11）的整体分析来看，由于土压力的作用，土体中产生一个破裂面，而破裂面内的滑动棱体达到极限状态。在土中埋设拉筋后，趋于滑动的棱体通过土与拉筋间的摩擦作用，有将拉筋拔出土体的倾向。因此这部分的水平分力 τ 的方向指向墙外，而

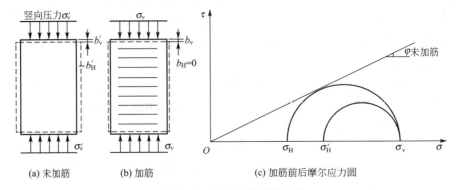

(a) 未加筋   (b) 加筋   (c) 加筋前后摩尔应力圆

图 7.10　加筋土单元体分析

$$\tau = \frac{\mathrm{d}T}{\mathrm{d}l} \cdot \frac{1}{2b} \qquad\qquad (7-1)$$

式中，T 为拉筋的拉力，kN；l 为拉筋的长度，m；b 为拉筋的宽度，m。

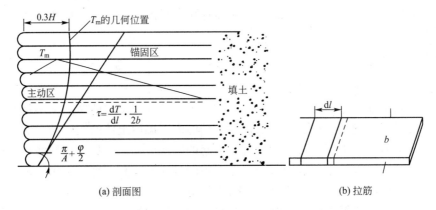

(a) 剖面图   (b) 拉筋

图 7.11　加筋土挡土墙整体分析

　　滑动棱体后面的土体则由于拉筋和土体间的摩擦作用，把拉筋锚固在土中，从而阻止拉筋被拔出，这一部分的水平分力是指向土体的。这两个水平方向分力的交点就是拉筋的最大应力点(T_{m})，把每根拉筋的最大应力点连接成一条曲线，该曲线就把加筋土体分成两个区域；在各拉筋最大拉力点连线以左的土体称为主动区，以右的土体称为被动区(或锚固区)。

　　通过室内模型试验和野外实测得到，主动区和被动区两个区域的分界线距加筋土挡墙墙面的最大距离约为 $0.3H$(H 为加筋土挡墙高度)，与朗肯理论的破裂面不很相符，但现在设计中一般仍然采用朗肯理论。当然，加筋土两个区域的分界线的形成还要受到各种因素的影响，如结构的几何形状、作用在结构上的外力、地基的变形，以及土与筋材间的摩擦力等。

7.3.2　设计计算

　　加筋土挡墙的设计内容主要包括确定筋材的长度、断面积和间距，以保证加筋土挡墙外部与内部的稳定性，一般从土体的内部稳定性和外部稳定性两个方面来考虑。

1. 内部稳定性计算

加筋土挡墙的内部稳定性指的是由于拉筋被拉断或者拉筋与土体之间的摩擦力不足（即在锚固区内拉筋的锚固长度不够而导致土体发生滑动），造成加筋土挡墙整体结构破坏。在设计时，必须考虑拉筋的强度和锚固长度（即拉筋的有效长度）。内部稳定性验算包括水平拉力和抗拔稳定性验算，并涉及筋材铺设的间距和长度等。目前国内外筋材的拉力计算理论还未得到统一，现有的计算理论多达十几种。不同计算理论计算结果有所差异。下面是《公路加筋土工程设计规范（附条文说明）》(JTJ 015—1991)中的计算方法。

1) 土压力系数 K_i

如图 7.12 所示，加筋土挡墙的土压力系数根据墙高的不同分别按式(7-2)和式(7-3)计算。

(1) 当 $Z_i \leqslant 6m$ 时，

$$K_i = K_0 \left(1 - \frac{Z_i}{6}\right) + K_a \frac{Z_i}{6} \qquad (7-2)$$

(2) 当 $Z_i > 6m$ 时，

$$K_i = K_a \qquad (7-3)$$

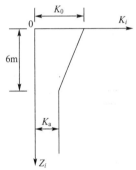

图 7.12 土压力系数图

式中，K_i 为加筋土挡墙内 Z_i 深度处的土压力系数；K_0 为填土的静止土压力系数，$K_0 = 1 - \sin\varphi$；K_a 为填土的主动土压力系数，$K_a = \tan^2(45° - \varphi/2)$，$\varphi$ 为填土的内摩擦角，按表 7-2 取值；Z_i 为第 i 单元结点到加筋土挡墙顶面的垂直距离，m。

表 7-2 填土的设计参数

填料类型	重度/(kN/m³)	计算内摩擦角/(°)	似摩擦系数
中低液限黏性土	18～21	25～40	0.25～0.40
砂性土	18～21	25	0.35～0.45
砾碎石类土	19～22	35～40	0.40～0.50

注：1. 黏性土计算内摩擦角为换算内摩擦角；

2. 似内摩擦系数为土与筋带的摩擦系数；

3. 有肋钢带、钢筋混凝土带的似摩擦系数可提高 0.1；

4. 墙高大于 12m 的挡墙计算内摩擦角和似摩擦系数采用低值。

2) 土压力

加筋土挡墙的类型不同，土压力计算方法有所不同，图 7.13 为路肩式和路堤式挡墙的计算简图。加筋土挡墙在自重和车辆荷载作用下，深度 Z_i 处的垂直应力 σ_i 为

路肩式挡墙： $$\sigma_i = \gamma_1 Z_i + \gamma_1 h \qquad (7-4)$$

路堤式挡墙： $$\sigma_i = \gamma_1 Z_i + \gamma_2 h_1 + \sigma_{ai} \qquad (7-5)$$

式中，γ_1、γ_2 分别为挡墙内、挡墙上填土的重度，当填土处于地下水位以下时，前者取有效重度，kN/m³；h 为车辆荷载换算成的等效均布土层厚度，m，按式(7-6)计算。

$$h = \frac{\sum G}{B \cdot L_c \cdot \gamma_1} \qquad (7-6)$$

式中，B、L_c 分别为荷载分布的宽度和长度，m；$\sum G$ 为分布在 $B \times L_c$ 面积内的轮廓或履带荷载，kN。

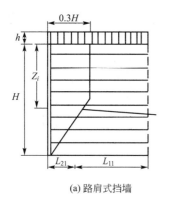

(a) 路肩式挡墙

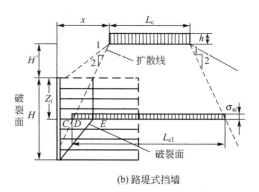

(b) 路堤式挡墙

图 7.13　加筋土挡墙计算简图

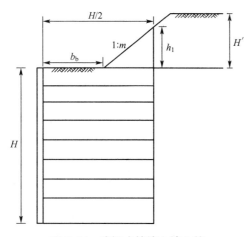

**图 7.14　路堤式挡墙上填土等
代土层厚度的计算简图**

如图 7.14 所示，挡墙填土换算成等代均匀土层的厚度 h_1 取值如下。

(1) 当 $h_1 > H'$ 时，取 $h_1 = H'$。

(2) 当 $h_1 \leqslant H'$ 时，

$$h_1 = \frac{1}{m}\left(\frac{H}{2} - b_b\right) \qquad (7-7)$$

式中，m 为路堤边缘的坡率；H 为挡墙高度，m；H' 为挡墙上的路堤高度，m；b_b 为坡脚至面板的水平距离，m。

在图 7.13(b) 中，路堤式挡墙在车辆荷载作用下，挡墙内深度为 Z_i 处的垂直应力 σ_{ai} 可按下面情况分别计算。

(1) 当扩散线上的 D 点未进入活动区时，$\sigma_{ai} = 0$。

(2) 当扩散线上的 D 点进入活动区时，

$$\sigma_{ai} = \gamma_1 h \frac{L_c}{L_{ci}} \qquad (7-8)$$

式中，L_c 为结构计算时采用的荷载布置宽度，m；L_{ci} 为 Z_i 深度处的应力扩散宽度，m，按下式计算：

当 $Z_i + H' \leqslant 2b_c$ 时，$L_{ci} = L_c + H' + Z$；当 $Z_i + H' > 2b_c$ 时，$L_{ci} = L_c + b_c + \dfrac{H' + Z_i}{2}$。

其中，b_c 为面板背面到路基边缘的距离，m。

当进行抗震验算时，加筋土挡墙 Z_i 深度处土压力增量按式 (7-9) 计算。

$$\Delta\sigma_{ai} = 3\gamma_1 K_a c_i c_z K_h \tan\varphi (h_1 + Z_i) \qquad (7-9)$$

式中，c_i 为重要性修正系数；c_z 为综合影响系数；K_h 为水平地震系数。这三个参数按照《工路桥梁抗震设计细则》(JTG/T B02-01—2008) 取值。作用于挡墙上的主动土压力 E_i 为路肩式挡墙：
$$E_i = K_i(\gamma_1 Z_i + \gamma_1 h) \tag{7-10}$$

路堤式挡墙：
$$E_i = K_i(\gamma_1 Z_i + \gamma_2 h_1 + \sigma_{ai}) \tag{7-11}$$

考虑抗震时：
$$E_i' = E_i' + \Delta\sigma_{ai} \tag{7-12}$$

3）拉筋的拉力、拉筋的断面和长度计算

当填土的主动土压力充分作用时，每根拉筋除了通过摩擦阻止部分填土水平位移外，还能使一定范围内的面板拉紧，从而使拉筋与主动土压力保持平衡。因此，每根拉筋所受到的压力随着所处深度的增加而增大。第 i 单元拉筋受到的拉力 T_i 按式(7-13)~式(7-15)计算。

路肩式挡墙：
$$T_i = K_i(\gamma_1 Z_i + \gamma_1 h)s_x s_y \tag{7-13}$$

路堤式挡墙：
$$T_i = K_i(\gamma_1 Z_i + \gamma_2 h_1 + \sigma_{ai})s_x s_y \tag{7-14}$$

考虑抗震时：
$$T_i' = T_i + \Delta\sigma_{ai} \cdot s_x s_y \tag{7-15}$$

式中，s_x、s_y 为拉筋的水平间距和垂直间距，m。所需拉筋的断面面积为

$$A_i = \frac{T_i'' \times 10^3}{k \cdot [\sigma_L]} \tag{7-16}$$

式中，A_i 为第 i 单元拉筋的设计断面面积，mm^2；k 为拉筋的容许应力提高系数，当以钢带、钢筋和混凝土作拉筋时，k 取 1.0~1.5，当用聚丙烯土工聚合物时，k 取 1.0~2.0；T_i'' 为第 i 单元拉筋所受的拉力，kN，考虑地震时取 T_i'；$[\sigma_L]$ 为拉筋的容许应力即设计拉应力，对于混凝土，其容许应力可按表7-3取值。

表7-3 混凝土容许应力

混凝土强度等级	C13	C18	C23	C28
轴心受压应力(σ_a)/MPa	5.50	7.00	9.00	10.50
拉应力(主拉应力)(σ_L)/MPa	0.35	0.45	0.55	0.60
弯曲拉应力(σ_{WL})/MPa	0.55	0.70	0.30	0.90

注：矩形截面构件弯曲拉应力可提高15%。

另外，每根拉筋在工作时存在被拔出的可能，因此，还需要计算拉筋抵抗被拔出的锚固长度 L_{2i}，按式(7-17)和式(7-18)计算：

路肩式挡墙：
$$L_{1i} = \frac{[K_f]T_i}{2f' \cdot b_i \cdot \gamma_1 \cdot Z_i} \tag{7-17}$$

路堤式挡墙：
$$L_{1i} = \frac{[K_f]T_i}{2f' \cdot b_i \cdot (\gamma_1 \cdot Z_i + \gamma_2 \cdot h_1)} \tag{7-18}$$

式中，$[K_f]$ 为拉筋要求的抗拔稳定系数，一般取 1.2~2.0；b_i 为第 i 单元拉筋宽度总和，m；f' 为拉筋与填土的似摩擦系数，按表7-4取值。

表7-4 基底似摩擦系数 f'

地基土分类	f'值
软塑黏土	0.25
硬塑黏土	0.30
黏质粉土、粉质黏土、半干硬的黏土	0.30~0.40
砂类土、碎石类土、软质岩石、硬质岩石	0.40

注：加筋体填料为黏质粉土、半干硬黏土时按同名地基土采用。

拉筋的总长度为

$$L_i = L_{1i} + L_{2i} \qquad\qquad (7-19)$$

式中，L_{2i} 为朗肯主动区拉筋的长度，m，分不同情况计算。

（1）当 $0 \leqslant Z_i \leqslant H_1$ 时，$L_{2i} = 0.3H$；

（2）当 $H_1 < Z_i \leqslant H$ 时，

$$L_{2i} = \frac{H - Z_i}{\tan\beta} \qquad\qquad (7-20)$$

式中，β 为简化破裂面的倾斜部分与水平面夹角，$\beta = 45° + \varphi/2$。

2. 外部稳定性验算

加筋土挡墙的外部稳定性验算应考虑以下几方面的问题。

（1）挡墙基底地基承载力验算：在力矩作用下，挡墙墙趾处可能产生较大的偏心荷载，当地基承载力较小时，会产生地基失稳使挡墙破坏。

（2）基底抗滑稳定性验算：挡墙在主动土压力作用下，产生向外的滑动趋势，有可能沿加固体和下伏接触面向外侧滑动，在这种情况下通常应验算地基土体的抗滑稳定性。

（3）抗倾覆稳定性验算：对于比较高的挡土结构，由于在土体上部产生转动力矩，使土体有可能产生围绕挡墙墙趾的转动破坏。

（4）整体抗滑稳定性验算：由于挡墙所在土体失稳而造成破坏，这种情况下地基产生整体滑动破坏。

验算时，可将拉筋末端的连线与墙面板之间视为整体结构，计算方法与一般重力挡墙相同，具体计算方法参阅有关规范和资料。

7.3.3 施工方法

加筋土挡墙的施工一般可分为以下几个主要步骤。

1. 基础施工

先进行基础开挖，基槽（坑）底平面尺寸一般大于基础外缘 0.3m。当基槽底部为碎石土、砂性土或黏性土时，应整平夯实。对未风化的岩石应将岩面凿成水平台阶状，台阶宽度不宜小于 0.5m，台阶长度除了要满足面板安装需要外，台阶的高宽比不应大于 1∶2。对于风化岩石和特殊土地基，应该按有关规定处理。在地基上浇筑或放置预制基础时，一定要将基础做平整，以便使面板能够直立。基础浇筑时，应按设计要求预留沉降缝。

2. 墙面板安装

混凝土面板可以在工厂预制或者在工地附近场地预制后，再运到施工现场安装。每块面板上都布设了便于安装的插销和插销孔，安装时应防止插销孔破裂、变形或者边角碰坏。可采用人工或机械吊装就位安装面板。安装时单块面板一般可以向内倾斜 1/100～1/200，作为填料压实时面板外倾的预留度。在拼装最低一层面板时，必须把全尺寸和半尺寸的面板相间地、平衡地安装在基础上。为了防止相邻面板错位，宜采用夹木螺栓或斜撑固定，直到面板稳定时才可以将其拆除。水平及倾斜误差应该逐层调整，不得将误差累积后才进行总调整。

3. 拉筋铺设与安装

安装拉筋时，应将其垂直于墙面，平放在已经压密的填土上。如果拉筋与填土之间不密贴而存在空隙，则应采用砂垫平，以防止拉筋断裂。采用钢条、钢带或钢筋混凝土作为拉筋时，可采用焊接、扣环连接或螺栓与面板连接；采用聚丙烯土工聚合物作为拉筋时，一般可以将其一端从面板预埋拉环或预留孔中穿过、折回，再与另一端对齐。聚合物带可采用单孔穿过、上下穿过或左右环孔合并穿过折回与另一端对齐，并绑扎以防止其抽动，不能将土工聚合带在环(孔)上绕成死结，避免连接处产生过大的应力集中。

4. 填料摊铺与压实

填土应根据拉筋的竖向间距进行分层铺筑和夯实，每层填土的厚度应根据上下两层拉筋的间距和碾压机具综合决定。在钢筋混凝土拉筋顶面以上，填土的一次铺筑厚度不应该小于 200mm。填土时，为了防止面板受到土压力作用后向外倾斜，填土的铺筑应该从远离面板的拉筋端部开始，逐步向面板方向进行。如果采用机械铺筑时，机械距离面板不应小于 1.5m，且其运行方向应与拉筋垂直，并不得在未填土的拉筋上行驶或停车。在距离面板 1.5m 范围内，应该采用人工铺筑。

填土碾压前应进行压实试验，根据碾压机械和填土的性质确定填土的分层铺筑厚度、碾压遍数等指标，用以指导施工。填土压实应先从拉筋的中部开始，并平行于面板方向，逐步向尾部过渡，而后再向面板方向垂直于拉筋进行碾压。加筋土填料的压实度可参照规范选择。

5. 地面设施施工

如果需要铺设电力或煤气等设施时，必须将其放在加筋土结构物的上面。对于管渠，更应注意要便于维修，避免以后沟槽开挖时损坏拉筋。输水管道不得靠近加筋土结构物，特别是有毒、有腐蚀性的输水管道，以免水管破裂时水渗入加筋土结构，腐蚀拉筋造成结构物的破坏。

7.3.4 质量检验

加筋土挡墙施工质量控制的关键是加筋材料质量、加筋材料铺设质量、填料压实质量、面板安装质量等，质量检验贯穿于施工中每个环节，检验检测项目主要包括以下几方面。

(1) 基础。基础检测包括挡墙基础、加筋体地基及处理情况，挡墙基础的浇筑材料质量及外观尺寸、标高、平整度、轴线偏差及几何尺寸等，加筋体地基的处理及开挖、压实、排水处理等情况，非布筋区(加筋体后)地基情况等。

(2) 墙面板。检查墙面板的混凝土外观质量和预制质量、钢筋及拉环位置、轮廓尺寸等。要求墙面板外观应平整密实、线条顺直、轮廓清晰、无破损和蜂窝麻面。

(3) 加筋材料质量及铺设。检查加筋材料质量是否达到设计要求和有关国家或行业标准；检查加筋材料铺设的均匀性和是否平展、拉直、拉紧，每层按照每 15m 抽检 1 个点。

（4）回填及压实。检查填土的物理力学指标、压实时的含水率、回填分层厚度、压实施工机械、压实度。压实度按每层每 500m² 或每 50m 纵向长不少于 3 点进行检测；对于水边工程等重要工程、高大加筋土挡墙工程，应适当加大检测频度。

（5）其他检验。检测排水、防水工程是否齐全、沟底平整、线条顺直、不渗漏、不淤堵、排水畅通等。对于直立式加筋土岸壁工程，应检查排水道出口、下河踏步等附属建筑。

（6）长期变形观测。对于重要工程或重大工程，应设结构沉降和变形观测点，一般是 60~100m 设一观测点或观测断面，特殊地段处可适当加密观测点；且一个工程不应少于 3 个观测点或观测断面。

7.4 土　钉

土钉是将筋材水平或近水平设置于天然边坡或开挖形成的边坡中，并在坡面上喷射混凝土，由加筋体与面层结构形成的类似于重力式挡土墙，用以改善原位土体性能，提高整个边坡的稳定性的轻型支挡结构，适用于开挖支护和天然边坡的加固治理，是一种实用的原位加筋技术。

1972 年，在法国由 Bouygues 设计首次在土层中成功将土钉技术应用在 Versailles 附近的铁路拓宽线路的切破施工中。与此同时，美国、德国也都在临时性和永久性工程中使用土钉加固技术。20 世纪 80 年代，我国开始发展应用土钉技术，并于 1980 年在山西柳湾煤矿边坡稳定中首次采用了该技术。目前，土钉这一加筋技术在我国得到了广泛的应用和不断的发展。

土钉施工方法与加筋土挡墙相比存在许多不同的地方，主要表现为以下方面。

（1）土钉结构是"自上而下"分步施工；而加筋土挡墙恰好相反，是"自下而上"分布施工。施工顺序的不同对筋体的应力分布有很大影响，特别是施工期间的影响更大。

（2）土钉是一种原位加筋技术，用来改良天然土层，不像加筋土挡土墙那样，能够预定和控制加筋土填土的性质。

（3）土钉技术通常要使用灌浆技术，使筋体和其周围土层黏结，荷载由浆体传递给土层；而在加筋土挡墙中，摩擦力直接产生于筋条和土层之间。

（4）土钉既可以水平布置，也可倾斜布置，当土钉垂直于潜在滑裂面时，将会充分发挥其抗力；而加筋土挡墙内的拉筋一般为水平设置（或很小角度的倾斜布置）。

本节主要介绍土钉支护结构的加固机理、设计与施工及质量检验。

7.4.1　土钉支护结构的加固机理

土钉支护结构的加固机理主要表现在以下几方面。

1. 土钉在原位土体中的作用

由于土体的抗剪强度较低，抗拉强度几乎可以忽略，自然土坡只能以较小的高度（即临界高度)直立存在。当土坡直立高度超过其临界高度或者坡顶有较大超载以及环境因素等变化时，将引起土坡失稳。为此常采用支挡结构承受侧压力并限制其侧向变形发展，这属于被动制约机制的支挡结构。土钉则是在土体内增设一定长度与分布密度的锚固体，其与土体牢固结合而共同作用，以弥补土体强度的不足，增强土坡坡体的自身稳定性，属于主动制约机制的支挡体系。

土钉提高土体强度的作用已被模拟试验证实。试验研究表明，土钉在其加强的复合土体中起箍束骨架的作用，提高了土坡的整体刚度和稳定性；土钉在超载作用下的变形特征表现为持续的渐进性破坏。即使在土体内已经出现局部剪切面和张拉裂缝，并随着超载集中程度的增加而扩展，但仍可持续很长时间而不发生整体塌滑。此外，在地层中常有裂隙发育，向土钉孔中进行压力注浆时，会使浆液顺着裂隙扩渗，形成网脉状胶结，必然增强土钉与周围土体的黏结和整体作用，如图 7.15 所示。

2. 土-土钉的相互作用

土钉与其周围土体之间的极限界面摩阻力取决于土的类型和土钉的设置。土钉与土之间的摩阻力，主要是由两者之间的相对位移而产生的。类似于加筋土挡墙内拉筋与土的相互作用，在土钉加筋的边坡内，也存在着主动区和被动区(图 7.6)。主动区和被动区内土体与土钉之间摩阻力的方向正好相反，而位于被动区内的土钉则可以起锚固作用。

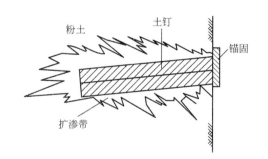

图 7.15　土钉注浆液的扩散

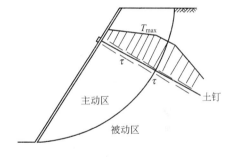

图 7.16　土与土钉间相互作用

根据实测资料统计，对于采用一次压力注浆的土钉，不同土层中的极限界面摩阻力 τ 值如表 7-5 所示。

表 7-5　不同土层中的极限界面摩阻力　　　　单位：kPa

土类名称	τ	土类名称	τ
黏土	130～180	黄土类粉质土	52～55
弱胶结砂土	90～150	杂填土	35～40
粉质黏土	65～100		

3. 面层土压力分布

面层不是土钉结构的主要受力构件，而是土压力传力体系的构件，同时起保证各土钉

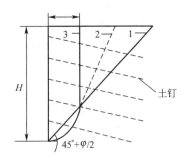

图 7.17 土钉复合体破裂面形式
1—库仑破裂面；
2—有限元法分析所得破裂面；
3—实测破裂面

间土体的局部稳定性，防止场地土体被侵蚀风化的作用。由于土钉结构面层的施工顺序不同于常规支挡体系，因而面层上的土压力分布与一般重力式挡土墙不同，比较复杂。

4. 潜在破裂面的形式

对于均质土陡坡，在无支挡条件下的破坏是沿着库伦破裂面发展的；对于原位加筋土钉复合体陡坡，其破坏形式采用足尺监测试验和理论分析方法确定，这样可以反映复合体的结构特性、荷载边界条件和施工等多种因素的综合影响。太原煤矿设计研究院岩土工程公司对黄土类粉土边坡进行原位试验，实测土钉复合体的破裂面如图 7.17 所示。

7.4.2　土钉支护结构的设计计算

与重力式挡土墙设计一样，土钉支护结构的设计必须保证土钉体系自身内部和外部稳定性。因此，土钉支护结构体系的设计主要包括以下三个方面。

(1) 根据土坡的几何尺寸(深度、切坡倾角)、土性和边界超载估算潜在破裂面的位置。

(2) 选择土钉形式，确定土钉的长度、孔径、间距、截面积和设置倾角等设计参数。

(3) 验算土钉支护结构的稳定性。

1. 土钉参数设计

土钉在静载作用下可能引起以下几种破坏：①土钉端头锚固处发生破坏；②土与浆液锚固体黏结破坏；③土钉与注浆锚固体黏结破坏。在实际工程中，第三种破坏一般不会发生。初步设计阶段应首先根据土坡的设计几何尺寸和可能的破裂面位置来做土钉的初步选择，包括土钉的长度、孔径和间距等基本参数。

1) 土钉的长度

已有工程的土钉实际长度 L 均不超过土坡的垂直高度 H。土钉抗拔试验表明，对高度小于 12m 的土坡，在同类土质条件下，采用相同的施工工艺。当土钉长度达到 H 时，再增加土钉的长度则对承载力提高不大。因此，可按式(7-21)初步确定土钉长度。

$$L = mH + S_0 \tag{7-21}$$

式中，m 为经验系数，取 $0.7 \sim 1.0$；H 为土坡的垂直高度，m；S_0 为止浆器长度，一般为 $0.8 \sim 1.5$m。

2) 土钉孔直径及间距

土钉孔孔径首先根据成孔机械选定，一般取土钉直径 $d_h = 80 \sim 120$mm。国外常用的钻孔注浆型土钉直径一般为 $76 \sim 150$mm，国内常用的孔径为 $80 \sim 100$mm。

土钉的间距包括水平间距(行距)和垂直间距(列距)。选择行距和列距的原则是以每个土钉注浆时其周围土的影响区域与相邻孔的影响区域相重叠为准。应力分析表明，一次压力注浆可使孔外 $4d_h$ 的邻近范围内有应力变化。王步云等认为，对于钻孔注浆型土钉，应该按照$(6\sim8)d_h$确定土钉的行距和列距,且满足式$(7-22)$。

$$s_x \cdot s_y = k \cdot d_h \cdot L \qquad (7-22)$$

式中,s_x、s_y为土钉的行距、列距,m;d_h为土钉的钻孔直径,mm;k为注浆工艺系数,对于一次压力注浆工艺,可取$1.5\sim2.5$。对于永久性的土钉支护,按防腐要求,土钉孔直径d_h应大于加筋杆直径加$60mm$。一般土钉的行距取$1.0\sim2.0m$。

3)土钉筋材直径(d_b)

打入型土钉一般采用低碳角钢,钻孔注浆型土钉一般采用高强度实心钢筋,筋材也可以用多根钢绞线组成的钢绞索,以增强土钉中筋材与砂浆的握裹力和抗拉强度。王步云等建议利用经验公式$(7-23)$估算。

$$d_b = (20\sim25) \times 10^{-3} \sqrt{s_x \cdot s_y} \qquad (7-23)$$

式中,d_b为土钉筋材的直径,mm。

2. 稳定性分析

土钉支护结构的稳定性分析是设计极其重要的内容,它可以分析验证初步设计中所选择参数的合理与否,并可以确定土钉设置的安全性。关于土钉的稳定性分析,许多国家进行过大量的试验研究,提出的分析计算方法都是根据其不同的假设适用于不同的情况,目前应用的主要有法国方法、英国的Bridle法、美国的Davis法、德国法、有限元法、通用极限平衡法等,但还没有一个公认统一的计算方法。下面分别介绍太原煤矿设计研究院建议的方法和基坑规范建议的方法。

1)内部稳定性验算

内部隐定性分析是保证土钉体系自身稳定的分析,主要考虑下列两项。

(1)抗拉断裂极限状态。在面层土压力作用下,土钉将承受抗拉应力,为保证土钉结构内部的稳定性,土钉的主筋应具有一定安全系数的抗拉强度。土钉主筋的直径应满足式$(7-24)$。

$$\frac{\pi \cdot d_b^2 \cdot f_y}{4E_i} \geqslant 1.5 \qquad (7-24)$$

式中,f_y为主筋的抗拉强度设计值,kN/mm^2;E_i为第i列单根土钉支承范围内面层上的土压力,kN/m,$E_i = q_i s_x s_y$;q_i为第i列土钉处的面层土压力,可按式$(7-25)$计算。

$$q_i = m_e \cdot K \cdot \gamma \cdot h_i \qquad (7-25)$$

式中,h_i为土压力作用点至坡顶的距离,m,当$h_i > H/2$时,取$h_i = 0.5H$;m_e为工作条件系数,对于使用期不超过两年的临时性工程,取1.10,对于使用期超过两年的永久性工程,取1.20;K为土压力系数,取$K = (K_0 + K_a)/2$,其中K_0、K_a分别为静止、主动土压力系数。

(2)锚固力极限状态。在面层土压力作用下,土钉内部潜在滑裂面后的有效锚固段应具有足够的界面摩擦力而不被拔出。所以,土钉结构的安全系数应满足式$(7-26)$。

$$\frac{F_i}{E_i} \geqslant K \qquad (7-26)$$

式中,F_i为第i列单根土钉的有效锚固力,$F_i = \pi \cdot \tau \cdot d_h \cdot L_{ei}$,其中$L_{ei}$为土钉的有效锚固段长度,$\tau$为土钉与土之间的极限界面摩阻力,通过抗拔试验确定,在无实测资料时,可参考表 7-5 取值；K 为安全系数，取 1.3~2.0，对于临时性工程取小值，对于永久性工程取大值。

2）外部稳定性验算

在原位土钉墙复合体自身稳定性得到保证的条件下，它的作用类似于重力式挡墙。它必须承受其后部土体的推力和上部传来的荷载。因此，应验算土钉支护结构体系的抗倾覆稳定性和抗滑稳定性以及墙底部地基承载力。有关外部稳定性验算可按《建筑地基基础设计规范》（GB 50007—2011）或其他部门的有关规范进行计算。

7.4.3　施工技术与质量检验

1. 土钉的施工技术

钻孔注浆型土钉的施工按以下步骤进行。

1）土方开挖和喷射混凝土护面

土钉支护结构施工最大的特点就是土方开挖和土钉设置配合施工。要求土方分层开挖，开挖一层土方打设一排土钉，待挂网喷射混凝土护面形成一定时间（一般 12~24h）后，再开挖下层土方。每层土方的开挖深度与土坡自立稳定能力有关，同时应考虑土钉的分层厚度，以利用土钉施工。在一般的黏性土、砂质黏土中每层开挖深度一般为 0.8~2.0m；而在超固结土或强风化基岩层中每次开挖深度可适当加大。鉴于土钉的施工设备，分步开挖至少要保证宽度为 6m。开挖长度则取决于交叉施工期间能够保证坡面稳定的坡面面积。对于变形要求很小的开挖，可以按两段长度先后施工，长度一般为 10m。

开挖出的坡面必须光滑、规则，以尽可能减小支护土层的扰动。开挖完毕必须尽早支护，以免出现土层剥落式松弛（可事先进行灌浆处理）。在钻孔前，一般必须进行钢筋网安装和喷射混凝土施工。在喷射混凝土前将一根短棒打入土层中，作为测量混凝土喷射厚度的标尺。对于临时性工程，最终坡面面层厚度为 50~100mm；而永久性工程则为 150~250mm。根据土钉类型、施工条件和受力不同，可做成一层、两层或多层的表层。根据工程规模、材料和设备性能，可以进行干式和湿式喷射混凝土。通常规定喷射混凝土的最大粒径为 10~15mm，并掺入适量的外加剂，使混凝土加速固结。另外，喷射混凝土通常在每步开挖的底部预留 300mm 厚，以便下一步开挖后安装钢筋网等。

2）排水

应事先沿坡顶开挖排水沟排除地表水，主要有以下三种排水方式。

（1）浅部排水：通常使用直径为 100mm、长 300~400mm 的管子将土坡坡后水迅速排出，其间距按地下水条件和冻胀破坏的可能性而定。

（2）深部排水：用管径为 50mm 的开缝管做排水管，向上倾斜 5°或 10°，长度大于土钉长度，其间距取决于土体和地下水条件，一般坡面面积大于 3m² 布设一个。

（3）坡面排水：喷射混凝土之前，贴着坡面按一定水平间距布置竖向排水设施，间距一般为 1~5m，主要取决于地下水条件和冻胀力的作用。竖向排水管在每步开挖底部有一个接口，贯穿于整个开挖面，在最底部由泄水孔排入集水系统，并且应保护好排水道，以免混凝土渗入。

3）成孔

根据地层条件、平面布置、孔深、孔径、倾角等选择合理的土钉成孔方法及相应的钻机和钻具。国内较多采用多节螺纹钻头干法成孔，也可采用 YTN - 87 型土锚钻机。一般情况下，土钉的长度为 6～15m，土钉成孔的直径为 80～100mm，钻孔最大深度为 60m，可以在水平和垂直方向间任意钻进。

用打入法设置土钉时，不需要在土中预先钻孔。对含有块石的黏土或很密的胶结土，不适宜直接打入土钉；而在松散的弱胶结粒状土中，采用打入法设置土钉时也需要注意，以免引起土钉周围土体局部的结构破坏而降低土钉与土之间的黏结应力。当遇到砂质土、粉质土等土层，以及地下水位不能有效下降成孔困难时，常常采用打入钢管注浆土钉，其作用效果与成孔注浆土钉基本一致。

4）清孔

钻孔结束后，常用 0.5～0.6MPa 压力空气将孔内残留及松动的土屑清除干净。若孔内土层较干燥，需采用润孔花管由孔底向孔口方向逐步润湿孔壁，润孔花管内喷出的水压不宜超过 0.15MPa。

5）置筋

放置钢杆件，一般采用 II 级螺纹钢筋或 IV 级精轧螺纹钢筋，尾部设置弯钩，为确保钢筋居中，在钢筋上每隔 1.5～2.0m 焊制一个船形托架。

6）注浆

注浆是保证土钉与周围土体紧密黏合的关键步骤。为了保证良好的全段注浆效果，注浆管随土钉插到孔底，然后压浆慢慢从孔口向外拔管，直至注满为止。一般土钉采用重力注浆，利用成孔的下倾角度，使注浆液靠重力填满全孔。在一些土层（如松散的填土、软黏土等），当需要压力注浆时，要求在孔口处设置止浆塞并将其旋紧，使其与孔壁紧密贴合。将注浆管一端插入其上的注浆口，另一端与注浆泵连接，边注浆边向孔口方向拔管，直到注满浆液为止。应保证水泥砂浆的水灰比在 0.4～0.5 范围内，注浆压力保持在 0.4～0.6MPa。当注浆压力不足时，可以从补压管口补充压力。注浆结束后，放松止浆塞，将其与注浆管一并拔出，再用黏性土或水泥砂浆充填孔口。

另外，可以在水泥砂浆（细石混凝土）中掺入一定量的膨胀剂，防止其在硬化过程中产生干缩裂缝，提高其防腐性能。为提高水泥砂浆的早期强度，加速硬化，也可加入速凝剂，常用的速凝剂有红星一号速凝剂（711 型速凝剂），掺入量为 2.5% 左右。

7）防腐处理

在标准环境中，对于临时支护工程，一般仅用灌浆作为土钉的锈蚀防护层（有时在钢筋表面加一层环氧涂层）即可。对于永久性支护工程，需要在拉筋外再加一层至少 5mm 厚的环状塑料护层，以提高土钉的防腐能力。

2. 土钉的质量检验与现场监测

1）土钉抗拔试验

为了保证土钉整体性能，在每步开挖阶段，对每排土钉根据需要选择进行抗拔试验，以验证其是否能够达到设计要求的抗拔力。建议在工程开始之前，根据场地类别分别在每种土层中做 3～4 根短土钉的抗拔试验，得出单位锚固长度的极限抗拔力，作为校核设计、检验施工工艺的依据。土钉的抗拔试验方法可以借鉴锚杆试验的有关规定。

2）土钉支护工程的现场监测

对土钉支护边坡在施工期对边坡整体稳定不利，尤其在边坡开挖到底，进行最后一排土钉施工时，土钉墙整体稳定最为不利。因此有必要在土钉支护施工期间，对边坡的变形进行监测，以保证整个土钉支护系统的整体性能和施工质量。监测的主要内容和方法如下。

（1）坡顶位移监测。在土钉支护的坡顶布置沉降、位移监测点，在土方开挖土钉施工期间，按一定时间间隔监测边坡坡顶位移和沉降。对于一般较好的土层，坡顶位移应控制在坡高的 3% 以内，每天位移不超过 5mm。在土方开挖和土钉施工期间，每天监测坡面位移一次，施工完成后还应持续监测一段时间。对于永久性的高边坡，应设置永久性监测点，以用于长期监测边坡的稳定性。

（2）土钉头部位移监测。当土钉抗拔力不足时，土钉墙坡面鼓起。对于软弱土层，对土钉外露的头部进行位移监测也很有必要。一般情况下，土钉头部的合理变形量应控制在坡高的 3% 以内，变形速率应小于 5mm/d。

（3）边坡深层位移监测。在重要的土钉加固工程和边坡中下部有较软弱土层时，宜在坡顶布置深层测斜孔，监测边坡深部位移。测斜管垂直边坡方向布置 2～3 孔，利用测斜结果可以查明边坡滑移的趋势和滑移线的位置，为信息化施工和工程抢险提供依据。

（4）土钉的受力监测。一般在土钉的头部布置锚杆测力计，监测土钉杆件的受力，利用观测结果可以计算面层承受的土压力。当需要了解或研究土钉杆件沿杆长的受力分布规律时，可在测试土钉杆体安装应变计，以量测不同深度土钉的受力和变化。

7.5 树 根 桩

树根桩是在地基中设置的直径为 100～300mm，长径比大于 30，采用螺旋钻成孔、强配筋和压力注浆工艺成桩的就地灌注的钻孔灌注桩，又称为小直径桩或微型桩。是由意大利 Fondedile 公司的 Lizzi 在 20 世纪 30 年代发明的一项专利技术，由于成桩后的性状如同"树根"而得名。树根桩可以是垂直地或倾斜地单根地或成排地设置。如果将树根桩布置成三维的网状体系，则称为网状结构的树根桩，日本称其为 RRP 工法。本章参照英美等国家的相关规定，将树根桩列于地基处理中的"土的加筋"范畴。

最初，树根桩主要用于古建筑的整修和加固，如意大利罗马 S. Andrea Dratte Fratte 教堂和威尼斯的 Burano 钟楼等。第二次世界大战后，树根桩在世界各国得到了迅速的推广和应用。树根桩用于基础的托换和地基土的加固，在国际上的工程应用已超过 3000 例。近年来，树根桩的应用范围已拓展到岩土边坡的稳定性加固、地下工程的挡土墙、高耸建(构)筑物交替荷载基础、深基坑开挖的支护及城市改扩建工程的基础加固中。

树根桩适用于淤泥、淤泥质土、黏性土、粉土、砂土、碎石土及人工填土等地基土上既有建筑的修复和加层、古建筑的整修、地下铁道的穿越、桥梁工程等各类地基的处理与基础加固，以及增强边坡的稳定性等。

下面主要介绍树根桩的设计计算与施工方法，并给出一些树根桩加固地基的工程实例。

7.5.1　设计计算

树根桩加固地基的设计计算与其在地基加固中的效果有关。树根桩的设计应符合以下规定。

(1) 桩径。树根桩的直径宜为 $100\sim300\text{mm}$。

(2) 桩长。桩长不宜超过 30m，应根据加固要求和地质情况而定。

(3) 桩的布置。桩的布置可采用直桩型或网状结构斜桩型。

(4) 单桩竖向承载力。树根桩的单桩竖向承载力可通过单桩载荷试验确定，当无试验资料时，也可以按照国家标准《建筑地基基础设计规范》(GB 50007—2011)的有关规定估算。当树根桩作为承重桩时，可按摩擦桩设计，按式(7-27)计算单桩竖向极限承载力。

$$Q_{uk} = Q_{sk} + Q_{pk} = u\sum q_{sik}l_i + q_{pk}A_p \qquad (7-27)$$

式中，Q_{uk} 为单桩竖向极限承载力标准值，kN；Q_{sk} 为单桩总极限侧阻力标准值，kN；u 为桩身周长，m；q_{sik} 为桩侧第 i 层土的极限侧阻力标准值，kPa；l_i 为桩穿越第 i 层土的厚度，m；q_{pk} 为极限端阻力标准值，kPa；A_p 为桩端面积，m^2。

确定树根桩单桩竖向承载力时，还应考虑既有建筑的地基变形条件和桩身材料的强度要求。如果树根桩的桩长比较大，还要考虑有效桩长的影响。

(5) 复合地基承载力计算。当树根桩作为复合地基时，复合地基承载力可按式(7-28)估算。

$$f_{spk} = m\frac{R_a}{A_p} + \beta(1-m)f_{sk} \qquad (7-28)$$

式中，f_{spk} 为复合地基承载力特征值，kPa；m 为面积置换率，$m = d^2/d_e^2$，其中 d、d_e 分别为桩身平均直径、一根桩分担的处理地基面积的等效圆直径，m；R_a 为单桩竖向承载力特征值，kN，可通过现场载荷试验确定；β 为桩间土承载力折减系数，按地区经验取值，如无经验时可取 $0.75\sim0.95$，天然地基承载力较高时取较大值；f_{sk} 为处理后桩间土承载力特征值，kPa，按地区经验取值，如无经验时，可取天然地基承载力特征值。

(6) 桩身。树根桩桩身混凝土强度等级应不小于 C20，钢筋笼外径宜小于设计桩径的 $40\sim60\text{mm}$。主筋不宜少于三根。对于软弱地基，主要承受竖向荷载时的钢筋长度不得小于 1/2 桩长，主要承受水平荷载时应全长配筋。

(7) 设计树根桩时，还应对既有建筑的基础进行有关承载力验算。当不满足上述要求时，应先对原基础进行加固或增设新的桩承台。

(8) 树根桩承受水平荷载。树根桩与土形成挡土结构，承受水平荷载。对于树根桩挡土结构，不仅要考虑整体稳定，还应验算树根桩复合土体内部的强度和稳定性。

对于网状结构的树根桩而言，其断面设计是一个复杂的问题。在网状结构内，单根树根桩可能要求承担拉应力、压应力和弯曲应力。而桩的尺寸、排列方式、桩长和桩距等设计参数，国外都是根据本国的实践经验而制订，日本和西欧各国沿用本国的计算方法。

7.5.2 施工方法

1. 施工机械

树根桩的成孔方法主要有旋转、冲击钻、泥浆护壁套管成孔、人工洛阳铲成孔。国内一般采用工程地质钻机或采矿钻机改造而成的钻孔机械。对于松散土层，采用平底钻头；对于黏土层，采用尖底钻头；对于含有大量砖瓦的杂填土层，采用耙式钻头；对于混凝土、硬土或冻层土，则采用刃口焊有硬质合金刀头的尖底钻头。压力注浆设备采用 BW - 150 型和 BW - 250 型泥浆泵压浆。

2. 施工工艺

树根桩成孔钻进分干钻和湿钻两种，干钻法采用压缩空气冷却钻头，施工设备较为复杂，国内较少使用。目前国内主要采用湿钻法成孔，即在钻进过程中，通过水或泥浆的循环，在冷却钻、排除渣土的同时，使水与土搅拌混合成泥浆，起护壁的作用。

（1）钻机定位。根据施工设计要求、钻孔孔径和场地施工条件选择钻机和钻头，按照设计钻孔倾角和方位，调整钻机的方向和立轴的角度，要求桩位偏差不得超过 20mm，直桩的垂直偏差不超过 1%，斜桩的倾斜度按设计要求做相应调整。

（2）成孔。钻机钻进成孔时，钻机液压压力应控制在 1.5～2.5MPa，配套供水压力为 0.1～0.3MPa，钻速一般控制在 220r/min，最大推进距离一般为 500mm/次，钻孔直径一般为 150～300mm。垂直桩孔钻进时，除地表有较厚的杂填土层，一般不用套管护壁，或仅在钻孔处设套管，但应高出地面 100mm，以防止孔口土方坍落。当穿过杂填土地层时，应设置套管护壁。钻斜孔时，外层套管应随钻孔延深。当钻孔穿过淤泥、淤泥质土（包括夹薄层粉砂）时，钻进速度要放慢，在孔壁糊一层泥皮以保护桩孔。

钻进时，钻头要使用和树根桩设计直径相同的钻头，钻孔深度要比设计桩长大 0.5～1.0m 为宜。为提高树根桩的承载力可采用扩孔钻进法达到设计标高。在钻至卵石层或其他易坍塌土层时，可向中空钻杆内注水泥浆，浆液从钻头排出并实施桩孔护壁。

（3）清孔。钻进至设计标高后清孔。清孔时应始终观察泥浆溢出的情况，控制水压力的大小，直至孔口溢出清水为止。

（4）吊放钢筋笼和埋设注浆管。成孔后，向桩孔内投放钢筋笼或型钢，钢筋笼的外径应小于设计桩径 40～50mm。施工时分节吊放，分节间的钢筋搭接必须错开焊接，焊接长度不小于 10 倍的钢筋直径（二面焊）。同时放入 1 或 2 根外径为 20～25mm 的白铁皮注浆管。注浆管出口距孔底为 150～300mm。

（5）灌填骨料。灌填前清洗骨料，骨料一般采用 525mm 的细碎石料为宜，计量后缓慢投入孔口填料斗内，并轻摇钢筋笼促使石料下沉和密实，直至填满桩孔，而且在填灌过程中应始终清孔。

（6）浆液配置和注浆成桩。根据设计要求，浆液可配制成纯水泥浆、水泥砂浆或细石混凝土浆液。通常浆液采用 P. O42.5 号或 P. O52.5 号普通硅酸盐水泥，为了提高水泥浆的流动性和早期强度，可适量加入减水剂和早强剂。纯水泥浆的水灰比一般为 0.4～0.5，水泥砂浆的配比一般采用水泥∶砂∶水＝1.0∶0.3∶0.4。为了提高桩体的承载力，可采用二次注浆成桩工艺。采用二次注浆工艺时，注浆管一般做成范管形，在管底口以上

1.0m 范围内的注浆管上设置直径为 8mm 的孔眼和纵向间距为 100mm 的四排注浆孔，并用一层聚氯乙烯封住，以防一次注浆时浆液进入管内。采用二次注浆时，二次注浆压力必须在 1.5MPa 以上，并在第一次水泥浆初凝后进行。

从开始注浆起，对注浆管要进行不定时的上下松动。在注浆结束后要立即拔注浆管，每拔出 1m 必须补浆一次，直至拔出为止。

由于压浆过程中会引起振动，使桩顶部石子有一定数量的沉落，故在整个压浆过程中，应逐渐灌入石子至桩顶。浆液在孔口冒浆后，方可停止压浆，并且压浆的额定注浆量应不超过桩身体积的三倍；当注浆量达到额定注浆量时应停止注浆。为防止出现穿孔和浆液沿砂层大量流失，注浆时可采用跳孔施工或间歇施工等措施来保证。

(7) 浇筑承台。当树根桩用于承重、支持或托换时，为使各根桩能联系成整体并加强整体刚度，通常都应浇筑承台，并凿开树根桩桩顶混凝土，露出钢筋，将钢筋锚入所浇筑的承台内。当托换的基础为钢筋混凝土基础时，应将树根桩的主筋和原基础主筋焊接在一起，并宜在原基础顶面上将混凝土凿毛后，浇筑一层与原基础强度相同的混凝土。采用斜向树根桩时，应采取防止钢筋笼端部插入孔壁土体中的措施。

7.5.3 工程实例

1. 树根桩用于既有建筑物的加层与改造

济南铁路客站既有候车室建于 1958 年，为二层建筑，平面为 L 形，层高均为 6.6m，总建筑面积为 4501.91m²。主体结构为钢筋混凝土内框架，外砌承重砖墙。柱下采用 100 号块石混凝土刚性单独基础，埋深为 3.2m；砖墙下为浆砌条形基础，埋深为 2.7m。现进行客站改建，因功能需要，在其 3.3m 和 9.9m 高度处进行室内增层，变成局部四层建筑物。在本次改造时，将原来的内框架结构改为框架结构。由于增层使得原柱的内力增大，原来的地基基础不能满足要求，采用树根桩对原基础进行托换处理，根据柱子所增加的荷载大小的不同，选用两种长度不同的桩：桩长为 7.0m 时，桩端作用在含姜石的粉质黏土层上；桩长为 11.0m 时，桩端作用在全风化闪长岩上。整个工程共用 154 根树根桩对原地基基础进行了托换，满足了上部结构的要求。

树根桩基础加固技术在此的目的，一是提高基础的承载力以满足上部结构增层与改造的需要，二是防止增层引起进一步的沉降，满足上部结构沉降量的要求。

2. 树根桩在控制地基沉降中的应用

济南洗衣机厂搪瓷车间建于 1969 年，为单层两跨排架结构，两跨跨度均为 12.0m，柱距为 4m。边柱下为毛石条形基础，中柱下为钢筋混凝土单独基础，基底标高均为 −1.15m。该车间原为金工车间，后改为搪瓷车间，室内南侧距边柱纵轴 0.5m 处设有一宽为 0.5m、深为 1.0m 的暖气沟，沟内设有自来水管，车间内距暖气沟 0.5m 处设一酸洗生产线。地基持力层为非自重湿陷性黄土，厚度为 1.1～3.7m，湿陷系数为 0.041，起始湿陷压力为 114kPa，其饱和土地基承载力标准值为 105kPa。由于不知道该持力层为湿陷性黄土，故地基承载力取值较大(f_k=180kPa)，而实际基底压力高达 206kPa。暖气沟内自来水管受酸腐蚀破裂，水由暖气沟渗入地基后，产生了较大的不均匀沉降(经测量观测，柱下基础最大不均匀沉降量为 135mm，其中沿纵向每 8m 的局部倾斜值分别为 0.005、

0.0031、0.0036、0.0047），均超过规范设计要求，造成柱及墙体严重开裂和倾斜，厂房处于极度危险的状态。在施工场地极为狭小的情况下（仅为一宽度为 1m 的狭长走道），综合考虑安全、快速、经济与生产等因素，在不停产的情况下，采用树根桩对原基础进行托换，保证了厂房的安全。

7.6 植被护坡技术

植被护坡是利用植被涵水固土的原理稳定岩土边坡同时美化生态环境的一种新技术，是涉及岩土工程、恢复生态学、植物学、土壤肥料学等多学科的综合工程技术。国内也有植被护坡、植物固坡、坡面生态工程等之称。国外一般把植被护坡定义为：用活的植物，单独用植物或植物与土木工程措施和非生命的植物材料相结合，以减轻坡面的不稳定性和侵蚀。

植被护坡的实践历史久远，最初植被护坡技术主要用于河堤的护岸及荒山的治理。早在 1633 年，日本德川五代将军纲吉采用铺草皮、栽植树苗的方法治理荒山成为日本植被护坡的起源。国内在植被护坡技术应用方面的研究起步较晚，20 世纪 90 年代以前一般多采用撒草种、穴播或沟播、铺草皮、片石骨架植草、空心六棱砖植草等护坡方法。1993年，我国引进土工材料植草护坡技术。随后土木工程界与塑料制品生产厂家合作，开发研制出了各式各样的土木材料产品，如三维植被网、土工格栅、土工网、土工格室等，结合植草技术，植被护坡技术在铁路、公路、水利等工程边坡防护中陆续获得应用。另外，作为一项可代替浆砌片石、喷射混凝土等护坡技术的坡面植被，它不仅是一项工程技术，而且比传统的工程护坡措施更有优势，还起到了景观与美化周边环境的功能。

下面主要介绍植被影响边坡稳定性的方式、植被护坡机理、边坡稳定性分析及植被护坡设计与施工。

7.6.1 植被影响边坡稳定性的方式

植被护坡具有良好的水文效应和保持水土的作用，对边坡表层、浅层、深层的稳定均有影响。应根据边坡的地形、地质以及所处地区的气候条件，选择合适的植被种类，充分发挥植被固坡的积极作用。植被影响边坡稳定性的方式主要表现在以下几方面。

1. 植被的降雨截留作用

大气降雨到地面前，由于在植被覆盖地区受植被冠层阻截及蒸发而耗损，其中，部分雨水由植被表面蒸发，部分雨水被植物吸收，经过吸收及蒸发损失而减少径流量，又由于干流而延缓雨水到达地面的时间，减少对地基直接冲蚀的作用，并有利于增加入渗率，减缓地表径流，对坡面稳定性产生积极作用。

2. 增加土壤的渗透能力

根系与树干扩张分布增加地表的粗糙度，进而提高土层渗透性，并促使入渗及储存能力，降低径流量，有利于保持边坡稳定性。

3. 提高土地抗剪切强度

植被根系吸取土层中的水分并蒸发到大气中，降低坡体孔隙水压力，提高土体抗剪强度。具体说来，雨水降落地面后，部分蒸发，部分下渗成为地下水，还有一部分则被植物根系吸收，然后传送到植物叶面，由蒸散作用散发到大气中(一般降到地面上的雨量有50%～85%是经由地面蒸发及叶面蒸散而返回大气中，其中透过植物蒸散作用所失去的水分为地面蒸发的三倍以上)，达到降低土层含水率，降低地下水水位，减少孔隙水压力，减轻土层自重，提高土体抗剪强度，增加坡面的稳定性，并提高再降雨时的渗透容量的作用。

4. 植被提高土壤的渗透性能

土壤的机械组成、结构、孔隙特征、含水率，以及地表是否有结皮，边坡是否间层等都是影响土壤入渗率的主要因素。土壤这些物理化学特性受植被的影响，植被在提高土壤的渗透性能方面发挥了重要作用。植被截留和枯枝落叶层在促进雨水入渗方面发挥着重要作用，不仅可以防止雨滴击溅引起的土粒分散及表面结皮，同时可以过滤泥砂，防止颗粒阻塞前述各类空隙；枯枝落叶降解形成的腐殖质还可以使土体形成良好的团粒结构及结构性大孔隙，与植被相关的干裂缝、动物通道、膨胀裂缝及结构性孔隙等在岩土体中形成的相对稳定的大空(孔)隙系统使土层渗透能力增加；植被根系改变土壤物理性质，通过在土壤中的交错穿插作用和不断死亡分解所产生的有机质积累，增加土壤的孔隙度并促使土壤中大粒级水稳团粒的增加，明显地改善了土壤的渗透性能。根系能将土壤颗粒黏结起来，同时也能将板结密实的土体分散，并通过根系自身的腐解和转化合成腐殖质，使土壤有良好的团聚结构和孔隙状况，起到提高土壤渗性能的作用。同时由于植被根系的作用可相应增加土壤的孔隙度，使土壤微生物的活性增加，土壤有机质氧化分解速度加快，死亡的根系又可增加土壤中有机质的含量，以及植被增强入渗使植被生长有充足的水分，这样就可以使土壤处于良性的循环过程中，进一步有效提高土壤的渗透性，增加护坡坡面的稳定性。

5. 植被浅根的加筋作用

根系在土壤中盘根错节，使边坡土体成为土与草根的复合材料。草根可视为带预应力的三维加筋材料，使土体强度提高。

6. 植被深根的锚固作用

植物的垂直根系穿过坡体浅层的松散风化层，锚固到深处较稳定的岩土层上，起到预应力锚杆的作用。禾草、豆科植物和小灌木在地下 0.75～1.50m 深处有明显的土壤加强作用，树木根系的锚固作用可影响到地下更深的岩土层。

7.6.2　植被护坡机理

植被护坡主要依靠坡面植物的地下根系及地上茎叶的作用护坡，其作用可概括为根系的力学效应和植被的水文效应两方面，植被护坡机理如图 7.18 所示。根系的力学效应分草本类植物根系和木本类植物根系两种，植被的水文效应包括降雨截留、抑制地表径流与消弱溅蚀。在图 7.18 中，点画线框内描述的植被功能主要用来控制坡面岩土的侵蚀，双点画线框内描述的植被功能主要用来提高边坡浅层岩土体的稳定性。

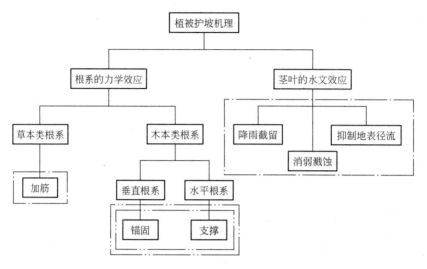

图 7.18　植被护坡机理框图

1. 根系的力学效应

1) 草本植物根系与土相互作用

由草本植物根系的分布特征可知，根系在土中分布的密度自地表向下逐渐减小，逐渐变细弱。在根系盘结范围内，边坡土体可看作由土和根系组成的根-土复合材料，草本植物的根系如同纤维的作用，因此可按加筋土原理分析边坡土体的应力状态，即把土中草根的分布视为加筋纤维，且为三维加筋。这种加筋限制了土体的侧向膨胀变形，犹如一个约束应力 $\Delta\sigma_3$，阻止了土体的延伸变形，为土层提供了附加黏聚力，原土体的抗剪强度向上推移了距离 $\Delta\sigma$，边坡土体的承载能力提高，如图 7.19 所示。

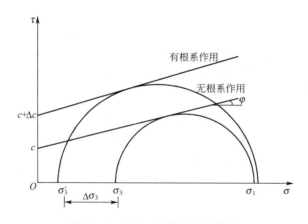

图 7.19　根系对土体的加筋作用

2) 木本植物根系与土相互作用

（1）垂直根系木本植物根系与土相互作用。垂直根系木本植物的主根可扎入土体的深层，通过主根和侧根与周边土体的摩擦作用把根系与周边土体联系起来，结合垂直根系的分布特点，可以把根系简化为以主根为轴向侧根为分支的全长粘接型锚杆来分析其对周边土体的力学作用，其锚固力的大小可通过计算各侧根与周边土体的摩擦力以及主根与周边土体的摩擦力的累加而获得。

（2）水平根系木本植物根系与土相互作用。水平根系木本植物由于主根扎入边坡土体不足够深，因此不能像垂直根系木本植物一样把其根系看作全长粘接型锚杆。水平根系木本植物的根系是否对边坡土体的稳定发挥作用，还依赖于边坡的类型。当覆土层较薄，土层与基岩的界面为弱面时，根系不能扎入基岩，因此根系对边坡浅层土体的稳定所起的作用不大；当覆土层较薄，土层与基岩的界面为弱面且基岩有裂隙时，根系可伸入基岩，根系对边坡的稳定起很大作用；当覆土层较厚，接近基岩处有过渡土层时，其密度与抗剪强度随深度增加，树系可伸进过渡层加固边坡；当覆土层更厚，超过水平根系的延伸长度时，根系不能伸入到滑移面，因此根系对边坡的稳定作用很小。

2. 植被的水文效应

影响土壤侵蚀的重要因素有气候、土壤、水文和地形，其中前三个可在一定程度上以一定方式受植被的影响。植被(尤其是草本植物)可以不同程度地控制地表侵蚀。植被对于由降雨造成的土壤侵蚀的抑制作用主要表现为以下几方面。

1）植被的降雨截流

一部分雨水在到达坡面之前就被植被茎叶截留并暂时储存在其中，以后再重新蒸发到大气中或落到坡面。植被通过截留作用降低了到达坡面的有效雨量，从而减弱了雨水对坡面的侵蚀。植被枝叶截留降雨，减少雨滴的动能和侵蚀能力。同时，植被枝叶阻拦地表径流，提高气流和水流的阻隔程度，减低两者的流速。

2）植被抑制地表径流功能

地表径流集中是坡面土体冲蚀的主要动力，土体冲蚀的强弱取决于径流流速的大小与径流具有的能量。草本植物的分蘖多，丛状生长，能够有效地分散、减弱径流，而且可以阻截径流，改变径流的形态，使径流在草丛间迂回流动，使径流由直流变为绕流，设径流的流程为 L，流速为 v，则径流历时为

$$T = \frac{L}{v} \qquad\qquad (7-29)$$

由于径流在草丛间迂回流动，从而增大了流程(即 $L+L'$)，水力坡降减小，加上径流被阻截，又减慢了流速(即 $v-v'$)。由此，依靠覆盖的草本植物延长了地表径流，增加了雨水入渗。径流减小，流速减缓，冲刷能量降低，从而减弱土体冲蚀。

3）植被消弱溅蚀功能

雨滴的溅蚀是雨滴对地面的击溅作用，是水蚀的一种重要形式。降雨时雨滴从高空落下，因雨滴有一定的质量和加速度，落地时会产生一定的打击力量，裸露的表土在这种力量的打击作用下，土壤结构即遭破坏，发生分离、破裂并溅起，土粒被溅到60cm 高及160cm 远。溅起的土粒落在坡面时，向坡下移动的较多。

植物能拦截高速下落的雨滴，通过地上茎叶的缓冲作用，消耗雨滴的大量能量，并使大雨滴分散成小雨滴，从而使雨滴的能量大大降低，可以明显消弱甚至消除雨滴的溅蚀。

7.6.3 边坡稳定性分析

受外界不利因素的影响，边坡可能发生滑动、倾倒等破坏而失去稳定性。进行植被护坡设计时，首先应分析判断边坡是否稳定。岩质边坡和土质边坡的失稳破坏形式各不相同，岩质边坡主要发生平面破坏、楔形破坏、曲面破坏和倾倒破坏。其中前三种属于深层失稳破坏，一般在坡面 2m 以下深处沿滑移面产生剪切滑移破坏，滑移面分别为平面、圆弧面、楔形面或曲面。这种破坏造成坡面植被较大范围内的破坏，进行植被护坡时必须避免出现这种破坏。倾倒破坏一般发生在陡峭层状岩坡，这种岩坡一般不做植被护坡。另外还有一类边坡的破坏即浅层破坏，一般发生在坡面表层或坡面下不足 2m 的范围内，这种破坏造成的破坏相对较小，对于这种破坏也应引起足够重视。

在确定边坡滑面位置及滑移面形状后，需对边坡进行稳定性分析，下面主要对平面破坏、圆弧滑面破坏边坡稳定性分析方法进行介绍。

1. 平面破坏的边坡稳定性分析

1）无张裂隙坡体的稳定性分析

无张裂隙破坏如图 7.20 所示，此时滑面为 AC，滑体 ABC 将沿 AC 发生滑移破坏。

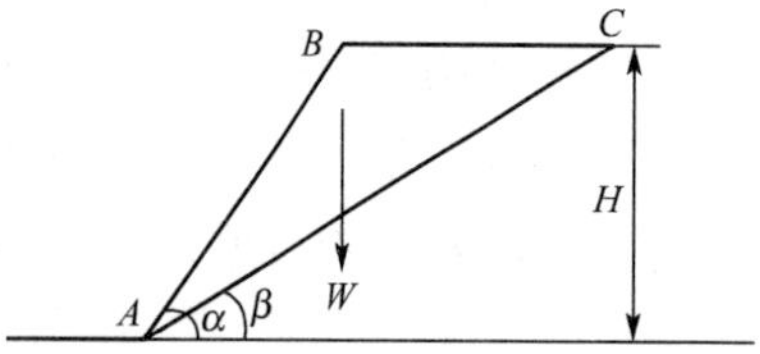

按照极限平衡法进行稳定性分析，单宽滑体体积 V_{ABC} 为

$$V_{ABC} = \frac{H^2 \sin(\alpha - \beta)}{2\sin\alpha\sin\beta} \qquad (7-30)$$

式中，H 为坡体的高度，m；β 为坡角；α 为滑面的倾角。

图 7.20 无张裂平面破坏稳定性计算

单宽滑体重力 W 则为

$$W = \frac{\gamma H^2 \sin(\alpha - \beta)}{2\sin\alpha\sin\beta} \qquad (7-31)$$

稳定系数 F_s 是抗滑力与滑动力之比，F_s 小于 1 时坡体失稳，等于 1 时坡体处于临界状态，大于 1 时坡体才处于稳定状态，抗滑力与滑动力按式(7-32)计算。

抗滑力：$\qquad T_f = N\tan\varphi + c \cdot A = W\cos\beta\tan\varphi + c \cdot H/\sin\beta \qquad (7-32)$

滑动力：$\qquad\qquad T = W\sin\beta \qquad (7-33)$

所以

$$F_s = \frac{T_f}{T} = \frac{2c\sin\alpha}{\gamma H \sin(\alpha - \beta)\sin\beta} + \frac{\tan\varphi}{\tan\beta} \qquad (7-34)$$

式中，γ 为岩石的天然重度，kN/m^3；φ 为结构面的内摩擦角；c 为结构面的黏聚力，kPa。

2）有张裂隙坡体的稳定性分析

由于收缩及张拉应力的作用，在边坡的坡顶附近或坡面可能发生张裂缝，如图 7.21 所示。

此时，单宽滑体重量 W 可按下面两种情况计算。

（1）当张裂隙位于坡顶面时，

$$W = \frac{1}{2}\gamma H^2 \left\{ [1 - (Z/H)^2]\cot\beta - \cot\alpha \right\} \qquad (7-35)$$

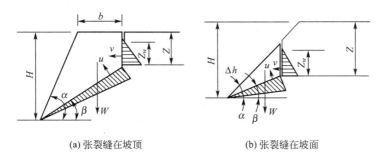

(a) 张裂缝在坡顶　　　　　　　(b) 张裂缝在坡面

图 7.21　有张裂隙坡体发生平面破坏的两种情况

（2）当张裂隙位于坡面时，

$$W = \frac{1}{2}\gamma H^2 \{ [1-(Z/H)^2]\cot\beta(\cot\beta\tan\alpha-1) \} \qquad (7-36)$$

稳定系数 F_s 为

$$F_s = \frac{cA+(W\cos\beta-U-V\sin\beta)\tan\varphi}{W\sin\beta+V\cos\beta} \qquad (7-37)$$

$$A = (H-Z)\csc\beta$$

$$U = \frac{1}{2}\gamma_w Z_w (H-Z)\csc\beta$$

$$V = \frac{1}{2}\gamma_w Z_w^2$$

式中，A 为单宽滑动面面积；U 为滑动面上水压所产生的上举力；V 为张裂隙中水平方向的水压力；γ_w、Z_w 为水的容重和张裂隙中水的深度；c、φ 分别为滑面的黏聚力和内摩擦角。

张裂隙位置 b 为

$$b = H(\sqrt{\cot\alpha \cdot \cot\beta}-\cot\alpha) \qquad (7-38)$$

张裂隙深度 Z 为

$$Z = H(1-\sqrt{\cot\alpha \cdot \tan\beta}) \qquad (7-39)$$

2. 圆弧滑面的稳定性分析

1）瑞典圆弧法

瑞典 Fellenius 提出的圆弧滑面法是边坡稳定分析的一种基本方法。该法假定土坡稳定分析是一个平面应变问题，滑面是圆弧形。将滑动土体分为若干土条，取任一土条分析其受力情况，忽略土条两侧面上的作用力，利用土条底面法向力平衡和整个滑动土条力矩平衡条件求出各土条底面法向力的大小和土坡的稳定安全系数 F_s。

2）毕肖普法

瑞典圆弧法略去了条间力的作用，严格地说，它对每一土条力的平衡条件是不满足的，对土条本身的力矩平衡也不满足，只满足整个滑动土体的力矩平衡。对此，在工程实践中引起了不少争论。毕肖普于 1955 年提出了一个考虑条间力的作用求算稳定安全系数的方法。该法称为毕肖普法，也适用于滑面为圆弧面的情况，假定各土条底部滑动面上的抗滑安全系数均相同，即等于整个滑动面的平均安全系数，取单位长度土坡按平面问题计算。将滑动土体分成若干土条,取其中任一土条分析其受力情况,求出土坡安全系数 F_s 的普遍公式。

鉴于上述两种方法的普遍性,此处不再介绍,具体分析方法参考土力学教材和书籍。

7.6.4　植被护坡设计与施工

1. 植被护坡设计

植被护坡设计的内容主要包括以下几方面。

1) 区域环境调查

边坡所处区域环境调查具体包括对周边环境、周边乡土植被、周边公路边坡绿化植物、边坡地形及地质情况调查。

(1) 周边环境调查主要是对沿线的自然环境和人文环境的调查。自然环境调查主要是对周边区域的河流、山林、草原、气候和水文等自然情况的调查。人文环境调查主要是对周边风土文化情况的调查,如该地区古文物、历史文化遗产的调查。自然环境和人文环境的调查可以为植被护坡景观设计提供设计素材和总体构思的理念,是景观设计的重要前提。

(2) 周边乡土植被调查主要是对周边地区长期生长的一些植物(包括乔木、灌木、草本植物、常绿植物、落叶植物)的调查。由于乡土植物是在本地气候与土壤中经过自然的长期选择和进化的结果,因此乡土植被护坡具有生命力强,能够与当地的自然环境很好地融合在一起的优势。

(3) 周边公路边坡绿化植物调查是对当地边坡绿化植物的种类及其生态习性、绿化状况的调查,这项调查为植被护坡设计在植被种类选择和边坡防护类型选择方面提供参照;周边公路边坡绿化经验调查是对该地区植被护坡经验、措施及方法的调查,该调查可为植被护坡施工工艺提供借鉴和参照;苗源调查是对该地区植被护坡苗种种源的调查,对降低植被护坡工程造价和苗源选择有着重要的作用。

(4) 边坡地形、地质情况调查主要是对一些高陡路堑边坡和靠近公路需要防护的山体边坡地形地质情况的调查。调查的主要内容有边坡地质、地貌构造、山体土质、土壤情况。对于岩石边坡,需对山体的岩层构造及节理、风化情况进行调查。这些调查将为边坡植被防护方案、边坡绿化植被选择提供重要依据。

2) 坡体加固及植被护坡形式的选择

对于不稳定的边坡,首先应分析其失稳的原因,针对其失稳原因,通过计算选择合理的工程加固措施。坡体加固方法很多,总体来说可分为直接加固法、间接加固法和特殊加固法三种。直接加固法是指挡土墙、预应力锚索、预应力锚杆、抗滑桩、钢绳锚索等加固方法;间接加固法包括用巷道及钻孔疏干、地面截水、排水、防水、削坡减载卸荷等;特殊加固法包括麻面爆破、压力灌浆等方法。三种方法可以相互结合以取得更好的技术经济效益。

植被护坡形式有植草皮防护、植生带护坡、三维植被网防护、种植草篱护坡、挖沟植草护坡、浆砌片石骨架植草护坡、液压喷播植草护坡等多种。坡面植被防护应根据坡面土石构成状况、坡体的高度和坡比,同时应考虑到景观和生态效应,选用相应的植被防护形式。土体边坡可选用植草皮防护、植生带护坡、三维植被网防护、种植草篱护坡、挖沟植草护坡、浆砌片石骨架植草护坡等。石质边坡的防护可按岩石表面风化程度的不同选用相应的植被护坡形式，如强风化岩石边坡可选用三维植被网护坡或浆砌片石骨架植草护坡。以上各种护坡方法的选用还应结合边坡土质情况、当地气候、水文状况以及景观设计和生态方面等因素综合考虑，如边坡土质差、不适宜植物生长时，则不宜用植草皮护坡，可选用植生带护坡。

3）边坡景观设计

边坡景观设计应从整体出发，把边坡、公路及临近地形（如山体）看成一个环境整体，全盘考虑，统一布局。景观设计应因地制宜，把边坡加固与植被护坡紧密结合起来，表现出自己的特色。例如，在植被护坡中引种乡土植被，能使边坡绿化带有浓郁的地方特色，这种特色让人感到亲切，成为其他地区所没有的独特景观。景观设计应以不破坏周围的环境为前提。景观设计强调美学特色，但如果只追求设计的美感而忽略环境的效应，就违背了景观设计的初衷，优秀的景观设计既能保护环境又能美化周围的环境。坡面植被应尽量选用多种物种，避免单一。同时，护坡植物应错落有序，不是完全在同一高度上，以体现出立体感，实现物种的多样性和多层次性。

4）植被护坡生态效应的考虑

为达到植被护坡的生态效应，植被护坡设计应遵循以下原则。

（1）尊重自然的原则：建立正确的人与自然的关系，尊重自然、保护自然，尽量小地对原始自然环境进行变动。

（2）整体优先原则：局部利益必须服从整体利益，暂时性的利益必须服从长远的、持续性的利益。

（3）经济性原则：对资源充分利用和循环利用，减少各种资源的消耗。

（4）乡土化原则：延续地方文化和民俗，充分利用当地植被，结合地域气候和地形地貌。

（5）安全性原则：植被护坡设计不仅要保证正常情况下的安全，还应考虑突发情况下的安全。

2. 植被护坡施工

植被护坡技术种类繁多，其施工工艺也各不相同。限于篇幅，下面仅介绍植生带护坡的施工工艺要点。

植生带是采用专用机械设备，依据特定的生产工艺，把草种、肥料、保水剂等按一定的密度定植在可自然降解的无纺布或其他材料上，并经过机器的滚压和针刺的复合定位工序，形成的一定规格的产品。植生带护坡施工工序如下。

（1）平整坡面。清除坡面所有石块及其他一切杂物，全面翻耕边坡，深耕 20～25cm，并施有机肥，可用腐熟牛粪或羊粪等，用量为 $0.3\sim0.5\text{kg/m}^2$，打碎土块，搂细耙平。若土质不良，则需改良，对黏性较大的土壤，可增施锯末、泥炭等改良其结构。准备足够的用于覆盖植生带的细粒土，以沙质壤土为宜，每铺 100m^2 的植生带需备 0.5m^3 细土。铺植生带前 1～2d，应灌足底水，以利保墒。

（2）开挖沟槽。在坡顶及坡底沿边坡走向开挖一矩形沟槽，沟宽 20cm，沟深不少于 10cm。坡面顶沟离坡面 20cm，用以固定植生带。

（3）铺装植生带。铺装植生带前，在耧细耙平的坡面，再次用木板条刮平坡面，把植生带自然地平铺在坡面上，将植生带拉直、放平，但不要加外力强拉。植生带的接头处应重叠 5～10cm，植生带上、下两端应置于矩形沟槽，并填土压实。用 U 形钉固定植生带，钉长 20～40cm，松土用长钉。钉间距一般为 90～150cm（包括搭接处）。

（4）覆土、洒水。在铺好的植生带上，用筛子均匀地于坡面筛准备好的细粒土，细粒土的覆盖厚度为 0.3～0.5cm。覆土完毕后，应及时洒水。第一次洒水一定要浇透，使植生带完全湿润。

（5）前期养护。

① 洒水：植生带从铺装到出苗后的幼苗期，都需要及时洒水，每天都需洒水，每次的洒水量以保持土壤湿润为原则，每日洒水次数视土壤湿度而定，直至出苗成坪。由于植生带上覆盖的细土层很薄，洒水时最好采用水滴细小的喷水设备，使洒水均匀，减小水的冲力。在草苗未出土前，如因洒水等原因，露出植生带处要及时补撒细土覆盖。

② 追肥：虽然植生带含有一定量的肥料，但为了保证草苗茁壮生长，在有条件的情况下，可进行追肥。一般追肥两次，第一次追肥在草苗出苗后一个月左右，间隔 20d 再施第二次。追肥后一定要用清水清洗叶面，以免烧伤幼苗。

③ 覆土：植生带的幼苗茎都生长在边坡表面，而植生带铺装时覆土又很薄，为了有利于幼苗匍匐茎的扎根，可以在幼苗开始分蘖时覆细粒土 0.5～1cm。

本 章 小 结

本章详细介绍了土工合成材料、加筋土挡墙、土钉、树根桩、植被护坡等加筋法的相关概念、加固原理、设计计算方法、施工工艺与质量检验，具体包括土工合成材料的分类与主要功能、特性指标；加筋土挡墙的特点与破坏机理、设计计算与施工方法及质量检验；土钉支护的加固机理、设计计算与施工技术及质量检验；树根桩的设计与施工方法；植被护坡影响边坡稳定性的主要方式、植被护坡机理与稳定性分析，设计与施工等，并列举部分加筋法技术应用的工程实例。

对结构物进行有限单元法分析，首先必须对其进行离散化，其单元的形状和大小由多个方面的因素确定，包括计算机的运算速度、计算精度要求、预计的计算费用等。

习　　题

一、思考题

1. 什么是加筋法，简述加筋法的基本原理。

2. 简述加筋土挡墙的概念及加固原理。

3. 加筋土挡墙的内外部可能产生的破坏形式有哪些？简述各自的破坏机理。

4. 在加筋土挡墙的设计计算中，应考虑哪些主要内容？

5. 简述土钉提高土体强度的加固机理。

6. 土钉支护工程施工监测内容与方法有哪些？

7. 简述树根桩的施工工艺。

8. 植被是如何影响边坡稳定性的？

9. 岩质边坡与土质边坡的破坏形式有什么不同，各有什么特点？

二、单选题

1. 下列( )土工合成材料不适用于土体的加筋。

    A. 土工格栅　　　　　　　　　　B. 土工塑料排水板

    C. 土工带　　　　　　　　　　　D. 土工格室

2. 下列( )不是表征土工合成材料耐久性能的指标。

    A. 抗老化能力　　　　　　　　　B. 疲劳

    C. 抗化学、生物稳定性　　　　　D. 抗磨性

3. 安装加筋土挡墙墙面板时，单块面板一般可以向内倾斜( )，作为填料压实时面板外倾的预留度。

    A. 1/50～1/100　　B. 1/100～1/200　　C. 1/200～1/300　　D. 1/300～1/400

4. 检查加筋土挡墙中加筋材料铺设的均匀性和平展性时，每层按照每( )抽检 1 个结点。

    A. 10m　　　　　　B. 12m　　　　　　C. 15m　　　　　　D. 20m

5. 研究表明土钉在其加强的复合土体中起箍束骨架的作用，提高了土坡的( )。

    A. 整体刚度和稳定性　　　　　　B. 内部稳定性

    C. 外部稳定性　　　　　　　　　D. 局部刚度

6. 工程中土钉实际长度 L( )土坡的垂直高度。

    A. 小于　　　　　　B. 不小于　　　　　C. 等于　　　　　　D. 不大于

7. 一般情况下，土钉头部的合理变形量应控制在坡高的( )以内。

    A. 2%　　　　　　 B. 5%　　　　　　 C. 3%　　　　　　 D. 4%

8. 对于软弱地基，主要承受竖向荷载时的钢筋长度不得小于( )桩长，主要承受水平荷载时应全长配筋。

    A. 1/2　　　　　　B. 1/3　　　　　　C. 2/3　　　　　　D. 1/4

9. 树根桩的成孔方法主要有旋转、冲击钻、泥浆护壁套管成孔和人工洛阳铲成孔。对于混凝土、硬土或冻层土，最适宜采用的钻头为( )。

    A. 平底钻头　　　　　　　　　　B. 一般尖底钻头

    C. 耙式钻头　　　　　　　　　　D. 刃口焊有硬质合金刀头的尖底钻头

10. 采用植被对土体边坡护坡时，如边坡土质差、不适宜植物生长时，则不宜选用下列( )植被护坡形式。

    A. 植草皮防护　　　　　　　　　B. 植生带护坡

    C. 三维植被网防护　　　　　　　D. 浆砌片石骨架植草护坡

三、多选题

1. 在路堤软黏土地基处理中，需利用土工合成材料的( )功能。

    A. 隔离　　　　　　B. 防渗　　　　　　C. 反滤　　　　　　D. 加筋

2. 土体中筋材或筋体的作用包括( )。

    A. 减小地基土的压缩性　　　　　B. 改善地基土的力学性能

    C. 提高地基土强度　　　　　　　D. 增强地基的稳定性

3. 加筋土挡墙的破坏分为外部稳定性和内部稳定性破坏，外部稳定性可能的破坏形式主要有（　　）。

    A. 滑移破坏　　　　B. 断裂破坏　　　　C. 倾覆破坏　　　　D. 倾斜破坏

4. 加筋土挡墙结构内部具有（　　）等相互作用的内力。

    A. 水平土压力　　　　　　　　　　B. 拉筋的拉力

    C. 填料与拉筋之间的摩擦力　　　　D. 拉筋的抗拔力

5. 下列（　　）是土钉施工与加筋土挡墙的不同之处。

    A. 土钉是"自上而下"分布施工，加筋土挡墙刚好相反

    B. 土钉是用来改良天然土层，不像加筋土挡土墙，能够控制加筋土填土的性质

    C. 土钉只能倾斜布置，而加筋土挡墙内的拉筋只能水平设置

    D. 土钉通常使筋体和其周围土层黏结，荷载由浆体传递给土层，加筋土挡墙中摩擦力直接产生于筋体和土层之间

6. 土钉在静载作用下最容易引起（　　）。

    A. 土钉端头锚固处发生破坏　　　　B. 土与浆液锚固体黏结破坏

    C. 土钉与注浆锚固体黏结破坏　　　　D. 土钉由于强度不足发生拉裂破坏

7. 树根桩适用于（　　）地基上既有建筑的修复和加固。

    A. 淤泥　　　　B. 淤泥质土　　　　C. 砂土　　　　D. 人工填土

8. 树根桩施工浆液配置应根据设计要求，可配制成（　　）。

    A. 纯水泥浆　　　　　　　　　　B. 水泥砂浆

    C. 细石混凝土浆液　　　　　　　D. 粗骨料混凝土浆液

9. 植被的水文效应包括（　　）。

    A. 加筋锚固作用　　　　　　　　B. 降雨截留作用

    C. 抑制地表径流作用　　　　　　D. 消弱溅蚀作用

10. 在植被护坡中，岩质边坡主要发生（　　）。

    A. 平面破坏　　　　B. 楔形破坏　　　　C. 曲面破坏　　　　D. 倾倒破坏

四、计算题

某岩石边坡，坡高 $H=15\text{m}$，坡面倾角 $\alpha=60°$，测得一滑面 AC，其倾角 $\beta=40°$，滑面材料的黏聚力 $c=60\text{kPa}$，内摩擦角 $\varphi=31°$，岩土容重 $\gamma=25\text{kN/m}^3$。求此边坡的稳定性系数 F_s。

第8章
特殊土地基处理

教学目标

本章主要讲述膨胀土地基处理、湿陷性黄土地基处理、红黏土地基处理、盐渍土地基处理、混合土地基处理以及污染土地基处理的方法。通过本章的学习，应达到以下目标：
（1）掌握膨胀土的评价和地基处理方法；
（2）掌握湿陷性黄土的评价和地基处理方法；
（3）掌握运用红黏土的评价和地基处理方法；
（4）掌握盐渍土的评价和地基处理方法；
（5）掌握混合土的评价和地基处理方法；
（6）掌握污染土的评价和地基处理方法。

教学要求

知识要点	能力要求	相关知识
膨胀土地基处理	（1）了解膨胀土的主要工程 （2）掌握膨胀土的判别与分类 （3）掌握膨胀土的工程特性指标 （4）掌握膨胀土地基处理技术 （5）掌握膨胀土路基处治设计与施工	（1）膨胀土主要工程性质 （2）标准吸湿含水率 （3）自由膨胀率 （4）膨胀率 （5）膨胀力 （6）收缩系数 （7）线缩率 （8）膨胀土地基处理技术 （9）膨胀土路基处理的施工方法
湿陷性黄土地基处理	（1）了解我国湿陷性黄土的工程性质 （2）掌握黄土的湿陷机理 （3）掌握黄土的湿陷性评价 （4）掌握黄土地基的承载力 （5）掌握黄土地基的变形计算 （6）掌握湿陷性黄土地基处理技术	（1）黄土的湿陷性评价 （2）湿陷系数 （3）湿陷起始压力 （4）黄土湿陷性的判定 （5）湿陷性黄土场地湿陷类型的划分 （6）湿陷性黄土地基湿陷等级的确定 （7）黄土地基的承载力 （8）黄土地基的变形计算 （9）湿陷性黄土地基处理技术
红黏土地基处理	（1）了解红黏土的形成和分布 （2）掌握红黏土的分类 （3）了解红黏土的工程性质 （4）掌握红黏土的岩土工程评价 （5）掌握红黏土的处理方法	（1）红黏土的地基承载力的评价 （2）红黏土的地基均匀性评价 （3）红黏土的工程性质 （4）红黏土的岩土工程评价
盐渍土地基处理	（1）掌握盐渍土的分类 （2）了解盐渍土的野外判别 （3）了解盐渍土的工程性质 （4）掌握盐渍土的岩土工程评价 （5）掌握盐渍土的地基设计与防护措施	（1）盐渍土的分类 （2）盐渍土的工程性质 （3）盐渍土的地基设计 （4）盐渍土盐溶地基处理方法 （5）盐渍土路基的防护措施
混合土地基处理	（1）了解混合土的勘察 （2）掌握混合土的评价 （3）掌握混合土的处理措施	（1）混合土的承载力评价 （2）混合土地基稳定性评价 （3）混合土的处理措施
污染土地基处理	（1）了解污染土勘察 （2）掌握污染土地基的评价 （3）掌握污染土的防治措施	（1）污染土的鉴定 （2）污染土的分类 （3）污染土的性状评价

基本概念

膨胀土、黄土、湿陷性、红黏土、盐渍土、污染土、混合土。

引例

我国地域辽阔,存在很多具有特殊性的土,包括湿陷性黄土、膨胀土、软黏土、黄土、红黏土、盐渍土、污染土、混合土等。这类土与一般的土相比工程性质有很大差异,如黄土有湿陷性,膨胀土有胀缩性,软黏土有高压缩性。当在特殊土地基上进行工程建设时,应注意其特殊性,采取必要的措施,防止发生工程事故。

由于各类土的形成年代、生成环境和物质成分不同,工程性质复杂多样,加之我国幅员辽阔,不少地区存在性质特殊呈区域性分布的土,主要包括湿陷性黄土、膨胀土、软黏土、黄土、红黏土、盐渍土、污染土、混合土等。由这些土构成的地基通常称为特殊土地基。当在特殊土地基上进行工程建设时,应注意其土质特殊性,根据不同的情况采取必要的措施,防止发生工程事故。

8.1 膨胀土地基处理

膨胀土(图 8.1)是颗粒高度分散、以黏土为主、对环境的湿热变化敏感的高塑性土。它的黏粒成分主要有亲水性矿物(伊利石、蒙脱石)组成,并具有显著的吸水膨胀和失水收缩的变形特性,工程界常称之为灾害性土。

图 8.1　野外膨胀土分布的剖面

膨胀土胀缩的内在机制主要是指矿物成分及微观结构两方面。试验证明,膨胀土含大量的活性黏土矿物,如蒙脱石和伊利石,尤其是蒙脱石,比表面积大,在低含水率时对水有巨大的吸力,土中蒙脱石含量的多少直接决定着土的胀缩性质的大小。除了矿物成分因素外，这些矿物成分在空间上的联结状态也影响其胀缩性质。经对大量不同地点的膨胀土扫描电镜分析得知，面-面联结的叠聚体是膨胀土的一种普遍的结构形式，这种结构比团粒结构具有更大的吸水膨胀和失水收缩的能力。外界因素是指水对膨胀土的作用，或者更确切地说，水分的迁移是控制土胀缩特性的关键外在因素。因为只有土中存在着可能产生水分迁移的梯度和进行水分迁移的途径，才有可能引起土的膨胀或收缩。

8.1.1 膨胀土的主要工程性质

1. 膨胀土基本的物理力学指标

据野外观察，膨胀土一般为褐黄色黏土，裂隙发育，裂隙多呈闭合状，当其随卸荷及松动而张裂，在坡角被开挖时，常沿裂隙面整体坐落呈岩堆状。黏土层外观坚硬，但遇水极易软化，"干时一把刀，湿时一团糟"是对其性质的最好写照。其边坡的稳定性明显地受土体的裂隙面或青灰色夹层控制。

我国膨胀土物理力学指标的主要特征如下。

(1) 膨胀土的颗粒组成中黏粒($<2\mu m$)含量大于30%，有点甚至高达70%。

(2) 在黏土矿物成分中，膨胀土的矿物成分以伊利石和蒙脱石为主，原生矿物以石英为主，其次是长石、云母等。

(3) 膨胀土的塑性指数大都大于17，多数位于22～35之间，膨胀土属于液限大于40%的高塑性土。

(4) 土体湿度增高时，体积膨胀并形成膨胀压力；土体干燥失水时，体积收缩并形成收缩裂缝；膨胀、收缩变形可随环境变化往复发生，导致土的强度衰减。

(5) 膨胀土属于固结性黏土。

我国有关地区膨胀土物理力学指标如表8-1所示。

表 8-1 膨胀土的物理力学性质指标

地区	天然含水率 w/%	重度 γ/(kN/m³)	孔隙比 e	液限 w_L/%	塑性指数 I_P/%	液性指数 I_L	粘粒含量($<2\mu m$)/%	自由膨胀 F_S/%	膨胀率 e_P/%	膨胀力 P_P/kPa	线缩率 e_{SL}/%
云南鸡街	24	20.2	0.68	50	25	<0	48	79	5.01	103	2.97
广西宁明	27.4	19.3	0.79	55	28.9	0.07	53	68		175	6.44
广西田阳	21.5	20.2	0.64	47.5	23.9	0.09	45			98	2.73
云南蒙自	39.4	17.8	1.15	73	34	0.03	42	81	9.55	50	8.20
云南文山	37.3	17.7	1.13	57	27	0.29	45	52		62	9.50
云南建水	32.5	18.3	0.99	59	29	0.06	50	52		40	7.0
河北邯郸	23.0	20.0	0.67	50.8	26.7	0.05	31	80	3.01	56	4.48
河南平顶山	20.8	20.3	0.61	50.0	26.4	<0	30	62		137	
湖北襄樊	22.4	20.0	0.65	55.2	24.3	<0	32	112		30	
山东临沂	34.8	18.2	1.05	55.2	29.2	0.33		61		7	
广西南宁	35.0	18.6	0.98	62.2	33.2	0.15	61	56	2.6	34	3.8

（续）

地区	天然含水率 w/%	重度 γ/(kN/m³)	孔隙比 e	液限 w_L/%	塑性指数 I_P/%	液性指数 I_L	粘粒含量（<2μm）/%	自由膨胀 F_S/%	膨胀率 e_P/%	膨胀力 P_P/kPa	线缩率 e_{SL}/%
安徽合肥工大	23.4	20.1	0.68	46.5	23.2	0.09	30	64		59	
江苏六合马集	22.1	20.6	0.62	41.3	19.8	0.05		56		85	
江苏南京卫岗	21.7	20.4	0.63	42.4	21.2	0.07	24.5				
四川成都川师	21.8	20.2	0.64	43.8	22.2	0.05	40	61	2.19	33	3.5
成都龙潭寺	23.3	19.9	0.61	42.8	20.9	0.01	38	90		39	5.9
湖北枝江	22.0	20.1	0.66	44.8	20.5	0.03	31	51		94	
湖北荆门	17.9	20.7	0.56	43.9	24.2	0.02	30	64		56	2.14
湖北郧县	20.6	20.1	0.63	47.4	22.3	<0		53	4.43	26	4.31
陕西安康	20.4	20.2	0.62	50.8	20.3	0	25.8	57	2.07	37	3.47
陕西汉中	22.2	20.1	0.68	42.8	21.3	0.10	24.3	58	1.66	27	5.8
山东泰安	22.3	19.6	0.71	40.2	20.2	0.12		65	0.09	14	
广西金光农场	40	17.8	1.15	80	14	0.02	63	30	0.65	10	3.5
桂林奇峰镇	37	18.2	1.13	79	13	<0		24		47	2.4
贵州贵阳	52.7	16.8	1.57	90	4.6	0.13	54.5	33.3	0.76	14.7	9.38
广西武宜	36	18.3	0.99	68	26	<0		25	0.42		1.5
广西来宾县	29	18.5	0.89	58	30	0.04	30	44		9	1.5
广西贵县	22	19.2	0.91	67	25	<0	67	50		43	1.3
广西武鸣	27	18.5	0.90	72	15	<0	42	46		190	1.5
山东泗水泉林	32.5	18.4	0.98	60	32	0.18					1.7

2. 膨胀土的主要工程性质

1）膨胀土的多裂隙性

多裂隙性是膨胀土的典型特征，多裂隙构成的裂隙结构体及软弱结构面产生了复杂的物理力学效应，大大降低了膨胀土的强度，导致膨胀土的工程地质性质恶化。长期以来，膨胀土裂隙一直是人们的重点研究内容，但由于膨胀土裂隙演化的不确定性和随机性，其研究进展缓慢，定量化程度低。

膨胀土中普遍发育的各种形态裂隙，按其成因可分为两类，即原生裂隙和次生裂隙，而次生裂隙可分为风化裂隙、减荷裂隙、斜坡裂隙和滑坡裂隙等。原生裂隙具有隐蔽特征，多为闭合状的显微裂隙，需要借助光学显微镜或电子显微镜观察。次生裂隙则具有张开状特征，多为宏观裂隙，肉眼下即可辨认。次生裂隙多由原生裂隙发育发展而成，所以，次生裂隙常具有继承性质。

膨胀土中的垂直裂隙通常由构造应力与土的胀缩效应产生的张力应变形成，水平裂隙大多由沉积间断与胀缩效应所形成的水平应力差而产生。裂隙面上黏土矿物颗粒具有高度定向性，常见有镜面擦痕，显蜡状光泽。裂隙面大多有灰白色黏土，薄膜成条带，富水软化，使土的裂隙结构具有比较复杂的物理化学和力学特性，严重影响和制约着膨胀土的工程特性。

膨胀土的风化作用强烈，胀缩作用频繁，加剧了膨胀土裂隙的变形和发展，使土中原生裂隙逐渐显露张开，并不断加宽加深，由于地质作用的不均匀性，膨胀土裂隙经常产生分岔现象。

膨胀土裂隙的存在破坏了膨胀土的均一性和连续性，导致膨胀土的抗剪强度产生各向异性特征，且易在浅层或局部形成应力集中分布区，产生一定深度的强度软弱带。膨胀土中各种特定形态的裂隙是在一定的成土过程和风化作用下形成的，产生裂隙的原因主要是由于膨胀土的胀缩特性，即吸水膨胀失水干缩，往复周期变化，导致膨胀土土体结构松散，形成许多不规则的裂隙。裂隙的发育又为膨胀土表层的进一步风化创造条件，同时裂隙又成为雨水进入土体的通道，含水率的波动变化反复胀缩，从而又导致裂隙的扩展。另外，膨胀土的裂隙发育程度，除受膨胀土的物质组成和成土条件控制外，还与开挖土体的时间和气候条件密切相关，卸荷（或开挖）土体中的应力状态发生变化也产生裂隙，或促进裂隙的张开和发展。

2）膨胀土的胀缩性

根据土质学观点，膨胀土由于具有亲水性，只要与水相互作用，都具有增大其体积的能力，土体湿度也同时随之增加。膨胀土吸水体积增大而产生膨胀，可使建筑在土基上的道路或其他建筑物产生隆起等变形破坏。如果土体在吸水膨胀时受到外部约束的限制，阻止其膨胀，此时则在土中产生一种内应力，即为膨胀力或称膨胀压力。与土体吸水膨胀相反，倘若土体失水，其体积随之减小而产生收缩，并伴随土中出现裂隙现象。膨胀土体收缩同样可造成其土基的下沉及道路的开裂等变形破坏。

膨胀土的黏土矿物成分中含有较多的蒙脱石、伊利石和多水高岭石，这类矿物具有较强的与水结合的能力，吸水膨胀、失水收缩，并具膨胀—收缩—再膨胀的往复胀缩特性，特别是蒙脱石，其含量直接决定其膨胀性能的大小，因此黏土矿物的组成、含量及排列结构是膨胀土产生膨胀的首要物质基础，极性分子或电解质液体的渗入是膨胀土产生膨胀的外部作用条件。膨胀土的胀缩机理问题也是黏土矿物与极性水组成的两相介质体系内部所发生的物理-化学-力学作用问题。

膨胀岩土的膨胀性能与其矿物成分、结构联结类型及强度、密实度等密切相关。胶结联结有抑制膨胀的作用，胶结强度越高，越不利于膨胀的发生和发展。结构的疏密程度也影响膨胀量的大小。在力的作用下产生的扩容膨胀效应则在于扩容改变了膨胀岩土的结构联结和密实程度，从而使膨胀量发生变化。扩容膨胀效应随力学作用程度不同而各异。当力学作用未使膨胀岩土的胶结联结发生大的改变，则扩容后的膨胀效应不明显，膨胀以物化作用为主。当力学作用破坏了部分原始胶结联结时，膨胀抑制力有所减弱，膨胀势得以充分发挥，从而促进物化作用膨胀进一步发展。

3）膨胀土的抗剪强度特性

抗剪强度特性既是土体抗剪切破坏能力的表征，同时也是验算路基边坡稳定性能的重要参数。其取值受膨胀土胀缩等级、含水率、上覆压力、填筑条件等影响，其中含水率是主要影响因素。其变化规律是，土体胀缩等级越高，φ 值降低时 c 值变化不大；土体含水率变小，抗剪强度增大；上覆压力增大，c、φ 的值均增大；填筑土体干容重越大，抗剪强度越高，土体含水率越大，抗剪强度越低。但击实土在膨胀后，c、φ 的最大值却出现在最佳含水率击实到最大干重量的时候。

4）膨胀土的风化特性

膨胀土路基长期暴露在大气环境中，尤其受环境水分变化的影响，极易在表层部分碎裂泥化，形成表面松散层，从而使强度降低。大气环境对膨胀土的风化作用随土层深度的增加而减弱。可通过分析土体内的含水率变化来取得风化深度的近似值。国内有关资料认为，在降雨量和蒸发量差别不大的地区，大气风化作用深度一般为 1m 左右，但对于长期干旱地区则可达 3m 以上，因而风化深度对研究膨胀土路基边坡的稳定性具有重要意义。

5）膨胀土的崩解性

膨胀土浸水后体积膨胀，在无侧限条件下则发生吸水湿化。不同类型的膨胀土的崩解性是不一致的。

6）超固结性

超固结的膨胀土在成土过程中形成了先期固压力，表现为天然孔隙比较小，干密度大，初始结构强度较高，但风化后强度衰弱很快。

8.1.2 膨胀土的判别与分类

1. 野外特征

我国的膨胀土大多形成于第四纪晚更新世(Q_3)及其以前，少有全新世(Q_4)，多为残积土，以灰白、灰绿和灰黄等颜色为主。自然条件下多呈坚硬、硬塑状态，结构致密，土内裂缝发育，方向不规则，常有光滑的断口和擦痕，钙质结核和铁锰结核呈零星分布。

一般分布在二级及二级以上的阶地、山前丘陵和盆地边缘，地形坡度平缓，无明显的自然陡坎。旱季常常出现地裂，长可达数十米至近百米，深数米，雨季闭合。

2. 工程地质分类

目前，国内外膨胀土分类的方法很多，不同的研究者提出了不同的标准，所选择的指标和标准也不一，其中具有代表性的分类方法分述如下。

1）按工程地质分类

我国膨胀土工程地质分类如表 8-2 所示。

表 8-2 膨胀土的工程性质类型

类型	岩性	孔隙比 (e)	液限 (w_L)/%	δ_{js}/%	膨胀力 (P_P)/kPa	线缩率 (e_{SL})/%	分布地区
I（湖相）	（1）黏土、黏土岩：灰白、灰绿色为主，灰黄、褐色次之	0.54～0.84	40～59	40～90	70～310	0.7～5.8	平顶山、邯郸、宁明、个旧、襄樊、曲靖、昭通
	（2）黏土：灰色及灰黄色	0.92～1.29	58～80	56～100	30～150	4.1～13.2	
	（3）粉质黏土：泥质粉细砂，泥灰岩，灰黄色	0.59～0.89	31～48	35～50	20～134	0.2～6.0	郧县、荆门、枝江、安康、汉中、临沂、成都、合肥、南宁
II（河相）	（1）黏土：褐黄、灰褐色	0.58～0.89	38～54	40～77	53～204	1.8～8.2	
	（2）粉质黏土：褐黄、灰白色	0.53～0.81	30～40	35～53	40～100	1.0～3.6	

（续）

类型	岩性	孔隙比 (e)	液限 $(w_L)/\%$	$\delta_{js}/\%$	膨胀力 $(P_P)/kPa$	线缩率 $(e_{SL})/\%$	分布地区
Ⅲ（滨海相）	（1）黏土：灰白、灰黄色，层理发育，有垂向裂隙、含砂	0.65～1.30	42～56	40～52	10～67	1.6～4.8	广东的湛江，海南的海口
	（2）粉质黏土：灰色、灰白色	0.62～1.41	32～39	22～34	0～22	2.4～6.4	
Ⅳ（残积相） 碳酸岩石地区	（1）下部黏土：褐黄、棕黄色	0.87～1.35	51～86	30～75	14～100	1.2～7.3	广西的贵县、柳州、来宾
	（2）上部黏土：棕红、褐色等色	0.82～1.34	47～72	25～49	13～60	1.1～3.8	云南的昆明、砚山
老第三系地区	（1）黏土：黏土岩、页岩、泥岩，灰、棕红、褐色	0.50～0.75	35～49	42～66	25～40	1.1～5.0	云南的开远，广东的广州，宁夏的中宁、盐池，新疆的哈密
	（2）粉质黏土：泥质砂岩、砂质页岩等	0.42～0.74	24～37	35～43	13～180	0.6～2.3	
火山灰地区	黏土：褐红夹黄，灰黑色	0.81～1.00	51～58	81～126		2.0～4.0	海南的儋县

膨胀土的膨胀潜势等级判别：

膨胀土的自由膨胀率是人工制备的烘干土在水中增加的体积 V_ω 与原体积 V_0 之比，即：

$$\delta_{ef}=\frac{(V_\omega-V_0)}{V_0} \tag{8-1}$$

式中，δ_{ef} 为膨胀土的自由膨胀率；V_ω 为土在水中增加的体积，m^3；V_0 为原体积，m^3。

2）按自由膨胀率大小分类

根据自由膨胀率大小划分膨胀土的膨胀潜势，如表 8-3 所示。

表 8-3　膨胀土的膨胀潜势

自由膨胀率 $(\delta_{ef})/\%$	膨胀潜势
$40\leqslant\delta_{ef}<65$	弱
$65\leqslant\delta_{ef}<90$	中等
$\delta_{ef}\geqslant90$	强

3）按最大胀缩性指标分类

广西大学柯尊敬教授认为，一个适合的胀缩性评价指标必须全面反映土的粒度组成和矿物成分，以及宏观与微观结构特征的影响，同时能消除土的温度和密度状态的影响，即不随土湿度和密度状态的变化而变化，而且还要适应胀缩土各向异性的特点。因此，推荐用直接指标，即用最大线缩率δ'_{sv}、最大体缩率δ'_v、最大膨胀率δ'_{ep}等作为分类指标，判别标准如表8-4所示。这里，最大线缩率与最大体缩率是天然状态的土样膨胀后的收缩率与体缩率，最大膨胀率是天然状态土样在一定条件下风干后的膨胀率。

表8-4　按最大膨胀性指标分类

指标	弱膨胀土	中膨胀土	强膨胀土	极强膨胀土
最大线缩率(δ'_{sv})/%	2～5	5～8	8～11	>11
最大体缩率(δ'_v)/%	8～16	16～23	23～30	>30
最大膨胀率(δ'_{ep})/%	2～4	4～7	7～10	>10

图8.2　自由膨胀率测定仪

4）按自由膨胀率与胀缩总率分类

根据自由膨胀率（测定仪器见图8.2）等指标，综合国内有关专家提出划分类别的界限值归纳如表8-5所示。表中对于地基土按线胀缩总率δ_{es}进行评价时，其膨胀率是在50kPa荷载下获得的，因此，膨胀等级划分标准也不一。

胀缩总率的计算公式为

$$\delta_{es} = \delta_{ep} + \lambda_s(\omega - \omega_{min}) \tag{8-2}$$

表8-5　按线胀缩总率的分类

分类	强膨胀土	中膨胀土	弱膨胀土
线胀缩总率(δ_{es})	>5%	2%～5%	<2%

式中，δ_{es}为线胀缩总率；δ_{ep}为土在50kPa荷载的膨胀率，%；ω为土的天然含水率，%；ω_{min}为建筑场地土的最小含水率，即旱季含水率平均值，%；λ_s为土的收缩系数，$\lambda_s = \Delta\delta_s / \Delta\omega$；$\Delta\delta_s$为收缩过程中与两点含水率对应的竖向线缩率之差，%；$\Delta\omega$为收缩过程中直线变化阶段两点含水率之差，%。

5）按自由膨胀率与胀缩总率分类

膨胀土按自由膨胀率与胀缩总率的分类如表8-6所示。

表8-6　按自由膨胀率与胀缩总率的分类

类别	无荷载下体胀缩总率	无荷载下线胀缩总率	线膨胀率	缩限含水率状态下的体缩率	自由膨胀率
强膨胀土	>18	>8	>4	>23	>80
中膨胀土	12～18	6～8	2～4	16～23	50～80
弱膨胀土	8～12	4～6	0.7～2	8～16	30～50

6）按塑性图判别与分类

塑性图系由A.卡萨格兰首先提出，后来李生林教授进行了深入的研究，它是以塑性指数为纵轴，以液限为横轴的直角坐标，如图8.3所示。因此，运用塑性图联合使用塑性指数与液限来判别膨胀土，不仅能反映直接影响胀缩性能的物质组成成分，而且也能在一定程度上反映控制形成胀缩性能的浓差渗透吸附结合水的发育程度。

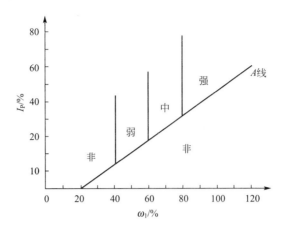

图 8.3　按塑性图的分类

8.1.3　膨胀土的工程特性指标

1. 标准吸湿含水率

从理论上，可以用式(8-3)计算标准吸湿含水率。

$$\omega_a = dAC\rho_a\beta \tag{8-3}$$

式中，ω_a 为标准吸湿含水率，%；d 为吸附单分子水层厚度，m；A 为具有晶层结构的矿物蒙脱石的理论比表面积，m^2/g；C 为具有晶层结构的赫土矿物的含量，%；ρ_a 为吸附水的密度，g/m^3；β 为修正系数。

2. 自由膨胀率 δ_{ef}

人工制备的烘干土在水中增加的体积与原体积的比即为自由膨胀率，其计算公式为

$$\delta_{ef}(\%) = \frac{v_w - v_0}{v_0} \times 100 \tag{8-4}$$

式中，v_w 为土样在水中膨胀稳定后的体积，mL；v_0 为土样原有体积，mL。

自由膨胀率与矿物成分有关，在通常情况下，土中黏粒含量大于30%，且主要黏土矿物为蒙脱石时，δ_{ef} 在80%以上；为伊利石及少量蒙脱石时，δ_{ef} 为50%～80%；为高岭石时，δ_{ef} 小于40%。当 δ_{ef} 小于40%，一般应视为非膨胀土。

3. 膨胀率 δ_{ep}

膨胀率是指原状土样在一定压力下浸水膨胀稳定后所增加的高度与原始高度之比，计算公式为

$$\delta_{ep}(\%) = \frac{h_w - h_0}{h_0} \times 100 \tag{8-5}$$

式中，h_w 土样在一定压力下浸水膨胀稳定后的高度，mm；h_0 为土样的原始高度，mm。

土中的初始含水率越低，在相同的压力下，其膨胀率就会越高；当土中的初始含水率相同时，压力越大，膨胀率越低。

4. 膨胀力

膨胀力是指原状土样在体积不变时由于浸水膨胀而产生的最大内应力。膨胀力与土的初始密度有密切关系，初始密度越大，膨胀力就越大。当外力小于膨胀力时，土样浸水后就会膨胀；当外力大于膨胀力时，土样会压缩。

5. 收缩系数 λ_s

收缩系数是指原状土样的直线收缩阶段含水率减少 1% 时的竖向收缩变形的线缩率，即

$$\lambda_s = \frac{\Delta \delta_s}{\Delta w} \tag{8-6}$$

式中，$\Delta \delta_s$ 为收缩过程中与两点含水率之差对应的竖向线缩率之差，%，线缩率 δ_{sL} 是指竖向收缩量与试样的原有高度之比；Δw 为收缩过程中直线变化阶段两点含水率之差，%。

6. 线缩率 δ_{sr} 与收缩系数 λ_s

膨胀土失水收缩，其收缩性可用线缩率与收缩系数表示。线缩率 δ_{sr} 是指土的竖向收缩变形与原状土样高度之比，表示为

$$\delta_{sri} = \frac{h_0 - h_i}{h_0} \times 100\% \tag{8-7}$$

式中，h_0 为土样的原始高度，mm；h_i 为某含水率为 w_i 时的土样高度，mm。

利用收缩曲线直线收缩段可求得收缩系数 λ_s，其定义为，原状土样在直线收缩阶段内，含水率每减少 1% 时所对应的线缩率的改变值，即

$$\lambda_s = \frac{\Delta \delta_{sr}}{\Delta w} \tag{8-8}$$

式中，Δw 为收缩过程中，直线变化阶段内，两点含水率之差，%；$\Delta \delta_{sr}$ 为两点含水率之差对应的竖向线缩率之差，%。

8.1.4 膨胀土地基处理技术

膨胀土地基处理可采用换土、砂石垫层、土性改良等方法，也可采用桩基或墩基方法。确定处理方法应根据土的胀缩等级、地方材料及施工工艺等进行综合比较。

基于对膨胀土工程性质的研究和大量工程实践经验的总结，国内外膨胀土路基加固技术也在逐步发展，主要有以下方法。

1. 换土法

用非膨胀土将膨胀土换掉是一种简易可靠的办法，但对于大面积的膨胀土分布地区显得不经济，且生态环境效益差。换土可采用非膨胀性土或灰土，换土厚度可通过变形计算确定。平坦场地上的Ⅰ、Ⅱ级膨胀土地基，宜采用砂、碎石垫层。垫层厚度不应小于 300mm。垫层宽度应大于基底宽度，两侧宜采用与垫层材料相同的材料回填，并做好防水处理。

2. 预湿法

在施工前给土体浸水，使土体充分膨胀，并维持其高含水率，使土体体积保持不变，

就不会因土体膨胀造成建筑路基破坏，但这种方法无法保证路基所要求的足够强度和刚度。

3. 压实控制法

该法控制膨胀土在低于容重和高含水率下压实可以有效地减少膨胀，但实现高含水率的膨胀黏土压实很困难，而土体在低于容重下压实其强度较小，同样不能满足工程要求。

4. 全封闭法(外包式路堤)

该法又称包盖法，即在堤心部位填膨胀土，用非膨胀土来包盖堤身。包盖土层厚度不小于 1m，并要把包盖土拍紧，将膨胀土封闭，其目的也是限制堤内膨胀土温度变化。但边坡处往往是施工碾压的薄弱部位。如果将封闭土层与路堤土一起分层填筑压实，并达到同样的压实度，则处理效果会更好一些，但在实际施工中很难做到。

5. 化学处理法(改性处理)

在膨胀土中掺石灰、水泥、粉煤灰、氯化钙和磷酸等。通过土与掺入剂之间的化学反应，改变土体的膨胀性，提高其强度，达到稳定的目的。国内外大量试验表明，掺石灰的效果最好，由于石灰是一种较廉价的建筑材料，用于改良膨胀土比掺其他材料经济，故这种办法比较常用，也是《公路路基设计规范》(JTG D 30—2004)所提倡的方法。但因膨胀土天然含水率通常比较高，土中黏粒含量多，易结块，要将大土块打碎后再与石灰搅匀，施工中大面积采用有一定难度。此外，掺拌石灰施工时易产生扬尘(尤其掺生石灰)，造成一定环境污染。但总体来说不失为一种较好且较成熟的方法。

6. 土工格网加固法

土工格网加固法是受将加筋土技术用于解决土体稳定加固路基边坡成功的实践所启示，近年来才开始采用的一种新方法。通过在膨胀土路堤施工中分层水平铺设格网(图 8.4)，充分利用土工网与填土间的摩擦力和咬合力，增大土体抗剪强度，约束膨胀土的膨胀变形，达到稳定路基的目的。由于膨胀土路堤的风化作用深度一般在 2m 以内，所以土中加网长度只需在边坡表面一定范围内，施工方便。同时，土中加网后可采用较陡的边坡坡率，比正常路堤填筑节省用地，技术和经济效果均好，是一种值得采用和推广的方法。

图 8.4 水平铺设格网

采用桩基础时，其深度应到达胀缩活动区以下，且不小于设计地面下 5m。同时，对于桩墩本身，宜采用非膨胀土作为隔层。

8.1.5 膨胀土路基处治设计与施工

1. 膨胀土路基处理的设计

膨胀土对工程的破坏性主要是由于膨胀土吸水膨胀、失水收缩的特性以及吸水(浸水)

软化后强度大大降低造成的，而其中的关键因素是土体中的含水率。因为土体中水分的变化决定着膨胀土的物理力学性质，所以在工程设计中应着重避免土体含水率的较大变化，确保工程的稳定性。

1）路基设计的一般参数

（1）路基的设计高度。在设计中，考虑到填挖的土源问题，一般都采用较低的路基设计标高。但是，对于膨胀土路基，需根据具体情况分析。例如，对某条路的设计，经过地质勘探和勘测，发现沿线有多处地段存在膨胀土。随着对膨胀土地质条件的逐步了解，对路线纵断面进行了修改，普遍提高本路段的路基设计标高，降低挖方边坡高度，减少了工程建设对土层的破坏，有效地维持了路基土层原有的水文地质条件。

（2）边坡边沟设计。挖方边坡比一般情况下放缓一级，采用 1∶1.5 坡率，并在坡脚设 2m 宽碎落台，以利于边坡稳定和养护工作。边沟尺寸为 0.8m×0.8m，坡率为 1∶1.5，在充分考虑边沟的排水情况下，适当增加一些涵洞以排除路基水流。

（3）防护加固。为防止地表水的冲刷、渗入及阻止土层内水分蒸发，维持路基土含水率的稳定，挖方边坡、碎落台、边沟、排水沟及土路肩均用 7.5# 浆砌片石封闭。

（4）路面工程需采取的措施。路面底基层应为至少 360mm 厚的水稳性好、抗冻性好的石灰土。基层采用板体性好、水稳性好且具有一定抗冻性的二灰碎石。沥青路面面层为密实级配中粒式沥青混凝土。中央分隔带底部应用 20mm 厚水泥砂浆封闭。

（5）构造物基础处理。分布在这一路段内的桥涵、通道等构造物，对其膨胀土基础均应做技术处理，采用一定厚度的石灰土垫层，并对其侧面进行相应的防水处理，以减轻膨胀土对构造物基础的影响。

（6）附属建筑基础的选择。对于较均匀的弱膨胀土地基，一般建筑可采用条基，基础埋深较大或条基基底压力较小时，宜采用墩基；承重砌体结构可采用拉结较好的实心砖墙，不得采用空斗墙、砌块墙，或无砂混凝土砌体；不宜采用砖拱结构、无砂大孔混凝土和无筋中型砌块等对变形敏感的结构；对于Ⅱ级、Ⅲ级膨胀土地区，砂浆强度等级不宜低于 M2.5；房屋顶层和基础顶部宜设置圈梁（地基梁、承台梁可代替基础圈梁），多层房屋的其他各层可隔层设置，必要时也可层层设置；Ⅲ级膨胀土地基上的建筑物如不采取以基础深埋为主的措施，尚可适当设置构造柱；外廊式房屋应采用悬挑结构。

2）基床处理设计

膨胀土路基基床病害分布广，多发性强，治理困难且费用高，还会影响行车，因此设计时对基床处理应予以加强。基床病害主要有路基下沉、翻浆冒泥、基床鼓起、侧沟被推倒等，基床处理应根据当地材料来源而定，保证既经济又稳妥可靠。主要措施如下。

（1）换填砂性土。一般路堤换填厚 1.0～1.2m，两侧设干砌片石路肩，路堑换填厚 0.6～0.8m，同时侧沟应加深至 0.8～1.0m，侧沟内侧沟帮加厚至 0.4m，换填底部沿侧沟沟帮每隔 1.0m 左右设一个泄水孔排除基床积水，对于强膨胀性土换填还应适当加深。

（2）石灰（二灰）土改良。膨胀土中加入生石灰不仅能显著降低膨胀土的胀缩性，还可以提高膨胀土的强度，增强基床土水稳性。改良厚度一般为 0.5m，但随着铁路的提速及规范对基床深度的增加,改良厚度应增加至 0.6～0.8m,以确保安全可靠。掺石灰量从 6%～8%(生石灰与土的干重比)为最佳,在京九铁路及南昆铁路引入昆明枢纽等工程均获得成功,另外,石灰土中掺 9% 左右的粉煤灰,改良土强度及水稳性可明显提高。

(3)砂性土与带膜土工布。处理深度为 0.4～0.5m,土工布底部设砂垫层厚 0.2m,顶部设砂垫层厚 0.2～0.3m,区间路基铺设土工布宽 4m,土工布应采用二布一膜型。因路堑基床采用换填处理,需加深侧沟,工程量较大,最好采用带膜土工布处理。另外,对于降雨量较大地区,应尽量考虑采用带膜土工布处理。

(4)针对路堑边坡地下水发育或降雨量很大地区,根据膨胀土特性,还应在基床或路堑坡脚考虑设置纵、横向渗沟加强排水。

3)路堤边坡设计

(1)土工格栅。膨胀土路堤坍滑以浅层居多,路堤两侧边坡铺设土工格栅,每层竖直间距 0.4～0.5m,宽 2～2.5m,边坡植草防护,可以防止边坡溜坍及坍滑,并可有效地控制施工质量。该方法在南昆铁路膨胀土边坡应用效果较好。

(2)架护坡。边坡清理平顺后挖槽设置骨架内植草护坡,若边坡较高,宜设成排水槽骨架护坡,并将主骨架加深 0.1～0.3m,人字骨架(或拱骨架)加深 0.1～0.2m。骨架间距不宜过大。

(3)支撑渗沟。一般用于边坡较高一侧,每隔 6～8m 设一条,宽度不小于 1.5m,深度不小于 2m,渗沟间可设骨架护坡,坡脚设片石垛或挡土墙,作为支撑渗沟基础。若路堤基底潮湿或明显有水渗出,则应在基底设纵横向引水渗沟,在边坡较低一侧坡脚设置纵向截水渗沟,深度应设至集中含水层下 0.5m。南昆铁路及广大铁路多处路堤边坡坍滑,用支撑渗沟处理均取得良好效果。

4)路堑边坡设计

(1)坡脚挡护。路堑坡脚受地表水冲刷严重,为地下水富集区,也是应力集中区,边坡坡脚比其他部位更容易遭受破坏,从而引起边坡的整体破坏。另外,膨胀土滑坡多具牵引式特点,层层牵引向上发展,会导致大规模滑坡,因此坡脚宜加强挡护。一般可设挡土墙加固,边坡较高或进行病害整治设计时,可设成桩板墙或桩间挡土墙。对中-强膨胀土或边坡较高地段,先加桩然后开挖边坡,可防止在施工过程中形成滑坡,如南昆铁路永乐车站强膨胀土高边坡桩施工完成后再分层开挖边坡,桩前分层挂挡土板,效果较好。

挡土墙高度一般为 3～6m,墙趾应埋入当地大气急剧影响层之下,一般不小于 1.5m,泄水孔间距宜适当减小,墙背连续设置 0.3～0.6m 厚砂卵石反滤层,既起到排水作用,也起到膨胀土往复胀缩变形时对挡土墙的缓冲作用。

(2)边坡防护。挡土墙顶或侧沟外侧宜留不小于 2m 宽的平台,对平台以上边坡进行防护。边坡防护的主要防护措施有浆砌(全封闭)护坡及骨架内植草护坡。这两种防护类型均要求先将边坡刷至稳定坡度。而不同地区不同岩性膨胀土的稳定坡率相差较大,且与膨胀性强弱、边坡高度及地下水发育情况等有关。南昆铁路那百段中-强膨胀岩的稳定坡率为 1:4～1:6,有的甚至刷至 1:8 才稳定。全封闭护坡底部应设 0.1～0.15m 厚砂垫层,并加密泄水孔,护坡顶部设 1.5～2.0m 宽浆砌片石封闭,防止地表水渗入护坡背部。如南昆铁路部分浆砌护坡未按以上要求施工,结果导致护坡开裂、变形。当边坡较高时,骨架内植草护坡应带排水槽，并根据不同膨胀土类型及边坡坡度将骨架加深 200～300mm。骨架间距不宜太大。

（3）支撑渗沟。膨胀土边坡排水至关重要，设置支撑渗沟不仅可以排水，而且能增强边坡稳定性。边坡潮湿以及堑顶外为水田或水塘地段，设置支撑渗沟效果明显。从南昆铁路、广大铁路等既有边坡看，设置支撑渗沟地段边坡稳定性较好，用其处理边坡坍滑也是成功的。支撑渗沟间距一般为 6～10m，渗沟间设骨架内植草护坡或全封闭护坡。

（4）土钉墙。用土钉墙加固弱膨胀性泥、页岩及铝土岩是可行的，均有成功范例，但用其加固南昆铁路中-强膨胀岩则是失败的，究其原因，南昆铁路膨胀岩具有高膨胀性、碎裂性、低强度性，膨胀岩已被密集的结构面切割成碎块状，岩体含水率超过塑限，剪切强度和无侧限抗压强度很低，锚杆抗拔力较小，锚杆和土体不能形成整体。

（5）加强堑顶排水。凡是堑顶外可能有水流向边坡地段，无论水量大小，均应设置天沟。如南昆铁路 DⅡK211＋760～＋895 右侧膨胀土路堑边坡外，种猪场废水未完全排走，堑顶又未设天沟，地表水下渗导致边坡坍滑，后来在堑顶外设天沟，边坡中下部设抗滑桩整治。

2. 膨胀土路基处理的施工方法

下面以石灰改良膨胀土为例介绍路基处理的施工方法。

1）石灰改良膨胀土场拌法施工工艺流程

石灰改良膨胀土场拌法施工工艺流程如图 8.5 所示。用场拌法改膨胀土填料进行路基填筑可采用"三阶段、四区段、九流程"的施工工艺组织施工。

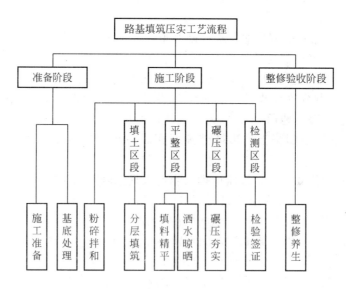

图 8.5　石灰改良膨胀土场拌法施工工艺流程图

（1）施工准备。在施工准备中，除了要做一些常规的准备外，还要做好石灰加工的准备工作，根据设计要求，如果是用生灰改良膨胀土，那么在临时工程规划中，就需考虑安装球磨机等相关石灰加工设备的场地，做好碎土设备、稳定土拌和站的规划建设，并做好相应环境保护工作。如果是用熟石灰改良膨胀土，应选择避风近水的场所进行石灰的消解、过筛，并把消解残余物集中堆放，及时清除，做好相应的环境保护工作。

（2）基底处理。按照施工互不干扰的原则，划分作业区段，区段长度宜在100~200m之间；然后清除基底表层植被等杂物，做好临时排水系统，并在施工的过程中，随时保持临时排水系统的畅通。然后对基底进行平整和碾压，并利用轻型动力触探仪进行基底试验，经检验合格后方可进行填土。

（3）粉碎拌和。液压碎土机在破碎膨胀土前应清除土中石块及树根等杂物，以免损坏液压碎土机；然后需检测膨胀土的含水率，当含水率合适时，即可进行粉碎。用装载机装料倒入碎土机仓斗内，人工配合疏通筛网进行粉碎作业，以免堵塞料斗。人工配合清理筛余物，并装入料仓内进行二次粉碎。用输送机把粉碎合格的膨胀土运至稳定土拌和设备的料仓内，用泵把石灰泵入粉料仓内，并按照设计给定的施工含灰率，调试稳定土拌和设备，至满足设计要求为止。因为石灰扬尘易对拌和设备的润滑部件造成损坏，从而造成计量的不准，含灰率有所改变，所以应定时在出料口检测含灰率，并做出适当调整。

（4）分层填筑。按横断面全宽纵向水平分层填筑压实，填筑的松铺厚度由试验段确定。采用自卸车卸土，应根据车容量和松铺厚度计算堆土间距，以便平整时控制厚度的均匀。为保证边坡的压实质量，一般填筑时路基两侧宜各加宽500mm左右。

（5）填料精平。填料摊铺平整使用推土机进行初平，然后用压路机进行静压或弱振一遍，以暴露出潜在的不平整，再用平地机进行精平，确保作业面无局部凹凸。层面控制为水平面，无需做成4%的路拱。

（6）洒水晾晒。改良后膨胀土的填料在碾压前应控制其含水率在由试验段压实工艺确定的施工允许含水率范围内。当填料含水率较低时，应及时采用洒水措施，洒水可采用取土场内洒水闷湿和路堤内洒水搅拌两种办法；当填料含水率过大时，可采用在路堤上翻开晾晒的办法。

（7）碾压夯实。当混合料处于最佳含水率以上一至两个百分点，即可进行碾压。压实顺序应按先两侧后中间、先慢后快、先轻压静压后重压的操作程序进行碾压，两轮迹搭接宽度一般不小于400mm。两区段纵向搭接长度不小于2m。

（8）检验签证。路基填土压实的质量检验应随分层填筑碾压施工分层检验。含灰率检测采用EDTA或钙离子直读仪法，压实度采用环刀法进行检测，地基系数采用K30承载板试验进行检测。

（9）整修养生。使路基成形，达到规范要求的，在下层完成经检验质量合格后，若不能立即铺筑上层的或暴露于表层的改良土必须保湿养生，养生可采用洒水或用草袋覆盖的方法，养生期一般不少于7d。

8.2 湿陷性黄土地基处理

黄土是一种产生于第四世纪历史时期的，颗粒组成以粉粒为主的黄色或褐黄色沉积物，往往具有肉眼可见的大孔隙。一般认为未经次生扰动、不具有层理性的黄土为原生黄土，原生黄土经过搬运重新堆积而形成具有层理或砾石加层的黄土称为次生黄土（其地貌特征见图 8.6）。

(a)　　　　　　　　　　　　　(b)

图 8.6　黄土原地貌

黄土在天然含水率时往往具有较高的强度和较小的压缩性，但遇水浸湿后，有的即使在自重作用下也会发生剧烈而大量的变形，强度也随着迅速降低；而有的却并不发生湿陷。在一定压力下受水浸湿，土结构迅速破坏，并产生显著附加下沉的黄土称为湿陷性黄土，包括晚更新世（Q_3）的马兰黄土和全新世（Q_4）的次生黄土。这类黄土土质均匀或较均匀，结构疏松，大孔隙发育，一般都具有较强烈的湿陷性。在一定压力下受水浸湿，土结构并无破坏，并不产生显著附加下沉的黄土称为非湿陷性黄土，包括中更新世（Q_2）的离石黄土和全新世（Q_4）的午城黄土。这类黄土土质密实，颗粒均匀，无大孔隙或略见大孔隙，一般不具有湿陷性。

湿陷性黄土又分为自重湿陷性黄土和非自重湿陷性黄土。在上覆土自重压力作用下受水浸湿，发生显著下沉的湿陷性黄土称为自重湿陷性黄土；在上覆土自重压力作用下受水浸湿，不发生显著下沉的湿陷性黄土称为非自重湿陷性黄土。

黄土在我国分布非常广泛，基本位于北纬 $300°\sim480°$ 之间，总面积约为 $64\times10^4 \text{km}^2$，其中湿陷性黄土主要分布在山西、陕西、甘肃大部分地区，河南西部和宁夏、青海、河北部分地区，此外，新疆、内蒙古、山东、辽宁以及黑龙江的部分地区也有分布。

8.2.1　我国湿陷性黄土的工程性质

黄土的主要成因是风积，也就是地质界普遍认为的"风成黄土"。从微观结构上看，黄土主要由粉土颗粒组成，颗粒粒径多在 $0.050\sim0.005\text{mm}$ 之间，颗粒形状多呈棱角状。黄土的主要矿物组成是石英、长石、伊利石等，主要化学成分是 SiO_2、Al_2O_3、Fe_2O_3、CaO 等。

1. 黄土的一般物理力学性质

这里以兰州地区的 200 余份土样为样品，进行室内土工试验，对试验结果进行了分析与统计，如表 8-7 所示。

表 8-7 土的物理力学性质指标

项目	一般值	最大值	最小值
天然含水率(w)/%	5.67~9.68	17.39	3.62
天然重度(γ)/(kN·m^{-3})	13.0~14.9	16.4	12.5
比重(G_s)	2.68~2.69	2.70	2.68
饱和度(S_r)/%	15~37	51	9
孔隙度(n)/%	46~53	57	45
天然孔隙比(e)	0.836~1.179	1.197	0.830
液限(w_L)/%	25.09~29.64	30.49	23.61
塑限(w_P)/%	18.71~23.57	24.82	16.89
塑性指数(I_P)/%	4.05~7.78	8.87	2.95
液性指数(I_L)/%	<0	—	—
凝聚力(C)/kPa	18~36	61	8
内摩擦角 φ	17°41′~25°55′	27°43′	16°41′
压缩系数(a)/MPa^{-1}	0.106~0.476	0.879	0.046
压缩模量(E_s)/MPa	4.24~34.86	41.62	2.31
承载力(f_k)/MPa	111.3~135.2	178.2	106

2. 黄土的湿陷性

黄土的湿陷性就是在一定压力下浸水，土的结构迅速被破坏，并发生显著沉陷，引起地基土失稳，对工程建设的危害性巨大。我国黄土高原上的黄土在分布上有以下特征。

(1) 黄土地层中的孔隙度在垂直方向上呈波动变化的规律，峰值对应于黄土层，低值对应于红色古土壤层。决定这种波动规律的直接原因是土体颗粒成分及微结构，形成这种波动的主要因素是土层发育过程中的气候波动变化。

(2) 黄土湿陷系数和抗剪强度在垂直方向上也呈波动变化规律，湿陷系数大和抗剪强度小的土层通常是风化成壤弱的土层，湿陷系数小和抗剪强度大的土层常是风化成壤强的土层。不同土层中不稳定孔隙含量差异是引起湿陷系数呈波动变化的原因，产生这种变化的因素主要是成壤作用的强弱差异。

(3) 黄土湿陷性是在干旱和半干旱地区弱的成壤过程中产生的，具有湿陷性的黄土是弱成壤的几种土壤的特征，成壤强的黄土不具湿陷性或湿陷性很弱。

(4) 不同地区、不同等级湿陷性的黄土分布深度不同。同等级湿陷性的黄土分布深度在干旱区比湿润区大。在甘肃干旱区，强湿陷性黄土分布深度可达 12m，中等湿陷性黄土分布深度可达 17m，弱湿陷性黄土分布深度可达 20m 以上。

8.2.2 黄土的湿陷机理

黄土产生湿陷的内在原因主要有两个方面。

1. 黄土的结构特征

季节性的短期雨水把松散干燥的粉粒黏聚起来，而长期的干旱使土中水分不断蒸发，于是少量的水分连同溶于其中的盐类都集中在粗粉粒的接触点处。可溶盐逐渐浓缩沉淀而成为胶结物。随着含水率的减少，土粒彼此靠近，颗粒间的分子引力以及结合水和毛细水的联结力也逐渐加大。这些因素都增强了土粒之间抵抗滑移的能力，阻止了土体的自重压密，于是形成了以粗粉粒为主体骨架的多孔隙结构。

黄土受水浸湿时，结合水膜增厚楔入颗粒之间。于是，结合水联结消失，盐类溶于水中，骨架强度随之降低，土体在上覆土层的自重应力或在附加应力与自重应力的综合作用下，其结构迅速被破坏，土粒滑向大孔，粒间孔隙减少。这就是黄土湿陷现象的内在过程。

2. 物质成分

黄土中胶结物的多少和成分，以及颗粒的组成和分布，对于黄土的结构特点和湿陷性的强弱有着重要的影响。胶结物含量大，可把骨架颗粒包围起来，则结构致密。黏粒含量多，并且均匀分布在骨架之间也起了胶结的作用。这些情况都会使其湿陷性降低并使力学性质得到改善。反之，粒径大于 0.05mm 的颗粒增多，胶结物多呈薄膜状分布，骨架颗粒多数彼此直接接触，则结构疏松，强度降低而湿陷性增强。此外，黄土中的盐类，如以较难溶解的碳酸钙为主而具有胶结作用时，湿陷性减弱，但石膏及易溶盐的含量增大时，湿陷性随之增强。

此外，黄土的湿陷性还与孔隙比、含水率以及所受压力的大小有关。天然孔隙比愈大，或天然含水率愈小，则湿陷性愈强。在天然孔隙比和含水率不变的情况下，随着压力的增大，黄土的湿陷量增加，但当压力超过某一数值后，再增加压力，湿陷量反而减少。

8.2.3　黄土的湿陷性评价

1. 黄土湿陷变形的特征指标

1) 湿陷系数 δ_s

湿陷系数是单位厚度的环刀试样，在一定压力下，下沉稳定后，试样浸水饱和所产生的附加下沉，它通过室内侧限浸水试验确定，并按式(8-9)计算。

$$\delta_s = \frac{h_p - h'_p}{h_0} \tag{8-9}$$

式中，h_p 为保持天然湿度和结构的试样，加至一定压力时，下沉稳定后的高度，mm；h'_p 为上述加压稳定后的试样，在浸水(饱和)作用下，附加下沉稳定后的高度，mm；h_0 为试样的原始高度，mm。

一般建筑基底下 10m 内的附加压力与土的自重压力之和接近 200kPa，10m 以下附加压力很小，忽略不计，主要是上覆土层的自重压力，因此《湿陷性黄土地区建筑规范》(GB 50025—2004)规定，测定湿陷系数 δ_s 的试验压力，应从基础底面(如基底标高不确定时，自地面下 1.5m)算起，基底下 10m 以内的土层采用 300kPa，10m 以下至非湿陷性黄土层顶面，采用其上覆土的饱和自重压力(当大于 300kPa 压力时，仍取 300kPa)，另外当基底压力大于 300kPa 时，宜采用实际压力。

湿陷系数的大小反映了黄土的湿陷敏感程度，湿陷系数越大，表示土受水浸湿后的湿陷性越强烈；否则反之。

如浸水压力等于上覆土的饱和自重压力时，则按式(8-9)求得的湿陷系数为自重湿陷系数 δ_{zs}。

2) 湿陷起始压力 p_{sh}

湿陷系数只表示黄土在某一特定压力下的湿陷性大小，有时需要了解其开始出现湿陷的最小压力，即当黄土受到的压力低于这个值时，即使浸水饱和，也不会发生湿陷。

湿陷起始压力可以通过室内压缩试验或现场静载荷试验确定，不论是室内或现场试验，都有单线法和双线法。一般认为，单线法试验结果较符合实际，但单线法的试验工作量较大，双线法试验相对简单，已有的研究资料表明，只要对试样及试验过程控制得当，两种方法得到的湿陷起始压力试验结果基本一致。

自重湿陷性黄土场地的湿陷起始压力值小，无使用意义，一般不需要确定。

2. 黄土湿陷性的判定

当 $\delta_s \leqslant 0.015$ 时，应定为非湿陷性黄土；当 $\delta_s \geqslant 0.015$ 时，应定为湿陷性黄土。

多年来的试验研究资料和工程实践表明，湿陷系数 $\delta_s \leqslant 0.03$ 的湿陷性黄土，湿陷起始压力值较大，地基受水浸湿时，湿陷性轻微；$0.03 < \delta_s \leqslant 0.07$ 的湿陷性黄土，湿陷性中等或较强烈，湿陷起始压力值小的具有自重湿陷性；$\delta_s > 0.07$ 的湿陷性黄土，湿陷起始压力值小的具有自重湿陷性，地基受水浸湿时，湿陷性强烈。

3. 湿陷性黄土场地湿陷类型的划分

自重湿陷性黄土在不受任何外加荷载的情况下，浸水后也会迅速发生强烈的湿陷，产生的湿陷事故比非自重湿陷性黄土场地多，为保证自重湿陷性黄土场地上建筑物的安全和正常使用，需要采取特别的设计和施工措施。因此，必须区分湿陷性黄土场地的湿陷类型。

建筑场地湿陷类型应按自重湿陷量的实测值 Δ'_{zs} 或计算值 Δ_{zs} 判定，其中自重湿陷量的计算值 Δ_{zs} 按式(8-10)计算。

$$\Delta_{zs} = \beta_0 \sum_{i=1}^{n} \delta_{zsi} h_i \tag{8-10}$$

式中，δ_{zsi} 为第 i 层土的自重湿陷系数；β_0 为因土质地区而异的修正系数，陇西地区取 1.50，陇东—陕北—晋西地区取 1.20，关中地区取 0.90，其他地区取 0.50；h_i 为第 i 层土的厚度，mm；n 为计算厚度内土层数目，总计算厚度应自天然地面(当挖、填方的厚度和面积较大时，应自设计地面)算起，至其下非湿陷性黄土层的顶面止，其中自重湿陷系数 δ_{zs} 小于 0.015 的土层不累计。

当自重湿陷量的实测值 Δ'_{zs} 或计算值 Δ_{zs} 小于或等于 70mm 时，应定为非自重湿陷性黄土场地；当自重湿陷量的实测值 Δ'_{zs} 或计算值 Δ_{zs} 大于 70mm 时，应定为自重湿陷性黄土场地；当自重湿陷量的实测值和计算值出现矛盾时，应按自重湿陷量的实测值判定。

4. 湿陷性黄土地基湿陷等级的确定

湿陷性黄土地基的湿陷等级应根据基底下各土层累计总湿陷量和自重湿陷量计算值的

大小因素按表 8-8 确定。

表 8-8　湿陷性黄土地基的湿陷等级

总湿陷量 ＼ 自重湿陷量	非自重湿陷性场地		
	$\Delta_{zs} \leqslant 70$	$70 < \Delta_{zs} \leqslant 350$	$\Delta_{zs} > 350$
$\Delta_s \leqslant 300$	Ⅰ（轻微）	Ⅱ（中等）	—
$300 < \Delta_s \leqslant 700$	Ⅱ（中等）	Ⅱ（中等）或Ⅲ（严重）	Ⅲ（严重）
$\Delta_s > 700$	Ⅱ（中等）	Ⅲ（严重）	Ⅳ（很严重）

　　注：当湿陷量的计算值 $\Delta_s > 600$mm、自重湿陷量的计算值 $\Delta_{zs} > 300$mm 时，可判为Ⅲ级，其他情况可判为Ⅱ级。

　　总湿陷量 Δ_s 可按式（8-11）计算。

$$\Delta_s = \sum_{i=1}^{n} \beta \delta_{si} h_i \qquad (8-11)$$

式中，δ_{si} 为第 i 层土的湿陷系数；h_i 为第 i 层土的厚度，mm；β 为考虑基底下地基土的受水浸湿可能性和侧向挤出等因素的修正系数，在缺乏实测资料时，可按下列规定取值：基底下 0～5m 深度内取 $\beta = 1.5$；基底下 5～10m 深度内取 $\beta = 1.0$；基底下 10m 以下至非湿陷性黄土层顶面，在自重湿陷性黄土场地，可取工程所在地区的 β_0 值。

　　湿陷量的计算值 Δ_s 的计算深度，应自基础底面（如基底标高不确定时，自地面下 1.50m）算起；在非自重湿陷性黄土场地，累计至基底下 10m（或地基压缩层）深度止；在自重湿陷性黄土场地，累计至非湿陷黄土层的顶面止。其中，湿陷系数 δ_s（10m 以下为 δ_{zs}）小于 0.015 的土层不累计。

8.2.4　黄土地基的承载力

　　目前，黄土地区地基承载力的评价方法多种多样，地基承载力的特征值可根据静载荷试验或其他原位测试、公式计算，并结合工程实践经验等方法综合确定，也可根据上部结构和地基土的具体情况，或根据当地经验或按塑限含水率确定。采取不同的测试方法、取值标准所得到的承载力有所差异。在众多的原位测试方法中，载荷试验是相对直接和相对可靠的测试方法，建筑部门在重要建筑物地基勘察时多采用这种方法，旁压试验、静力触探、动力触探和标准贯入等其他原位测试各有其优缺点。

　　1. 载荷试验

　　现场载荷试验是在工程现场通过千斤顶逐级对置于地基上的载荷板施加荷载，观测并记录沉降随时间发展以及稳定时的沉降量，将各级荷载与相应的稳定沉降量绘制成 $P\text{-}s$ 曲线得到地基土载荷试验的结果。

　　载荷试验是相对直接、相对可靠的确定地基承载力和变形模量等参数的试验方法，得出的结果比较真实可靠，能比较准确直观地反映地基土的受力状况和沉降变形特征，也是其他原位测试方法测得地基土力学参数建立经验关系的主要依据。但它只能反映深度为承压板直径 1.5～2.0 倍范围内地基土强度、变形的综合性状，而且该方法费时、费力，不可能大规模使用。对于不能用小试样试验的各种填土、含碎石的土等，较适宜于用载荷试验确定压力与沉降的关系。

2. 旁压试验

旁压试验确定黄土的承载力，主要是针对浅层承载力进行测试的。在进行地基处理后的承载力评价时，旁压试验可以作为一种主要的评价方法。在测定处理后的承载力时，旁压试验结果反映出地基处理效果沿深度是递减的，因此比载荷试验结果小，但更能体现地基处理后一定深度范围内的承载力值。

3. 重型动力触探、标准贯入试验和静力触探试验

动力触探试验是利用一定的锤击动能，将一定规格的探头打入土中，依据打入土中时的阻力大小判别土层的变化，对土层进行力学分层，并确定土层的物理力学性质，对地基进行工程地质评价。该试验方法的优点是设备简单，操作方便，工效较高，适应性广，并具有连续贯入的特性。对难以取样的砂土、粉土、碎石类土等，以及静力触探难以贯入的土层，动力触探是十分有效的勘探测试手段。其缺点在于不能直接对土进行采样鉴别描述，试验误差较大，再现性差。

标准贯入试验是用规定的锤重和落距把标准贯入器带有刃口的对开管打入土中，记录贯入一定深度所需锤击数的原位测试方法。标准贯入试验的优点在于设备简单，操作方便，土层的适应性广，除砂土外对硬黏土及软岩也适用，而且贯入器能带上扰动土样，可直接对土层进行鉴别描述，但不能反映土层剖面的连续变化及进行准确的工程地质分层。

静力触探试验是用标准静力将一个内部装有传感器的探头匀速压入土中，传感器将这种大小不同的阻力转换为电信号输入到记录仪记录下来，再根据贯入阻力与土的工程性质之间的相关关系确定地基承载力。该方法是一种用于第四纪土的经验性半定量测试手段，自动化程度高，具有很好的再现性，可反映土层剖面的连续变化，操作快捷。它的应用不是靠理论分析其力学机理去求得解析解，而是靠具体经验积累建立起来回归关系。这种试验主要适用于软黏土、一般黏性土、粉土、砂土和含少量碎石的土。

静力触探和标准贯入试验等其他原位测试结果也都可以作为黄土承载力的确定方法。但由于这些测试方法所确定的参数只能定性地反映地基承载力的变化情况，只可作为地基处理后承载力评价的辅助测试方法。

4. 理论计算

自从 1857 年 W. J. M. Rankine 提出结合地基极限承载力的计算公式后，各国学者均对地基承载力的理论计算做了进一步的探索，提出了多种破坏模式与结构模型对应的计算公式。但各种地基极限承载力计算公式都是基于普朗特尔极限承载力公式的修正与改进，它们可以用普遍的形式表示为

$$f_u = qN_1 + cN_2 + \frac{1}{2}\gamma BN_3 \qquad (8-12)$$

式中，N_1、N_2、N_3 为承载力系数，都是内摩擦角 φ 的函数；B 为基础宽度，m；q 为荷载，kN/m^2；γ 为土的容重，kN/m^3；c 为黏聚力系数，kPa。

各种公式的差别仅在于承载力系数和各种修正系数的不同，如魏锡克极限承载力公式

$$f_u = qN_1\xi_1 + cN_2\xi_2 + \frac{1}{2}\gamma BN_3\xi_3 \qquad (8-13)$$

式中，ξ_1、ξ_2、ξ_3 为压缩性影响系数，考虑整体破坏模式时均取 1.0，不进行压缩性修正。

现有的理论计算地基承载力的方法基本思路是一致的，即以式(8-13)为基础，以某

种基本假定为前提，尚未纳入土体的非线性特性，仅局限于理想刚塑性材料的情况，同一方法可以求得不同的承载力系数。

要使得建筑规范地基承载力特征值符合公路地基强度变形要求，必须对建筑地基承载力特征值进行修正。

修正时应首先进行基底宽度修正和相对容许变形修正，在此基础上针对公路建筑不同性质的基础进行刚柔修正。经过这三方面修正后的地基承载力特征值才能作为指导公路设计的地基承载力特征值。

《湿陷性黄土地区建筑规范》（GB 50025—2004）中规定，当基础宽度大于 3m 或埋置深度大于 1.5m 时，地基承载力应按式（8-14）修正。

$$f_a = f_{ak} + \eta b \gamma (b-3) + \eta d \gamma_m (d-1.50) \tag{8-14}$$

式中，f_a 为修正后的地基承载力特征值，kPa；d 为基础埋置深度，m；f_{ak} 为相应于 $b=3m$ 和 $d=1.50m$ 的地基承载力特征值，kPa；η_b、η_d 分别为基础宽度和基础埋置深度的地基承载力修正系数；γ 为基础底面以下土的容重，kN/m³，地下水位以下取有效容重；γ_m 为基础底面以上土的加权平均容重，kN/m³，地下水位以下取有效容重；b 为基础底面宽度，m，当基础宽度小于 3m 或大于 6m 时，可按 3m 或 6m 计算。

公路路基基底宽度一般都大于 6m，并且没有埋深。因此，根据式（8-14）路基基底宽度修正后的黄土地基承载力特征值可按式（8-15）计算。

$$f = f_{ak} + 0.6\gamma_0 \tag{8-15}$$

式中，f 为宽度修正后的地基承载力特征值。kPa；f_{ak} 为地基承载力特征值，kPa；γ_0 为地基土的容重，kN/m³。

根据统计，黄土容重 γ_0 的范围为 13.2～19.8kN/m³，则宽度修正增加值 $0.6\gamma_0$ 在 7.92～11.88kPa 范围之内，这里取均值 10kPa。故可知公路路基基底宽度修正相当于在原地基承载力特征值 f_{ak} 基础上加 10kPa。

综合考虑沉降变形、刚柔修正，公路地基承载力特征值应按式（8-16）修正。

$$f_a = 0.79k(f_{ak} + 10) \tag{8-16}$$

式中，k 为相对变形修正系数，高速、一级公路为 1.05，二级公路为 1.21；f_{ak} 为地基承载力特征值，kPa。

8.2.5 黄土地基的变形计算

有关的研究表明，湿陷性黄土是一种非饱和欠压密土，具有大孔和垂直节理，在天然湿度下其压缩性较低，强度较高，但与水浸湿时，土的强度显著降低，在附加压力和自重压力作用下引起湿陷变形，是一种下沉量大、下沉速度快的失稳性变形，对建筑物危害较大。因此，湿陷变形的计算和预估是湿陷性黄土地基设计的核心问题。下面介绍三种计算黄土地基的湿陷变形的方法。

1. 以室内压缩湿陷试验获取湿陷系数

利用压缩模量计算地基沉降存在着几倍的误差。通过室内压缩湿陷试验，环刀高度只有 20mm，以如此小的土样做浸水湿陷试验，由试验结果计算湿陷系数，以试验得出的土样应变值作为土层的应变值计算土层的湿陷变形，所存在的问题比以压缩模量计算地基沉降所存在的问题更加严重。其根本原因在于浸水饱和黄土土样的受力性状与实际浸水饱和黄土地基土层的受力性状相差很大。浸水饱和黄土土样的湿陷系数很难反映浸水饱和黄土地基土层非常复杂的弹塑性变形特性。

2. 依据土的本构模型

应用土的本构模型进行土的力学分析，得到工程界普遍认可的极少，严格地说尚没有。因为实际工程土的应力-应变关系是很复杂的。以地基沉降计算的剑桥模型为例，它是一种尚待发展的理论方法。对于黄土湿陷变形的计算，沈珠江等人首先提出把吸力引入弹塑性理论的模拟，后又提出双弹簧模型、砌块体模型等。最近几年，又论述了二元介质模型及其在黄土湿陷变形计算中的应用。以该模型计算黄土湿陷变形需要考虑十几个参数，这些参数要通过压缩试验和三轴试验等试验获得，依照前述，这些室内小土块试验所得参数很难反映空间三维弹塑性持力土层的变形特性。以该模型计算陕西省东雷抽黄二期工程一个典型的黄土土层，板底压力为 200kPa 时，沉降量为 61.8mm，增湿变形为 205.7mm，误差很大。

3. 弦线模量法

弦线模量法即根据湿陷性黄土的主要物理性质指标和湿陷性黄土地基的荷载-沉降曲线，来计算湿陷性黄土地基的湿陷变形。

有关的研究表明，黄土的湿陷变形特征与其物理性质指标存在着密切关系。黄土的孔隙比越大，湿陷变形越大，含水率越大，湿陷变形越大，液限越小，湿陷变形越大。我国湿陷性黄土地区的几个主要城市和试验场地的主要物理性质指标如表 8-9 所示。

表 8-9　几个主要城市和试验场地黄土的主要物理性质指标

场地		黄土层厚度/m	湿陷性黄土层厚度/m	孔隙比	含水率/%	液限/%
兰州	低阶地	4～25	3～16	0.7～1.2	6～25	21～30
	高阶地	15～100	8～35	0.8～1.3	3～20	21～30
西安	低阶地	5～20	4～10	0.94～1.13	14～28	22～32
	高阶地	50～100	6～23	0.95～1.21	11～21	27～32
西安机瓦厂烟囱场地			1.03		28	
陕西蒲城试验地		>60	7～39	0.57～1.17	8～19	27～32
宁夏固原试验地		0～25	0～12	0.79～1.13	6～11	21～29

可见，黄土的孔隙比为 0.57～1.2，含水率为 3%～28%，液限为 21%～32%。

黄土的物理性质指标体现在地基土层的荷载-沉降曲线中，荷载-沉降曲线综合、全面地反映了地基土层的弹塑性变形特性。荷载-沉降曲线是确定持力土层极限荷载和极限变形的基本依据，是各国现行规范确定地基承载力的基本依据，也是检验各种地基变形和地基承载力的可靠性标准。

以载荷试验的荷载-沉降曲线为基本资料，依据曲线上某一个压力点的附加压力增量和沉降增量，按照地基沉降计算的弹性力学公式，反算出这一压力点上的变形模量即弦线模量，以此确定持力土层的弦线模量与基底附加压力的关系，即

$$E_{cj} = (1-v^2)\omega B \frac{\Delta P_j}{\Delta s_j} \qquad (8-17)$$

式中，E_{cj} 为弦线模量；ΔP_j 为附加压力增量；Δs_j 为沉降曲线上某一个压力点的附加压力增量对应的沉降增量；v 为土的泊松比，一般采用 0.35；ω 为沉降影响系数，一般压板为正方形，采用 0.88；B 为压板边长，m。

由式(8-17)可见，弦线模量与附加压力增量和沉降增量的比值、土层的泊松比、基础尺寸、沉降影响系数等因素有关。

在取值时，附加压力增量一般取 25kPa，若极限荷载为 250kPa，则由每个沉降曲线可得到 10 个弦线模量值。若分析不同持力土层的 50 条沉降曲线，可得到持力土层不同附加压力的 500 个弦线模量值。由式(8-11)可以得到 E_{cj} 与 P_j 的关系，随着基底压力 P_j 的由小变大，弦线模量 E_{cj} 由大变小。弦线模量 E_{cj} 体现了持力土层的弹塑性变形特征，这是弦线模量的基本值。

荷载-沉降曲线上某一个压力点的斜率就是地基持力土层的变形刚度，即

$$\frac{\Delta P_j}{\Delta s_j} = \frac{E_{cj}}{(1+v^2)\omega B} \qquad (8-18)$$

可见，附加压力越大，土层的变形刚度越小，持力土层接近破坏时，塑性变形特征更加明显。

研究某一持力土层的某一个压力点的沉降增量，该沉降增量是持力土层的各分层土变形的总和。显然，各分层土变形的大小与该分层土的附加压力和变形模量有关。而变形模量除与附加压力有关外，还与分层土的孔隙比和含水率有关。附加压力越大，变形模量越小。附加压力沿土层深度由大变小，变形模量由小变大，同时孔隙比越大，变形模量越小，含水率越大，变形模量也越小。

依据我国上海软黏土、西北黄土和规范修编过程中几千份有关试验资料，分析研究了土的微结构研究现状、土的液限和各项指标之间的关系和土性的地区性差异问题，还分析研究了软黏土、黄土等土的微结构(黏粒含量等)、物理指标(孔隙比、含水率、液限等)和力学指标(变形模量、沉降量、湿陷量等)之间的关系，发现并明确了孔隙比、含水率和液限对地基土层变形模量和地基土层沉降量、湿陷量的影响；发现并解决了湿陷性黄土的变形特性的地区性差异问题；发现并确定了黄土的液限对湿陷变形的定量影响。

对于湿陷性黄土地基的湿陷变形计算，考虑液限对湿陷变形的定量影响，以液限值予以修正，即

$$\Delta s_{ji} = \left(\frac{P_{ji2}}{E_{cji2}} - \frac{P_{ji1}}{E_{cji1}}\right)\left(\frac{\omega_{LB}}{\omega_L}\right)^2 h_i \qquad (8-19)$$

式中，Δs_{ji} 为湿陷性黄土地基的湿陷变形，mm；ω_{LB} 为弦线模量值表中相应的液限值；ω_L 为土的液限值；其他符号意义同前。

8.2.6 湿陷性黄土地基处理技术

当地基的湿陷变形、压缩变形或承载力不能满足设计要求时，应针对不同土质条件和建筑物的类别，因地制宜，采取以地基处理为主的综合措施，防止地基湿陷对建筑物产生危害。

地基处理的目的是改善土的性质和结构，减少土的渗水性、压缩性，控制其湿陷性的发生，部分或全部消除它的湿陷性。在明确地基湿陷性黄土层的厚度、湿陷性类型、等级等后，应结合建筑物的工程性质、施工条件和材料来源等采取必要的措施，对地基进行处理，满足建筑物在安全、使用方面的要求。

1. 地基处理措施

建筑物根据其重要性、地基受水浸湿可能性的大小和在使用期间对不均匀沉降限制的严格程度，分为甲、乙、丙、丁四类。甲类建筑物应消除地基的全部湿陷量或采用桩基础穿透全部湿陷性黄土层，或将基础设置在非湿性黄土层上；乙、丙类建筑应消除地基的部分湿陷量；丁类建筑物地基可不做处理。

选择地基处理方法，应根据建筑物的类别和湿陷性黄土的特性，并考虑施工设备、施工进度、材料来源和当地环境等因素，经技术经济综合分析比较后确定。湿陷性黄土地基常用的处理方法，可按表 8-10 选择其中一种或多种相结合的最佳处理方法。

表 8-10 湿陷性黄土地基常用的处理方法

名称	适用范围	可处理的湿陷性黄土层厚度/m
垫层法	地下水位以上，局部或整片处理	1~3
强夯	地下水位以上，$S_r \leqslant 60\%$ 的湿陷性黄土，局部或整片处理	3~12
挤密	地下水位以上，$S_r \leqslant 65\%$ 的湿陷性黄土	5~15
预浸水	自重湿陷性黄土场地，地基湿陷等级为 Ⅲ 级或 Ⅳ 级，可消除地面下 6m 以下湿陷性黄土的全部湿陷性	6m 以上尚应采用垫层法或其他方法处理
其他方法	经试验研究或工程实践证明行之有效	

对于小范围湿陷性黄土或非自重湿陷性黄土，可用换填垫层、强夯、桩基等方法处理。下面简要介绍浸水预沉法和灰土挤密桩法。

1）浸水预沉法

浸水预沉法必须具备足够的水源，施工前宜通过现场试坑浸水试验确定浸水时间、耗水量和湿陷量等。预浸水处理地基应比工程正式开工提前半年以上开始进行。

当需浸水土层深度不超过 6m 时，宜采用表层水畦泡水方式(水畦中明水深度可为 0.3~1.0m)；当需浸水土层深度大于 6m 时，宜采用表层水畦泡水和深层浸水孔相结合的方式。深层浸水孔间距可为 2m 左右，用洛阳铲打孔，孔径可为 80mm，孔深可为需浸水土层深度的 3/4，孔内应填入碎石或小卵石。

浸水可连续长时间浸泡，也可泡、排循环进行。如果采用泡、排循环法，以两个循环为宜。

浸水预沉法处理地基的施工应符合下列要求。

(1) 浸水坑底开挖高程应根据试验分析确定；浸水坑应大于基础四周各为 5m 以上，浸水坑的边长不得小于需处理的湿陷性黄土层的厚度。当浸水坑的面积较大时，可分段进行浸水。

(2) 浸水坑边缘至已有建筑物的距离不宜少于 50m，并应防止由于浸水影响附近建筑物和场地边坡的稳定性。

（3）浸水时间以全部自重湿陷性黄土层湿陷性变形稳定为准，其稳定标准为最后 5d 的日平均湿陷量应小于 1mm。

地基浸水结束，泵站基础施工前应进行勘探工作，重新评定地基的湿陷性。若尚不满足设计要求，应采用垫层法或夯实法补做浅层处理。

2）灰土挤密桩

挤密桩法适用于处理地下水位以上的湿陷性黄土地基，施工时，先按设计方案在基础平面位置布置桩孔并成孔，然后将备好的素土（粉质黏土或粉土）或灰土在最优含水率下分层填入桩孔内，并分层夯（捣）实至设计标高。通过成孔或桩体夯实过程中的横向挤压作用，使桩间土得以挤密，从而形成复合地基。值得注意的是，不得用粗颗粒的砂、石或其他透水性材料填入桩孔内。

灰土挤密桩和土桩地基一般适用于地下水位以上含水率为 14%～22% 的湿陷性黄土和人工黄土和人工填土，处理深度可达 5～15m。灰土挤密桩是利用锤击打入或振动沉管的方法在土中形成桩孔，然后在桩孔中分层填入素土或灰土等填充料，在成孔和夯实填料的过程中，原来处于桩孔部位的土全部被挤入周围土体，通过这一挤密过程，从而彻底改变土层的湿陷性并提高其承载力。其主要作用机理分两部分。

（1）机械打桩成孔横向加密土层，改善土体物理力学性能。在土中挤压成孔时，桩孔内原有土被强制侧向挤出，使桩周一定范围内土层受到挤压、扰动和重塑，使桩周土孔隙比减小，土中气体溢出，从而增加土体密实程度，降低土的压缩性，提高土体承载能力。土体挤密是从桩孔边向四周减弱，孔壁边土干密度可接近或超过最大干密度，也就是说压实系数可以接近或超过 1.0，其挤密影响半径通常为（1.5～2）d（d 为挤密桩直径），渐次向外，干密度逐渐减小，直至土的天然干密度。试验证明，沉管对土体挤密效果可以相互叠加，桩距愈小，挤密效果愈显著。

（2）灰土桩与桩间挤密土合成复合地基。上部荷载通过它传递时，由于它们能互相适应变形，因此能有效而均匀地扩散应力，地基应力扩散得很快，在加固深度以下附加应力已大为衰减，无需坚实的下卧层。

一般来说，挤密桩可以按等边三角形布置，这样可以达到均匀的挤密效果。每根桩都对其周围一定范围内的土体有一定的挤密作用，即使桩与桩之间有一小部分尚未被挤密的土体，因为其周围有着稳定的、不会发生湿陷的边界，这一部分也不会发生湿陷变形。桩与其周围被挤密后的土体共同形成了复合地基，一起承受上部荷载。可以说，在挤密桩长度范围内土体的湿陷性已完全被消除，处理后的地基与上部结构浑然一体，即使桩底以下土后的土体有沉降变形，也是微小和均匀的，不致对上部结构形成威胁。桩间距的大小直接影响到挤密效果的好坏，也与工程建设的经济性密切相关。

桩孔应尽快回填夯实，并应符合下列施工要求。

（1）回填灰土混合料中的石灰应使用生石灰消解（闷透）3～4d 以后，过筛粒径不大于 5mm 的熟石灰粉，石灰质量不应低于Ⅲ级，活性 CaO＋MgO 含量（按干重计）不应小于 50%。灰土混合料中的土料，应尽量选用就地挖取的纯黄土或一般黏性土，土料应过筛，粒径不应大于 20mm，不得含有冻土块和有机质含量大于 8% 的表层土等。

（2）回填灰土的配合比应符合设计要求，宜为 2∶8 或 3∶7（灰∶土）。灰土应拌和均匀，颜色一致，拌和后应及时入孔，不得隔日使用。

（3）可用偏心轮夹杆式夯实机或成孔设备夯填。夯实机械必须就位准确、保持平稳、夯锤对中校孔、能自由落入孔底。填料应按设计规定数量均匀填进，不得盲目乱填，严禁用送料车直接倒料入孔。

桩孔夯填高度宜超出基底设计标高 0.2～0.3m，其上可用其他土料轻夯至地面。

灰土挤密桩效果检验应包括以下内容。

（1）挤密效果：应通过现场试验性成孔后开剖取样，测试桩周围土的干密度和压实系数进行检验（挤密前后对比）。桩间土平均压实系数 D_r 不得小于 0.93。

（2）消除湿陷性效果：可通过试验测定桩间土和桩孔内夯实的灰土的湿陷系数 δ_s 进行检验，当 $\delta_s < 0.015$ 时，则认为土的湿陷性已经消除。除上述方法外也可通过现场浸水载荷试验进行检验。

3）垫层法

垫层法是先将基础下的湿陷性黄土一部分或全部挖除，然后用素土或灰土分层夯实做成垫层，以便消除地基的部分或全部湿陷量，并可减小地基的压缩变形，提高地基承载力，可将其分为局部垫层和整片垫层。当仅要求消除基底下 1～3m 湿陷性黄土的湿陷量时，宜采用局部或整片土垫层进行处理；当同时要求提高垫层土的承载力或增强水稳性时，宜采用局部或整片灰土垫层进行处理。

垫层的设计主要包括垫层的厚度、宽度、夯实后的压实系数和承载力设计值的确定等方面。垫层设计的原则是既要满足建筑物对地基变形及稳定的要求，又要符合经济合理的要求。同时，还要考虑以下几方面的问题。

（1）局部土垫层的处理宽度超出基础底边的宽度较小，地基处理后，地面水及管道漏水仍可能从垫层侧向渗入下部未处理的湿陷性土层而引起湿陷，因此，设置局部垫层不考虑其所起的防水、隔水作用。对于地基受水浸湿可能性大及有防渗要求的建筑物，不得采用局部土垫层处理地基。

（2）整片垫层的平面处理范围。每边超出建筑物外墙基础外缘的宽度，不应小于垫层的厚度，即并不应小于 2m。

（3）在地下水位不可能上升的自重湿陷性黄土场地，当未消除地基的全部湿陷量时，对于地基受水浸湿可能性大或有严格防水要求的建筑物，采用整片土垫层处理地基较为适宜。但对于地下水位有可能上升的自重湿陷性黄土场地，应考虑水位上升后，对下部未处理的湿陷性土层引起湿陷的可能性。

4）重锤表层夯实及强夯

重锤表层夯实适用于处理饱和度不大于 60% 的湿陷性黄土地基。一般采用 2.5～3.0t 的重锤，落距为 4.0～4.5m，可消除基底以下 1.2～1.8m 黄土层的湿陷性。在夯实层的范围内，土的物理力学性质获得显著改善，如平均干密度明显增大，压缩性降低，湿陷性消除，透水性减弱，承载力提高。非自重湿陷性黄土地基的湿陷起始压力较大，当用重锤处理部分湿陷性黄土层后，可减少甚至消除黄土地基的湿陷变形。因此，在非自重湿陷性黄土场地采用重锤夯实的优越性较明显。

强夯法加固地基机理是，将一定质量的重锤以一定落距给予地基以冲击和振动，从而达到增大压实度，改善土的振动液化条件，消除湿陷性黄土的湿陷性等目的。强夯加固过程是瞬时对地基土体施加一个巨大的冲击能量，使土体发生一系列的物理变化，如土体结构的破坏或排水固结、压密以及触变恢复等过程。其作用结果是使一定范围内的地基强度提高、孔隙挤密。

单点强夯是通过反复巨大的冲击能及伴随产生的压缩波、剪切波和瑞利波等对地基发挥综合作用，使土体受到瞬间加荷，加荷的拉压交替作用，使土颗粒间的原有接触形式迅速改变，产生位移，完成土体压缩-加密的过程。加固后土体的内聚力虽受到破坏或扰动有所降低，但原始内聚力随土体密度增大而得以大幅度提高；夯锤底下形成夯实核，呈近似抛物线形，夯实核的最大厚度与夯锤半径相近，土体呈干层饼状，其干密度大于 $1.85g/cm^3$。

5) 桩基础

桩基础既不是天然地基，也不是人工地基，属于基础范畴，是将上部荷载传递给桩侧和桩底端以下的土(或岩)层，采用挖、钻孔等非挤土方法而成桩，在成孔过程中将土排出孔外，桩孔周围土的性质并无改善。但设置在湿陷性黄土场地上的桩基础，桩周土受水浸湿后，桩侧阻力大幅度减小，甚至消失，当桩周土产生自重湿陷时，桩侧的正摩阻力迅速转化为负摩阻力。因此，在湿陷性黄土场地上，不允许采用摩擦型桩，设计桩基础除桩身强度必须满足要求外，还应根据场地工程地质条件，采用穿透湿陷性黄土层的端承型桩(包括端承桩和摩擦端承桩)。对于其桩底端以下的受力层，若在非自重湿陷性黄土场地，必须是压缩性较低的非湿陷性土(岩)层；若在自重湿陷性黄土场地，必须是可靠的持力层。这样，当桩周的土受水浸湿，桩侧的正摩阻力一旦转化为负摩阻力时，便可由端承型桩的下部非湿陷性土(岩)层承受，并可满足设计要求，以保证建筑物的安全与正常使用。

6) 化学加固法

我国湿陷性黄土地区地基处理应用很多，取得实践经验的化学加固法包括硅化加固法和碱液加固法，其加固机理如下。

(1) 硅化加固法。硅化加固湿陷性黄土的物理化学过程一方面基于浓度不大的、黏滞度很小的硅酸钠溶液顺利地渗入黄土孔隙中，另一方面溶液与土的相互凝结，土起着凝结剂的作用。

(2) 碱液加固法。利用氢氧化钠溶液加固湿陷性黄土地基在我国始于 20 世纪 60 年代，其加固原则为，氢氧化钠溶液注入黄土后，首先与土中可溶性和交换性碱土金属阳离子发生置换反应，反应结果使土颗粒表面生成碱土金属氢氧化物。

2. 防水措施

防水措施是防止或减少建筑物地基受水浸湿而引起湿陷的重要措施，是消除黄土发生湿陷的外在条件。基本防水措施包括在建筑物布置、场地排水、屋面排水、地面防水、散水、排水沟、管道敷设、管道材料和接口等方面，采取措施防止雨水或生产、生活用水的渗漏。对于有要求严格防水措施的建筑物，应在检漏防水措施的基础上，提高防水地面、排水沟、检漏管沟和检漏井等设施的材料标准，如增设可靠的防水层、采用钢筋混凝土排水沟等。

3. 结构措施

在进行结构设计时，应增强建筑物对因湿陷引起不均匀沉降的抵抗能力，或使结构适应地基的变形而不致遭受严重破坏，能保持其整体稳定性和正常使用。主要的结构措施包括选择适宜的上部结构和基础形式、加强建筑物的刚度、预留适应沉降的净空等方面。

8.2.7　湿陷性黄土地基注浆加固实例

1. 工程概况

某住宅楼建于 1992 年，高 17.00m，6 层，东西长 66.8m，南北宽 12.80m，5 个单元，砖混结构，毛石基础，基础埋深 -2.80m。在使用期间，发现房屋部分墙体出现裂缝，随后裂缝继续发展。经现场勘测，原因确定为地下水管开裂发生漏水，地基受水浸泡发生不均匀沉降，导致局部墙体开裂。

2. 地质概况

① 层杂填土，杂色-黄褐色，主要由粉土组成，含碎砖及煤渣，松散，层厚 1.4～1.8m；

② 层新近沉积黄土状粉质黏土，褐黄色，可塑-软塑，土质不均，具有垂直节理和大孔隙，含姜石，层厚 1.8～5.3m；

③ 层新近沉积黄土状粉土，黄褐色，土质不均，湿，稍密，含姜石，强度低，韧性低，层厚 1.60～2.70m；

④ 层粉质黏土，褐红-赤褐色，土质均匀，含姜石及铁锰结核，可塑，层厚 6.7～9.8m。以下为⑤层残积土和⑥层全风化岩。基础主要坐于第②层土上，局部坐落于第③层土上，在水平方向上，持力层及下卧层局部接近 10％，为不均匀地基。

3. 地基加固方案

为提高湿陷地基的力学强度和抗变形能力，根据地质勘察资料和地基沉陷情况，确定采用注浆法加固地基。

(1) 注浆技术参数：本次注浆以 P·S 32.5 级水泥为固化剂，浆液配比结合水泥进行现场试配，水灰比确定为 0.6～0.7；为提高浆液的结石率，掺入 2％的水玻璃；为改善浆液的流动性，掺入 2％的泵送剂，UEA 膨胀剂掺入量为水泥用量的 10％。经计算，注浆压力控制在 0.3～1.5MPa，注浆深度为 6.00m。

(2) 注浆加固主要材料：P·S 32.5 级水泥、水玻璃、UEA 膨胀剂、泵送剂。

(3) 注浆顺序：先外围后室内，间歇对称注浆。

(4) 沉降观测：注浆前设置沉降观测点 12 个，注浆过程中控制注浆速度并随时进行观测，注浆期间每日进行沉降观测 1 次，注浆完成后每 2 日观测 1 次，一旦出现沉降过大或出现不均匀沉降，应立即停止注浆并进行相应处理。

(5) 施工控制。

① 注浆速率大时，应减少注浆压力或间隙灌注。

② 压力小且注浆速率大时，减小水灰比，加大水玻璃掺量。

③ 施工时，注意观察地面、地面管道周围及地下井口的变化情况，对于钻孔冒浆、串浆者，需经处理后再注，发现地面起鼓或开裂以及管道周围、地下井口冒浆时停注。

4. 施工工艺

工艺流程：布孔 → 钻孔 → 埋设注浆管 → 封孔 → 浆液试配 → 注浆 → 封管。

(1) 布孔：定位放线，注浆布孔并编号。根据结构实体尺寸，可适当调整孔位，以避开障碍物。

(2) 钻孔：室内应先将硬化地面用水钻钻透。钻孔直径为 45~60mm，深度为 8~8.5m，成孔后，对成孔深度进行核验。

(3) 埋设注浆管：在注浆管底部 2m 范围内打花眼，以便浆液向四周扩散。注浆管下端宜脱开孔底 0.3~0.6m，避免注浆管端头被泥土堵塞。

(4) 封孔：钻孔封口深度为 2~2.5m，安装时在上部封口处用 70~100mm 宽的编织袋封圈，封圈不到位时可用钢筋捅入预定位置，注浆管露出地面 150mm 左右，然后在钻孔内倒入拌好的水泥水玻璃浆封口，养护 48h 后即可灌注。

(5) 浆液试配：每罐加入 200kg 水泥，按比例掺入外加剂，搅拌时间为 1.5~2.5min。浆液搅拌均匀后，通过滤网进入储浆池，用筛子捞出浆液内杂物。

(6) 注浆：将吸浆管放入储浆池，检查各管路连接好后，启动注浆泵，缓缓加压，增大进浆量，注意压力变化。在注浆过程中，应设立专人不断搅动储浆池中的浆液，密切注意压力表、吸浆量及孔口周围情况的变化，一旦出现堵管现象，应立即停止注浆，清洗疏通注浆管后再注。

(7) 封管：注浆结束后，拆开孔中管与地面移动注浆管接口，并迅速用木塞将管口堵塞，减少回浆量。拆开导浆管时，小心注浆管内浆液带压喷出，以防射到人的面部。

5. 质量检验

本工程注浆除完成原方案 226 个孔外，为进一步提高注浆效果，特在该楼外围新增注浆孔 38 个，注浆孔总数达到 264 个，总注浆量为 209.3t，平均注浆量为 0.793t/孔。根据沉降观测记录，施工期间该楼沉降观测点最大沉降量为 4.59mm，未出现地基沉降过大和不均匀沉降现象。

为检验地基加固效果和地基注浆后的承载力情况，该注浆地基采用标准贯入试验进行检测，从 -2.5m 开始，每隔 1.0m 做一次标贯。

根据标贯击数统计结果，按照《河北省建筑地基承载力技术规程(试行)》[DB13(J)/T 48—2005] 规定，确定注浆后地基承载力为 200kPa。可见，加固后的地基承载力明显提高。

8.3 红黏土地基处理

8.3.1 红黏土的形成和分布

红黏土是碳酸盐岩系岩石经过第四纪以来的红土化作用，形成并覆盖于基岩上，呈褐红、棕红、紫红、黄褐色的高塑性黏土。在炎热的气候条件下碳酸盐岩系出露区的岩石，经红土化作用形成的棕红或褐黄等色的高塑性黏土称为原生红黏土。其液限一般大于或等于 50%，上硬下软，具明显的收缩性，裂隙发育。原生红黏土经再搬运、沉积后仍保留红黏土基本特征。液限大于 45% 的黏土称为次生红黏土。

红黏土的矿物成分以高岭石、伊利石类为主，化学成分以二氧化硅、三氧化二铝、三氧化二铁为主。据粗略统计，红黏土多分布在山区或丘陵地带，在我国的分布面积大约为 $108 \times 10^4 km^2$，在我国西南、中南、华东、华南等地区均有不同程度的分布，以贵州、云南、广西壮族自治区分布最为广泛和典型，其次在安徽、川东、粤北、鄂西和湘西也有分布，一般分布在山坡、山麓、盆地或洼地中。

实践证明，红黏土在土木建筑工程中被认为是良好的地基，在水工建设中也被认为是良好的筑坝材料。但是由于红黏土特定的形成机理和工程性质，在实际工程中经常遇到诸如裂隙、土洞、石芽之类对工程有不利影响的问题，此类问题的一些处理措施将在 8.3.5 节详细介绍。

8.3.2 红黏土的分类

工程性质指标要求合理利用红黏土，有必要对其进行分类。评价红黏土的指标有多种，但往往一些指标具有相关性，如膨胀量与浸水膨胀量（CBR）的关系总体为，膨胀量越大，CBR 值越小。在这些相关指标中，只需列出占主要地位并与工程实际更为密切的指标。因而，红黏土可根据分类指标，进一步考虑 CBR、抗剪强度指标、压缩系数、压实性及粗粒料含量等而进行具体分类，如图 8.7 所示。

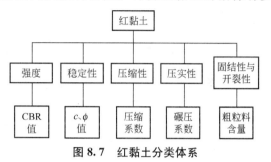

图 8.7 红黏土分类体系

1. 按结构分类

红黏土的结构根据裂隙发育特征常表现出明显的区别，因此可将结构作为分类的依据，详见表 8-11。

表 8-11 红黏土的结构分类

土的结构	裂隙发育特征	密度/(条/m)	S_t
致密状结构	偶见裂隙	<1	>1.2
巨块状结构	较多裂隙	$1 \sim 2$	$0.8 \sim 1.2$
碎块状结构	富裂隙	>5	<0.8

注：S_t 为红黏土的天然状态与保湿扰动状态土样的无侧限抗压强度之比。

2. 按成因分类

1）残积红黏土

残积红黏土是指由辉绿岩风化而成的红黏土。该种成因的红黏土多为残积成因，多分布在地势低平和缓坡低丘地带，主要特征是由地表向深处的基岩呈逐渐过渡的关系，几乎没有明显的分界线，层厚变化很大，很少受到地下水的影响，颗粒极细，渗透系数很小，液限 $\omega_L > 60\%$，但具有收缩和遇水崩解的特性。

2）残坡积红黏土

残坡积红黏土是指在碳酸盐地区形成的红黏土。这种类型的红黏土分布非常广泛，主要特征是厚度变化悬殊，呈暗红色或棕红色，颗粒极为细腻，刀切面特别光滑，上硬下软的特性非常明显。

3）次生红黏土

次生红黏土多分布于各种成因的残积红黏土附近地段，主要特征是内部掺杂碎石和其他黏土成分，基本没有上硬下软的现象，强度较高。

3. 按区域分类

红黏土在云贵高原及广西地区分布最广，西南其他地区以及华中地区次之，其余地区分布较少（图8.8）。这是由于云贵高原及广西地区是中国碳酸盐类岩石分布最广泛的地区，红黏土随母岩的分布而变化；中国南方湿热的气候条件利于红黏土的形成，所以红黏土在这些区域分布比较广泛。

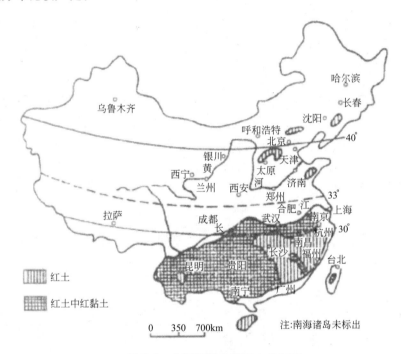

图8.8 中国红黏土及红土分布图

区域气候条件及地形地貌的差异使红黏土的基本属性随地域的不同有较大的变化，并有一定的规律性，可以按红黏土自身属性的变化划分成几大区域，以便更准确地把握和认识它的工程属性，有利于解决红黏土地区的环境问题及工程地质问题。

1）滇东高原区

该区红黏土的分区区域主要包括云南东部地区以及黔西高原的广大地区。红黏土的堆积面标高在1800～2200m之间，在分布上属于第一台阶。

该区红黏土以褐红色、棕红色为主，颜色以红色为基调。原生红黏土物质组成及土的结构表现为游离氧化物含量高，游离Fe_2O_3的含量为9.40%～12.50%，游离Al_2O_3的含量为4.93%～10.24%，Si、Al、Fe的游离氧化物总量为18.12%～29.20%；其中氧化铁的游离度为70.0%～72.2%，在全国各地的红黏土中处于首位。

由于游离氧化铁及其他游离氧化物总量含量高，对土的染色作用强，该区原生红黏土的颜色比其他区域深,以鲜红及暗红色为基调,同时由于游离氧化物对红黏土形成的胶凝性胶结作用,本区红黏土的"假粉性"土性特征较显著。

在野外红黏土的天然地质剖面上,该区红黏土上部硬塑土层中积聚的褐铁矿-褐锰矿二元结构层较常见。褐铁矿层质硬,多为褐红色,呈壳状(俗称"铁盘");其下为褐锰矿层,质较软,呈堆积状。褐铁矿及褐锰矿层常分布在距地表 $2\sim4m$ 范围内。

2)黔中高原区

该区红黏土的分布区域以黔中为中心向四面展开,包括黔中地区以及贵州镇宁黄果树瀑布以东、遵义以南,都匀以北的黔中高原地区。红黏土堆积面标高为 $900\sim1400m$,以黄色为基调,多呈黄色、黄褐色,部分剖面的上部为分布不厚的褐红色红黏土层,但色调比滇东高原区红黏土的颜色浅。该区原生红黏土土质细腻,黏性重,含水率高,游离氧化物含量较高,游离氧化铁含量为 $4\%\sim6\%$,游离氧化铝含量为 $4\%\sim7.5\%$,游离氧化物总量为 $11.5\%\sim18.5\%$,其中氧化铁的游离度为 $29\%\sim68\%$,各指标的数值均低于滇东高原区红黏土。此外,土中的氧化物矿物以含水的针铁矿为主,而有别于滇东高原区的红黏土以褐铁矿为主。氧化铁矿物的含水性使土主要以黄色为基调,此外黏土矿物的结晶程度较差,晶体较细小,野外地质剖面上也常见到由"铁盘"和氧化锰聚集带二元结构组成的氧化铁锰带。

3)湘-广丘陵平原区

该区红黏土的堆积标高为 $500m$ 左右,土呈黄色,土中常含有卵石和砾石,但黏土部分的土质细腻。游离氧化物的含量较低,其中游离氧化铁含量小于 4%,游离氧化铝含量小于 5%,游离氧化物总含量小于 13%。黏土矿物中的伊利石及混层矿物蛭石含量较高。该区红黏土具有较大的胀缩性,在分布高程上属于第三台阶。

8.3.3 红黏土的工程性质

红黏土是碳酸盐岩经红土化作用的产物,其矿物成分除含一定数量的石英外,主要为高岭石、多水高岭石、伊利石及三水铝矿和赤铁矿等。这些矿物具有稳定的结晶构架,并含有大量的铁铝氧化物,在酸性介质作用下,这些氧化物生成可抗水的氢氧化物胶体,对黏粒和胶粒产生胶结,使红黏土中大量的细胞颗粒结成较稳固的团粒结构,所以在自然条件下浸水时,可表现出较好的水稳定性。

红黏土中较高的黏土颗粒含量,使其具有较高的分散性和较大的孔隙比。红黏土经常处于饱和状态,它的天然含水率几乎和塑限相等,但液性指数较小,这说明红黏土以结合水为主。因此,红黏土含水率较高,但土体一般仍处于硬塑或坚硬状态。

红黏土作为一种地区性特殊土,除了具有自己的物理特征外,还具有明显的工程性质。

(1)红黏土在粒度及结构上具有高含水率、高饱和度、高分散性、高塑性与高孔隙比,在力学性质上具有高强度与低压缩性。

(2)红黏土除受地表水影响之外,在湿度状态分布上显示出上硬下软的特性。

(3)红黏土地基因下伏基岩溶蚀的沟槽发育,岩石起伏很大,土层厚度变化悬殊,地基沉降均匀性很差。

(4)红黏土土体中一般都发育有裂隙,呈网状分布,裂隙面上有铁质薄膜。随着土体

the失水和得水过程，裂隙可随季节而张开或闭合。裂隙的存在使土体由整体结构变为碎块状结构。

（5）红黏土具有以收缩为主的胀缩性，即天然状态下收缩量大大超过膨胀量。

（6）裂隙红黏土具有较强的透水性。

8.3.4 红黏土的岩土工程评价

一般情况下，红黏土的表层压缩性低、强度较高，属于较好的地基土，这时基础应尽量浅埋，充分利用表层较高的承载力。对于厚度变化较大的红黏土地基，主要采取基础沉降差的办法，此时可以利用压缩性低的材料进行置换或密度较小的填土来置换局部原有红黏土以达到沉降均匀的目的。

1. 地基承载力评价

根据《岩土工程手册》，目前确定红黏土的地基承载力的方法主要有四种：第一种是在现场鉴别土的湿度状态，当确定了土的状态后，地基承载力基本值可通过查表取值；第二种是根据红黏土的第一指标含水比和第二指标液塑比综合查表确定；第三种是根据 c、φ 值按承载力公式计算确定；第四种是由静载荷试验确定。

在实际工程应用中，较少采用第四种方法，第一种方法和第三种方法因各种人为的主客观因素影响，基本承载力离散性大，第二种方法得出的承载力分布相对较均匀，离散性较小，在实际应用中常通过静力触探试验、标准贯入试验与第二种方法对比，综合评价地基承载力。

静力触探的经验公式为

$$f_0 = 0.09P_s + 90 \tag{8-20}$$

式中，f_0 为红黏土的承载力，kPa；P_s 为标准贯入试验的比贯入阻力，kPa。

标准贯入试验则通过查表确定。软塑、可塑状态的红黏土的静力触探试验成果、标准贯入试验成果与室内试验成果可对照使用；但对于硬塑及坚硬红黏土，使用静力触探试验成果和标准贯入试验成果所求得的承载力明显偏高。

2. 地基均匀性评价

红黏土地基的不均匀性对建筑物的变形有很大的影响，在勘察时需要提出地基的均匀程度。红黏土地基不均匀性评价是几乎每一项工程都要进行的工作。根据《岩土工程手册》，红黏土地基的均匀性根据临界深度 z 范围内地基的组成可以分为两类。

（1）Ⅰ类：全部由红黏土组成。

（2）Ⅱ类：由红黏土与下伏岩石组成。

临界深度值 z(m)按式(8-21)和式(8-22)确定。

（1）单独基础：总荷载 P_1 取 $500 \sim 3000$kN。

$$z = 0.003P_1 + 1.5 \tag{8-21}$$

（2）条形基础：每米荷载 P_2 取 $100 \sim 250$kN。

$$z = 0.05P_2 - 4.5 \tag{8-22}$$

8.3.5 红黏土的处理方法

1. 裂隙的处理方法

裂隙的出现和存在将导致地基不均匀沉降、基础墙体开裂、边坡坍塌、地表水下漏影响施工等许多病害。为此可根据不同情况采取以下相应措施。

(1) 为防止建筑物开裂，在基础浇筑前，在基底铺设 200～300mm 厚的砂或碎石层，使土的收缩变形得以减缓和扩散，不致集中传给基础。

(2) 在建筑物外围做 1.5～2.1m 宽混凝土散水坡，坡度大于 3%，宽的散水坡将能起到稳定基底土含水率的作用，减少收缩变形。

(3) 适当增加基础埋深，以减少浅层大裂隙的影响。红黏土的裂隙发育深度为 4～6m，也有达 10m 以上的，此时宜采用桩基。

(4) 在基础上部设置圈梁，以增加建筑物的整体性，减少不均匀沉降。

(5) 施工现场做好排水防水措施。临时水池、洗料场、搅拌站、淋灰池等应设在距建筑物 8～12m 以外处，并根据必要情况在边坡处做好支挡防塌措施。

2. 土洞的处理方法

土洞的发育取决于两方面的条件：岩土本身的状况是土洞发育的潜在条件，地下水或地表水的作用是形成土洞的必要条件。土洞的出现迟早会造成失稳而坍塌，从而影响建筑物的正常使用和安全。针对不同情况，可采取以下措施。

(1) 对于一般性建筑物地基持力层中埋藏的土洞，可直接进行挖除、灌填或进行梁板支撑。

(2) 对于重要建筑物，除上述直接措施外，还应根据周围环境、水文地质条件，辅以间接的处理措施，综合治理。

(3) 对于荷载大的建筑，宜采用桩基直接穿过洞区深度。

(4) 在土洞发育区进行施工，建筑物室内地坪及周围都应进行有效的封闭，以防生产、生活废水及地下水在红黏土裂隙中渗流而促使土洞的形成。

(5) 在土洞发育区施工时，其外围距离为 500～1000m 内，不应抽取地下水，改变地下水位；不应修筑水流可能渗漏的水工建筑物，以免地下水运动或地表水冲蚀土体形成土洞。

3. 石芽的处理方法

在 Ⅱ 类红黏土地基施工中，基槽中往往遇到基底有石芽出露的现象，石芽与邻近红黏土之下的岩石标高有时相差 10m 以上，在出露地表的石芽间往往还有隐藏于红黏土中的芽峰不高的石芽。石芽的分布极不规则，是红黏土地基处理中的难点。处理方案应考虑到不使建筑物产生过大沉降差、倾斜、失稳以及经济方便等因素，可采用如下措施。

(1) 在建筑区内遇到孤立石芽时，可采用爆破手段除去石芽，换以炉渣、砂、黏土混合碎石的垫层，以调整差异沉降。

(2) 当大部分基础砌置于基岩上，可清除外露石芽，将基础做在岩石上，交接部位做成台阶状。

（3）因隐藏石芽的存在而使红黏土厚度分布不均匀时，可能将使上部结构产生不均匀沉降或严重倾斜，此时可在基础顶部设置圈梁，或直接采用桩（墩）基础。

4. 上干下湿、上硬下软的处理措施

（1）尽可能利用上部干硬土作为地基持力层。
（2）基础应砌置于干硬土的上部，基底下留有足够厚度的硬塑土。
（3）软硬不均较严重时，可用换土法调整，软黏土可用砂、碎石混合黏土取代。
（4）情况严重而建筑物比较重要时，采用桩基础。

5. 土质改良措施

1）掺砂砾

掺砂砾改良直接改变了高液限红黏土的物质组成，即增大了粗粒土含量，从而达到改善红黏土的物理力学性质的目的，随着掺量的增加，甚至可以直接将混合土改变为粗粒土。

2）掺石灰

掺石灰改良的机理主要是通过石灰中的 Ca^{2+}、Mg^{2+} 与黏土中的 K^+、Na^+ 离子发生阳离子交换，形成亲水性、分散性相对较弱的黏土团粒，加上石灰在黏土中较长期的碳酸化作用、凝胶作用、结晶作用等，从而改变黏土的化学物质组成及粒度组成，最终改变黏土的工程性质。因此，改良的关键主要在于石灰中的 Ca^{2+}、Mg^{2+} 的活性及阳离子交换的效果。

3）掺粉煤灰

粉煤灰中含大量的 SiO_2、Al_2O_3 及 CaO、MgO 等，也可与黏土发生阳离子交换作用、碳酸化作用、凝胶作用，从而也可用来改良高液限土。

4）掺二灰

掺二灰主要指掺生石灰、粉煤灰，按质量比 $1：4\sim1：5$ 混合。因此，掺二灰改良可发挥生石灰和粉煤灰的各自特点，提高混合土的早期强度和最终强度。

5）掺水泥

掺水泥改良土的机理主要是水泥矿物与土中水发生水化、水解反应，分解出 $Ca(OH)_2$ 及其他水化物，这些水化物自行硬化或与上颗粒相互作用形成水泥石骨架，从而提高粗粒成分，改善土的工程性质。

6. 红黏土边坡的处理方法

红黏土天然含水率较高，土体基本接近饱和状态，当人工开挖形成边坡，红黏土失去原有覆盖保护后，临空面附近土体表面含水率将不断减少，土颗粒外围水膜变薄，土体失水，产生土体收缩，土颗粒间拉应力增大，出现初始裂缝。初始裂缝的形成将给更深范围的水分向外转移提供通道条件。这种反复发生的过程将使得临空面土体裂缝进一步发育，即增多、增宽、增深，抗剪强度降低，导致土体向临空面方向塌落。一旦长时间降水导致土体裂隙饱和，土体裂隙静水压力和内部孔隙水压力剧增，红黏土边坡此时将发生更大范围的失稳坍塌下滑。

要防止这种松弛—饱水—下滑的变形破坏发生，最及时的措施是保湿，防止失水收缩，采取快速施工、快速封闭的措施，保持红黏土不发生失水。在红黏土发育区、路基及边坡施工，应尽量避免在雨季进行，否则必须及时采取有效的防护、排水措施。

7. 场地稳定性差的处理方法

场地的稳定性主要包括两方面内容：一为下伏基岩的岩溶发育情况，包括岩溶发育形式、基岩顶板埋深、充填物质等；二为上部覆盖红黏土风化壳中的土洞发育情况。

根据土洞的成因理论，红黏土土洞发育主要受土层的颗粒成分、黏聚力、水稳性以及地下水位变化的影响，也与场地的微地形、微地貌、下伏岩溶的发育状况有较紧密的关系。一般而言，发育土洞的红黏土地区均具有网络状裂隙面，与大气降水有较良好的通道，地形平坦，靠近盆地。

对于隐伏土洞和岩溶洞隙，一般均需要进行工程处理，其具体措施可概括为换填、跨越、灌注、排导，以及桩基础等。换填即挖除岩溶洞隙中的软弱充填物，换填碎石、灰土、素土或素混凝土等，以增加地基的完整性和强度，或凿去凸出的石芽，铺垫可压缩的垫层以调整地基的变形性；也可利用下伏较完整的岩石作为支承点，采用钢筋混凝土梁跨越，或刚性大的平板基础覆盖；还可使用钻孔进行灌砂、碎石混凝土处理以堵塞溶洞。

对于岩溶区的地下水，一般采用宜疏不宜堵的措施，采用排水管道、隧道等进行疏导，防止水流通道堵塞，造成场地淹没。

8.4 盐渍土地基处理

岩石在风化过程中分离出少量的易溶盐类(如氯盐、硫酸盐、碳酸盐)，易溶盐被水流带至江河、湖泊洼地或随水渗入地下溶入地下水中，当地下水沿土层的毛细管升高至地表或接近地表时，经蒸发作用水中盐分分离出来聚集于地表或地表下土层中，当土层中易溶盐的含量大于 0.5% 时，这种土称为盐渍土(图 8.9)。

图 8.9 盐渍土分布地貌特征

形成盐渍土需要具备以下条件。

(1) 地下水的矿化度较高，有充分的盐分来源。岩层含盐矿物的风化产物是盐渍土中盐分的主要来源，而且盐渍土中盐分的化学成分也与这些风化产物的成分有关。

（2）地下水位较高，地下水沿土层的毛细管能达到地表或接近地表，有被蒸发作用影响的可能。土中的水能通过土层蒸发而形成盐的深度称为临界深度。土中水的埋深大于临界深度时，则不致形成盐渍土。临界深度的大小取决于土中水沿毛细管上升的高度和蒸发强度。

（3）气候比较干燥，一般年降雨量小于蒸发量的地区，易形成盐渍土（图 8.10）。例如，我国西北地区降水稀少，蒸发量大，一般年降水量在 200mm 以下而蒸发量却高达 3000mm 以上，干燥度可高达 80 左右，相对湿度只有 40%。

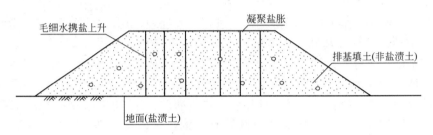

图 8.10　极端干旱与盐分的聚集

盐渍土具有溶陷性、盐胀性与腐蚀性。对于公路工程来说，盐渍土造成的主要病害如下。

（1）盐胀使路基路面鼓胀开裂，路肩及边坡松散剥蚀。例如，沙雅-阿拉尔公路建设工程的项目所在地的当地通村公路由于其造价低，所用路基填料均为超标盐渍土，且施工用水含盐量超标，故公路完工后均出现不同程度的路面开裂及波浪式鼓包。

（2）受水浸时，路基强度与稳定性急剧降低，发生溶陷变形。

（3）加剧路基的冻胀与翻浆。

（4）对水泥、沥青、钢材等材料有侵蚀作用。

由于盐渍土的形成受上述条件的限制，因此其分布一般易在地势较低和地下水位较高的地段，如内陆洼地、盐湖和河流两岸的漫滩、低级阶地、牛轭湖及三角洲洼地、山间洼地等地段。

我国西北地区的青海、新疆、宁夏等省份由于气候干燥，内陆湖泊较多，在盆地到高山区段，往往形成盐渍土；在滨海地区，由于海水侵袭也常形成盐渍土；在平原地带，由于河床淤积或灌溉等原因也常使土壤盐渍化形成盐渍土。

盐渍土的厚度一般不大，平原及滨海地区的盐渍土一般分布在地表下 2.0~4.0m，其厚度与地下水埋深、沿毛细管上升高度以及蒸发作用影响深度（蒸发强度）有关，内陆盆地的盐渍土厚度有的可达几十米，如柴达木盆地中的盐渍土厚度可达 30m 以上。

8.4.1　盐渍土的分类

1. 按分布的区划分类

1）滨海盐渍土

滨海一带受海水侵袭后，经蒸发作用，水中盐分聚集于地表或地表下不深的土层中，形成滨海盐渍土。其主要分布在长江以北，江苏、山东、河北、天津等滨海平原，长江以南也有零星分布。

2）内陆盐渍土

内陆盐渍土是由于易溶盐类随水流从高处带到洼地，经蒸发作用盐分凝聚而形成的。一般因洼地周围地形坡降较大，堆积物颗粒较粗多为碎石土，因此土层盐渍化现象在洼地中心较为严重。其主要分布在盆地，我国新疆的塔里木盆地、准噶尔盆地、青海柴达木盆地、宁夏银川平原等都有这类盐渍土。

3）冲积平原盐渍土

冲积平原盐渍土主要由于河床淤积或兴修水利等，使地下水为局部升高，导致局部地区的盐渍化而形成。其主要分布在黄河、淮河、海河冲积平原，以及松辽平原、三江平原上。

2. 按含盐成分分类

盐渍土按含盐成分的分类及各种盐渍土的基本性质如表8-12所示。

表8-12 土中盐阴离子比值定性分析

盐类名称	基本性质
氯盐类 （NaCl、KCl、CaCl₂、MgCl₂）	（1）溶解度大 （2）有明显的吸湿性 （3）结晶时体积不发生变化 （4）能使冰点显著下降
硫酸盐类 （Na₂SO₄、MgSO₄）	（1）无吸湿性 （2）硫酸钠结晶时，体积增大（$Na_2SO_4 \cdot 10H_2O$，俗称芒硝），在32.4℃时芒硝放出水分形成无水芒硝，体积缩小 （3）硫酸镁结晶时，体积增大（$MgSO_4 \cdot 7H_2O$）脱水时，体积缩小 （4）硫酸钠在32.4℃以下时，溶解度随温度增加而增加，在32.4℃以上时，溶解度随温度下降
碳酸盐类 （Na₂CO₃、NaHCO₂）	（1）水溶液有很大的碱性反应 （2）对黏土胶体颗粒有很大的分散作用

3. 按盐渍土中所含盐量分类

当土中含盐量超过一定值时，就对土的工程性能产生一定的影响。当土中易溶盐含量小于0.5%时，盐分对土的物理力学性质不产生影响，只有大于0.5%时才产生影响，所以按含盐量分类是对含盐性质分类的补充。按土中所含盐量的多少，可将土分为弱盐渍土、中等盐渍土、强盐渍土和过盐渍土四类，如表8-13所示。

表8-13 细粒土按盐渍化程度分类

盐渍土名称	平均含盐量/%	
	$Cl^-/2SO_4^{2-} \geqslant 1$	$Cl^-/2SO_4^{2-} < 1$
弱盐渍土	0.5～1.0	0.5～1.0
中等盐渍土	1.0～5.0	1.0～2.0
强盐渍土	5.0～8.0	2.0～5.0
过盐渍土	>8.0	>5.0

注：含盐量以100g干土内的含盐总量计。

根据不同盐类的不同含量，可将盐渍土分为五类，如表 8-14 所示。

表 8-14　盐渍土按含盐性质分类

离子含量比值 盐渍土名称	Cl^-/SO_4^{2-}	$CO_3^{2-}+HCO_3^-/Cl^-+SO_4^{2-}$
氯盐渍土	>2	
亚氯盐渍土	2～1	
亚硫酸盐渍土	1～0.3	
硫酸盐渍土	<0.3	
碱性盐渍土		>0.3

4. 按土的盐胀性分类

按土的盐胀性的不同，盐渍土可分为四类，如表 8-15 所示。

表 8-15　盐渍土按土的盐胀性分类

盐渍土名称	非盐胀性土	弱盐胀性土	盐胀性土	强盐胀性土
盐胀率(η)/%	$\eta\leqslant1$	$1<\eta\leqslant3$	$3<\eta\leqslant6$	$\eta>6$
硫酸钠含量(Z)/%	$Z\leqslant0.5$	$0.5<Z\leqslant1.2$	$1.2<Z\leqslant3$	$Z>3$

注：1. 盐胀率(η)按《新疆盐渍土地区公路路基路面设计与施工技术规范》(XJTJ 01—2001)附录 A 的试验方法求得。
　　2. 硫酸钠含量(Z)以土基或地表 0～1m 深易溶盐分析计算而得，参见 XJTJ 01—2001 附录 B。

8.4.2　盐渍土的野外判别

一般地表有石膏、蓬松土、盐霜、盐壳、盐盖等。盐霜之下松软，浮土较厚多为硫酸盐渍土；地面较密实结硬壳者多为氯盐渍土或碳酸盐渍土。盐渍土生长有耐盐碱性指示植物。如盐角草生长于沼泽盐渍土地带(图 8.11)，地下水位接近地表，土层盐分较轻，硫酸盐多余氯化物，碳酸根含量较低。盐琐琐生长于潮湿的盐土(图 8.12)，地下水位为 1～2m。土层盐分较重；盐穗木生长于盐分重、地表结皮的地带；碱蓬生长于土层干燥硬结、盐分较轻，碱分较大的地带；芦苇生长于地下水位较浅的地带；胡杨生长于地下水位较深的弱盐渍土地带。

图 8.11　生长于盐渍土地带的盐角草

图 8.12　生长于盐渍土地带的盐琐琐

除了细粒盐渍土外，在我国西北内陆盆地山前冲积扇的砂砾层中，盐分以层状或窝状聚集在细粒土夹层的层面上，形状为几厘米至十几厘米厚的结晶盐层或含盐砂砾透镜体，盐晶呈纤维状晶族。对于这类粗粒盐渍土，研究成果和工程经验不多。

盐渍岩土地区的调查工作是根据盐渍岩土的具体条件拟定的。

(1) 硬石膏($CaSO_4$)经水化后形成石膏($CaSO_4 \cdot 2H_2O$)，在水化过程中体积膨胀，可导致建筑物破坏；另外在石膏、硬石膏分布地区，几乎都发育着岩溶化现象，在建筑物运营期间内，在石膏、硬石膏中出现岩溶化洞穴，而造成基础的不均匀沉陷。

(2) 芒硝的物态变化导致其体积的膨胀与收缩；当温度在32.4℃以下时，芒硝的溶解度随着温度的降低而降低。因此，温度变化，芒硝将发生严重的体积变化，造成建筑物基础和洞室围岩的破坏。

8.4.3 盐渍土的工程性质

1. 硫酸盐渍土的松胀性和膨胀性影响路基稳定

硫酸盐的溶解度随温度而变化，温度降低时，盐溶液达到过饱和状态，盐分即从溶液中结晶析出，体积增大；温度升高时结晶又溶解于溶液中，体积缩小。在含水率较小的土体中所含的固体硫酸盐在低温时吸水结晶，体积增大；温度升高时又脱水变成粉末状固体，体积缩小。从而出现使土体结构破坏、变松的现象，即硫酸盐渍土的松胀性。这一现象多发生在地表上层，往往引起路肩及边坡土体变松，影响路基稳定。

2. 碳酸盐对土体膨胀性的影响往往造成路基塌陷

碳酸盐渍土在潮湿情况下，薄膜水和钠离子所引起的交换作用对土体造成的影响较大，当盐渍土中含有大量的吸附性阳离子并遇水时，由于胶体颗粒和吸附性阴离子相互作用，在胶体颗粒和黏土颗粒周围形成结合水薄膜，减少了各颗粒间的黏着力，使其互相分离，引起土体膨胀。

3. 盐渍度对土的塑性影响造成路基失稳

常规土体的三相组成是由气相(空气)、液相(水)、固相(土颗粒)构成。盐渍土的三相组成由气相(空气)、液相(溶液)、固相(土与盐结晶的混合体)构成。盐渍土中所含盐的种类与含量影响着土体的塑性指标，因此盐渍土具有相对变化的、不稳定的液限、塑限、塑性指数及液性指数；同一类土，当含盐量增加时其液、塑限相应减小，塑性指数也有所降低，这种性质对路基的稳定性十分不利。因为遇水后，当含水率相同时，盐渍土比非盐渍土会较早地达到塑限或流塑状态，即较早地达到不太稳定的状态。

4. 盐渍土的夯实性和压缩性

盐渍土中氯盐的存在使土的细粒分散部分起脱水作用，使土的最佳含水率降低。同时氯盐有强烈的吸湿性和保湿性，可使土体长期保持在最佳含水率附近的状态，经过反复碾压，可以进一步得到压实，对于在干旱缺水地区施工很有利。需要注意的是，填土中不得有盐结晶。

5. 盐渍土的强度与水稳性

含有不同盐类的盐渍土具有不同的工程特性，在干旱缺水的情况下，可以用超氯盐渍土修路基。但路基土体中硫酸盐和碳酸盐的含量不能过大，否则会由于松胀作用和膨胀作用，破坏土的结构，降低其密度和强度。

6. 盐分的溶蚀和退盐作用对路基的影响

盐渍土路基受雨水冲刷，表层盐分将被溶解冲走，溶去易溶盐后路基变松，其他细颗粒也容易被冲走，在路基边坡和路肩上会出现许多细小冲沟。一部分表层盐分随着雨水下渗而下移，造成退相加作用，结果使土体由盐土变为碱土，增加土的膨胀性和不透水性，降低路基的稳定性。氯盐渍土易溶于水，含盐量多时，会产生湿陷、塌陷等路基病害。

7. 毛细水携盐上升对路基、路面的影响

盐渍土的盐分溶解度随温度升高而增大，甚至可以使固相盐变为液相盐。盐渍土地区的土中含水溶解盐，经蒸腾作用提升水分由地表挥发，盐分却存留下来，随时间推移越聚越多。当温度下降，空气相对湿度增加时，盐吸收水分尤其是 Na_2SO_4 吸收水分膨胀，从而导致路面结构破坏。除毛细水携盐上升外，还有一种水携盐上升（被称为气态水），但它携带盐上升的速度非常缓慢，最终盐聚集到路基上层，渗入并破坏路面，影响公路交通。

8.4.4　盐渍土的岩土工程评价

1. 与含水率有关的物理指标

盐渍土中含有大量的易溶盐。在自然条件下，部分易溶盐溶解在土中的水分里，当含盐量超过饱和浓度时，多余部分盐则以固体形态存在于土中，溶解在水分里的盐并不能协同土颗粒起骨架作用。而现在的含水率测定方法（烘干法）把土中含盐的"水溶液"当作纯水考虑，这就使土中的固相增加，液相减少，因此根据土的三相图求得的计算指标与实际有出入，如干密度偏大、饱和度偏小等。

在目前尚无新的测试方法的情况下，铁道部第一勘测设计院建议将氯盐渍土的实测含水率折算为"含液量"来考虑。含液量是指图中的水溶液与土和固体盐的质量比。可按式（8-23）计算。

$$\omega_B = \frac{(\omega - \omega_a)(100 + B)}{100 - (\omega - \omega_a)B} + \omega_a \tag{8-23}$$

式中，ω_B 为含液量，%；ω 为含水率，%；ω_a 为强结合水含量，%；B 为每 100g 水中溶解的盐重，%。

按式（8-23）计算时，关键在于如何确定 ω_a 和 B 值。强结合水目前还没有很好的测定方法，一般取最大吸湿水（土在 94% 的相对湿度下所能吸收的含水率）的 80%，或吸湿水（风干土稳定含水率）的 1.5 倍。B 值可按式（8-24）计算。

$$B = \frac{D_s}{\omega} \times 100\% \tag{8-24}$$

式中，D_s 为实测的易溶盐含量，%；ω 为含水率，%。

当 $B \geq 35.7\%$ 时，取 35.7%（35.7% 为 $0 \sim 200℃$ 时的氯化钠的溶解度值），小于 35.7% 时，可查相关测试表确定。

在求得含液量后，其他计算指标凡是用含水率的均可以含液量带入，如

$$\rho_d = \frac{\rho}{1+0.01\omega_B} \tag{8-25}$$

$$e = \frac{(1+0.01\omega_B)G_S\rho_\omega}{\rho} - 1 \tag{8-26}$$

$$S_r = \frac{\omega_B \cdot G_S}{e} \tag{8-27}$$

2. 氯盐渍土的可塑性

研究资料表明,液、塑限随含盐量的增加而降低,土的可溶盐含量为 6%～10%,进行洗盐(自来水和蒸馏水各洗三遍)及未洗盐的可塑性试验,发现未洗盐的土的液限含水率平均值比洗盐后的土小 2%～3%,塑限含水率小 1%～2%(表 8-16)。另外人工配置的含盐量的试验也表明,含盐量越大,土的可塑性越低。

表 8-16 不同含盐量的可塑性指标

土名	黏质粉土					
掺入盐量/%	0	2	4	6	8	10
液限/%	25.9	26.0	24.8	24.0	22.9	21.2
塑限/%	16.5	15.7	14.6	14.0	13.6	12.8
塑性指数/%	9.4	10.3	10.2	10.0	9.3	8.4

3. 硫酸盐渍土的膨胀性

硫酸盐渍土的膨胀性(又称盐胀)是硫酸盐渍土一项重要的工程性质。硫酸盐沉淀结晶时,体积增大;脱水时,体积缩小,致使原有土体结构被破坏而变得疏松。土中硫酸钠含量、温度变化、含水率及密度等是影响硫酸盐渍土的膨胀变形的主要因素。

1) 含水率

水是硫酸钠结晶膨胀的首要条件,无水或过饱和的硫酸钠在低温条件下转变为晶体硫酸钠时需要 10 个水分子,所需的水分约为自身质量的 1.3 倍。在硫酸盐渍土中,肉眼鉴定为较干的土时,往往实测的含水率却比较大,这主要是结晶水被烘干的缘故。所以用烘干法测定硫酸盐渍土的含水率存在一定问题,可用计算方法修正。若土中硫酸钠的含量为 4%～6%,那么它的结晶吸水量为 5.08%～7.62%。可以看出,在一定的含盐量条件下,只要能吸水分,就会使硫酸盐渍土产生松胀。为了使试验数据协调一致,可在实测的含水率中减去含盐量计算出的结晶吸水量,并以这一结果计算干密度、孔隙比、饱和度等指标。

2) 含盐量

土中硫酸钠含量的多少是决定硫酸盐渍土膨胀程度的主要因素,一般认为含盐量在 2% 以内时因膨胀带来的危害性较小。试验表明,土中硫酸盐含量小于 2% 时一般路基完好,高于这个含量时膨胀量迅速增加。

3) 温度

在土中含水率、含盐量等具备膨胀的条件下,温度是促使土体膨胀的决定因素,试验表明,一般在 +15℃ 左右开始有膨胀反应,至 -6℃ 附近时膨胀量达到最大值,在这个温度变化相应的范围内,膨胀反应速度最快,一般能完成膨胀量的 90% 以上,若温度继续下降,膨胀增量也不再明显增加。西北干旱地区昼夜温差大,硫酸盐的体积时而增大,时而缩小。尤其在冬季，由于温度下降幅度较大，土体膨胀破坏也特别厉害。

4. 碳酸盐对土的膨胀影响

碳酸盐中含有大量吸附性阳离子，遇水时便与胶体颗粒相互作用，在胶体颗粒和黏土颗粒周围形成结合水膜，减少了颗粒间的黏聚力，使其互相分离，引起土体膨胀。试验表明，当土中碳酸钠含量超过 0.5% 时，其膨胀量显著增大。

5. 氯盐渍土的吸湿性

氯盐渍土内含有较多的一价钠离子，一价钠离子的水解半径大，水化能力强，在其周围可形成较厚的水化薄膜，因此使盐渍土具有较强的吸湿性和饱水性。这种现象也叫"泛潮"。影响吸湿性的因素很多，如降雨、气压、风、温度、湿度等，但主要因素是空气中的相对湿度。据观测，一般泛潮时的相对湿度在 40% 以上。

氯盐渍土吸湿的深度只限于表层，如表 8-17 所示。

表 8-17　氯盐渍土吸湿影响深度表

土的名称	NaCl 含量/%	湿度	吸湿深度/mm
细砂	20	饱和	60
细砂	30	饱和	80
粉砂	20	饱和	80
粉土	30	饱和	100
粉质黏土	30	饱和	120

8.4.5　盐渍土的地基设计与防护措施

1. 盐渍土的地基设计

盐渍土地区的路基设计应根据路段地质勘察资料和公路等级，拟定合适的路基高度和防治盐渍化病害的方案，提出路基填料和基底处理措施，通过综合分析和技术经济比较，提出技术经济合理的路基设计方案。

（1）盐渍土地区路基边缘高出地面或地下水位或地表长期积水位的最小高度，应符合表 8-18 的规定。

表 8-18　盐渍土地区路基最小高度

土质类别	高出地面/m		高出地下水位或地表长期积水位/m	
	弱、中盐渍土	强、过盐渍土	弱、中盐渍土	强、过盐渍土
砾类土	0.4~0.6	0.6~1.0	1.0~1.2	1.1~1.3
砂类土	0.6~1.0	1.0~1.3	1.3~1.7	1.4~1.8
黏性土	1.0~1.3	1.3~1.6	1.8~2.3	2.0~2.5
粉性土	1.3~1.5	1.5~1.8	2.1~2.6	2.3~2.8

注：1. 二级公路用高限，三、四级可用低限；
　　2. 一级公路、高速公路应按高限的 1.2~1.5 倍设计。

（2）设隔断层的路堤或地下水位埋藏深度大于 3.0m 的地带，路基最小高度可参照表 8-18 高出地面高度取值。

（3）盐渍土填筑路堤的填料可用性应视不同公路等级、路堤填筑部位以及当地气候特征、水文地质条件确定，如表 8-19 所示。

表 8-19 盐渍土用做路基填料的可用性

土类及盐化程度	填土层位	高速公路、一级公路			二级公路			三、四级公路	
		0～80cm	80～150cm	>150cm	0～80cm	80～150cm	>150cm	0～80cm	>80cm
硫酸盐渍土及亚硫酸盐渍土									
粗粒土	弱盐渍土	不可用	可用	可用	不可用	可用	可用	可用	可用
	中盐渍土	不可用	不可用	可用	不可用	可用	可用	部分可用①	可用
	过盐渍土	不可用	不可用	不可用	不可用	不可用	部分可用①	不可用	不可用
	强盐渍土	不可用	不可用	不可用	不可用	不可用	不可用	不可用	不可用
细粒土	弱盐渍土	不可用	不可用	不可用	不可用	不可用	不可用	不可用	部分可用②
	中盐渍土	不可用	不可用	不可用	不可用	不可用	不可用	不可用	部分可用②
	过盐渍土	不可用	不可用	不可用	不可用	不可用	不可用	不可用	不可用
	强盐渍土	不可用	不可用	不可用	不可用	不可用	不可用	不可用	不可用
氯盐渍土及亚氯盐渍土									
粗粒土	弱盐渍土	不可用	可用	可用	可用	可用	可用	可用	可用
	中盐渍土	不可用	可用	可用	可用	可用	可用	可用	可用
	过盐渍土	不可用	不可用	不可用	不可用	部分可用③	可用	部分可用③	可用
	强盐渍土	不可用	不可用	不可用	不可用	不可用	部分可用③	不可用	部分可用③
细粒土	弱盐渍土	不可用	不可用	不可用	不可用	不可用	可用	不可用	可用
	中盐渍土	不可用	不可用	不可用	不可用	不可用	可用	不可用	可用
	过盐渍土	不可用	不可用	不可用	不可用	不可用	部分可用③	不可用	部分可用③
	强盐渍土	不可用	不可用	不可用	不可用	不可用	部分可用③	不可用	不可用

①表示粉土质砾（砂）、黏土质砾（砂）不可用；

②表示水文地质条件好时可用；

③表示强烈干旱地区经过论证可用。

（4）对于设隔断层的路基，隔断层以上的路基填料应按表 8-19 填土层位为 0～800mm 的规定控制；隔断层以下至地表面的路基填料应按表 8-19 填土层位为 1.5m 以下的规定控制；省道三、四级公路可按 0.8m 以上规定控制。

（5）盐渍土地区路堤基底应视地表不同情况分别进行处理。表层的植被、盐壳、腐殖质土必须严格清除后再压实；过湿地段应排除积水，挖除表层湿土后换填，换填厚度不应小于 30cm。在风积砂或河砂比较近便的路段，应尽量利用风积砂或河砂换填。软弱地基视软黏土层厚度做特殊处理设计。

（6）盐渍土地区路堤边坡坡度应根据填筑材料的土质和盐渍化程度，按照表 8－20 的规定确定。

表 8－20　盐渍土地区路堤边坡坡度

填料　盐渍化程度	土质类别			
	砾类土	砂类土	粉质土	黏质土
弱、中盐渍土	1∶1.5	1∶1.5	1∶1.5～1∶1.75	1∶1.5～1∶1.75
强盐渍土	1∶1.5	1∶1.5～1∶1.75	1∶1.75～1∶1.2	1∶1.75～1∶1.2

2. 盐渍土盐溶地基处理方法

盐渍土盐溶地基处理的目的主要在于改善土的物理力学性质，以消除或减少地基因浸水而引起的溶陷现象。盐渍土地基处理方法组要有以下几种。

1）浸水预溶法

浸水预溶法即对待地基处理土基预先浸水，在渗透过程中易溶盐溶解，并渗流到较深的土层中，易溶盐的溶解破坏了土颗粒之间的原有结构，在土自重压力下压密。

以砂、砾石和渗透性较好的非饱和黏性土为主的盐渍土的土体结构疏松，具有大孔隙结构特征，在浸水后，胶结土颗粒的盐类被溶解，土体中一些小于孔隙的土颗粒落入孔隙中，土层发生溶陷。以砂土为主的盐渍土在天然状态下，砂颗粒直径多数大于 $100\mu m$，而这些砂颗粒中很多是由很小的颗粒经盐胶结而成的集粒，遇水后盐类被溶解，导致由盐胶结而成的集料还原成细小土粒，填充孔隙，因而土体产生溶陷。一些文献指出，浸水预溶可消除溶陷量的 $70\%\sim80\%$，通过浸水预溶可改善地基溶陷等级，具有效果较好、施工方便、成本低等优点。

浸水预溶法一般适用于厚度较大，渗透性较好的砂砾石土、粉土和黏性盐渍土。对于渗透性较差的黏性土不宜采用浸水预溶法。浸水预溶法用水量大，场地要有充足的水源。

2）强夯法

对于含结晶盐不多、非饱和低塑性盐渍土，采用强夯法的处理可有效改良地基土的土体结构，减少孔隙率，从而达到减少溶陷沉降量的目的。

3）浸水预溶＋强夯法

该方法一般用于含结晶盐较多的砂石类土中。由于浸水预溶后地基土中含水率增大，压缩性增高，承载力降低。可通过强夯处理改善土体结构，提高地基土强度，也可进一步增大地基土密实度，降低浸水溶陷性。

4）换土垫层法

对于溶陷性较高但不很厚的盐渍土，采用换土垫层法消除其溶陷性是较为可靠的，即把基础下一定深度范围内的盐渍土挖除，如果盐渍土层较薄，可全部挖除，然后回填不含盐渍土的砂石、灰土等，分层压实。垫层的类型以砂石垫层为主。

如果全部清除盐渍土层较困难，也可以部分清除，将主要影响范围内的溶陷性盐渍土层挖除，铺设灰土垫层。由于灰土垫层具有良好的隔水性能，对垫层下残留的盐渍土层形成一定厚度的隔水层，起到防水作用。

5）降低地下水位

采用集水槽、井点降水、排水沟等方法降低地下水位，并配合其他处理措施，如强夯，可较好地处理盐渍土问题。

6）碎石桩法

以碎石、卵石为集料，用机械将其振密形成复合地基。碎石、卵石可起到排水作用，并起到破坏毛细水通道的作用，可较好地处理盐渍土问题。

3. 盐渍土路基的防护措施

1）基底处理

盐渍土地区路堤基底和护坡道的表层土大于填料的容许含盐量时，宜予铲除。但对于年平均降水量小于60mm、干燥度大于50、相对湿度小于40%的地区，表层土不受氯盐含量限制，可不铲除。当地表有溶蚀、溶沟、溶塘时，应用填料填补，并洒饱和盐水，分层夯实。采用垫层、重锤击实及强夯法处理浅部地层，可消除地基土的湿陷量，提高其密实度及承载力，降低透水性，阻挡水流下渗；同时破坏土的原有毛细结构，阻隔土中盐分上升。对于溶陷性高、土层厚及荷载很大或重要建筑物上部地层软弱的盐沼地，可采用桩基或复合地基，如根据具体情况采用桩基础、灰土墩、混凝土墩或砂石墩基，深入到盐渍土临界深度以下。

在盐渍土路段施工前，对原地面和基底应按下列规定办理：应复测其基底表土的含盐量和含水率及地下水位，根据测得结果按设计要求处理；清除地表盐壳和不符合设计要求的表土，一般盐渍土地表300mm以内含盐量最大，故清表不能小于300mm，同时对清表后路基碾压密实。

原基底土层厚度1m以内的含水率如超过液限时，必须全部换填渗水性的土，如含水率介于液塑限之间时，应铺100～300mm的渗水性土后再填符合规定的土；当清除软弱土体达到地下水位以下时，应换填渗水性强的粗粒土，并应高出地下水位300mm以上，再填符合规定的土，以加强路基水稳性，保证路床处于干燥或中湿状态，减少其受水分、盐分的影响。

2）加强地表排水和降低地下水位

在盐渍土地区修路，首先必须切断下层土中的盐源。加强地表排水和降低地下水位，可以防止雨水浸泡路基，避免地下水上升引起路基土次生盐渍化和冻害。当盐湖地表下有饱和盐水时，应采用设有取土坑及护坡道的路基横断面。可以结合取土，在路基上游扩大取土坑平面面积，使之起到蒸发池的作用，蒸发路基附近的地表水。也可在路基上游做长大排水沟，以拦截地表水，降低地下水位，迅速疏干土中的水。设置砂砾隔断层，可最大限度提高路基，加厚砂砾垫层，排挡地表水侵入路基等，视情况采用单独或综合处理措施来减小道路病害。

3）填土高度

如要减小路堤受冻害和次生盐渍化的影响，应使路堤高度大于最小填土高度，最小填土高度应由地下水最高位、毛细水上升高度、临界冻结深度决定。干涸盐湖地段的高速公路、一级公路应分期修建，其他等级公路可采用低路堤的路基横断面形式，可利用岩盐作为填料，路堤高度不宜小于0.3m，路堤边坡坡度可采用1：1.5。

4）控制填料含盐量和夯实密度

换填含盐类型单一和低盐量的土层作为地基持力层，以非盐类的粗颗粒土层（碎石类土或砂土)作为垫层可以有效地隔断毛细水的上升。当土的含盐量满足规范中规定的填料要求时，可以避免发生膨胀和松胀等现象，并应尽量提高填土的夯实密度，一般应达到最佳密度的 90% 以上。

5）设置毛细小隔断层

为了阻止毛细水上升携盐积聚，可设置封闭型隔断层。当采用提高路基高度或降低地下水等措施有困难或不经济时，用渗水土填筑路堤适当部位，构成毛细水隔断层，其位置以设在路堤底部较好，厚度视所选用渗水土的颗粒大小而定，即相当于毛细水在该渗水土中的上升高度和安全高度。在路基顶面下，80mm 以下铺设不透气、不渗漏的封闭型隔断层，既可以阻断毛细水携盐上升，也可以阻断气态水携盐上升。

隔断层类型有砾碎石隔断层、风积沙或河沙隔断层和土工合成材料隔断层。

常用的土工合成材料有复合土工膜或土工布（图 8.13），复合土工膜是由聚合物膜与土工织物加热压合或是用胶黏剂黏合而成，有一布一膜、二布一膜、三布二膜等形式。土工膜可以完全隔断水分；土工织物可以保护土工膜，防止土工膜被接触的砾石、碎石刺破，防止铺设时被人为或机械损坏，也可以防止运输时损坏。即使土工膜发生小的破损，由于土工织物的阻水能力，仍能限制渗漏。土工织物也可起到一定的排水层作用，可以排出膜上下的渗透水或孔隙水，防止膜被水和空气抬起从而失去稳定性，并可提高与土、砂砾等接触面的摩擦系数。复合土工膜另一个突出的优点是能够承受一定的拉力和伸长变形，可以扩散土体的应力，限制土体的侧向位移，对路基有一定的加固和稳定作用。在盐渍土地区二级以上公路上，优先推荐使用二布一膜；在一般情况下，可以不设上下保护层。不过，为了避免膜上膜下积聚水分，横向排水非常重要。

(a)　　　　　　　　　　　　　　　(b)

图 8.13　复合土工膜施工

在土工膜上填筑粗粒土的路段，应设保护层。保护层摊平后先碾压 2～3 遍，再铺一层粗粒土与上保护层一起碾压，两者厚度之和不应超过 400mm。

8.5　混合土地基处理

在自然界中，常常存在一种粗细粒混杂的土，其中细粒含量较多，这种土如果按颗粒组成成分常可视为砂类土，甚至碎石类土；而其可通过 0.5mm 筛后的数量较多且可进行可塑性试验，按其塑性指数又可视为粉土或黏性土。这类土在分类中没有明确的位置。为了正确评价这一类土的工程性质，更好地利用这类土为工程服务，称之为混合土。

混合土主要由级配不连续的黏粒、粉粒和碎石粒(砾粒)组成。混合土的成因一般有冲积、洪积、坡积、冰碛、崩塌堆积、残积等。前几种形成混合土的重要条件是有提供粗大颗粒(如碎石、卵石)的条件；残积混合土的形成条件是在原岩中含有不易风化的粗颗粒，如花岗岩中的石英颗粒。

8.5.1 混合土的勘察

1. 室内试验

由细粒土和粗粒土混杂且缺乏中间粒径的土应定名为混合土。

当碎石土中粒径小于 0.075mm 的细粒土质量超过总质量的 25% 时，应定名为粗粒混合土；当粉土或黏性土中粒径大于 2mm 的粗粒土质量超过总质量的 25% 时，应定名为细粒混合土。

《岩土工程勘察规范》(GB 50021—2001)第 6.4.1 条规定，混合土是指由细粒土和粗粒土混杂且缺乏中间粒径的土，主要成因有坡积、洪积、冰积，常在山区或丘陵地带浅部及平原地带深部出现。混合土在颗粒分布曲线上反映为不连续状，当碎石土中粒径小于 0.075mm 的细粒土质量超过总质量的 25% 时，则对碎石土的工程性质有明显的影响，特别是含水率较大时，此时的混合土为粗粒混合土；当粉土或黏性土中粒径大于 2mm 的粗粒土质量超过总质量 25% 时，粗粒土才能对粉土及黏性土的工程性质有明显的改善作用，此时的混合土为细粒混合土。

天然含水率的测定是用包括粗、细粒土求得的，对于粗粒少的土是合理的，而对于含粗粒较多的混合土则需进行调整，因为在粗、细粒混杂的土中，由于细粒土的比表面积大，矿物成分多为亲水矿物，水分集中在细粒土上，而粗粒土只含少量附着水。所以用常规方法测出的天然含水率失真，计算出的液性指数都小于零，与实际情况不符，为求得合理的液性指数，需增加细粒土(粒径 $d < 0.5$mm)的天然含水率。

2. 混合土的现场勘察

1) 混合土勘察的主要内容

(1) 查明地形和地貌特征，混合土的成因、分布，下卧土层或基岩的埋藏条件。

(2) 查明混合土的组成、均匀性及其在水平方向和垂直方向上的变化规律。

(3) 勘探点的间距和勘探孔的深度除应满足《岩土工程勘察规范》(GB 50021—2001)第 4 章的要求外，尚应适当加密加深。

(4) 应有一定数量的探井，并应采取大体积土试样进行颗粒分析和物理力学性质测定。

(5) 对粗粒混合土宜采用动力触探试验，并应有一定数量的钻孔或探井检验。

(6) 现场载荷试验的承压板直径和现场直剪试验的剪切面直径都应大于试验土层最大粒径的 5 倍，载荷试验的承压板面积不应小于 0.5m²，直剪试验的剪切面面积不宜小于 0.25m²。

2）混合土勘察中存在的问题

（1）钻探方法的相对单一。工程地质勘察的前提是要取出岩芯并保证岩芯采取率达到规范要求，以便技术人员根据岩芯进行编录，对细粒混合土及粒径较小（圆砾、角砾）的粗粒混合土采用冲击或锤击钻进方法基本可以保证岩芯采取率，但对粗粒粒径较大（如卵石、碎石、块石及漂石）的粗粒混合土地层目前一般采用冲洗液循环、回转法进行钻探施工，但该方法难以满足岩芯采取率的要求，一方面碎石土中的细颗粒物质易被冲洗液带出孔外，另一方面碎石土中的大颗粒由于取芯困难也经常在孔内被多次重复磨损消耗，故整体岩芯采取率偏低，很难做到正常目测岩芯编录的要求，采用岩芯采取率较高的冲击或锤击钻进方法由于粗粒破碎困难也受到限制。

根据《岩土工程勘察规范》（GB 50021—2001）规定，粒径大于 2mm 的颗粒质量超过总质量 50% 的土为碎石土。从定义看，碎石土与混合土有相交关系，当颗粒级配不连续、缺乏中间粒径时可定义为碎石土或混合土，而当颗粒级配连续、不缺乏中间粒径时是只能定义为碎石土。

混合土的定名常为含漂石（或块石、碎石、卵石、碎石、圆砾、角砾）黏土（或粉质黏土、粉土），或者含黏土（或粉质黏土、粉土）漂石（或块石、碎石、卵石、碎石、圆砾、角砾），而碎石土根据颗粒形状及颗粒级配可进一步分为漂石、块石、卵石、碎石、圆砾、角砾六种。

为了准确地给混合土定名，必须对岩芯的组成、结构进行详细描述，由于前述钻探方法岩芯采取率过低，有时取样几米只能带出几块磨损严重的粗颗粒，仅凭岩芯很难准确判定所勘探地层属于粗粒混合土，还是细粒混合土，或是碎石土，更不能准确确定混合土中的夹层。

（2）测试方法的相对缺乏。由于在混合土（尤其是粗颗粒混合土）钻探时一般无法采取原状土样，即使通过其他手段采取到原状土样，在室内除进行颗粒分析试验，测定含水率、相对密度及容重等物理性质指标外，根本无法测定其力学性质数据。目前常用的测试方法是动力触探试验，该试验方法数据离散程度较大，勘察碎石土时由于对规范理解不透，没有按规范进行测试工作，数据数量无法满足判定碎石土的工程地质性质的要求。

3）混合土勘察的要点

（1）针对钻探手段单一，一方面需要勘探人员不断探索，摸索出适合碎石土钻探的方法；另一方面在目前的钻探手段基础上做好勘察工作，编录人员除按规范规定对钻探采取的岩芯进行详细地层描述外，还应特别重视钻探过程中地层缩颈、漏水、钻具跳动、钻进速度、钻进时间、泥浆携渣情况等各种信息的及时采取，通过这些信息可以间接判断碎石土工程地质性质，掌握碎石土中软弱夹层的分布。

根据钻进速度的突然加快，判定碎石土中可能有较软的夹层，这时应及时提钻进行取样或原位测试工作，而不能轻易放弃碎石土中的夹层的取样及测试机会。根据钻进的难易、钻杆的跳动情况及孔壁稳定情况判定碎石土的密实程度，当钻进较易，钻杆稍有跳动，孔壁易坍塌时，碎石土密实度属松散；当钻进较困难，钻杆、吊锤跳动不剧烈，孔壁有坍塌现象时，碎石土密实度属中密；当钻进困难，钻杆、吊锤跳动剧烈，孔壁较稳定时，碎石土密实度属密实。根据泥浆携渣情况可大致判定粗颗粒间的充填物是砂类土还是黏性土，避免把混合土误定为碎石土或者把碎石土误定为混合土。

同时，根据《岩土工程勘察规范》（GB 50021—2001）第 9.3.1 条的规定，当钻探方法难以准确查明地下情况时，可采用探井、探槽进行勘探，通过探井、探槽可直接观察碎石土的均匀性、密实程度、颗粒大小、磨圆程度及颗粒间细粒物质的充填情况，还可以对碎石土采取大体积试样，对碎石土容重、含水率、相对密度、级配情况进行物理性质室内试验，对局部夹层可直接采取原状土样进行物理力学性质测试，必要情况下可进行现场直接剪切试验。探井的数量可视工程情况而定，一般不应少于勘探点总数的三分之一。就目前现状而言，探井、探槽补充勘探工作离规范要求还相差很远。

（2）针对测试手段相对缺乏，一方面可灵活采用其他合适的测试方法如旁压试验方法进行横向对比；另一方面按规范严格做好现有动力触探测试工作。用动力触探连续贯入可较准确地了解混合土的密实程度和均匀程度，可有效判断混合土中的软弱透镜体，为地基设计提供较翔实的依据。按规范规定，重型及超重型动力触探需连续贯入，并定深旋转触探杆（以减小侧壁摩阻），但在施工时由于连续贯入比较缓慢且起杆困难或局部地段锤击不进而放弃连续贯入，使得对碎石土评价本来就缺乏相应手段的触探指标数据不够翔实，进而造成对碎石类土的评价困难。同时对触探指标进行成果分析时，应剔除临界深度以内的数值、超前和滞后影响范围内的异常数值。根据各孔分层贯入指标平均值，用厚度加权平均值计算场地分层贯入指标平均值和变异系数。根据圆锥动力触探试验指标和地区经验进行力学分层，评定土的均匀性和物理性质（状态、密实度）、土的强度、变形参数、地基承载力、单桩承载力，查明软弱透镜体土层界面。

（3）人为主观轻视因素。有时人为主观因素是混合土勘察质量差的主要原因，若从主观上重视了混合土的勘察工作，钻探手段单一及测试手段相对缺乏等最多只能导致勘察成本的增大，而不能直接导致勘察质量的低劣，要使岩土工作者从主观上重视包括混合土在内的勘察质量，就需要相关部门完善工程勘察良性竞争相关制度，实现勘察施工的有效监督。目前，我国各大中城市的工程勘察行业相继实行了勘察报告审核制度，对勘察单位资质管理工作也在不断加强，现在正在大力推行注册岩土工程师制度，通过这一系列制度措施的不断推进实施，势必对广大勘察相关人员的勘察质量水平提高有很大的促进作用。

8.5.2 混合土的评价

混合土的岩土工程评价应包括下列内容。

1. 混合土的物理力学性质的评价

对混合土的物理力学性质进行分析，应采用现场钻探取样、原位测试和室内土工试验相结合的方法。原位测试采用标准贯入试验和机械式十字板剪切试验，其中十字板剪切试验进行原状土、重塑土强度的测试，同时计算土的灵敏度；室内土工试验的原状土样使用薄壁取土器采取，试验项目主要为常规物理试验项目和力学试验项目。

针对混合土的天然密度测试过程中超径碎石土的处理，如果野外所采混合土样中粒径大于 60mm 的超径碎石含量小于 10％时，实行剔除法；含量为 10％～50％时，采用等量代替法。

2. 混合土的承载力评价

1) 原位测试方法

混合土的承载力应采用载荷试验、动力触探试验并结合当地经验确定，一般以载荷试验为准，并与其他动力触探、静力触探资料等建立关系，求得地基土的变形计算参数。

2) 理论计算法

当混合土中粗粒的粒径较小，细粒土分布也比较均匀时，可采用一般计算方法计算地基承载力、地基沉降及差异沉降。计算时要充分考虑土中细粒部分的作用，一般采用土中细粒的强度指标计算其承载力。

对于含有巨大漂石的混合土，实际上不可能用载荷试验来确定承载力。此时可采用相互接触刚体模型计算各单独块体的稳定性、沿接触点滑移的可能性以及接触点处压碎的可能性。计算时要充分考虑土中细粒的分布情况及其对参数的影响。

3. 混合土地基稳定性评价

混合土边坡的容许坡度值可根据现场调查和当地经验确定。对于重要工程，应进行专门试验研究；对于混合土层，应充分考虑到其下伏层的性质和面层坡度，核算地基的整体稳定性；对于含有巨粒的混合土，尤其是粒间充填不实或为软黏土充填时，要考虑这些巨石滚动或滑动对地基稳定性的影响。

8.5.3 混合土的处理措施

当基础持力层的埋深小于 15m 时，采用桩基础在经济上、技术上都是合理的。由于混合土复杂多变，甚至强度很低，不能作为桩基持力层，且其厚度变化较大，只能选择地基处理方案，即在基础下一定深度范围内，由人工加固出一个承载力和压缩模量都大大高于天然地基的复合地基，以此来承受和传递上部结构的荷载。在众多的地基处理方法中，砂石桩挤密法是一种较为廉价、处理效果比较好的处理方法。

砂石桩挤密法是指用振动沉管方式在软弱地基中成孔后，再将级配砂石挤压入土孔中，形成由碎石和砂构成的密实桩体。由于相对硬层的埋藏深度较大，所以加固深度应满足砂石桩复合地基变形不超过建筑物地基容许变形值的要求。砂石桩的桩径一般可采用 $\phi300\sim500mm$，按基础底面积 2.5 个/m^2 布桩。

由于砂石桩由散体土粒组成，其桩体承载力主要取决于桩间土的侧向约束力，对这类桩最可能的破坏形式为桩体的鼓胀破坏。目前计算砂石桩单桩承载力常用的方法是侧向极限应力法，即假设单根砂石柱的破坏是空间对称轴问题，桩周土体是被动破坏。单桩极限承载力可按式(8-28)估算。

$$[P_p]_{max}=20C_u \tag{8-28}$$

式中，$[P_p]_{max}$ 为砂石桩单桩极限承载力，kPa；C_u 为地基土的不排水抗剪强度，kPa。

根据成功的地基处理经验，砂石桩单桩承载力为 500～700kPa，处理后复合地基承载力 $f_k\geqslant160kPa$，处理效果比较理想。

8.6 污染土地基处理

随着我国国民经济飞速发展，制造业的规模不断扩大，环境污染不断加剧。与此同时，我国城市化水平在不断提高，使得以前在城市中建设的一些对环境有污染的企业重新搬迁，而部分搬迁企业的地基土已被污染。例如，某化工厂硫酸库主体工程为6个储酸罐，建成使用后因储酸罐地基长期受酸性物质的侵蚀，地基基础发生变形，并不断加剧，造成输酸管道泄漏，并影响到正常生产。在这期间对汇水槽地基进行了换土工程处理，但未从根本上解决储酸罐地基的变形问题。因此，探讨污染土的污染机制和勘察评价，因地制宜地采取整治措施，对稳定建设工程质量、保护环境具有重要意义。

污染土(Contaminated Soil)的研究涉及岩土工程、环境工程、土壤科学、化学与化工工程、生态学、卫生与防护以及测试技术等多学科领域，是介于这些学科边缘的交叉学科。

污染土是指由于外来致污物质侵入土体而改变了原生性状的土，通常是由于地基土受到生产及生活过程中产生的三废污染物(废气、废液、废渣)侵蚀，使土性发生化学变化。从污染源看，工业上主要是生产过程的原料泄露和在生产中产生的附带废弃物，如制造酸碱的工厂、造纸厂、冶炼厂等；农业上主要是化肥和农药；生活中主要是垃圾和废弃物。从污染成分上看，主要分为有机物和无机物，有机物包括落地原油、农药、垃圾淋滤液和河流疏浚污泥；无机物包括放射性物质、金属离子和酸、碱、盐等。

污染源是通过渗透作用侵入土中，引起土中不同矿物被污染腐蚀，导致土体结构发生改变，使土变成具有蜂窝状的结构，颗粒分散、表面粗糙，甚至出现局部空穴。土体状态变软，由硬塑或可塑变为软塑，甚至流塑。土的颜色也与污染前不同，呈黑色、灰色、棕色或杏红色等。建筑物本身也因为不均匀沉降而发生开裂。地下水多呈黑色或其他不正常的颜色，并伴有特殊气味。

8.6.1 污染土勘察

目前，国内有关污染土的性质研究都是针对具体的工程实例的，都是应用岩土工程勘察的常规方法，如钻探、物探、各种原位测试、室内土工试验等，还没有研制出专用于污染土的试验仪器和勘察设备。

勘察前首先应确定待勘察的场地类型，以便有针对性地布置工作。污染土一般划分为三类：可能受污染的拟建场地、已污染的拟建场地和已污染的已建场地。目前，已污染的已建场地所占比例比较大，上部建筑物已破坏的情况尤为突出。

在钻孔布置的时候要注意，钻孔深度除了要达到《岩土工程勘察规范》(GB 50021—2001)的要求以外，必须穿过受污染的土层。适当加密勘探孔，查明污染土的分布范围和污染程度。

1. 室内试验

通过室内常规土工试验得出的一般指标，可用来比较污染前后以及不同污染程度下的物理力学性能。除一般指标外，还应根据实际情况进行室内膨胀试验、湿化试验、湿陷性试验等。为了研究土-污染物的相互作用必须进行化学分析，主要包括以下内容。

(1) 对比土污染前后以及不同污染地段的物理力学性能指标，除常规指标外，还应特别注意膨胀试验、湿化试验、湿陷性试验等测定值。

(2) 测定污染土的化学成分，包括全量分析参数、易溶盐含量、pH 值、有机物含量、矿物矿相分析成果等。

(3) 鉴定土的微观结构，通过原子力显微镜(AFM)和扫描电子显微镜(SEM)等手段从污染土污染前后的微观结构变化分析污染土的成分与结构。

(4) 水质分析，其中包括水中污染物含量、水对金属和混凝土的侵蚀性等。

(5) 测定土胶粒表面吸附阳离子交换量及成分、离子发生基(如易溶硫酸盐)的成分及含量。

(6) 进行模拟试验，即为预测地基土可能受某溶液污染的后果，可事先取样进行试验，如将土试样夹在两块透水石之间，再浸入废酸、碱液中，经不同时间后取出观察变化；还可进行压缩试验，判定其强度、变形，并与正常土比较预测发生的变化。另外，还可进行抗剪强度对比试验等。这样就可得到废液侵蚀对地基土的影响，从而提出采取预防措施的建议。

一般污染土的力学性质研究都是针对具体的工程，以岩土工程勘察评价为目的，对已污染的土做基本的力学性质的测试，如压缩、直剪试验等，通常都是取原状样，也有少数与未被污染的土进行对比试验。污染土的抗剪性和压缩性是其工程性质较基本、重要的组成部分，但其测试通常都是以室内压缩和直剪试验为主。

大量试验证明，一般土被污染后压缩性增加、凝聚力增加、摩擦角减小；经腐蚀后的土样孔隙比增加(图 8.14)，液限、塑限增大(图 8.15)，试样强度下降，压缩性增加。黏土试样被腐蚀后压缩性和强度变化幅度最高，其次是粉质黏土，粉土最小；碱污染土比酸污染土的压缩性强(图 8.16)；酸碱污染土的压缩模量都比原状土小，且随着浓度的增加，碱污染土压缩模量的减小比酸污染土的大(图 8.17)；酸碱污染土的回弹指数值都比原状土的高，且随着酸碱浓度的增大，污染土的回弹指数值也增大(图 8.18)；随着酸碱浓度的增加，土的结构联结力是不断减小的，并且酸污染比碱污染更容易使土结构联结力减小(图 8.19)。

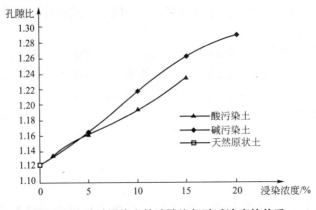

图 8.14　酸碱污染土的孔隙比与酸碱浓度的关系

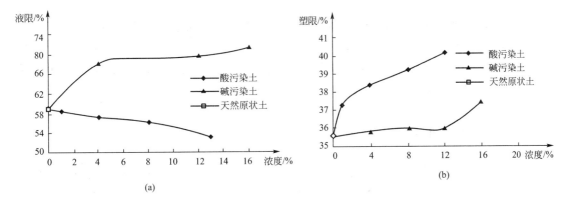

(a)

(b)

图 8.15 酸碱污染土的液限、塑限与酸碱浓度的关系

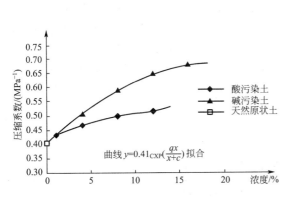

图 8.16 酸碱污染土的压缩系数与
酸碱浓度的关系

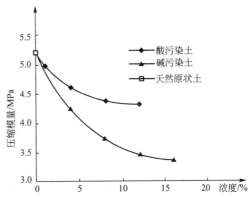

图 8.17 酸碱污染土的压缩模量与
酸碱浓度的关系

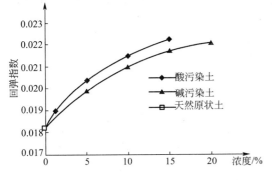

图 8.18 酸碱污染土的回弹指数与
酸碱浓度的关系

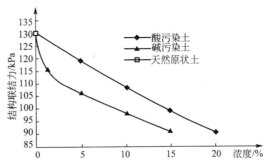

图 8.19 污染土的结构联结力与
污染浓度的关系

2. 现场试验

在污染土的取样和原位测试中，取样和测试的数量比一般岩土工程勘察要多，特别在受污染段，取样间距以 1m 为宜。除了常规的现场试验以外，目前已做的针对污染土的现场试验还包括废液入渗和在土中运移的模拟试验、地基土浸碱膨胀率和膨胀力等现场试验，但其他现场试验的研究成果还比较少。

8.6.2 污染土地基的评价

对污染土及污染土地基或场地的分析与评价，除了常规的岩土工程评价内容外，还包括以下几方面的内容。

1. 污染程度的评价

污染程度按污染等级分区。严重污染土是指物理力学指标有较大幅度变化，地基土的性质变化较大的土；中等污染土是指有明显变化，地基土的性质也发生了一定变化的土；轻微污染土是指从土化学分析中检测出含有污染物，而其物理力学性质无变化或变化不明显的土。目前污染等级的划分是选用某一（或某些）标志参数作为定量或半定量标准。例如，化工部南京勘察公司采用的标志参数是易溶盐含量，并参考了盐渍土等级划分标准。美国 Lehigh 大学按 pH 在室内试验中区分土的不同污染程度。

建筑物场地环境的分类如表 8-21 所示。

表 8-21　建筑物场地环境的分类

环境分类	混凝土所处的环境条件
Ⅰ类环境	高寒山区，海拔 3000m 以上的地区，直接临水土或岩层中，且具有干湿交替作用
	干旱区或半干旱区，临水或强透水土(岩)层水中，具有干湿或冻融交替作用
	一侧临水或水下土(岩)层中，另一侧则暴露于大气之中
Ⅱ类环境	干旱区或半干旱区，处于弱透水土(岩)层中，均具有干湿或冻融交替作用
	湿润区或半湿润区，临水或水土(岩)层中，具有干湿或冻融交替作用
Ⅲ类环境	各气候区中，处于弱透水土(岩)层水中，均不具有干湿或冻融交替作用

土层对混凝土评价的标准有两种，结晶类腐蚀评价标准如表 8-22 所示，分解类腐蚀评价标准如表 8-23 所示，结晶分解类腐蚀评价标准如表 8-24 所示。

表 8-22 结晶类腐蚀评价标准

腐蚀等级	土的盐酸浸出液中 SO_4^{2-} 含量/(g/kg)		
	Ⅰ类环境	Ⅱ类环境	Ⅲ类环境
无腐蚀	<1.0	<3.0	<5.0
弱腐蚀	1.0~3.0	3.0~5.0	5.0~10.0
中等腐蚀	3.0~5.0	5.0~10.0	10.0~15.0
强腐蚀	5.0~10.0	10.0~15.0	15.0~20.0

表 8-23 分解类腐蚀评价标准

腐蚀等级	pH		
	Ⅰ类环境	Ⅱ类环境	Ⅲ类环境
无腐蚀	>6.5	>6.0	>5.0
弱腐蚀	6.5~5.5	6.0~5.0	5.0~4.5
中等腐蚀	5.5~4.5	5.0~4.0	4.5~4.0
强腐蚀	<4.5	<4.0	<4.0

表 8-24 结晶分解类腐蚀评价标准

腐蚀等级	Ⅰ类环境		Ⅱ类环境		Ⅲ类环境	
	$Mg^{2+}+NH_4^+$	$Cl^-+SO_4^{2-}+NO_3^-$	$Mg^{2+}+NH_4^+$	$Cl^-+SO_4^{2-}+NO_3^-$	$Mg^{2+}+NH_4^+$	$Cl^-+SO_4^{2-}+NO_3^-$
无腐蚀	<1.5	<3.0	<3.0	<8.0	<5.0	<15.0
弱腐蚀	1.5~2.0	3.0~5.0	3.0~3.5	8.0~10.0	5.0~5.5	15.0~20.0
中等腐蚀	2.0~2.5	5.0~10.0	3.5~4.0	10.0~15.0	5.5~6.0	20.0~30.0
强腐蚀	2.5~3.0	10.0~15.0	4.0~5.0	15.0~20.0	6.0~7.0	30.0~50.0

注：1. 表中离子含量均为土的水浸出液测定，水土比为1:2.5；

2. 表中两种离子腐蚀共存时，取腐蚀强度大者做腐蚀评价结论。

2. 确定污染土的承载力及其他强度指标

可以通过原位剪切试验或室内试验获得土的强度值，从现场载荷试验获得土的承载力。但土体受污染后强度都有不同程度的降低，原来用以确定承载力的方法和一些物理力学强度值不一定能正常反映污染土的性状。因此，考虑到污染土的特殊性，将现有的承载力表和经验公式用于污染土时务必慎重。

3. 判定污染土对金属和混凝土的侵蚀性

由于污染土中含有大量的腐蚀性的酸碱废液和盐类，对金属和混凝土都具有腐蚀性。侵蚀性也要按污染等级分区分别判定。目前，国内对污染土的腐蚀性评价是沿用盐渍土的评价方法和标准进行的。但由于盐渍土的特殊形成条件，使得盐渍土的成分相对简单，而污染土是土体的二次作用结果，原土和污染源的物质成分具有多样性，其化学作用过程复杂且容易受环境条件(如透水性、温度等)的制约和影响。因此，对金属和混凝土的腐蚀成分和强度的评价与盐渍土是有一定区别的。

污染物对钢铁管道腐蚀、铝结构物、铅结构物的评价标准分别如表 8-25～表 8-27 所示。

表 8-25　污染物对钢铁管道腐蚀的评价标准

测试项目	腐蚀等级		
	弱腐蚀	中等腐蚀	强腐蚀
pH	>6.1	6.0～4.0	<4.0
氧化还原电位/mV	>200	200～100	<100
E_h/Qm	>100	100～50	<50
电阻率/(mA/cm³)	>0.05	0.05～0.20	<0.20
极化电流密度质量损失 (g^{-6}V/24h)	>1	1～2	>3

注：1. 表中数据亦适用于其他钢铁结构物；

　　2. 表中有两项或多项腐蚀时，取较高腐蚀等级做评价结论，在报告内注明腐蚀等级。

表 8-26　污染物对铝结构物的评价标准

测定项目	腐蚀等级		
	弱腐蚀	中等腐蚀	强腐蚀
pH	6.0～7.5	4.0～5.9 7.6～8.5	<4.5 >8.5
Cl^- (g/kg)	<0.01	0.01～0.05	>0.05
Fe^{3+} (g/kg)	<0.02	0.02～0.10	>0.10

注：表中有多项腐蚀时，取较高腐蚀等级作评价结论。

表 8-27　污染物对铅结构物的评价标准

测定项目	腐蚀等级		
	弱腐蚀	中等腐蚀	强腐蚀
pH	6.5～7.5	5.0～6.4 7.6～9.0	<5.0 >9.0
有机质(g/kg)	<0.1	0.1～0.20	>0.20
NO_3^- (g/kg)	<0.001	0.001～0.010	>0.10

注：表中有多项腐蚀时，取较高腐蚀等级做评价结论。

4. 污染土的性状评价

地基土是否受污染、污染的程度以及污染后地基土的性状如何，受很多因素的制约和影响，首先取决于土颗粒、粒间胶结物和污染物的物质成分；其次是土的结构和粒度、土粒间液体介质、吸附阳离子的成分及污染物（液体）的浓度等；再者是土与污染物作用时间和作用时的温度。

一般的地基土受污染腐蚀后，其状态由硬塑或可塑变为软塑乃至流塑；其颜色多呈黑色、黑褐色、灰色、棕红、杏红色或有铁锈斑点等与正常土不同的颜色；其形状多呈蜂窝状结构，颗粒分散，表面粗糙，甚至出现局部空穴；地下水呈黑色或其他不正常颜色，有特殊甚至有毒的刺激性气味。

5. 污染土的健康风险评价

根据其对环境和人体危害的轻重缓急程度，对污染土采用不同的方法与手段进行修复与治理，对污染土壤实施科学管理，防止污染导致的各种健康影响与不良生态效应的产生和扩散。

6. 污染土的生态风险评价

对于岩土工程中污染土的风险评价，应主要着重于人体健康评价，而生态评价可以省略。建立适合于工程污染土的风险评价应以人体健康评价为主，可辅助加以植物危害影响的风险评价或有益微生物危害的风险评价。

下面以金属离子污染为例（其他如酸、碱、盐和石油污染类似），说明其污染对人体健康风险评价的程序，主要包括以下四个方面。

（1）土壤污染源强度的计算。

（2）重金属在土壤剖面及大气、地下水中的浓度分布。

（3）对人体健康危害的风险度计算，包括致癌性风险度和非致癌性风险度计算。

（4）总年危害计算。从危害管理的角度出发，将致癌性风险度和非致癌性风险度这两种健康危害都看作与癌症死亡一样严重，使二者具有可加性，计算个人总年危害。

8.6.3 污染土的防治措施

无机污染土的处理技术一般以换填法为主，换填即把已污染的土清除，换填正常土，或采用耐酸碱的砂、砾石作为回填材料。特别注意对已挖出的污染土要及时处理，或专门储存，以免造成新的污染。桩基或水泥搅拌加固，穿透污染土层，但应对混凝土桩身采取相应的防腐措施，如使用矿渣水泥、抗硫酸盐水泥、在混凝土表面涂沥青或高分子树脂膜等。在进行化学处理时，要注意杜绝二次污染的发生。

对于有机污染土，除传统的开挖处理技术外，目前国际上发展的就地处置技术主要有冲洗法（Flushing）、土壤气抽出法（Soil Vapor Extraction，SVE）和地下水曝气法（Air Sparging）三种。对于被原油污染的土的处理，国外多采用蒸汽抽提高速离心分离的工艺方法对油含量较低的含油土壤（如含油量小于1%），用强化生物降解治理工艺，可使土壤的残留油含量（mg/L）降至数十个相同单位的水平。此外，如将含油土壤与煤粉混合，加入适当的分散剂和助燃剂，成型用于固体燃料；也有用表面活性剂水溶液的抽提工艺和单纯用热水清洗作为前处理步骤的实验室研究，以及用热碱水溶液清洗-气浮分离的方法进行处理。

具体处理方法分别简述如下。

1. 换填法

换填法是早期采用的较直接方法，即把已污染的土全部清除，然后换填正常土；或采用性能稳定且耐酸的砂、砾作为回填材料；或作为砂桩、砾石桩，再压(夯、振)实至要求的密实度，提高地基承载力，减少地基沉降量和加速软弱土层的排水固结等。但同时要及时处理已挖出的污染土，或专门储存，或原位隔离，以免造成二次污染。挖除的污染土可以使用以下方法进行处理。

(1) 热处理法：将污染土蒸汽剥离、热处理蒸发($300 \sim 700℃$)、焚化(温度大于$800℃$)。

(2) 抽出法：包括水溶解、有机剂溶解以及悬浮法。

(3) 微生物处理：把微生物加入到污染土里，借助鼓风机进行反应；也可以把微生物和污染土储存在一起作用数周。这种方法对处理油、苯基及其他有机物质污染、煤气工厂和食品工厂所在地遭污染的土效果良好。微生物的作用是一个自然过程。

热处理法虽能破坏分解挥发性污染物，但耗能、费时。热处理法和抽出法会产生污染液体和污染气体，为了防止在工厂处理后把污染土转为污染气体，还必须对抽出的气体进行再处理。

2. 固化法

固化法就是把水泥、石灰、火山灰、热塑料、树脂等加入到污染土内，使之固化，这些物质易把固体污染体运走和储存，但要防止污染物质和添加剂起化学作用和可能存在的污染泄漏。用固化法处理泄漏物是通过加入能与泄漏物发生化学反应的固化剂或稳定剂使泄漏物转化成稳定形式，以便于处理、运输和处置。有的泄漏物变成稳定形式后，由原来的有害变成了无害，可原地堆放不需进一步处理。日本汽油公司和法国 SGN 公司联合开发了一种改进方法，即将适量的熟石灰加到硼酸盐溶液中，然后在$40 \sim 60℃$条件下进行较长时间的搅拌(约 10h)，将这样得到的浆料过滤，经过蒸发、浓缩后与滤饼混合，然后进行水泥固化。这种方法避免了硼酸钙在水泥颗粒表面形成晶体膜而引起的固化，并且其减容系数也较高，处理$1m^3$含硼酸 12%的废液产生大约$1/3.5m^3$的固化体。这种方法处理程序及所用设备比较复杂，其固定投资及运行费用也远高于传统水泥、石灰等固化法。

对混凝土桩身应采取相应的防腐蚀措施，具体如表 8-28 所示。

表 8-28　混凝土桩身应采取相应的防腐蚀措施

综合评价腐蚀等级	防护等级	水泥	水灰比	最少水泥用量/(kg/m³)	C₃A/%	防护层/mm
无腐蚀	常规	硅酸盐水泥 普通硅酸盐水泥 矿渣硅酸盐水泥 火山灰硅酸盐水泥 粉煤灰硅酸盐水泥	—	—	—	—

(续)

综合评价腐蚀等级	防护等级	水泥	水灰比	最少水泥用量/(kg/m³)	C₃A/%	防护层/mm
弱腐蚀	一级防护	普通硅酸盐水泥 矿渣硅酸盐水泥	0.65	335～350	<8	—
中等腐蚀	二级防护	普通硅酸盐水泥 矿渣硅酸盐水泥	0.55	350～370	<8	30
		抗硫酸盐水泥			<5	
强腐蚀	三级防护	抗硫酸盐水泥	0.45	370～400	<5	40
严重腐蚀	特种防护	混凝土表面以沥青或高分子树脂类涂膜防护				

注：严重腐蚀是指腐蚀指标界限值超出规定范围，或有两至三类腐蚀达到强腐蚀等级。

3. 电磁法

根据物理原理和试验成果，电磁力会增加磁场的影响面积，从而导致水土体系中更多的离子交换。现已研制出测定水土体系电磁力的简单试验设备和方法。电磁是三维随机电流作用，可以处理各种土，对饱和土和非饱和的土均可进行处理，可以影响土体的深层，还能够对污染物的特性进行识别。这是一种正在研究且较有发展前景的污染土处理方法。

4. 电动法

电动法基于胶体的双电层厚度，适用于孔隙较大和界面双电层扩散小的情况，且只适用于原状或重塑粉质黏土，不适用于垫层的混合均匀黏土或有机质土。用电动法处理污染土只能影响到土体的表层，不能识别污染物的特性。

5. 化学处理法

化学处理法是采用灌浆法或其他方法向土中压入或混入某种化学材料，使其与污染土或污染物发生反应而生成一种无害的、能提高土的强度的新物质。其优点是作用快，能破坏污染物质。缺点是化学物质可能侵入土体内，多余的化学用剂必须清除；土中可能产生潜伏的新的有害物质。

6. 电化学法

对于少量的污染土，可以用电化学法来净化污染土。对于含有重金属的污染土，首先还原熔炼污染土，能起到以废治废、化害为益、综合利用的目的，也可以将污染土溶于水中，用工业废水的处理技术来处理污染物。电化学法可用于处理含氰、酚和印染、制革等工厂产生的多种不同类型的污染土的水溶液。电化学法处理废液一般无需很多化学药品，后处理简单，管理方便，污泥量很少，因此也被称为清洁处理法。

7. 对深入污染土中的金属结构物的保护措施

对深入污染土中的金属结构物的保护措施主要是在金属表面加涂料层，将其与腐蚀介质相隔离。在加涂层前应清除金属表面的氧化皮、铁锈、油脂、杂漆等，涂料与金属具有较强的黏结性，防水、耐热、耐酸碱、绝缘、化学稳定性高，有较好的机械强度和韧性。钢铝结构防护用涂料有油沥青、氯化橡胶、环氧树脂等。

此外，对于钢结构，还可用铝、镁合金为牺牲阳极的阴极保护法，或用外加电流的石墨为辅助阳极的阴极保护法。

本 章 小 结

本章主要讲述膨胀土、湿陷性黄土、红黏土、盐渍土、混合土以及污染土的地基处理方法，从每种土的工程地质性质入手，了解室内试验和现场测试手段，正确评价每一种土的特殊性质，并进行分类、评价，最后介绍了每种特殊土的地基处理方法。

本章的重点是每种特殊土的地基评价和处理方法。

习 题

一、思考题

1. 什么是膨胀土，其主要的工程地质性质是什么？

2. 简述膨胀土地基的变形特点及设计时应遵循的原则。

3. 膨胀土地基有哪些处理技术？

4. 什么是湿陷性黄土，黄土主要的工程地质性质是什么？黄土湿陷性的机理是什么？如何确定地基的湿陷等级？

5. 如何判别黄土地基的湿陷程度？湿陷起始压力在工程上有什么实用意义？

6. 湿陷性黄土的地基处理技术有哪些？

7. 什么是红黏土？其主要的工程地质性质是什么？

8. 红黏土的地基处理技术有哪些？

9. 什么是盐渍土？其主要工程地质性质是什么？如何处理？

10. 什么是混合土？其主要工程地质性质是什么？如何处理？

二、单选题

1. 桩和灰土桩挤密法适用于处理( )地基土。

　　A. 地下水位以上，深度 $5\sim15m$ 的湿陷性黄土

　　B. 地下水位以上，含水率大于 30% 的素填土

　　C. 地下水位以下，深度小于 $8m$ 的人工填土

　　D. 地下水位以上，饱和度大于 68% 的杂填土

2. 按规范要求设计的土桩或灰土桩能够消除湿陷性的直接原因是( )。

　　A. 减小了地基土的含水率　　　　　　B. 减小了地基的沉降量

　　C. 减小了地基土的湿陷性系数　　　　D. 减小了地基土的孔隙比

3. 我国《建筑地基处理设计规范》(JGJ 79—2002)中规定，软弱地基是由高压缩性土层构成的地基，其中不包括( )地基土。

A. 淤泥质土   B. 冲填土   C. 红黏土   D. 饱和松散粉细砂

4. 为提高饱和软黏土地基的承载力以及减少地基的变形，下列地基处理方法中(　　)比较适宜。

A. 振冲挤密法   B. 化学灌浆法   C. 砂井堆载预压法   D. 强夯置换法

5. 在换填法中，当仅要求消除基底下处理土层的湿陷性时，宜采用(　　)。

A. 素土垫层   B. 灰土垫层   C. 砂石垫层   D. 碎石垫层

6. 土桩和灰土桩挤密法适用于处理(　　)地基土。

A. 地下水位以上，深度 5～15m 的湿陷性黄土

B. 地下水位以下，含水率大于 25% 的素填土

C. 地下水位以上，深度小于 15m 的人工填土

D. 地下水位以下，饱和度大于 0.65 的杂填土

7. 用灰土挤密桩法处理地下水位以上的湿陷性黄土，为检验桩间土的质量，采用下列(　　)是正确的。

A. 用桩间土的平均压实系数控制   B. 用桩间土的平均液性系数控制

C. 用桩间土的平均挤密系数控制   D. 用桩间土的平均干密度控制

8. 素土和灰土垫层土料的施工含水率宜控制在(　　)范围内。

A. 最优含水率以下   B. 降低地下水位

C. 形成横向排水体   D. 形成竖向排水体

9. 为消除黄土地基的湿陷性，处理地基的方法比较适宜用(　　)。

A. 堆载预压法   B. 开挖置换法、强夯法

C. 化学灌浆法、强夯法   D. 树根桩、垫层法

10. 用碱液加固非自重湿陷性黄土地基，加固深度可选(　　)范围。

A. 基础宽度的 10～15 倍   B. 基础宽度的 8～10 倍

C. 基础宽度的 2.5～8 倍   D. 基础宽度的 1.5～2.0 倍

三、多选题

1. 在下列特殊土地基中，适用于强夯法处理的有(　　)。

A. 杂填土和素填土   B. 非饱和的粉土和黏性土

C. 湿陷性黄土   D. 淤泥质土

2. 对于人工填土(如杂填土)地基适用的处理方法有(　　)。

A. 电化学灌浆法   B. 加筋法   C. CFG 桩法   D. 石灰桩法

3. 在地基处理中，与地基处理方法有关的环境污染问题，主要有(　　)。

A. 地面位移、振动   B. 施工场地泥浆排放

C. 施工机器的安全使用   D. 地面沉降

4. 对于湿陷性黄土地基，可能适用的处理方法有(　　)。

A. 深层搅拌法   B. 灰土桩法   C. 排水固结法   D. 振冲置换法

5. 为消除黄土地基的湿陷性，较适宜采用的地基处理方法为(　　)。

A. 砂石桩法   B. 加载预压法   C. 强夯法   D. 换填法

6. 在选择确定地基处理方案之前应综合考虑的因素有(　　)。

A. 气象条件因素   B. 人文政治因素   C. 地质条件因素   D. 结构物因素

7. 深层搅拌法是用于加固饱和软黏土地基的一种新方法，此法常使用的固化剂材料

为(　　)。

  A. 石灰   B. 水泥   C. 水玻璃   D. 沥青

8. 下列适合作为换填法的垫层材料是(　　)。

  A. 红黏土   B. 砂石   C. 杂填土   D. 工业废渣

9. 单液硅化法加固湿陷性黄土地基的灌注工艺有(　　)。

  A. 降水灌注   B. 溶液自渗   C. 成孔灌注   D. 压力灌注

第9章
托 换 技 术

教学目标

本章主要讲述既有工程地基加固原理和加固方法；常用加固技术及应用范围；根据工程条件，提出合理的加固方案，进行加固设计；既有工程基础托换的常用方法和适用范围。通过本章的学习，应达到以下目标：

(1) 掌握基础加宽托换的设计与施工方法；
(2) 掌握坑式托换的设计与施工方法；
(3) 掌握桩式托换的设计与施工方法；
(4) 掌握灌浆托换的设计与施工方法；
(5) 掌握建筑物纠偏的设计与施工方法。

教学要求

知识要点	能力要求	相关知识
基础加宽托换	(1) 掌握加大基础底面积的设计方法 (2) 掌握加深基础的设计方法	(1) 既有建筑物地基加固设计 (2) 地基承载力计算 (3) 基础底面压力计算 (4) 地基变形计算
坑式托换	(1) 掌握坑式托换的适用范围及优、缺点 (2) 掌握坑式托换的设计要点 (3) 掌握坑式托换的施工步骤	(1) 坑式托换的设计 (2) 坑式托换的施工步骤
桩式托换	(1) 掌握锚杆静压桩的设计与施工方法 (2) 预制桩托换的设计与施工方法 (3) 树根桩托换的设计与施工方法	(1) 锚杆静压桩托换定义及特点 (2) 锚杆静压桩的加固设计 (3) 锚杆静压桩的施工 (4) 预制桩托换的适用条件 (5) 预制桩托换的设计 (6) 预制桩托换的施工 (7) 预制静压桩的质检 (8) 树根桩法的适用范围和特点 (9) 树根桩的作用机理 (10) 树根桩加固地基设计计算内容 (11) 树根桩的施工与质检
灌浆托换	(1) 掌握渗透灌浆法的设计与施工 (2) 掌握劈裂灌浆的设计与施工 (3) 掌握挤密灌浆的设计与施工 (4) 掌握电动化学灌浆的设计与施工	(1) 渗透灌浆 (2) 劈裂灌浆 (3) 挤密灌浆 (4) 电动化学灌浆
建筑物纠偏	(1) 了解造成建(构)筑物损坏与病害的原因分析方法 (2) 掌握建筑物发生裂损倾斜的原因分析方法 (3) 掌握裂损、倾斜建筑物治理方案的制订 (4) 掌握建筑物纠偏的分类方法 (5) 掌握建筑物纠偏加固的施工技术要点	(1) 建筑物发生裂损、倾斜的原因分析 (2) 掏土(抽砂)纠偏法 (3) 加压纠偏法 (4) 抽水纠偏法 (5) 浸水纠偏法 (6) 综合纠偏

基本概念

基础加宽托换、坑式托换、桩式托换、灌浆托换、建筑物纠偏、建筑物托换技术。

 引言

在实际工程中，常常遇到建筑物倾斜和加层等问题。托换技术就是由于严重不均匀沉降所导致的建筑物倾斜、开裂而采取的地基基础处理、加固、改造、补强技术的总称。既有建（构）筑物地基加固与基础托换主要从三方面考虑：一是通过将原基础加宽，减小作用在地基土上的接触压力。虽然地基土强度和压缩性没有改变，但单位面积上荷载减小，地基土中附加应力水平减小，可使原地基满足建筑物对地基承载力和变形的要求。或者通过基础加深，虽未改变作用在地基土上的接触应力，但由于基础埋深加大，不仅使基础置入较深的好土层，而且可以加大埋深，地基承载力通过深度修正也有所增加。二是通过地基处理改良地基土体或改良部分地基土体，提高地基土体抗剪强度、改善压缩性，以满足建筑物对地基承载力和变形的要求，常用如高压喷射注浆、压力注浆、化学加固、排水固结、压密、挤密等技术。三是在地基中设置墩基础或桩基础等竖向增强体，通过复合地基作用来满足建筑物对地基承载力和变形的要求，常用锚杆静压桩、树根桩或高压旋喷注浆桩等加固技术。有时也可将上述几种技术综合应用，效果很好。

既有建（构）筑物地基加固技术又称为托换技术，可分为下述五类（图9.1）。

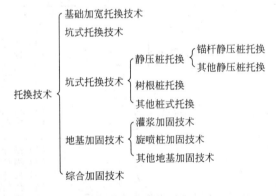

图 9.1　托换技术的分类

（1）基础加宽托换技术：通过增加建筑物基础底面积，减小作用在地基上的接触压力，降低地基土中附加应力水平，减小沉降量或满足承载力要求。

（2）坑式托换技术：通过在原基础下设置墩式基础，使基础坐落在较好的土层上，以满足承载力和变形要求。

（3）桩式托换技术：通过在原基础下设置桩，使新设置的桩承担或桩与地基共同承担上部结构荷载，达到提高承载力，减小沉降的目的。

（4）地基加固技术：通过地基处理改良原地基土体，或地基中部分土体，达到提高承载力、减小沉降的目的。

（5）综合加固技术：综合应用上述两种或两种以上加固技术，达到提高承载力、减少沉降的目的。

9.1 既有建筑物地基加固设计

1. 地基承载力计算

既有建筑地基基础加固或增加荷载时，地基承载力应符合以下要求。

（1）当轴心荷载作用时，应满足式（9-1）。

$$p \leqslant f_a \tag{9-1}$$

式中，p 为相应于荷载效应标准组合时，基础加固或增加荷载后基础底面处的平均压力值；f_a 为修正后的地基承载力特征值。

对于需要加固的地基，应在加固后通过检测确定地基承载力特征值 f_{ak}；对于增加荷载的地基，应在增加荷载前通过地基检验确定地基承载力特征值 f_{ak}；对于沉降已经稳定的既有建筑直接增层地基，也可根据《既有建筑地基基础加固技术规范》（JGJ 123—2000）第8.2节有关规定确定地基承载力特征值 f_{ak}。对于以上地基承载力特征值 f_{ak}，应按《建筑地基基础设计规范》（GB 50007—2011）规定确定修正后的地基承载力特征值 f_a。

（2）当偏心荷载作用时，还应满足式（9-2）。

$$p_{max} \leqslant 1.2 f_a \tag{9-2}$$

式中，p_{max} 为相应于荷载效应标准组合时，基础加固或增加荷载后基础底面边缘最大压力值。

2. 基础底面压力计算

（1）当轴心荷载作用时，基础加固或增加荷载后基础底面的压力，可按式（9-3）确定。

$$p = \frac{F+G}{A} \tag{9-3}$$

式中，F 为相应于荷载效应标准组合时，基础加固或增加荷载后上部结构传至基础顶面的竖向力值；G 为基础自重和基础上的土重，在地下水位以下部分应扣去浮力；A 为原有基础的底面积。

（2）当偏心荷载作用时，基础加固或增加荷载后基础底面的最大压力和最小压力值，可按式（9-4）和式（9-5）确定。

$$p_{max} = \frac{F+G}{A} + \frac{M}{W} \tag{9-4}$$

$$p_{min} = \frac{F+G}{A} - \frac{M}{W} \tag{9-5}$$

式中，M 为相应于荷载效应标准组合时，基础加固或增加荷载后作用于基础底面的力矩值；W 为基础加固或增加荷载后基础底面的截面模量；p_{max} 为相应于荷载效应标准组合时，基础加固或增加荷载后基础底面边缘的最大压力值。p_{min} 为相应于荷载效应标准组合时，基础加固或增加荷载后基础底面边缘的最小压力值。

此外，当地基受力层范围内有软弱下卧层时，应按《建筑地基基础设计规范》（GB

50007—2011)进行软弱下卧层地基承载力的验算。对于建造在斜坡上或毗邻深基坑的既有建筑，应验算地基稳定性。

当采用锚杆静压桩法、树根桩法和坑式静压桩法时，除应按《建筑地基基础设计规范》(GB 50007—2011)确定单桩承载力外，还涉及桩土荷载分担的问题。根据已有的试验研究，承台下土体一般能分担一些荷载，其分担比例涉及桩的布置、土层特性、荷载大小等因素，鉴于变形控制的要求，桩间土反力一般低于天然地基承载力特征值。但是，要确定桩土的荷载分担是困难的，一般采用经验方法控制，详见具体加固方法。

3. 地基变形计算

既有建筑的地基变形计算，可根据既有建筑沉降稳定情况分为沉降已经稳定者和沉降尚未稳定者两种。对于沉降已经稳定的既有建筑，其基础最终沉降量 s 包括已完成的沉降量 s_0 和地基基础加固后或增加荷载后产生的基础沉降量 s_1。其中 s_1 是通过计算确定的。计算时采用的压缩模量，对于地基基础加固的情况和增加荷载的情况是有区别的：前者是采用地基基础加固后经检测得到的压缩模量，而后者是采用增加荷载前经检验得到的压缩模量。对于原建筑沉降尚未稳定的增加荷载的既有建筑，其基础最终沉降量 s 除了包括上述 s_0 和 s_1 外，还应包括原建筑荷载下尚未完成的基础沉降量 s_2。

因此，对地基基础进行加固或增加荷载的既有建筑，其基础最终沉降量可按式(9-6)确定。

$$s = s_0 + s_1 + s_2 \qquad (9-6)$$

式中，s 为基础最终沉降量；s_0 为地基基础加固前或增加荷载前已完成的基础沉降量，可由沉降观测资料确定或根据当地经验估算；s_1 为地基基础加固后或增加荷载后产生的基础沉降量，当地基基础加固时，可采用地基基础加固后经检测得到的压缩模量通过计算确定，当增加荷载时，可采用增加荷载前经检验得到的压缩模量通过计算确定；s_2 为原建筑荷载下尚未完成的基础沉降量，可由沉降观测资料推算或根据当地经验估算，当原建筑荷载下基础沉降已经稳定时，此值应取 0。

以上基础沉降量的计算可按国家标准《建筑地基基础设计规范》(GB 50007—2011)的有关规定执行。既有建筑地基基础加固或增加荷载后的地基变形计算值，不得大于国家现行标准《建筑地基基础设计规范》(GB 50007—2011)规定的地基变形允许值。

建筑物基础加固分加大基础底面积法、加深基础法、基础加厚加固法等。其中加大基础底面积法又可分基础直接加宽、外增独立基础加大两种。

9.2 基础加宽托换

9.2.1 加大基础底面积法

通过基础加宽可以扩大基础底面积，有效降低基底接触压力。基础加宽对减小基底接触压力效果明显。基础加宽费用低，施工也方便，如果有条件应予以优先考虑。

但有时基础加宽也会遇到困难，如周围场地是否允许基础加宽。另外，若基础埋置较深，则对周围影响较大，而且需要较大土方开挖量，影响加固费用；基础加宽还可能增加荷载作用影响深度。对于软黏土地基，应详细分析基础加宽对减小总沉降的效用。

加大基础底面积法，因施工简单、所需设备少，常被用于基础底面积太小而产生过大沉降或不均匀沉降事故的处理，以及采用直接法加层时对地基基础的补偿加固。加大基础底面积法适用于当既有建筑的地基承载力或基础底面积尺寸不满足设计要求时的加固。可采用混凝土套或钢筋混凝土套加大基础底面积。

1. 加宽托换的分类

1）基础直接加宽

基础直接加宽是挖开原基础两侧的填土后浇筑新基础的方法。这种方法的优点是能使新旧基础很好结合、共同变形。

按照基础加宽的形式主要有以下几种方式。

（1）当原条形基础承受中心荷载时，可双面加宽。

（2）对于单独柱基，可在基础底面四边扩大加固。

（3）原基础受偏心荷载或受相邻建（构）筑物基础条件限制时，沉降缝处的基础不影响建筑物正常使用时可用单面加宽基础方法。

（4）基础加宽有时也可将柔性基础改为刚性基础，条形基础扩大成片筏基础。

基础加宽应重视加宽部分与原有基础部分的连接。基础加宽对刚性基础和柔性基础都要进行计算。刚性基础应满足刚性角要求（图 9.2），柔性基础应满足抗弯要求。钢筋锚杆应有足够的锚固长度，有条件的情况下可将加固筋与原基础钢筋焊牢（图 9.3）。

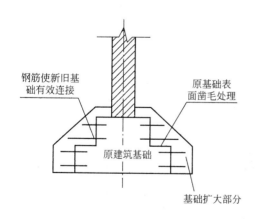

图 9.2　刚性基础扩大加固

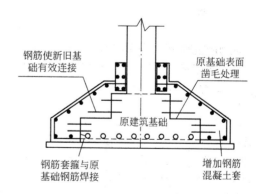

图 9.3　钢筋混凝土柱基础扩大加固

基础加宽时应注意以下几方面。

（1）为使新旧基础连接牢固，在灌注混凝土前应将原基础凿毛刷洗干净，再涂一层高强度水泥浆或涂混凝土界面剂，沿基础高度每隔一定距离设置锚固钢筋。当采用钢筋混凝土套加固时，加宽部分的主筋应与原基础内主筋相焊接；也可在墙脚或圈梁钻孔穿钢筋，再用环氧树脂填满，穿孔钢筋必须与加固筋焊紧。

（2）对于加套的混凝土或钢筋混凝土的加宽部分，其地基上铺设的垫料及其厚度应与原基础垫层的材料和厚度一致，使加套后的基础与原基础的基底标高和应力扩散条件相同、变形协调。

（3）对于加宽部分基础按长度 1.5～2.0m 划分成的若干单独区段，分别进行分批、分段、间隔施工，绝不能在基础全长范围挖成连续的坑槽和使全长范围地基土暴露过大，以免导致地基土浸泡软化，使基础产生很大的不均匀沉降。

（4）为了不扰动原基础，新加基础的深度不宜超过原有基础，一般与原基础相同。

2）外增独立基础加大

（1）抬梁法。抬梁法是在原基础两侧挖坑并做新基础，通过钢筋混凝土梁将墙体荷载部分转移到新做基础上的一种加大基底面积的方法。新加的抬墙梁应设置在原地基梁或圈梁的下部（图 9.4）。这种加固方法具有对原基础扰动少、设置数量较为灵活的特点。

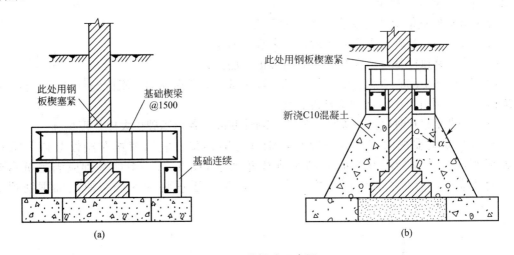

图 9.4　抬梁法示意图

采用抬梁法加大基础底面积时，须注意抬梁的设置应避开底层的门、窗和洞口；抬梁的顶部需用钢板楔紧。对于外增独立基础，可用千斤顶将抬梁顶起，并打入钢楔，以减少新增基础的应力滞后（图 9.5）。

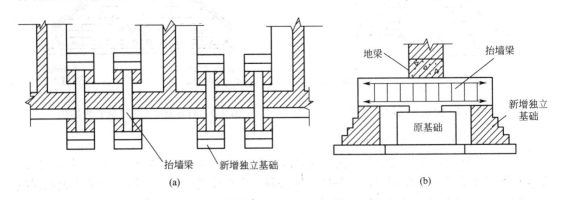

图 9.5　原基础两侧新增独立基础抬梁扩大基底面积

(2) 斜撑法。利用斜撑法加大基础底面积，与上述抬梁法的不同之处在于，抬梁改为斜撑，新加的独立基础不是位于原基础两侧，而是位于原基础之间(图9.6)。

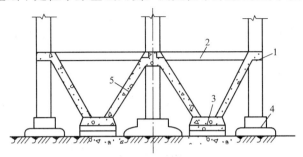

图9.6 斜撑法加大基础底面积

1—沿墙周分布的整体圈梁或框架；2—楼板的整体区段；
3—由预制板做成的附加基础；4—原有基础；5—斜支柱

2. 加大基础底面积的设计和施工

1) 加大基础底面积的设计

当基础承受偏心受压时，可采用不对称加宽；当承受中心受压时，可采用对称加宽；当采用混凝土套加固时，基础每边加宽的宽度其外形尺寸应符合国家现行标准《建筑地基基础设计规范》(GB 50007—2011)中有关刚性基础台阶宽高比允许值的规定。沿基础高度隔一定距离应设置锚固钢筋；当不宜采用混凝土套或钢筋混凝土套加大基础底面积时，可将原独立基础改成条形基础；将原条形基础改成十字交叉条形基础或筏形基础；将原筏形基础改成箱形基础。

2) 加大基础底面积的施工

在灌注混凝土前应将原基础凿毛和刷洗干净后，铺一层高强度等级水泥浆或涂混凝土界面剂，以增加新老混凝土基础的黏结力。对于加宽部分，地基上应铺设厚度和材料均与原基础垫层相同的夯实垫层。当采用钢筋混凝土套加固时，加宽部分的主筋应与原基础内主筋相焊接。对条形基础加宽时，应按长度1.5~2.0m划分成单独区段，分批、分段、间隔进行施工。

9.2.2 加深基础法

加深基础法适用于地基浅层、有较好的土层作为持力层且地下水位较低的情况。可将原基础埋置深度加深，使基础支承在较好的持力层上，以满足设计对地基承载力和变形的要求。当地下水位较高时，应采取相应的降水或排水措施。

基础加深的施工应按下列步骤进行。

(1) 先在靠近既有建筑基础的一侧分批、分段、间隔开挖长约1.2m，宽约0.9m的竖坑，对坑壁不能直立的砂土或软弱地基要进行坑壁支护，竖坑底面可比原基础底面深1.5m。

(2) 在原基础底面下沿横向开挖与基础同宽、深度达到设计持力层的基坑。

(3) 基础下的坑体应采用现浇混凝土灌注，并在距原基础底面80mm处停止灌注，待养护一天后再将掺入膨胀剂和速凝剂的干稠水泥砂浆填入基底空隙，再将铁锤敲击木条，并挤实所填砂浆。

9.2.3　加厚加固

这种加固方法是将原基础的肋加高、加宽，以减少基础底板的悬臂长度，降低悬臂弯矩，使原基础的刚度及承载力得到提高，尤其适合于旧房加层设计时的基础加固。图9.7所示为采用加厚方法对条形基础进行加固的示意图。

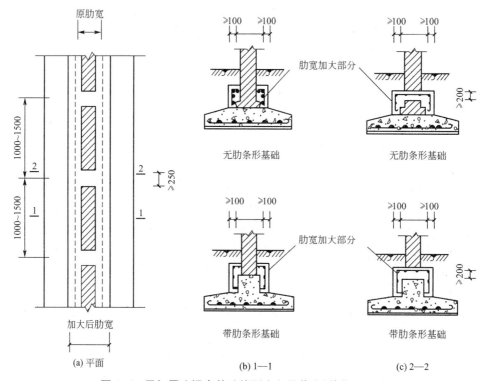

图9.7　用加厚法提高基础的刚度和承载力(单位：mm)

9.3　坑 式 托 换

坑式托换技术是通过在原基础下设置墩式基础，使基础坐落在较好的土层上，以满足承载力和变形要求，即直接在被托换建(构)筑物的基础下挖坑后浇筑混凝土的托换加固，也称为墩式托换。

9.3.1　适用范围及优、缺点

坑式托换适用于土层易于开挖，开挖后有较好持力层，地下水位较低或采取降低地下水位措施较为方便的情形，原有建筑物基础最好是条形基础。

其优点是费用低、施工简便，施工期间仍可使用建(构)筑物；缺点是工期较长，对被托换的建(构)筑物而言，将会产生一定的附加沉降。

9.3.2 设计要点

（1）采用间断式或连续式的混坑式托换要根据被托换加固结构的荷载和坑下地基土的承载力大小确定，在设计上优先考虑间断坑式托换，当间断墩的底面积不能对建（构）筑物荷载提供足够支承时，则可设置连续式基础（相当于基础加深技术），施工时应首先设置间断墩以提供临时支承，再开挖间断墩间的土，将坑的侧板拆除，在坑内灌注混凝土，这样就形成了连续的混凝土墩或基础。

（2）坑式托换的坑井间距最好不小于坑井宽度的三倍。

（3）如基础墙为承重的砖砌体、钢筋混凝土基础梁，对于间断的墩式基础，该墙可以从一墩跨越到另一墩。如发现原有基础的结构件的强度不足以在间断墩间跨越，则有必要在坑间设置过梁以支承基础，此时，在间隔墩的坑边做一凹槽，作为钢筋混凝土梁、钢梁的支座，并在原来的基础底向下进行干填。

9.3.3 施工步骤

（1）在靠近被托换的基础侧面，人工开挖一个长 1.2m、宽 0.9m 的竖向导坑[图 9.8(a)]，并挖到原有基础底面下 1.5m 处。

（2）将导坑横向扩展到基础的正下方，并继续在基础下面开挖到所有要求的持力层标高。

（3）采用现浇混凝土浇筑开挖出来的基础下的挖坑体积[图 9.8(b)]。在距原有基础底面80mm 处停止浇筑，养护一天后，再将掺入膨胀剂和速凝剂的干稠水泥砂浆填入基底空隙。

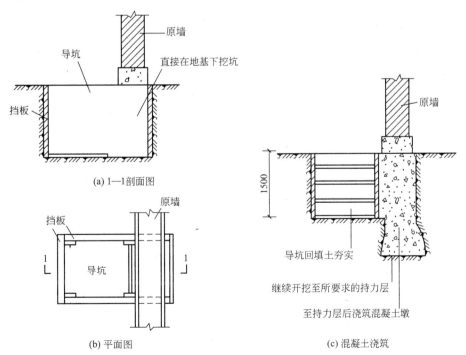

(a) 1—1剖面图

(b) 平面图

(c) 混凝土浇筑

图 9.8 墩式加深基础开挖示意图

（4）用同样步骤，分批、分段地挖坑和浇筑墩子，直至全部托换基础的工作完成为止。

9.4 桩式托换

当既有建筑地基土质较差，地基承载力较低时，可采用桩基础承受增层荷载，桩基与加大的基础承台应有可靠连接，使其与原有基础共同协调受力，如图9.9所示；根据具体情况也可采用注浆加固既有建筑地基；当既有建筑为钢筋混凝土条形基础时，根据增层荷载需要，可采用锚杆静压桩或旋喷桩等方法加固；当既有建筑上部结构和基础整体性及刚度较好、持力层埋置较浅、地下水位较低、施工开挖对原结构不会产生附加下沉和开裂时，可采用在原基础下做抬梁或做墩式基础或做坑式静压桩加固。

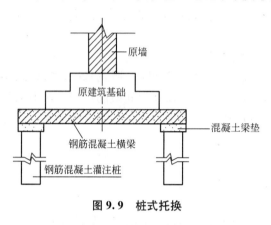

图9.9 桩式托换

图中标注：原墙、原建筑基础、混凝土梁垫、钢筋混凝土横梁、钢筋混凝土灌注桩

常用的桩类型有锚杆静压桩、树根桩、坑式静压桩、预压桩和灌注桩等。

9.4.1 锚杆静压桩托换

1. 锚杆静压桩的定义及特点

锚杆静压桩是由锚杆和静力压桩两项技术巧妙结合而形成的一种桩基施工新工艺。在需加固的既有建筑基础上按设计开凿压桩孔和锚杆孔，用黏结剂固定好锚杆，然后安装压桩架，与建筑物基础连为一体，并利用既有建筑物自重作为反力，用千斤顶将预制桩段压入土中，桩段间用硫黄胶泥或焊接连接。当压桩力和压入深度达到设计要求后，将桩与基础用微膨胀混凝土浇注在一起，桩即可受力，从而达到提高地基承载力和控制沉降的目的。

锚杆静压桩施工机具简单、施工作业面小，施工方便灵活，技术可靠，效果明显，施工时无振动、无污染，对原有建筑物里的生活或生产秩序影响小。锚杆静压桩适用范围广，可适用于黏性土、淤泥质土、杂填土、粉土、黄土等地基。由于具有上述优点，锚杆静压桩技术在我国各地得到较多的应用。

锚杆静压桩技术除用于既有建筑物地基加固外，也适用于新建建筑。在旧城区改造或打桩设备短缺地区，可用锚杆静压桩技术进行桩基施工。对于新建建筑，在基础施工时可事先预留压桩孔和预埋锚杆，等上部结构施工至3或4层时，再利用建筑自重作为压桩反力开始压桩。

2. 锚杆静压桩的加固设计

锚杆静压桩加固设计主要有以下内容。

1）承载力设计

锚杆静压桩承载力的计算可按照《建筑地基基础设计规范》（GB 50007—2011）中的公

式估算，即

$$R_k = q_p A_p + u_p \sum q_{si} l_i \tag{9-7}$$

式中，R_k 为单桩竖向承载力特征值，kN；q_p 为桩端土承载力特征值，kPa；A_p 为桩身横截面面积，m^2；u_p 为桩身周边长度，m；q_{si} 为桩周土摩阻力特征值，kPa；l_i 为按土层划分的各段桩长，m。

也可以按《建筑桩基技术规范》（JGJ 94—2008)中单桩竖向极限承载力特征值估算，即

$$Q_{uk} = u \sum q_{sik} l_i + q_{pk} A_p \tag{9-8}$$

$$R = \frac{Q_{uk}}{\gamma_{sp}} \tag{9-9}$$

式中，Q_{uk} 为单桩竖向极限承载力特征值，kN；u 为桩身周长，m；q_{sik} 为第 i 层土极限侧阻力特征值，kPa；q_{pk} 为桩端阻力特征值，kPa；γ_{sp} 为桩侧阻端阻综合抗力分项系数。

终止压桩力与承载力有着本质的区别，根据建筑地基处理技术规范和既有建筑物加固规程的有关规定，对于压入式桩，由于压桩过程是动摩擦，因而压桩力能满足设计要求的单桩承载力特征值的 1.5 倍，则定能满足静载荷试验时安全系数为 2 的要求。单桩承载力可按式(9-10)估算。

$$R_k = P_{ap} / K \tag{9-10}$$

式中，R_k 为承载力特征值；P_{ap} 为终止压桩力；K 为安全系数取 1.5。

2）桩及桩位布置设计

单桩与桩段长度的设计要根据加固要求和地基条件而定。

静压桩的设计数量是根据桩材强度及地基土的承载力，在确定托换桩的承载力特征值 (R_k) 后，按照式(9-11)计算所需桩数 n。

$$n = m(F+G)/R_k \tag{9-11}$$

式中，F 为上部结构传至基础顶面的竖向力设计值；G 为基础自重设计值加基础上的土重特征值；m 为基础底面积托换率，选值与托换的性质有关。

锚杆静压桩截面边长一般为 180~300mm。混凝土强度不小于 C30 级。桩段长度根据施工净空条件确定，一般取 1.0~3.0m。桩段的尺寸还应考虑接桩和搬运方便。单桩承载力取决于地基土层情况。锚杆静压桩可形成端承桩和摩擦桩。桩位布置应靠近墙体或柱子。设计桩数应由上部结构荷载及单桩竖向承载力通过计算确定；必须控制压桩力不得大于该加固部分的结构自重。压桩孔宜为上小下大的正方棱台状，其孔口每边宜比桩截面边长大 50~100mm。

桩身材料可采用钢筋混凝土或钢材；对钢筋混凝土桩宜采用方形；桩内主筋应通过计算确定。当方桩截面边长为 200mm 时，配筋不宜少于 4Φ10；当边长为 250mm 时，配筋不宜少于 4Φ12；当边长为 300mm 时，配筋不宜少于 4Φ16。桩身混凝土强度等级不应低于 C30 级。当桩身承受拉应力时，应采用焊接接头。其他情况可采用硫黄胶泥接头连接。当采用硫黄胶泥接头时，其桩节两端应设置焊接钢筋网片，一端应预埋插筋，另一端应预留插筋孔和吊装孔。当采用焊接接头时，桩节的两端均应设置预埋连接铁件。

桩位置宜靠近墙体或柱子，以利于荷载的传递。桩孔的成孔过程中往往要截断底板钢筋，桩孔尽量布置在弯矩较小处，并使凿孔时截断的钢筋最少。采用硫黄胶泥接桩还是焊接接桩取决于是否承受水平力或拉拔力，硫黄胶泥接桩抗水平力和抗拉拔力性能差。

3) 承台设计

原基础承台除应满足有关承载力要求外,尚应符合下列规定:承台周边至边桩的净距不宜小于 200mm;承台厚度不宜小于 350mm;桩顶嵌入承台内长度应为 50~100mm;当桩承受拉力或有特殊要求时,应在桩顶四角增设锚固筋,伸入承台内的锚固长度应满足钢筋锚固要求;压桩孔内应采用 C30 微膨胀早强混凝土浇筑密实;当原基础厚度小于 350mm 时,封桩孔应用 2Φ16 钢筋交叉焊接于锚杆上,并应在浇注压桩孔混凝土的同时,在桩孔顶面以上浇注桩帽,厚度不得小于 150mm。

4) 锚杆及锚固深度设计

锚杆根据压桩力设计。锚杆可用螺纹钢和光面钢筋制作,也可在端部墩粗或加焊钢筋,锚固深度一般取 10~12 倍锚杆直径,并不应小于 300mm,锚杆露出承台顶面长度应满足压桩机具要求,一般不应小于 120mm。当压桩力小于 400kN 时,可采用 M24 锚杆;当压桩力为 400~500kN 时,可采用 M27 锚杆;锚杆螺栓在锚杆孔内的黏结剂可采用环氧砂浆或硫黄胶泥;锚杆与压桩孔、周围结构及承台边缘的距离不应小于 200mm。

采用锚杆静压桩加固应对原有基础进行抗冲切、抗弯和抗剪能力验算。

3. 锚杆静压桩的施工

锚杆静压桩施工由于施工场地有限,具有其特殊性,其施工流程如图 9.10 所示。

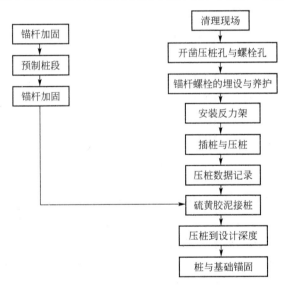

图 9.10　锚杆静压桩施工流程

首先清除基础面上的覆土,并将地下水位降低至基础面以下,以保证作业面。按加固设计图放线定位。凿孔完成后,对锚杆孔应认真清渣,再采用树脂砂浆固定锚杆,养护后再安装压桩反力架。采用电动或手动千斤顶压桩。桩段长度根据反力架及施工环境确定。压桩过程中不能中途停顿过久。

接桩可采用硫黄胶泥,也可采用焊接,视设计要求确定。硫黄胶泥接桩成本低,接桩速度快,但抗水平力性能差。采用焊接接桩效果好,并可使桩具有较好的抗水平力性能,但成本较高。有时在桩上部采用焊接接桩,下部采用硫黄胶泥接桩,这样既可满足抵抗水平力的要求,又可节省投资。硫黄胶泥接桩和焊接接桩均应符合有关技术规程规定。

压桩至设计要求时，可进行封桩。压桩施工过程中应加强沉降监测，注意施工过程中产生的附加沉降。

9.4.2 预制桩托换

若既有建筑物的沉降未稳定或还在发展，但尚未丧失使用价值，可采用预制桩托换法对其基础地基进行加固补强，以阻止该建筑物的沉降、裂缝或倾斜继续发展，恢复其使用功能。托换法适用于钢筋混凝土基础或基础内设有地（或圈）梁的多层及单层建筑，对于淤泥、淤泥质土、黏性土、粉土和人工填土等，且地下水位较低的情况效果比较好。预制桩托换法是在已开挖的基础下托换坑内，利用建筑物上部结构自重作为支承反力，用千斤顶将预制好的钢管桩或钢筋混凝土桩段——压入土中，逐段接成桩身的托换方法。

1. 预制桩托换的适用条件

预制桩托换法适用于淤泥、淤泥质土、黏性土、粉土和人工填土，且有埋深较浅的硬持力层。当地基土中含有较多大的块石、坚硬黏性土或密实的砂土夹层时，应根据现场试验确定其适用与否。

预制桩托换法与硅化、碱液或其他加固方法有所不同，主要是通过托换桩将原有基础的部分荷载传给较好的下部土层中。桩位通常沿纵、横墙的基础交接处、承重墙基础的中间、独立基础的四角等部位布置，以减小基底压力，阻止建筑物沉降不再继续发展为主要目的。

2. 预制桩托换的设计

桩身可采用直径为150～300mm的开口钢管或边长为150～250mm的预制钢筋混凝土方桩，每节桩长可按既有建筑基础下坑的净空高度和千斤顶的行程确定。

桩的平面布置应根据既有建筑的墙体和基础形式及荷载大小确定。应避开门窗等墙体薄弱部位，设置在结构受力结点位置。

当既有建筑基础结构的强度不能满足压桩反力时，应在原基础的加固部位加设钢筋混凝土地梁或型钢梁，以加强基础结构的强度和刚度，确保工程安全。

3. 预制桩托换的施工

(1) 施工时先在靠近被加固建筑物的一侧开挖1.2m×0.9m的竖坑，对坑壁不能直立的砂土或软弱土等地基应进行坑壁支护，再在基础梁、承台梁或直接在基础底面下开挖长0.8m×0.5m的基坑。

(2) 压桩施工时，先在基坑内放入第一节桩，并在桩顶上安置千斤顶及测力传感器，再驱动千斤顶压桩，每压入下一节桩后，再接上一节桩。

对于钢管桩，其各节的连接处可采用套管接头。当钢管桩很长或土中有障碍物时需采用焊接接头。整个焊口（包括套管接头）应为满焊。

对于预制钢筋混凝土方桩，桩尖可将主筋合拢焊在桩尖辅助钢筋上，在密实砂和碎石类土中，可在桩尖处包以钢板桩靴。桩与桩间接头可采用焊接或硫黄胶泥接头。

(3) 桩位平面偏差不得大于±20mm，桩节垂直度偏差应小于1%的桩节长。

(4) 桩尖应到达设计持力层深度，且压桩力达到国家标准《建筑地基基础设计规范》

(GB 50007—2011)规定的单桩竖向承载力标准值的 1.5 倍，且持续时间不应少于 5min。

（5）对于钢筋混凝土方桩，顶进至设计深度后即可取出千斤顶，再用 C30 微膨胀早强混凝土将桩与原基础浇注成整体。当施加预应力封桩时，可采用型钢支架，而后浇注混凝土。

对于钢管桩，应根据工程要求，在钢管内浇注 C20 微膨胀早强混凝土，最后用 C30 混凝土将桩与原基础浇注成整体。

封桩可根据要求采用预应力法或非预应力法施工。

4. 预制静压桩的质检

预制静压预制桩属于隐蔽工程，将其压入土中后，不便进行检验，桩的质量与砂、石、水泥、钢材等原材料以及施工因素有关。施工验收，应侧重检验制桩的原材料化验结果以及钢材、水泥出厂合格证、混凝土试块的试验报告和压桩记录等内容。最终压桩力与桩压入深度应符合设计要求，桩材试块强度应符合设计要求。

9.4.3 树根桩托换

第 7 章已经详细讲述了树根桩的设计与施工，这里仅探讨将树根桩用于托换的情况。树根桩是一种小直径(150～300mm)钻孔灌注桩(图 9.11)，长度一般不超过 30m，可以是竖直桩也可以是斜桩或形成网状结构如树根状，故称为树根桩。先利用钻机钻孔，待满足设计要求后，放入钢筋笼，再填入碎石或细石，用 1MPa 的起始压力将水泥浆从孔底压入孔中直至从孔口泛出。根据已有经验大约有 50％以上的水泥浆压入周围土层，使桩面的摩阻力增大。

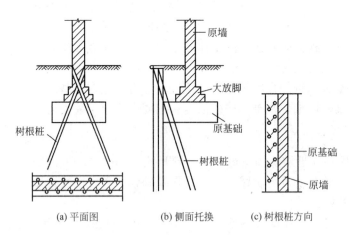

(a) 平面图　　(b) 侧面托换　　(c) 树根桩方向

图 9.11　树根桩托换条形基础

1. 树根桩法的适用范围和特点

树根桩主要运用于建筑物需要加层(或上部增加荷载)，地基和基础承载力不足时；由于地质勘察、设计和施工原因，建筑物建成后，发生不均匀沉降；由于市政工程，如地铁或隧道通过建筑物下面地基土层时，为防止建筑物的不均匀沉降；古建筑的地基基础加固；对岩石和土体边坡稳定加固等。树根桩法适用于淤泥、淤泥质土、黏性土、粉土、砂土、碎石土及人工填土等地基土。

树根桩托换具有以下优点：所需施工场地较小，一般平面尺寸为 $0.6m \times 1.8m$，净空高度 2.2m 就能施工；施工时噪声小，机具简单，振动小，对已损坏需托换的建筑物比较安全；所有操作都可在地面上进行，比较方便；压力灌浆使树根桩与地基土紧密结合，桩和承台联结成一整体；桩径很小，因而施工对承台和地基土几乎不产生扰动；可在各种类型的土中制作树根桩。施工时因桩孔很小，故而对墙身和地基土都不产生任何次应力，所以托换加固时不存在对墙身有危险；也不扰动地基土和干扰建筑物的正常工作情况。

2. 树根桩的作用机理

树根桩一般为摩擦桩，与地基土体共同承担荷载，组成刚性桩复合地基。对于网状树根桩，可视为修筑在土体中的三维结构，设计时以桩和土间的相互作用为基础，由桩和土组成复合土体的共同作用，将桩与土围起来的部分视为一个整体结构。

3. 树根桩加固地基设计计算内容

1）树根桩桩身设计

树根桩的直径宜为 150～300mm，桩长不宜超过 30m，桩的布置可采用直桩型或网状结构斜桩型。

桩身混凝土强度等级应不小于 C20，钢筋笼外径宜小于设计桩径 40～60mm。主筋不宜少于 3 根。对于软弱地基，主要承受竖向荷载时的钢筋长度不得小于 1/2 桩长；主要承受水平荷载时应全长配筋。

2）树根桩的单桩承载力

单桩承载力可根据单桩载荷试验确定，尚应考虑既有建筑的地基变形条件的限制和桩身材料的强度要求。如果采用理论计算，一般按摩擦桩设计。

$$R_{kd} = \frac{\sum q_i l_i u_p}{K} \tag{9-12}$$

式中，R_{kd} 为单桩容许承载力，kN；u_p 为桩周长，m；q_i 为第 i 层土的极限摩阻力，kPa；l_i 为第 i 层土中的桩长，m；K 为安全系数，一般可取 2。

3）树根桩复合地基

树根桩一般为摩擦桩。采用树根桩加固地基时，桩与地基土共同承担上部荷载，与土形成复合地基。树根桩复合地基一般属于刚性桩复合地基。

4）树根桩承受水平荷载

树根桩与土形成挡土结构，承受水平荷载。对树根桩挡土结构不仅要考虑整体稳定，还应验算树根桩复合土体内部强度和稳定性。

4. 树根桩的施工

小直径钻孔灌注桩也称为微型桩。小直径钻孔灌注桩可以竖向、斜向设置，网状布置如树根状。

树根桩施工流程如图 9.12 所示。

1）成孔

树根桩的成孔一般是采用小型钻机钻孔，采用水或泥浆作为循环冷却钻头和除渣手段。同时循环水在钻进过程中，水和泥土搅拌混合在一起变成泥浆状。有时为了提高树根桩的承载力，多采用正循环方法，当遇到较硬土层时，换上水力扩孔钻头，以达到扩孔目的。在饱和软黏土层钻进时，经常遇到流砂层，钻进时，进尺速度要慢，依靠岩心管在流砂层表面磨动旋转，加上孔内泥浆，使其孔壁表面形成泥皮，以达到护孔目的。当表土层松散时，用套管护孔，套管口一般高出地面 100mm。钻至设计标高时，进行清孔，到溢出较清的水为止。

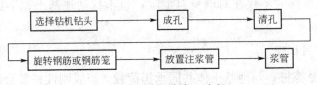

图 9.12　树根桩施工流程

2）放置钢筋或钢筋笼

钢筋笼根据设计荷载确定其含筋量，每段钢筋笼的长度可以视现场条件和机具的吊放能力而定，一般每节长 5～6m，钢筋笼的接头采用绑扎或焊接均可，其搭接长度应符合规范要求。由于树根桩的直径均较小，故钢筋的混凝土保护层一般为 15～20mm 厚，对于特殊要求另做处理。当分节吊放时，节间钢筋搭接焊缝长度双面焊不得小于 5 倍钢筋直径，单面焊不得小于 10 倍钢筋直径。

3）放置压浆管

压浆管放在钢筋笼或钻孔中心位置，常采用直径为 20mm 无缝铁管。注浆管应直插到孔底。需二次注浆的树根桩应插两根注浆管，施工时应缩短吊放和焊接时间。制作灌浆管时，当考虑拔出时，接头处采用外缩节，使外管壁光滑，容易从砂浆（或混凝土）中拔出。为防止泥浆进入管内，需在管底口用黑胶布或聚乙烯胶布封住，将管底口以上 1.0m 范围做成花管形状，其孔眼直径为 8mm，纵向间距为 100mm，竖向四排，灌浆管一般放在钢筋笼内，一起放入到钻孔内。

4）投入碎石

当采用碎石和细石填料（5～25mm）时，填料应经清洗，投入量不应小于计算桩孔体积的 0.9 倍，填灌时应同时用注浆管注水清孔。套管拔除后再补灌细石子，直到灌满。

5）注浆

注浆时让水泥浆从钻孔底部逐渐向上升。采用分段注浆、分段提注浆管的方式。当采用一次注浆时，泵的最大工作压力不应低于 1.5MPa。开始注浆时，需要 1MPa 的起始压力，将浆液经注浆管从孔底压出，此时注浆压力宜为 0.1～0.3MPa，使浆液逐渐上冒，直至浆液泛出孔口停止注浆。

当采用二次注浆时，泵的最大工作压力不应低于 4MPa。待第一次注浆的浆液初凝时方可进行第二次注浆，浆液的初凝时间根据水泥品种和外加剂掺量确定，可控制在 45～60min 范围；第二次注浆压力宜为 2～4MPa，二次注浆不宜采用水泥砂浆和细石混凝土。

注浆施工时应采用间隔施工、间歇施工或增加速凝剂掺量等措施，以防止出现相邻桩冒浆和串孔现象。树根桩施工中不应出现缩颈和塌孔。拔管后应立即在桩顶填充碎石，并在 1～2m 范围内补充注浆。

5. 树根桩质检

树根桩质量检验应符合下列规定：每 3～6 根桩应留一组试块，测定抗压强度，桩身强度应符合设计要求。应采用载荷试验检验树根桩的竖向承载力，有经验时也可采用动测法检验桩身质量。两者均应符合设计要求。

9.5 灌浆托换

灌浆法是指利用液压、气压或电化学原理，通过注浆管把浆液均匀地注入地层中，浆液以填充、渗透和挤密等方式侵入土颗粒间或岩石裂隙中的水分和空气所占据的空间，经一定时间后，浆液将原来松散的土粒或裂隙胶结成一个整体，形成一个结构新、强度大、防水性能好和化学稳定性良好的结石体，如图 9.13 所示。

灌浆法在我国煤炭、冶金、水电、建筑、交通和铁道等部门都得到了广泛使用，并取得了良好的效果。

根据灌浆机理，灌浆法可分为下述几类。

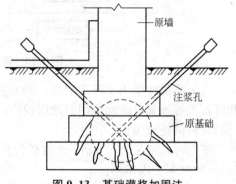

图 9.13 基础灌浆加固法

9.5.1 渗透灌浆法

渗透灌浆法是指在压力作用下使浆液充填土的孔隙和岩石的裂隙，排挤出孔隙中存在的自由水和空气，而基本上不改变原状土体的结构和体积，所用灌浆压力相对较小。这类灌浆一般只适用于中砂以上的砂性土和有裂隙的岩石。

渗透灌浆法主要运用于砂土、粉土、黏性土或人工填土等地基加固，一般用于防渗堵漏，提高地基土的强度和变形模量以及控制地层沉降等。

按注浆的材料进行分类时，浆液可分为颗粒状浆液(以水泥为主剂的浆液)和化学浆液两种，与颗粒状浆液相比，化学浆液的优点是能灌入较小的孔隙，稠度较小，能较好地控制凝固时间，但工艺复杂、成本高。

施工时先在基础中钻孔，孔径应比灌浆管直径(一般为 25mm)大 2～3mm，孔距取 1.0～3.5m，孔数对于独立基础应不小于两个孔。灌浆压力为 0.2～0.6MPa。灌浆有效半径为 0.6～1.2m。

9.5.2 劈裂灌浆法

劈裂灌浆法是指在压力作用下，浆液克服地层的初始应力和抗拉强度，引起岩体或土体结构的破坏和扰动，沿垂直于最小主应力的平面发生劈裂，或原有的裂隙或孔隙张开，形成新的裂隙或孔隙，浆液的可灌性和扩散距离增大，而所用的灌浆压力相对较高。

9.5.3 高压喷射注浆

高压喷射注浆技术是化学灌浆结合高压射流切割技术发展起来的一种软黏土地基处理技术。当既有建(构)筑物地基承载力不足，或地基变形偏大，特别是产生过大不均匀沉降时，常采用高压喷射注浆法，在基础下设置旋喷混凝土，旋喷桩可直接设置在基础下，也可在基础边缘设置，使基础部分搁置在旋喷桩上。

高压喷射注浆法施工工序按图 9.14 进行。

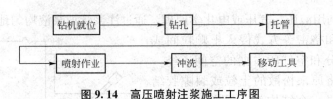

图 9.14　高压喷射注浆施工工序图

高压喷射注浆用于处理淤泥、淤泥质土、流塑或软塑黏性土、粉土、砂土、人工填工和碎石工等地基，因此运用的地层较广；既可用于工程新建之前，又可用于竣工后既有建(构)筑物的托换工程。

施工时只需在土层中钻一个直径为 50~90mm 的小孔，便可在土口喷射成直径为 0.4~2.5m 的水泥土固结体。

在施工中可调整旋喷速度和提升速度，增减喷射压力或更换喷嘴孔径改变流量，根据工程设计需要，可控制固结体形状；浆液以水泥为主体，材料较普通。

9.5.4 挤密灌装法

挤密灌浆法是指通过钻孔在土中灌入极浓的浆液，在注浆点使土体挤密，在注浆管端部附近形成浆泡。当浆泡的直径较小时，灌浆压力基本上沿钻孔的径向扩展。随着浆泡尺寸的逐渐增大，便产生较大的上抬力而使地面抬动。经研究证明，向外扩张的浆泡将在土体中引起复杂的径向和切向应力体系。紧靠浆泡处的土体将遭受严重破坏和剪切，并形成塑性变形区，在此区内土体的密度可能因扰动而减小；离浆泡较远的土则基本上发生弹性变形，土的密度有明显的增加。

浆泡的形状一般为球形或圆柱形。在均匀土中的浆泡形状相当规则，反之则很不规则。浆泡的最后尺寸取决于很多因素，如土的密度、湿度、力学性质、地表约束条件、灌浆压力和注浆速率等。实践证明，离浆泡界面 0.3~2.0m 内的土体都能受到明显的加密。

挤密灌浆法常用于中砂地基，黏土地基中若有适宜的排水条件也可采用。如遇排水困难而可能在土体中引起高孔隙水压力时，就必须采用很低的注浆速率。挤密灌浆法可用于非饱和的土体，以调整不均匀沉降进行托换技术，以及在大开挖或隧道开挖时对邻近土进行及加固。

9.5.5 电动化学灌浆法

电动化学灌浆法是在电渗排水和灌浆法的基础上发展起来的一种加固方法，是指在施工时将带孔的注浆管作为阳极,将滤水管作为阴极,将溶液由阳极压入土中,并通以直流电(两电极间电压梯度一般采用$0.3\sim1.0V/cm$)。在电渗作用下,孔隙水由阳极流向阴极,促使通电区域中土的含水率降低,并形成渗浆通路,化学浆液也随之流入土的孔隙中,并在土中硬结。

如果地基土的渗透力$k<1\times10^{-4}cm/s$,由于孔隙很小,只靠静压力难于使浆液注入土的孔隙中,此时需用电渗的作用使浆液注入土中。因而电动化学灌浆法就是在电渗排水和灌浆法的基础上发展起来的一种加固方法。但由于电渗排水作用可能会引起邻近既有建筑物基础的附加下沉,这一情况应予慎重注意。

9.6 建筑物纠偏

当建筑物沉降或沉降差过大,影响建筑物正常使用时,有时在进行地基加固后尚需进行纠偏。

9.6.1 造成建(构)筑物损坏与病害的原因分析

由于受自然和人为因素影响,建(构)筑物常遭受各种损坏和病害,这类问题统称为建筑物的病害(图9.15),同时由于人们对既有建筑物提出了新的要求,如增层、移位、抬升或下降等,这类问题统称为既有建筑物的改造。上述两类问题都可以通过有效的技术手段得到圆满解决,并且往往可以节约大量资金,事半功倍。

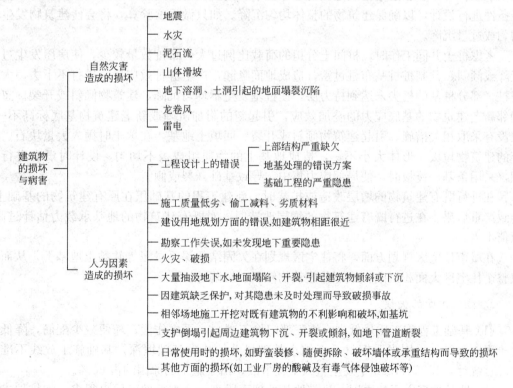

图 9.15 建筑物的损坏与病害分类

在人为影响方面，建筑物的病害主要由场地勘察、设计、施工、使用和维护管理等方面的不当所造成的。

9.6.2　建筑物发生裂损、倾斜的原因分析

1. 设计工作的失误

许多设计人员对地基基础问题的重要性认识不足，常把复杂的地基问题简单化处理。据建设部 1993—1996 年的重大工程事故统计，由于设计工作失误导致建筑物发生质量事故的约占事故总数的 40%。

设计建筑物基础时，没有掌握地基土性，缺乏方案的认真比选、专家论证，采用的基础形式不当而发生事故；在深厚淤泥软黏土地基上，错误选用沉管灌注桩、沉管夯扩桩等基础形式，经常发生缩颈、离析、断桩和桩长达不到持力层等事故。在填土、软黏土或湿陷性黄土等厚薄不均地基上，采用条形或筏板等基础方案，导致建筑物倾斜。采用强夯处理地基时，由于夯击能量不足，影响深度达不到加固深度的要求，没有消除填土或黄土的湿陷性，如果建筑物在使用过程中地基浸水，必然造成建筑物下沉、倾斜或裂损。对于欠固结的填土、淤泥等软黏土地基，地面大量回填堆载，采用桩基方案时，如忽视负摩擦力的作用与计算，常发生布桩数量不足，导致桩基过量沉降、断桩等严重事故，使建筑物开裂或倾斜。

同一栋建筑物上选用两种以上基础形式或将基础置于刚度不同的地基土层上，易发生严重事故。对于软黏土地基或建筑物形体复杂、高度变化较大时，必须按照变形与强度双控条件进行设计，以确保建筑物的整体均匀沉降。如只做强度验算，将会使建筑物发生不均匀或过量沉降。

考虑桩土共同工作时，桩间土分担的荷载比例过大，布桩数量较少，使房屋发生过量沉降或倾斜。预制桩桩基布桩过密，造成地面隆起，产生群桩效应等，桩打不下去，大量截桩，部分桩基的桩尖未达到持力层，使桩基发生不均匀沉降，建筑物倾斜或开裂。忽视相邻新老建筑物的基底应力的叠加效应，引起新的附加沉降或新老建筑物基底标高不一，又没有采取相关措施，引起建筑物倾斜或开裂。回填土地基，在填土时抛入大量块石、废弃的建筑物垃圾，形体大小不一，造成地基土的物质组成极不均匀，设计时没有进行处理，采用条基、筏板时，使局部应力集中，导致基础开裂或倾斜。

在进行既有建筑物的增层改造或扩建时，新建工程的基础压在原有建筑物的基础上，导致严重后果。在进行既有建筑物的增层改造时，对既有建筑物的地基承载力估计过高，取值不当。

在城市住宅区规划方面，将住宅区规划在欠固结的深厚淤泥等软黏土地基上，从而导致整个住宅区大面积沉陷，或部分建筑物倾斜、沉陷等。

2. 施工方面的失误

（1）基础工程施工质量低劣：施工部门偷工减料，弄虚作假，随便减少配筋，降低混凝土强度等级，采用劣质钢材乃至缩小基础尺寸，减少基础埋深，基础施工放线不准确等。据统计，1993—1996 年发生重大工程事故，由于施工的原因约占 60%。

（2）地基处理方面的原因：目前地基处理手段多，这方面的问题也很多，如桩端未进

到设计持力层、桩径未满足设计要求，强夯未达到有效的影响深度，振冲碎石桩未达到振密效果，检测手段不合理或未能正确反映实际情况等。

（3）地下开挖引起地面建筑物的裂损：城市由于修建地铁、地下街等地下建筑物，或者矿区开挖采矿、采煤巷道引发地面沉降，造成地面建筑物的下沉、开裂、倾斜等损害。

（4）相邻深基坑施工引起建筑物的损坏：在高层建筑基础工程施工中，由于深基坑的开挖、支护、降水、止水、监测等技术措施不当，造成支护结构倒塌或过大变形，基坑大量漏水、涌土失稳，基坑周边地面塌陷，以及相邻建筑物基础工程的施工相互影响，都会对已建成或正在建造的相邻建筑物造成威胁与损坏，引发严重的事故。

3. 工程勘察方面的失误

若勘测点布置过少，或只借鉴相邻建筑物的地质资料，对建筑场地没有进行认真勘察评价，提出的地质勘察报告不能真实反映场地条件，如岩溶土洞、墓穴等没有被发现，甚至旧的人防地下道也被忽视，使新建的建筑物发生严重下陷、倾斜或开裂。勘察资料不准确，结论不正确、建议不合理，给结构设计人员造成误导。

4. 周围环境因素对建筑物造成的损害

这类损害主要是指周边的施工开挖、降水、振动等因素的影响。地下水位的自然升降也不容忽视，我国已有360多个城市严重缺水，由于大量超限开采、抽汲地下水，地下水位明显下降，或者由于修建水库等原因，引起地下水位上升，都会改变建筑物地基承载性状，可能引起建筑物的下沉或裂损。地下水具有侵蚀性质，或周边有对混凝土基础造成腐蚀物质时，使基础混凝土和钢筋严重锈蚀和剥蚀，造成基础严重开裂，引起建筑物损坏。

5. 使用或管理不当对建筑物造成的损害

已建成的建筑物使用不当，如上下水管道破裂长期不修，地面长期积水不排泄，污水井堵塞，污水流入地基等，都可能使地基浸水湿陷。装修时随便拆除承重墙，致使承载结构裂损。各种病害发生后没有及时维修，造成建筑物开裂或倾斜破坏。

除上述人为因素以外，自然灾害如地震、山体滑坡、水灾、泥石流等造成地基液化、地基土被水掏空、基础滑移等，都会对建筑物造成严重损害。

9.6.3 裂损、倾斜建筑物治理方案的制订

制订建筑物正式纠偏扶正和加固方案时，应当充分掌握并具备以下各项条件：业主的要求和建筑物重要程度，实际倾斜和开裂情况，建筑物纠偏时是否有人居住，周围环境条件，地基土质和新补充的勘探资料，基础的损坏情况，原建筑物发生倾斜原因的分析结论，原建筑物检验鉴定结果及纠偏可行性的报告，经现场试验验证的纠偏技术的可行性，与纠偏工程有关各方的协议书等。

制订纠偏扶正和防复倾加固技术方案要在有经验的专家指导下，进行反复分析比选。承担纠偏工程的技术主管应当充分熟悉各种纠偏方法，并对其适用条件有正确判断。对于重要建筑物已确定的纠偏工程技术方案还应通过专家论证，充分听取各方面意见，不断改进充实完善，尽可能避免疏忽漏洞。在制订纠偏时，应按照建筑物的结构特征和高度条件，分别依据相关规范对其纠偏后允许残留值作出规定，以便确定纠偏工程的实施标准与

计算工程量值，同时也是纠偏工程验收的技术标准。

纠偏工程技术方案设计文件应包括的内容如下：纠偏时采用的具体方法和技术内容；纠偏施工的详细步骤和要点；回倾速率及最大回倾值；对于整体结构刚度差的建筑物，纠偏前要对其原结构进行有针对性的加固设计，以防止在纠偏施工时发生破损甚至倒塌；观察点的布置及监测要求；施工安全及防护技术措施，工程报警装置；防复倾加固技术的施工方法；对相邻建筑物影响的防护技术及措施；质量检查及验收标准，稳定期间的继续观测计划及要求；竣工验收文件内容及要求。

9.6.4 建筑物纠偏的分类

建筑物纠偏的技术主要有两条途径(图9.16)，一是将沉降小的部位促沉，使沉降均匀而将建筑物纠正，另一是将沉降大的部位顶升，将建筑物纠正。

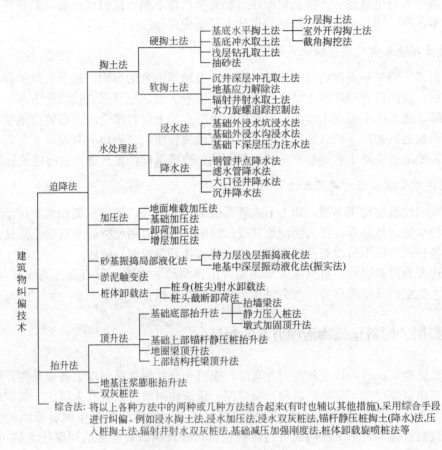

图 9.16 建筑物纠偏技术的分类

建筑纠偏的方法有两类：一类是通过加载来影响地基变形达到促沉纠斜的目的，另一类是通过掏土来调整地基土的变形达到纠偏的目的。掏土有的直接在建筑物沉降较小的一侧基础下面掏土，有的在建筑物沉降较小的一侧的基础侧面地基中掏土。

顶升纠偏是采用千斤顶将倾斜建筑物顶起和用锚杆静压桩将建筑物提拉起的纠偏方

法。若建筑物提拉起后，其全部或部分被支承在增设的桩基或其他新加的基础上，则称为顶升托换法；若建筑物被顶起后，仅将其缝隙填塞，则称为顶升补偿法。

迫降纠偏是对建筑物沉降较小一侧地基施加强制性沉降的措施，使其在短期内产生局部下沉，以扶正建筑物的一种纠偏方法。常用的迫降纠偏方法有掏土(抽砂)纠偏法、加压纠偏法、抽水纠偏法和浸水纠偏法。

1. 掏土(抽砂)纠偏法

掏土(抽砂)纠偏法是从沉降较小一侧的基础下掏土取砂，迫使其下沉的纠偏方法。这种方法所用设备少，纠偏速度快，费用低，因此是纠偏扶正的常用方法。掏土纠偏法一般常被用于软黏土、淤泥质土、杂填土、湿陷性黄土等土质不好的地基；抽砂纠偏法适用于砂质地基和具有砂垫层的地基。

2. 加压纠偏法

加压纠偏法是通过堆放荷重或杠杆加压等措施迫使沉降小的一侧加速沉降，使建筑物纠偏扶正的方法。采用加压法纠偏，事先要查明基底压力的大小及压缩层范围内土的压缩性质，根据纠偏量的大小估算出地基所需的压缩值，然后结合地基土的压缩性，计算出完成上述压缩量所需的附加应力增量，即可得出应施加的压力。加压纠偏法适用于土质条件较差，承载力低的软黏土、填土、淤泥质土以及饱和黄土地基上建(构)筑物。

3. 抽水纠偏法

抽水纠偏法是依靠抽取土体中的水分，降低地下水位，缩小土体中的孔隙，加快土体压缩和固结，达到调整不均匀沉降的纠偏方法。它适用于建造在软黏土、淤泥质土、特软黏土等土层上且地下水位又较高的建筑物，也适宜用于建造在泥炭土、有机质土和高压塑性土上建筑物。

4. 浸水纠偏法

湿陷性黄土地基在浸水后会产生下陷。因此，当地面渗水或地下管道漏水时会引起建筑物地基含水率的不均匀，从而导致地基不均匀沉降，建筑物发生倾斜或开裂。浸水纠偏法就是根据上述原理设法使沉降小一侧的地基浸水，迫使其下沉，达到建筑物纠偏扶正的目的。浸水纠偏法适用于处理含水率较低($\omega < 23\%$)，土层较厚，湿陷性较强($\delta_s > 0.03$)的黄土地基建筑物。

5. 综合纠偏

1) 顶升迫降法

在实际工程中经常把顶升和迫降综合起来使用，其工艺是先在沉降较大的一侧用锚杆静压桩进行提拉，以减少沉降差和基底压力，防止在以后和在迫降时该侧下沉；然后在沉降较小的另一侧用掏土或抽砂、抽水、浸水、加压等方法迫降，直至建筑物被扶正为止。

2) 混合迫降法

为了加快纠偏速度，可将两种或三处迫降法混合使用。

3) 卸载牵拉纠偏法

对于建造在软黏土地基上的储罐、储池等筒体结构的纠偏，由于其自身刚度较强，可先将其卸载，然后在构筑物上部捆绑钢丝绳，用卷扬机牵拉，使地基产生不均匀压沉。待纠偏扶正后再加强基底刚度，扩大基底面积，或与其他构筑物基础连接在一起加固基础。

9.6.5 建筑物纠偏加固的施工技术要点

根据纠偏工程设计方案应编制施工计划，并要注意以下内容。

对整体刚度较差的建筑物，纠偏施工前先进行破损部位或建筑物整体的加固施工，防止建筑物在施工时发生倒塌。同时要考虑建筑物地基在纠偏施工时可能产生的附加沉降，并估计纠偏后建筑物地基可能持续的变形（即滞后的回倾量），在纠偏施工时及施工后要加强现场观测，并采取有效的处理措施。对于纠偏后的复倾可能性，应根据防复倾加固设计，在纠偏施工前或施工后进行加固处理。

施工前要对相邻建筑物及地下设施进行一次检查或测量，要与对方协商或签订协议，采取必要的保护措施。纠偏扶正施工前要进行现场试验性施工。以便选定施工参数，验证纠偏扶正的设计方案可行性，进行必要的调整与补充，使其更加完善。

具体安排现场监测方式、监测点、监测内容和手段，布设回倾率的控制装置，以便通过监测，控制回倾速率，调整施工进度与施工方法，掌握纠偏复位结束的时机，预留滞后回倾量。密切观测建筑物裂缝变化情况，根据裂缝变化规律，调整纠偏速率或采用相应的辅助措施。

纠偏施工结束时应注意对建筑物房心土的回填、夯实、地坪做法以及墙体裂缝处理等的施工质量，以利于增加建筑物整体刚度、抗倾覆、抗裂损的能力。

施工期间应严密监视相邻很近的建筑设施，经常检查其保护性措施的状况，严防出现问题。在纠偏施工期间，可能会出现原来没有预想到的新情况、新问题，因此纠偏技术方案应根据现场条件的改变而及时修正调整，以便确保纠偏工程的成功。

纠偏施工竣工的文件应明确包括纠偏工程设计文件、施工中修改调整措施、施工日记、试验性施工小结、现场监测及裂缝变化记录、相邻建筑物及地下设施情况、工程鉴定和验收结论等，并作为纠偏建筑物的技术档案予以保存。

本 章 小 结

本章主要讲述既有工程地基加固原理和加固方法；掌握常用加固技术及应用范围；根据工程条件，提出合理的加固方案，进行加固设计；熟悉既有工程基础托换的常用方法和适用范围。

既有建（构）筑物地基加固与基础托换主要从三方面考虑：一是通过将原基础加宽，减小作用在地基土上的接触压力；二是通过地基处理改良地基土体或改良部分地基土体，提高地基土体抗剪强度、改善压缩性，以满足建筑物对地基承载力和变形的要求，常用如高压喷射注浆、压力注浆以及化学加固、排水固结、压密、挤密等技术；三是在地基中设置墩基础或桩基础等竖向增强体，通过复合地基作用来满足建筑物对地基承载力和变形的要求，常用锚杆静压桩、树根桩或高压旋喷注浆桩等加固技术。

习　　题

一、思考题

1. 什么叫做建(构)筑物地基加固技术或托换技术?

2. 建(构)筑物地基加固技术分为几种?

3. 加宽托换适应什么样的情况? 加宽形式有几种?

4. 什么是坑式托换? 有什么优缺点?

5. 什么是桩式托换? 有几种分类?

6. 什么是锚杆静压桩? 如何施工?

7. 什么是树根桩? 有什么特点? 适用什么样的情况?

8. 简述注浆托换的定义、分类和适用范围。

9. 建筑物为什么会发生裂损和倾斜?

10. 建筑物的纠偏技术分为哪几类?

二、单选题

1. 在以下几种对建筑物基础进行加固处理的方法中,改变地基土压缩性的是(　　)。

  A. 基础加宽法　　　　　　　　　B. 加深法

  C. 对地基土进行全部或部分改良法　　D. 锚杆静压桩法

2. 对地基基础进行加固的既有建筑,其基础最终沉降量可按式 $s = s_0 + s_1 + s_2$ 确定,如果当原建筑荷载作用下基础沉降已经稳定时,上式可变为(　　)。

  A. $s = s_0 + s_2$　　　B. $s = s_0 + s_1$　　　C. $s = s_1 + s_2$　　　D. $s = s_0$

3. 在既有建筑物地基加固与基础托换技术中,下列哪种方法是通过地基处理改良地基土体,提高地基土体抗剪强度,改善压缩性,以满足建筑物对地基承载力和变形的要求(　　)。

  A. 树根桩　　　　B. 锚杆静压桩　　　C. 压力注浆　　　　D. 灌注桩

4. 在各类工程中,垫层所起的作用也是不同的,在建筑物基础下的垫层其主要作用是(　　)。

  A. 换土作用　　　　　　　　　　B. 排水固结作用

  C. 控制地下水位作用　　　　　　　D. 控制基础标高作用

5. 树根桩是一种小直径钻孔注浆桩,属于(　　)。

  A. 柔性桩　　　　B. 散体材料桩　　　C. 刚性桩　　　　D. 爆破桩

6. 树根桩施工时,应先进行钻孔,放入钢筋后再灌注碎石,而后注入水泥浆或水泥砂浆成桩,其直径通常为(　　)。

  A. 50～150mm　　　　　　　　　B. 100～250mm

  C. 200～350mm　　　　　　　　　D. 300～500mm

7. 从桩的承载力和发挥作用机理来看,树根桩属于(　　)。

  A. 摩擦桩　　　　B. 端承桩　　　　C. 端承摩擦桩　　　D. 摩擦端承桩

8. 灰土垫层需要分段施工时,不得在柱下、墙角及承重窗间墙下接缝,且上下两层的缝距不得小于(　　)。

A. 300mm   B. 500mm   C. 700mm   D. 1000mm

9. 锚杆静压桩施工时桩的反力来自于( )。

  A. 千斤顶   B. 锚杆支架

  C. 锚杆   D. 加固部分的结构自重

10. 树根桩法用于加固工程,树根桩在施工过程中要求:直桩垂直度和斜桩倾斜度倾差均应按设计要求不得大于( )。

  A. 0.5%   B. 1%   C. 2%   D. 2.5%

三、多选题

1. 地基处理的对象是不良地基或软土地基,这些地基的主要问题是( )。

  A. 承载力及稳定性的问题

  B. 动荷载下的地基液化、失稳和震陷的问题

  C. 沉降变形问题

  D. 渗透破坏的问题

2. 宜采用单液硅化法或碱液法处理地基的建(构)筑物是( )。

  A. 沉降不均匀的既有建筑物和设备基础

  B. 拟建的设备基础和构筑物

  C. 有吊车的工业厂房等动力设备的建(构)筑物

  D. 地基受水浸湿引起湿陷,应立即阻止湿陷发展的建筑物

3. 锚杆静压桩法适用于处理的地基土有( )。

  A. 砂类土   B. 淤泥或淤泥质土   C. 人工填土   D. 粉土或黏性土

4. 坑式静压桩法适用于处理的地基土有( )。

  A. 湿陷性黄土   B. 松散砂土   C. 淤泥质土   D. 粉土

5. 基坑周边环境勘察应包括的内容( )。

  A. 查明周边地区自然地质条件

  B. 查明影响范围内建筑物的结构类型、基础类型、埋深等

  C. 查明基坑周边的各类地下设施

  D. 查明基坑四周道路的距离及车辆载重情况

附录1 主要符号索引

1. 几何参数

a_0——基础长度方向桩的外包尺寸；

A——单桩对应（或承担）复合地基总面积；

A_p——单桩截面积；

b——基础底面宽度（最小边长），或力矩作用方向的基础底面边长；

b_0——基础宽度方向桩的外包尺寸；

B——矩形基础或条形基础底边的宽度；

d——桩身直径，或基础埋置深度；

l——桩长；

L——矩形基础底边的长度；

m——复合地基置换率；

S——桩间距；

u_p——桩的截面周长；

z_n——加筋垫层厚度。

2. 作用和作用效应

F_a——主动土压力；

F_l——相应于荷载效应基本组合时，作用在冲切锥体外部的桩帽顶部压力设计值；

F_k——相应于荷载效应标准组合时，作用于基础顶面的竖向力；

G_k——基础自重及基础上土重；

M_k——相应于荷载效应基本组合时，桩边缘处截面的弯矩设计值；

p——相应于荷载效应基本组合时，桩帽顶部均布压力值；

p_c——基础底面处土的自重压力值；

p_{cz}——软弱下卧层顶面处土的自重压力值；

p_k——相应于荷载效应标准组合时，基础底面处的平均应力；

p_z——相应于荷载效应标准组合时，软弱下卧层顶面处的附加压力值；

Q_{ca}——基础下桩间土承担的荷载标准值；

Q_k——相应于作用的标准组合时，轴心竖向力作用下柱基中单桩所受竖向力；

V_s——相应于荷载效应基本组合时，作用在桩帽顶部的压力设计值。

3. 抗力和材料性能

a——压缩系数；

c_c——复合土体内聚力；

c_p——桩体内聚力；

c_s——桩间土内聚力；

D_r——砂土相对密度；

E_p——桩身压缩模量；

E_s——地基变形计算深度范围内土的压缩模量当量值；

E_{si}——基础底面下第 i 层土的压缩模量；

E_{sp}——复合地基压缩模量；

f_a——复合地基经深度修正后的承载力特征值；

f_{ak}——基础底面下天然地基承载力特征值；

f_{az}——软弱下卧层顶面处经深度修正后的地基承载力特征值；

f_c——混凝土轴心抗压强度设计值；

f_{cu}——桩体试块抗压强度平均值；

f_{pk}——桩体承载力特征值；

f_{sk}——处理后桩间土承载力特征值；

f_{spk}——复合地基承载力特征值；

f_{spk1}——加筋垫层承载力特征值；

f_t——混凝土轴心抗拉强度设计值；

I_p——塑性指数；

p_{cf}——刚性桩复合地基极限承载力；

p_{pf}——单桩极限承载力；

p_{sf}——天然地基极限承载力；

q_p——桩端土承载力特征值，桩端端阻力特征值；

q_{si}——第 i 层土的桩侧摩阻力特征值；

R_a——单桩竖向承载力特征值；

T_r——应变为 5% 时对应的加筋体拉力；

τ_c——复合土体抗剪强度；

τ_p——桩体抗剪强度；

τ_s——桩间土抗剪强度；

φ_c——复合土体内摩擦角；

φ_p——桩体内摩擦角；

φ_s——桩间土体内摩擦角；

γ_p——桩体重度；

γ_s——桩间土体重度；

δ——填土与挡土墙墙背的摩擦角；

δ_r——填土与稳定岩石坡面间的摩擦角；

θ——地基的压力扩散角。

4. 计算系数

K_1——反映复合地基中桩体实际极限承载力与单桩极限承载力不同的修正系数；

K_2——反映复合地基中桩间土实际极限承载力与天然地基极限承载力不同的修正系数；

N——荷载分担比；

n——桩土应力比；

a——桩端天然地基土的承载力折减系数；

b——桩间土承载力折减系数；

h——桩身强度折减系数；

μ_p——应力集中系数，$\mu_p = n/[1+(n-1)m]$；

μ_s——应力降低系数，$\mu_s = 1/[1+(n-1)m]$；

z——复合土层压缩模量提高系数；

λ_1——复合地基破坏时，桩体发挥其极限强度的比例，可称为桩体极限强度发挥度；

λ_2——复合地基破坏时，桩间土发挥其极限强度的比例，可称为桩间土极限强度发挥度；

ψ_s——沉降计算经验系数；

g——填料充盈系数。

附录 2 地质年代表

宙(宇)	代(界)	纪(系)	世(统)	时间间距	距今年龄/Ma(百万年)	大阶段	阶段	动物	植物	中国主要地质、生物现象
				同位素年龄/Ma(百万年)		构造阶段		生物演化阶段		
显生宙(PH) Phanerozoic	新生代(Kz) Cenozoic	第四纪(Q) Quaternary	全新世(Q₄/Qₕ) Holocene	2~3	0.012		喜马拉雅阶段(新阿尔卑斯阶段)	人类出现	被子植物繁盛	冰川广布、黄土生成
			更新世(Q₁ Q₂ Q₃/Qₚ) Pleistocene		2.48 (1.64)					
		晚第三纪(N) 第三纪(R) Tertiary	上新世(N₂) Pliocene	2.82	5.3			哺乳动物繁盛		西部造山运动、东部低平、湖泊广布
			中新世(N₁) Miocene	18	23.3					哺乳类分化
		早第三纪(E)	渐新世(E₃) Oligocene	13.2	36.5	联合古陆解体				蔬果繁盛、哺乳类急速发展
			始新世(E₂) Eocene	16.5	53			无脊椎动物继续演化发展		(我国尚无古新世地层发现)
			古新世(E₁) Palaeocene	12	65					
	中生代(Mz) Mesozoic	白垩纪(K) Cretaceous	晚白垩世(K₂)	70	135(140)		燕山阶段(老阿尔卑斯阶段)	爬行动物繁盛	裸子植物繁盛	造山作用强烈、火成岩活动矿产生成
			早白垩世(K₁)							
		侏罗纪(J) Jurassic	晚侏罗世(J₃)	73	208					恐龙极盛、中国南山俱成、大陆煤田生成
			中侏罗世(J₂)							
			早侏罗世(J₁)							
		三叠纪(T) Triassic	晚三叠世(T₃)	42	250	联合古陆形成	印支阶段 印支—海西阶段			中国南部最后一次海侵、恐龙哺乳类发育
			中三叠世(T₂)							
			早三叠世(T₁)							

（续）

地质时代、地层单位及其代号				同位素年龄/Ma(百万年)		构造阶段		生物演化阶段		中国主要地质、生物现象
宙(宇)	代(界)	纪(系)	世(统)	时间间距	距今年龄	大阶段	阶段	动物	植物	
显生宙(PH) Phanerozoic	古生代(Pz) Palaeozoic 晚古生代(Pz₂)	二叠纪(P) Permian	晚二叠世(P₂)	40	290	联合古陆形成	海西阶段	两栖动物繁盛		世界冰川广布、新南大海侵、造山作用强烈
			早二叠世(P₁)				印支—海西阶段			
		石炭纪(C) Carboniferous	晚石炭世(C₃)	72	362(355)			无脊椎动物继续演化发展	蕨类植物繁盛	气候温热，煤田生成，爬行类昆虫出现，地形低平，珊瑚礁发育
			中石炭世(C₂)							
			早石炭世(C₁)							
		泥盆纪(D) Devonian	晚泥盆世(D₃)	47	409			鱼类繁盛	裸蕨植物繁盛	森林发育，腕足类极盛，两栖类发育
			中泥盆世(D₂)							
			早泥盆世(D₁)							
	早古生代(Pz₁)	志留纪(S) Silurian	晚志留世(S₃)	30	439		加里东阶段	海生无脊椎动物繁盛	藻类及菌类繁盛	珊瑚礁发育，气候局部干燥，造山运动强烈
			中志留世(S₂)							
			早志留世(S₁)							
		奥陶纪(O) Ordovician	晚奥陶世(O₃)	71	510					地热低平，海水广布，无脊椎动物极繁，末期华北升起
			中奥陶世(O₂)							
			早奥陶世(O₁)							
		寒武纪(∈) Cambrian	晚寒武世(∈₃)	60	570(600)			硬壳动物繁盛		浅海广布，生物开始大量发展
			中寒武世(∈₂)							
			早寒武世(∈₁)							

（续）

地质时代、地层单位及其代号				同位素年龄/Ma(百万年)		构造阶段			生物演化阶段			中国主要地质、生物现象
宙(宇)	代(界)	纪(系)	世(统)	时间间距	距今年龄	大阶段	阶段		动物	植物		
元古宙 (PT) Precambrian	新元古代 (Pt₃)	震旦纪(Z/Sn) Sinian		230	800	联合古陆形成	加里东阶段		裸露动物繁盛			地形不平、冰川广布、晚期海侵加广
	中元古代 (Pt₂)	青白口纪		200	1000	地台形成	普宁阶段			真核生物出现		沉积深厚造山变质强烈，火成岩活动矿产生成
		蓟县纪		400	1400						(绿藻)	
		长城纪		400	1800							
	古元古代 (Pt₁)			700	2500		吕梁阶段			原核生物出现		早期基性喷发，继以造山作用、变质强烈，花岗岩侵入
太古宙 (AR) Archaean	新太古代 (Ar₂)			500	3000	陆核形成	2800		生命现象开始出现			
	古太古代 (Ar₁)			800	3800							地壳局部变动，大陆开始形成
冥古宙 (HD)					4600							

注：表中震旦纪、青白口纪、蓟县纪、长城纪，只限于国内使用。

地史单位表

国际性				地方性
时间(年代)地层单位		地质(年代)时代单位		岩石地层单位
宇(Eonthem)		宙(Eon)		群(Group)
界(Erathem)		代(Era)		
系(System)		纪(Period)		组(Formation)
统(Series)	上(Upper)	世(Epoch)	晚(Late)	
	中(Middle)		中(Middle)	段(Member)
	下(Lower)		早(Early)	
阶(Stage)		期(Age)		层(Bed)
时带(Chronozone)		时(Chron)		

地质年表口诀

新生早晚三四纪，六千万年喜山期；
中生白垩侏叠三，燕山印支两亿年；
古生二叠石炭泥，志留奥陶寒武系；
震旦青白蓟长城，海西加东到晋宁。

注：1. 新生代分第四纪和早第三纪、晚第三纪，构造动力属于喜山期，时间从6500万年开始；

2. 中生代从2.5亿年开始，属燕山、印支两期，燕山期包括白垩纪、侏罗纪和三叠纪的一部分，印支期全在三叠纪内；

3. 古生代分为早、晚古生代，二叠纪、石炭纪、泥盆纪属晚古生代，属海西期；志留纪、奥陶纪、寒武纪在早古生代，属于加里东期；震旦纪、青白口纪、蓟县纪、长城纪在元古代，震旦纪属于加里东期，其余属于晋宁期。

参 考 文 献

[1] 中华人民共和国国家标准. 建筑地基基础设计规范(GB 50007—2011)〔S〕. 北京：中国建筑工业出版社，2011.

[2] 中华人民共和国国家标准. 膨胀土地区建筑技术规范(GBJ 112—87)〔S〕. 北京：中国计划出版社，1989.

[3] 中华人民共和国国家标准. 铁路旅客车站建筑设计规范(GB 50226—2007)〔S〕. 北京：中国计划出版社，2007.

[4] 中华人民共和国国家标准. 城市轨道交通工程测量规范(GB 50308—2008)〔S〕. 北京：中国建筑工业出版社，2008.

[5] 中华人民共和国国家标准. 建筑抗震设计规范(GB 50011—2010)〔S〕. 北京：中国建筑工业出版社，2010.

[6] 中华人民共和国国家标准. 盾构法隧道施工与验收规范(GB 50446—2008)〔S〕. 北京：中国建筑工业出版社，2008.

[7] 中华人民共和国国家标准. 土工试验方法标准(GB/T 50123—1999)〔S〕. 北京：中国计划出版社，1999.

[8] 中华人民共和国国家标准. 建筑地基基础工程施工质量验收规范(GB 50202—2002)〔S〕. 北京：中国计划出版社，2002.

[9] 中华人民共和国国家标准. 岩土工程勘察规范(GB 50021—2001)〔S〕. 北京：中国建筑工业出版社，2001.

[10] 中华人民共和国行业标准. 建筑地基处理技术规范(JGJ 79—2002)〔S〕. 北京：中国建筑工业出版社，2002.

[11] 中华人民共和国行业标准. 软土地基深层搅拌加固法技术规程(YBJ 225—91)〔S〕. 北京：冶金工业出版社，1991.

[12] 中华人民共和国行业标准. 公路路基施工技术规范(JTG F10—2006)〔S〕. 北京：人民交通出版社，2006.

[13] 中华人民共和国行业标准. 公路路基路面现场测试规程(JTG E60—2008)〔S〕. 北京：人民交通出版社，2008.

[14] 中华人民共和国行业标准. 公路工程技术标准(JTG B01—2003)〔S〕. 北京：人民交通出版社，2004.

[15] 中华人民共和国行业标准. 铁路工程地质原位测试规程(TB 10018—2003)〔S〕. 北京：中国铁道出版社，2003.

[16] 中华人民共和国行业标准. 公路路基设计规范(JTG D30—2004)〔S〕. 北京：人民交通出版社，2004.

[17] 中华人民共和国行业标准. 高速公路交通工程及沿线设施设计通用规范(JTG D80—2006)〔S〕. 北京：人民交通出版社，2006.

[18] 中华人民共和国行业标准. 水利水电工程技术术语标准(SL26—92)〔S〕. 北京：中国水利水电出版社，1993.

[19] 中华人民共和国行业标准. 水工建筑物岩石基础开挖工程施工技术规范(SL47—94)〔S〕. 北京：中国水利水电出版社，1994.

[20] 中华人民共和国行业标准. 水工建筑物水泥灌浆施工技术规范(SL62—1994)〔S〕. 北京：中国水利水电出版社，1994.

[21] 中华人民共和国行业标准. 公路桥涵地基与基础设计规范(JTG D63—2007)〔S〕. 北京：人民交

通出版社，2007.

[22] 中华人民共和国行业标准. 既有建筑地基基础加固技术规范(JGJ 123—2000) [S]. 北京：中国建筑工业出版社，2000.

[23] 江正荣. 建筑地基与基础施工手册 [M]. 北京：中国建筑工业出版社，2003.

[24] 《地基处理手册》编委会. 地基处理手册 [M]. 3 版. 北京：中国建筑工业出版社，2008.

[25] 林宗元. 简明岩土工程勘察设计手册 [M]. 沈阳：辽宁科学技术出版社，1996.

[26] 《工程地质手册》编委会. 工程地质手册 [M]. 4 版. 北京：中国建筑工业出版社，2008.

[27] 高大钊. 土力学与基础工程 [M]. 北京：中国建筑工业出版社，1998.

[28] 张明义. 基础工程 [M]. 北京：中国建筑工业出版社，2003.

[29] 龚晓南. 复合地基 [M]. 杭州：浙江大学出版社，1992.

[30] 叶书麟，韩杰，叶观宝. 地基处理与托换技术 [M]. 北京：中国建筑工业出版社，1994.

[31] 张季超. 地基处理 [M]. 北京：高等教育出版社，2009.

[32] 崔可锐. 地基处理 [M]. 北京：化学工业出版社，2009.

[33] 徐至钧，赵锡宏. 地基处理技术与工程实例 [M]. 北京：科学出版社，2008.

[34] 巩天真，邱晨曦. 地基处理 [M]. 北京：科学出版社，2008.

[35] 陈一平，张季超. 地基处理新技术与工程实践 [M]. 北京：科学出版社，2010.

[36] 贺建涛. 地基处理 [M]. 北京：机械工业出版社，2008.

[37] 孙文怀. 基础工程设计与地基处理 [M]. 北京：中国建材工业出版社，1999.

[38] 刘起霞. 特种基础工程 [M]. 北京：机械工业出版社，2008.

[39] 赵明华. 土力学与基础工程 [M]. 武汉：武汉工业大学出版社，2000.

[40] 龚晓南. 复合地基设计和施工指南 [M]. 北京：人民交通出版社，2003.

[41] 闫明礼，张东刚. CFG 桩复合地基技术及工程实践 [M]. 北京：中国水利水电出版社，2001.

[42] 折学森. 软土地基沉降计算 [M]. 北京：人民交通出版社，1998.

[43] 龚晓南. 复合地基理论及工程实践 [M]. 北京：中国建筑工业出版社，2002.

[44] 阎明礼，张东刚. CFG 桩复合地基技术及工程实践 [M]. 北京：中国水利水电出版社，2001.

[45] 龚晓南. 复合地基理论及工程应用 [M]. 2 版. 北京：中国建筑工业出版社，2007.

[46] 郑俊杰. 地基处理技术 [M]. 武汉：华中科技大学出版社，2004.

[47] 叶书麟，叶观宝. 地基处理 [M]. 北京：中国建筑工业出版社，2004.

[48] 叶观宝，叶书麟. 地基加固新技术 [M]. 北京：机械工业出版社，1999.

[49] 熊厚金. 国际岩土锚固与灌浆新进展 [M]. 北京：中国建筑工业出版社，1996.

[50] 高大钊. 岩土工程的回顾与前瞻 [M]. 北京：人民交通出版社，2001.

[51] 刘松玉，钱国超，章定文. 粉喷桩复合地基理论与工程应用 [M]. 北京：中国建筑工业出版社，2006.

[52] 廖世文. 膨胀土与铁路工程 [M]. 北京：中国铁道出版社，1984.

[53] 钱家欢，殷宗泽. 土工原理与计算 [M]. 北京：中国水利水电出版社，2003.

[54] 钱鸿缙，王继唐，罗宇生，等. 湿陷性黄土地基 [M]. 北京：中国建筑工业出版社，1985.

[55] 杨位. 地基与基础 [M]. 北京：中国建筑工业出版社，1998.

[56] 钱家欢. 土力学 [M]. 南京：河海大学出版社，1995.

[57] 刘祖典. 黄土力学与工程 [M]. 西安：陕西科学技术出版社，1997.

[58] 廖义玲，朱立军. 贵州碳酸盐岩红土 [M]. 贵阳：贵州人民出版社，2004.

[59] 周克己，鲁志勇. 水利工程施工 [M]. 北京：中央广播电视大学出版社，2002.

[60] 白永年，等. 中国堤坝防渗加固新技术 [M]. 北京：中国水利水电出版社，2001.

[61] 杨慧芬. 固体废物处理技术及工程应用 [M]. 北京：机械工业出版社，2003.

[62] 牛志荣，等. 地基处理技术及工程应用 [M]. 北京：中国建材工业出版社，2004.

[63] 龚晓南. 21 世纪岩土工程发展展望 [J]. 岩土工程学报，2000，22(2)：238 - 242.

北京大学出版社土木建筑系列教材(已出版)

序号	书名	主编	定价	序号	书名	主编	定价
1	建筑设备(第2版)	刘源全 张国军	46.00	58	房地产开发与管理	刘薇	38.00
2	土木工程测量(第2版)	陈久强 刘文生	40.00	59	土力学	高向阳	32.00
3	土木工程材料(第2版)	柯国军	45.00	60	建筑表现技法	冯柯	42.00
4	土木工程计算机绘图	袁果 张渝生	28.00	61	工程招投标与合同管理	吴芳 冯宁	39.00
5	工程地质(第2版)	何培玲 张婷	26.00	62	工程施工组织	周国恩	28.00
6	建设工程监理概论(第2版)	巩天真 张泽平	30.00	63	建筑力学	邹建奇	34.00
7	工程经济学(第2版)	冯为民 付晓灵	42.00	64	土力学学习指导与考题精解	高向阳	26.00
8	工程项目管理(第2版)	仲景冰 王红兵	45.00	65	建筑概论	钱坤	28.00
9	工程造价管理	车春鹏 杜春艳	24.00	66	岩石力学	高玮	35.00
10	工程招标投标管理(第2版)	刘昌明	30.00	67	交通工程学	李杰 王富	39.00
11	工程合同管理	方俊 胡向真	23.00	68	房地产策划	王直民	42.00
12	建筑工程施工组织与管理(第2版)	余群舟 宋会莲	31.00	69	中国传统建筑构造	李合群	35.00
13	建设法规(第2版)	肖铭 潘安平	32.00	70	房地产开发	石海均 王宏	34.00
14	建设项目评估	王华	35.00	71	室内设计原理	冯柯	28.00
15	工程量清单的编制与投标报价	刘富勤 陈德方	25.00	72	建筑结构优化及应用	朱杰江	30.00
16	土木工程概预算与投标报价(第2版)	刘薇 叶良	37.00	73	高层与大跨建筑结构施工	王绍君	45.00
17	室内装饰工程预算	陈祖建	30.00	74	工程造价管理	周国恩	42.00
18	力学与结构	徐吉恩 唐小弟	42.00	75	土建工程制图	张黎骅	29.00
19	理论力学(第2版)	张俊彦 赵荣国	40.00	76	土建工程制图习题集	张黎骅	26.00
20	材料力学	金康宁 谢群丹	27.00	77	材料力学	章宝华	36.00
21	结构力学简明教程	张系斌	20.00	78	土力学教程	孟祥波	30.00
22	流体力学	刘建军 章宝华	20.00	79	土力学	曹卫平	34.00
23	弹性力学	薛强	22.00	80	土木工程项目管理	郑文新	41.00
24	工程力学	罗迎社 喻小明	30.00	81	工程力学	王明斌 庞永平	37.00
25	土力学	肖仁成 俞晓	18.00	82	建筑工程造价	郑文新	38.00
26	基础工程	王协群 章宝华	32.00	83	土力学(中英双语)	郎煜华	38.00
27	有限单元法(第2版)	丁科 殷水平	30.00	84	土木建筑CAD实用教程	王文达	30.00
28	土木工程施工	邓寿昌 李晓目	42.00	85	工程管理概论	郑文新 李献涛	26.00
29	房屋建筑学(第2版)	聂洪达 郏恩田	48.00	86	景观设计	陈玲玲	49.00
30	混凝土结构设计原理	许成祥 何培玲	28.00	87	色彩景观基础教程	阮正仪	42.00
31	混凝土结构设计	彭刚 蔡江勇	28.00	88	工程力学	杨云芳	42.00
32	钢结构设计原理	石建军 姜袁	32.00	89	工程设计软件应用	孙香红	39.00
33	结构抗震设计	马成松 苏原	25.00	90	城市轨道交通工程建设风险与保险	吴家建 刘宽亮	75.00
34	高层建筑施工	张厚先 陈德方	32.00	91	混凝土结构设计原理	熊丹安	32.00
35	高层建筑结构设计	张仲先 王海波	23.00	92	城市详细规划原理与设计方法	姜云	36.00
36	工程事故分析与工程安全	谢征勋 罗章	22.00	93	工程经济学	都沁军	42.00
37	砌体结构	何培玲	20.00	94	结构力学	边亚东	42.00
38	荷载与结构设计方法(第2版)	许成祥 何培玲	20.00	95	房地产估价	沈良峰	45.00
39	工程结构检测	周详 刘益虹	20.00	96	土木工程结构试验	叶成杰	39.00
40	土木工程课程设计指南	许明 孟苗超	25.00	97	土木工程概论	邓友生	34.00
41	桥梁工程(第2版)	周先雁 王解军	37.00	98	工程项目管理	邓铁军 杨亚频	48.00
42	房屋建筑学(上:民用建筑)	钱坤 王若竹	32.00	99	误差理论与测量平差基础	胡圣武 肖本林	37.00
43	房屋建筑学(下:工业建筑)	钱坤 吴歌	26.00	100	房地产估价理论与实务	李龙	36.00
44	工程管理专业英语	王竹芳	24.00	101	混凝土结构设计	熊丹安	37.00
45	建筑结构CAD教程	崔钦淑	36.00	102	钢结构设计原理	胡习兵	30.00
46	建设工程招标投标与合同管理实务	崔东红	38.00	103	土木工程材料	赵志曼	39.00
47	工程地质	倪宏革 时向东	25.00	104	工程项目投资控制	曲娜 陈顺良	32.00
48	工程经济学	张厚钧	36.00	105	建设项目评估	黄明知 尚华艳	38.00
49	工程财务管理	张学英	38.00	106	结构力学实用教程	常伏德	47.00
50	土木工程施工	石海均 马哲	40.00	107	道路勘测设计	刘文生	43.00
51	土木工程制图	张会平	34.00	108	大跨桥梁	王解军 周先雁	30.00
52	土木工程制图习题集	张会平	22.00	109	工程爆破	段宝福	45.00
53	土木工程材料	王春阳 裴锐	40.00	110	地基处理	刘起霞	45.00
54	结构抗震设计	祝英杰	30.00	111	水分析化学	宋吉娜	42.00
55	土木工程专业英语	霍俊芳 姜丽云	35.00	112	基础工程	曹云	43.00
56	混凝土结构设计原理	邵永健	40.00	113	建筑结构抗震分析与设计	裴星洙	35.00
57	土木工程计量与计价	王翠琴 李春燕	35.00				

请登陆 www.pup6.cn 免费下载本系列教材的电子书(PDF 版)、电子课件和相关教学资源。

欢迎免费索取样书,并欢迎到北大出版社来出版您的大作,可在 www.pup6.cn 在线申请样书和进行选题登记,也可下载相关表格填写后发到我们的邮箱,我们将及时与您取得联系并做好全方位的服务。

联系方式:010-62750667,donglu2004@163.com,linzhangbo@126.com,欢迎来电来信咨询。